郭小成　编著

HTML5+ CSS3技术应用

完美解析

中国铁道出版社
CHINA RAILWAY PUBLISHING HOUSE

内 容 简 介

本书围绕着 HTML5 和 CSS3 技术，比较全面细致地探讨了 HTML5 和 CSS3 的各项新特性的使用，使读者能够快速入门 HTML5 和 CSS3 前端开发。本书分为 15 章，各章内容安排由易到难、由浅及深，除了讨论 HTML5 和 CSS3 API 的具体使用，还深入探讨 HTML5 和 CSS3 特性的相关概念，力争使读者对 HTML5 和 CSS3 的新特性有一个最全面、最真实的了解和掌握。此外，书中的各个章节都提供了大量的应用实例，以帮助读者更好地进行开发实践。

本书内容紧凑、结构严谨、实例丰富、图文并茂、深入浅出，适合广大具有一定 HTML、CSS 和 JavaScript 基础的 Web 开发人员、有志于从事 HTML5 和 CSS3 开发的初学者以及对 Web 前端开发技术感兴趣的人员。

图书在版编目（CIP）数据

HTML5+CSS3 技术应用完美解析 / 郭小成编著. — 北京
：中国铁道出版社，2013.3
ISBN 978-7-113-15839-2

Ⅰ. ①H… Ⅱ. ①郭… Ⅲ. ①超文本标记语言－程序设计②网页制作工具 Ⅳ. ①TP312②TP393.092

中国版本图书馆 CIP 数据核字（2012）第 311348 号

书　　名：HTML5+CSS3 技术应用完美解析
作　　者：郭小成　编著

责任编辑：荆　波　　　　**读者服务热线**：010-63560056
责任印制：赵星辰　　　　**编辑助理**：刘建玮
封面设计：付　巍　　　　**封面制作**：张　丽

出版发行：中国铁道出版社（北京市西城区右安门西街 8 号　　邮政编码：100054）
印　　刷：北京鑫正大印刷有限公司
版　　次：2013 年 3 月第 1 版　　2013 年 3 月第 1 次印刷
开　　本：787mm×1 092mm　1/16　**印张**：40.75　**字数**：967 千
书　　号：ISBN 978-7-113-15839-2
定　　价：79.00 元

前 言 Foreword

HTML5 可以作为下一代的互联网标准。其强大的 HTML 标签、理想的执行性能、炫酷的新特性等，都早已令我们为之惊艳。使用 HTML5 的强大技术已经成为 Web 领域和移动 Web 领域不可阻挡的历史潮流。

HTML5 的第一份正式草案已于 2008 年 1 月 22 日由 WHATWG 和 W3C 两个组织联合发布。经过了四年的发展，目前 Chrome、FireFox、Internet Explorer、Opera 和 Safari 等主流浏览器都已经对 HTML5 规范提供了不同程度的支持。

2010 年 7 月，Youtube 正式使用了基于 HTML5 技术的播放器。

2010 年 12 月，Google 公司推出了基于 HTML5 技术的网上商店 Chrome Web Store。

2011 年 7 月，潘多拉音乐电台在其网站上使用 HTML5 音乐播放器。

2011 年 8 月，亚马逊发布了基于 HTML5 的网页 Kinkle 云阅读器应用。同月，Twitter 采用 HTML5 技术推出其 iPad 版网站。

2011 年 9 月，世界排名 TOP100 的网站中使用 HTML5 的已达到 34%。

2011 年 11 月，HTML5 成功击败了占据 Web 市场半壁江山的 Flash，Adobe 公司正式宣称停止为移动设备提供 Flash 服务。

2012 年 4 月，Flickr 引入了 HTML5 图片上传工具。

2012 年 6 月，WIX.COM 提供用户创建的 HTML5 网站达 100 万个。

2012 年 8 月，全球举办 HTML5 相关沙龙、聚会、座谈、活动、会议超过 1000 场。

……

这一个个历年记见证了 HTML5 技术的进步和发展。不仅在国外，在国内，HTML5 也正在以一个前无古人、后无来者的姿态，涌现在淘宝、腾讯、百度、网易和新浪等大大小小的门户网站中。HTML5 就像一辆开往未来的火车，带着强有力的发动引擎，载着所有致力于 Web 前端的开发人员的期盼，驶向更远的地方。

本书，作为 HTML5 的入门书籍，将以通俗易懂的语言、丰富翔实的案例，带领读者赶上 HTML5 这班火车，帮助读者快速上手 HTML5 程序开发技术。

本书的章节安排

根据 HTML5 草案中定义的基本特性，本书从内容上分为 15 个章节。除第 1 章之外，各个章节之间保持相互独立，读者可以根据的自己的偏好，有选择性地进行阅读。

第 1 章：HTML5 概述。

介绍 HTML5 的发展历程和 HTML5 的主要特点，详细地探讨在 HTML5 中精简 DOCTYPE 申明、精简字符集和语义化标签等新增功能。

第 2 章：旧貌换新颜—— Html5 Web Form。

介绍 Html5 Web Form 表单增强的设计理念，讨论 Html5 Web Form 中保留的和新加的表单元素、输入类型属性和输入类型控件的具体使用。

第 3 章：影音急先锋——Html5 Audio and Video。

介绍与多媒体元素相关的视频容器和编解码器的概念，探讨 Html5 Audio Video 的新增标签、状态属性和脚本控制的具体使用。

第 4 章：璀璨的明珠——Html5 Web Canvas。

介绍 Canvas 的发展历史和 Html5 Web Canvas 的优势，主要讨论 Html5 Web Canvas 的 2D 绘图，包括画笔风格的设置、基本形状的绘制、图形图像的变换和 Canvas 图片与文本的处理等。

第 5 章：寻她千百度——Html5 Web Geolocation。

介绍 Html5 Web Geolocation 获取地理位置信息的来源和浏览器内置的用户隐私保护机制。探讨单次定位请求和重复更新请求两种方式以及 Google Maps API 的具体使用。

第 6 章：多管共齐下——Html5 Web Workers。

介绍 Html5 Web Workers 多线程的特点和工作原理，探讨专用线程和共享线程的创建、控制和具体应用。

第 7 章：突起的异军——Html5 Web Socket。

介绍基于客户端套接口和基于 HTTP 长连接的服务器推送技术，探讨 Html5 Web Socket 开发环境的搭建、服务器端编程和客户端编程的具体实现。

第 8 章：存储更给力——Html5 Web Storage。

通过 Html5 Web Storage 与 Cookies 对比，讨论 Html5 Web Storage 的优势和不足，探讨 LocalStorage、SessionStorage 和 DataBase Storage 三种本地存储方式的具体使用。

第 9 章：离线也疯狂——Html5 Web Offline。

介绍 Html5 Web Offline 的离线缓存机制，探讨 Manifest 清单的编写和相关 API 的具体使用。

第 10 章：十年磨一剑——CSS3 概述。

对 CSS Level 3 作一个总体的概述，探讨 CSS Level 3 的发展历程和新特性，探讨目前主流浏览器对 CSS Level 3 的支持情况。

第 11 章：选择器畅想——CSS3 Selector。

探讨 CSS Level 3 中保留的和新增的属性选择器的具体使用，重点讨论包括伪元素选择器、结构性伪类选择器、UI 元素状态伪类选择器以及包括其他伪类选择器在内的伪选择器。

第 12 章：专业的视觉——CSS3 UI。

探讨边框和轮廓 UI 设计、文本和内容 UI 设计和渐变和背景 UI 设计三个方面的内容，依次展开，讨论新增 UI 属性的具体使用。

第 13 章：唯美的排列——CSS3 Layout。

探讨 CSS Level 3 中新增加的多列自动布局和弹性盒布局两种布局方式，重点讨论两种新布局方式相关属性的具体使用和目前主流浏览器对它们的支持情况。

第 14 章：强劲的动画——CSS3 Animation。

探讨 CSS Level 3 中 Transform 变形动画设计、Transition 过渡动画设计和 Animation 高级动画设计三个方面的属性和函数的具体使用和目前主流浏览器的支持情况。

第 15 章：沙场秋点兵——网上订餐系统。

这个综合实例是笔者为一家公司开发的南京大学生网上订餐系统的一部分，介于篇幅关系，其中主要探讨该订餐系统的用户主界面的开发过程。在用户主界面中，基本上涵盖了前面几章所探讨的所有内容，包括 HTML5 新标签、新表单特性、视频元素、画布处理、地理位置服务新增的选择器等。

本书适合的读者

- 具有一定 HTML 和 Javascript 基础的 Web 开发人员。
- 有志于从事 HTML5 开发的初学者。
- 对移动 Web 前端开发技术感兴趣的开发者。

致谢

在本书编写过程中，无论在生活上，还是学习上，我都遇到了很多困难和疑惑。庆幸的是，我有一帮值得信赖的朋友——郑铭、冯鑫、马书博和刘喜凤等，是你们和我一起分担欢乐和悲伤，是你们在我最无助最迷惘的时候给我最温暖的鼓励，谢谢你们！

特别感谢本书的审读老师，感谢您给予的支持和信任，感谢您的指导和鼓励，使本书可以顺利地完成并出版。

此外，由于时间仓促，作者的水平有限，在本书编写过程中，可能会有一些对 HTML5 新特性认识有偏差或者表述不到位的地方，敬请读者批评指正。作者会以一颗最诚挚的心，与所有热爱 Web 前端开发的读者共同成长，一起进步。

郭小成

2013 年 1 月

目 录 Contents

第 1 章 HTML5 概述

第 2 章 旧貌换新颜——Html5 Web Form

第 3 章 影音急先锋——Html5 Audio and Video

第4章 璀璨的明珠——Html5 Web Canvas

第5章 寻她千百度——Html5 Web Geolocation

第6章 多管共齐下——Html5 Web Workers

第 7 章 突起的异军——Html5 Web Socket

第 8 章 存储更给力——Html5 Web Storage

第9章 离线也疯狂——Html5 Web Offline

第10章 十年磨一剑——CSS3 概述

第 11 章 选择器畅想——CSS3 Selector

第 12 章 专业的视觉——CSS3 UI

第 13 章　唯美的排列——CSS3 Layout

第 14 章　强劲的动画——CSS3 Animation

第 15 章　沙场秋点兵——网上订餐系统

第 1 章 HTML5 概述

HTML5 的第一份正式草案已于 2008 年 1 月 22 日由 WHATWG 和 W3C 两个组织联合发布。经过了 4 年的发展，目前 Chrome、FireFox、Internet Explorer、Opera 和 Safari 等主流浏览器都已经对 HTML5 规范提供了不同程度的支持。特别是 2011 年 11 月以来，Adbobe 公司宣称停止为移动设备提供 Flash 服务，象征着 HTML5 击退了占据 Web 领域半壁江山的 Flash，成为理所当然的 Web 王牌。

本章，我们将对 HTML5 做一个整体的概述，首先我们会讨论 HTML5 的发展历程，接着讨论 HTML5 的基本特点，最后重点探讨 HTML5 中新增加的功能，包括 HTML 文档声明、全局属性和语义化标签等。

1.1 HTML5 的发展历程

HTML5 是一项崭新的标准，但是 HTML 的发展历史却可以追溯到 20 世纪 90 年代，20 多年的风雨历程，见证了 HTML 的巨变。本节，我们将对 HTML5 的发展历程做一个简单的回顾，探讨 HTML5 在新的历史时代将走向何方。

1.1.1 HTML4 兴起之路

HTML 全称是超文本标记语言（Hypertext Markup Language），是用来描述网页文档的一种标记语言。正是这些容纳在尖括号里的简单标签，构成了如今的网页。

HTML4 是 HTML 发展史上一个重要的拐点，因为在 HTML4 之前，HTML 经历了漫长的发展之路，如图 1-1 所示。

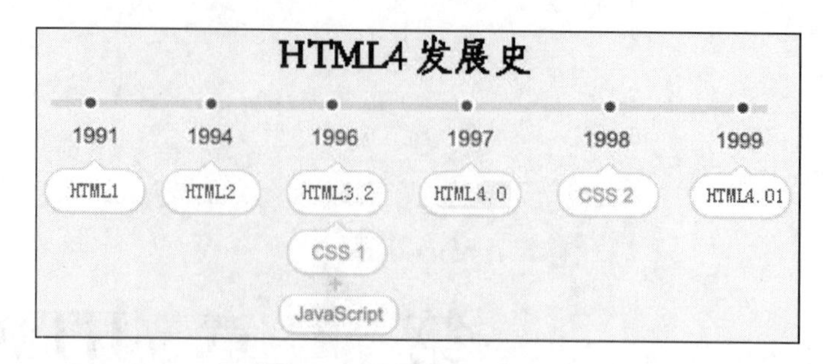

图 1-1　HTML4 的发展历程

HTML1 是一个雏形，并没有正式公布。它指的是 1991 年由互联网之父伯纳斯.李（Tim Berners-Lee）编写的一份叫做“HTML”标签的文档，在这份文档中，包含了 20 个用来标记网页的 HTML 标签。

直到 1994 年，IETF（Internet Engineering Task Force，互联网工程任务组）在归纳总结以往成果的基础上，推出了 HTML 的第一个官方标准 HTML2.0。

在 HTML2.0 发布之后，1994 年 10 月，W3C（World Wide Web Consortium，万维网联盟）在麻省理工学院计算机科学实验室成立了。这里简单介绍一下这个 Web 标准制定组织。W3C 是与 Web 有关的企业机构成立的业界同盟，任何 Web 领域的组织和团体，需要交纳一定的费用，并签署一份保证遵守规则的成员协议，就可以对 Web 标准的制定具有重要影响。截至 2012 年 3 月 29 日，W3C 已拥有 351 家成员，包括 Sun、Hewlett Packard、Google、雅虎、诺基亚、苹果、Facebook、腾讯、百度、中科院、中国联通等。

当时，W3C 组织和 IETF 从事相同的工作，但是由于当时互联网的两大巨头 Microsoft 公司和 Netscape 公司更倾向于 W3C，很快，IETF 组织就将 HTML 标准的制定权移交给了 W3C 组织。

1996 年，W3C 组织发布了 HTML 的第二个官方版本 HTML3.2。在这个版本中，不仅对 Java Applet 程序段提供了支持，并且首次引入了 CSS 样式和 Javascript 脚本。

1997 年，W3C 组织再次发布了 HTML 的第三个官方版本 HTML4.0。但这个版本并不是我们通常所说的 HTML4。真正的 HTML4 发布于 1999 年，这个时候 CSS 也发展到了 CSS2。至此，HTML 的发展达到了第一个鼎盛时期。

1.1.2　XHTML 曲折之路

W3C 组织在推出了 HTML4.01 标准之后，业界普遍认为 HTML 的发展已经到了穷途末路，不可能有继续发展的前景。因此，HTML 的发展开始走向 XHTML 这条曲折之路。

2000 年，W3C 组织在 HTML4.01 的基础上发布了第一个 XHTML 版本 XHTML1.0，将 HTML 正式向 XML 风格过渡。

在 XHTML1.0 标准中，并没有引入任何的新标签和新属性，唯一的不同是，在 XHTML1.0 中，对语法进行了严格的规定。例如，在 HTML4.01 中，允许开发人员使用大写或小写字母标识标记元素和属性，但是在 XHTML1.0 中，则只允许使用小写字母。事实上，XHTML1.0 在当时还是比较受欢迎的。

之后，W3C 组织又发布了 XHTML1.1，标志着 HTML 正式走向 XML 风格之路。这意味着，在 XHTML1.1 中，不能使用 MIME-TYPE 为 text/html 的类型输出。XHTML1.1 标准在当时没有被任何一个主流浏览器所支持。W3C 组织开始一意孤行，与 Web 的发展脱节。

XHTML2.0 是一项全新的 Web 设计语言，但是它既不向前兼容 XHTML1.X，也不兼容以前的 HTML。也就是说，开发人员之前的 Web 程序在 XHTML2.0 中都不能运行，XHTML2.0 完全忽视了 Web 开发人员的需求，陷入了一场噩梦之中。受此影响，目前还有一部分网站是基于 XHTML2.0 标准的，W3C 组织也是到 2009 年才正式宣告 XHTML2.0 失败。

1.1.3　HTML5 的诞生

W3C 组织的一意孤行渐渐引起了来自 Opera、Apple 和 Mozilla 等公司的不满。HTML 是否继续向 XHTML 之路发展下去，这是当时 Web 领域的巨头们普遍关注的问题。

2004 年，Opera 的 Ian Hickson 提议终止发展 XHTML，继续在 HTML4.01 的基础上进行扩展。但是该提议遭到了 W3C 的拒绝。无奈之下，来自苹果、Mozilla 基金和 Opera 公司的成员自发组建了“超文本应用技术”工作组，这就是 HTML5 标准的制定者之一——WHATWG 组织。

WHATWG 组织成立之后，主要从事 HTML Forms 2.0 和 Web Applications1.0 的研究工作。实际上，这两个技术就是 HTML5 的前身。

2006 年 10 月，W3C 组织的创始人、互联网之父伯纳斯.李（Tim Berners-Lee）发表了一篇博客，表示 HTML 走向 XML 之路行不通。几个月之后，W3C 组织在继续研究 XHTML2.0 的同时，创建了新的 HTML 工作小组，与 WHATWG 组织合作，共同制定 HTML5 规范。

至此，W3C 组织开始演绎着两面人的角色，一方面，它继续力挺 XHMTL2.0 的发展，另一方面，它又开始制定 HTML5 规范。这种状况直到 2009 年，W3C 组织正式对外宣称终止 XHTML2.0 的研究，才结束了 HTML 发展 10 年的曲折之路。

2008 年 1 月 22 日，WHATWG 组织正式发布了 HTML5 的第一份草案，标志着 HTML5 的真正诞生。随后，来自 Chrome、Opera、Internet Explorer、FireFox 和 Safari 等浏览器制造厂商开始按捺不住，纷纷争抢这一崭新的市场。

虽然近年来，HTML5 技术已经得到了很大的发展，国内外大大小小的网站也开始提前应用上了 HTML5。但是 HTML5 规范的正式发布还是一个未知数。但是据笔者了解，HTML5 规范的正式发布有两个关键时间点，如图 1-2 所示。

图 1-2　HTML5 规范发布的两个关键时间点

从图 1.2 中可以看出，在 2012 年，将由 W3C 组织发布候选推荐版，意味着 HTML5 规范基本上会编写完成。

计划推荐版的目标是至少两个浏览器支持 HTML5 的全部功能，但是计划推荐版的发布却要等到 2022 年，或许读者会认为这个时间有点遥远。不过，读者也不需要过于担心，目前浏览器市场对 HTML5 的支持情况普遍看好，HTML5 真正的普及或许并不需要等到遥远的 2022 年。

此外，读者应该注意的是，由于目前 W3C 和 WHATWG 两个组织都在制定 HTML5 标准。但是这两个组织一直以来都是争议不断，现在的 HTML5 规范实际上有两个标准，即 W3C 的“标准版”和 WHATWG 的“living”版。

2012 年 7 月下旬，W3C 和 WHATWG 两个组织再次决裂。正如 WHATWG 组织宣称的那样，“近来，WHATWG 和 W3C 在 HTML5 标准上的分歧越来越大。WHATWG 专注于发展标准的 HTML5 格式及相关技术，并不断地修正标准中的错误。而 W3C 则想根据自己的开发进程制作出“标准版”HTML5 标准，颁布之后不容许更改，错误也无法修正，所以我们决定各自研发。”

两大 HTML5 规范制定组织的分道扬镳，使得 HTML5 的标准的制定更加复杂。据笔者了解，目前，Chrome 和 FireFox 会更倾向于 WHATWG 组织的“living”标准，而 Internet Explorer 则会继续支持 W3C 组织规范的标准。

1.2　HTML5 的基本特征

HTML5 是基于各种各样的理念设计出来的，既吸取了 HTML4.01 和 XHTML2.0 的优势，也发展了一些自己独有的特征。本节，我们将重点探讨 HTML5 的基本特征。

1.2.1　向前兼容性

HTML5 技术吸取了 XHTML2.0“出师未捷身先死”的惨痛教训，HTML5 并不是在 HTML4.01 标准基础上的颠覆性的革新。相反，在 HTML5 中，它核心理念之一就是实现新特性的平滑过渡。这一点，使得 Web 开发人员可以更加容易接受 HTML5。

这样，之前所有的 Web 程序，都可以不加修改地在 HTML5 平台下运行。而且，如果用户的浏览器不支持 HTML5 的新特性，也会向前兼容，并不会影响 Web 内容的表现。

例如，在 Html5 Web Form 中，提供了一系列的增强型输入类型控件、数字输入类型控件、日期输入类型控件和颜色输入类型控件等，这些新增的输入类型控件在支持 HTML5 的浏览器有着很强的表现力。但是在不支持 HTML5 的浏览器中，这些新增的输入类型控件则会被当做普通文本的输入类型控件来处理。因此，新增的表单输入类型控件并不会影响表单数据的收集。

此外，在 HTML5 规范中，增加了很多新标签，这些标签也是向前兼容的。当用户的浏览不支持 HTML5 新增的标签时，浏览器会直接忽略掉，而且开发人员也可以为此提供替代内容。

例如，在 Html5 Web Canvas 中，新增了一个 canvas 标签，但是用户的浏览器有可能并不支持 HTML5，这时，我们可以在 canvas 标签里面加入相应的替代内容，使用 Flash 或者告知用户此处显示的内容。

1.2.2　跨平台运行性

HTML5 的另一个特点在于它的跨平台运行性。从 PC 浏览器到手机、平板电脑，甚至是智能电视。只要用户的设备支持 HTML5，基于 HTML5 的 Web 程序就可以无障碍地运行。目前主流浏览器对 HTML5 的兼容性如图 1-3 所示。

图 1-3　目前主流浏览器对 HTML5 浏览器的兼容性

HTML5 的跨平台运行性非常有利于 HTML5 游戏的开发。如果读者做过移动开发的话，通常会遇到，如果要将一个 IOS 游戏移植到 Android 平台或者 Symbian 平台，那将是一件非常麻烦的事，需要对游戏做出根本性的调整。而在 HTML5 中，可以完全做到一份代码，到处运行。

这一点，正如大型网游发行公司 Spil Games 的 CEO Peter Driessen 表示，“我们已采用 HTML5 技术 1 年多，深知基于各设备推广网页游戏的重要性。随着玩家的体验次数日益频繁及各种设备的多元化，这一点越来越重要。我们希望通过 HTML5 获得的是真正的云端游戏。我们支持众多在线社区，显然我们的玩家，也和其他玩家也一样，越来越希望自己能够基于手机玩游戏。HTML5 给我们奠定了基础，让我们得以创作出包含社交功能的无缝隙游戏体验，无论是外出还是在家。”

从 Perter Driessen 的话中可以看出，HTML5 技术不仅提供了便捷的跨平台交流，更是社交机制到持久的游戏世界等可移植性程序开发语言的不二之选。

1.2.3　简单易用性

相比于 HTML4.01，HTML5 的目标之一就是使 Web 开发人员的工作变得更加简单。在 HTML5 中，实用性被放在了第一位，它没有像 XHTML2.0 那样严格的语法规则。相反，它提供了一些比 HTML4.01

更简单易用的特性。

例如，在 HTML5 中，HTML 标签的属性的声明更加简单。以下几种方式都可以支持。

- 单引号+小写字母;
- 单引号+大写字母;
- 双引号+小写字母;
- 双引号+大写字母;
- 不加引号+小写字母;
- 不加引号+大写字母。

以 id 属性为例，读者可以参考下面的代码。

```
id="html5test"
ID='html5test'
id=html5test
ID="html5test"
```

众所周知，上面的代码，在 XHTML2.0 中，只有第一种方式是有效的。但是在 HTML5 中，以上所有的写法都是支持的。

关于这一点，Google 曾经对 HTML 的精简属性表示方法做过一个实验，如果在页面上实践 HTML5 的属性精简表示方法，使文档的大小减少了原来的 5%到 20%，从而大大提高了 HTML 文档的传输速率。

此外，HTML5 还非常注重 Web 开发人员的效率，例如，在 Html5 Web Form 特性中，对表单提供了一套强大表单验证机制，这使得 Web 开发人员不再需要使用冗长的 JavaScript 代码验证表单。

1.2.4 用户友好性

在众多的 HTML5 新特性中，始终都围绕着一个宗旨，那就是用户的友好性。HTML5 新特性的目的就是为开发人员提供更简单的编程，为用户提供更友好的体验。

在 HTML5 中，引入了多媒体标签、canvas 标签等元素，强化了 Web 页面的变现性能，使得 Web 程序的用户界面得到了很大的改善。其次，地理位置服务、本地数据存储、文件上传和离线应用等新特性也大大提高了用户的体验程度。

HTML5 提供更好的用户体验，全球主流网站对 HTML5 的青睐就是最好的验证。2011 年，采用 HTML5 开发应用的比例达到 23%，而根据 IDC 今年初的统计，这个比例已经上升到了 78%。具体如图 1-4 所示。

从图 1-4 中，可以看出，2011 年，大部分全球主流网站对 HTML5 持观望态度，但是到了 2012 年初，这种局面被彻底扭转，基本上所有的网站都已经使用或者打算使用 HTML5 技术。

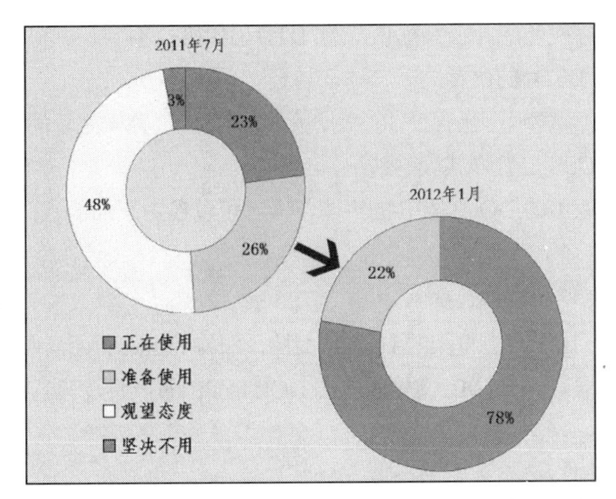

图 1-4　目前全球主流网站使用 HTML5 的情况

1.3　HTML5 的新功能

在 HTML5 标准中，基于 HTML5 的各种设计理念，简化了一些 HTML 文档的声明，新增了许多更加人性化的全局属性和语义化标签。本节我们将重点探讨 HTML5 的这些新功能。

1.3.1　简化的 DOCTYPE 声明

DOCTYPE 并不是一个 HTML 标签，它是一个指令，用来声明浏览 HTML 文档所用标记的版本。在 HTML4.01 中，因为 HTML4.01 是基于 SGML 的，所以需要对 DTD 进行引用，一般情况下，可以声明以下三种 DTD 类型。

- 严格版本，Strict。
- 过渡版本，Transitional。
- 框架版本，Frameset。

严格版本（Strict）一般用于使用了 CSS 层叠样式表的 HTML 文档中，表示保留干净的标记，免于表现层混乱。

对于 HTML4.01 标准版本的 DOCTYPE 的声明，读者可以参考下面的代码。

```
<!DOCTYPE HTML PUBLIC "-//W3C//DTD HTML 4.01//EN"
"http://www.w3.org/TR/html4/strict.dtd">
```

- 在上面的声明中，声明了 HTML 文档的根元素是 html，它在公共标识符被定义为 "-//W3C//DTD XHTML 1.0 Strict//EN" 的 DTD 中进行了定义。

- 浏览器将明白如何寻找匹配此公共标识符的 DTD。如果找不到，浏览器将使用公共标识符后面的 URL 作为寻找 DTD 的位置。

过渡版本（Transitional）表示可包含 W3C 所期望移入 CSS 层叠样式表的呈现属性或者元素，一般用于用户的浏览器不支持 CSS 层叠样式表的情况。

对于 HTML4.01 过渡版本的 DOCTYPE 的声明，读者可以参考下面的代码。

```
<!DOCTYPE HTML PUBLIC "-//W3C//DTD HTML 4.01 Transitional//EN"
"http://www.w3.org/TR/html4/loose.dtd">
```

框架版本（Frameset）用于带有框架的 HTML 文档，即将 frameset 元素取代 body 元素。

对于 HTML4.01 基于框架的 HTML 文档版本的 DOCTYPE 的声明，读者可以参考下面的代码。

```
<!DOCTYPE HTML PUBLIC "-//W3C//DTD HTML 4.01 Frameset//EN"
"http://www.w3.org/TR/html4/frameset.dtd">
```

在 HTML4.01 和 XHTML2.0 中，虽然定义了三种版本的 DOCTYPE 的声明。但是现实的浏览器情况并非如此。例如，某些时候，开发人员采用了一种框架版本的 DOCTYPE 的声明，即使 HTML 文档正文中并没有 frame 标签，或者开发人员根本就不指定 DOCTYPE 的声明。那么浏览器也会以最大的兼容性去解析这个 HTML 文档，努力达到开发人员对这个 HTML 文档的显示预期，这就是浏览器为竞争市场出现的“容错性”特征。

正是这个背景下，HTML5 的设计人员发现 HTML4.01 和 XHTML2.0 已经没有什么实际的意义了。因此，在 HTML5 中，简化了 DOCTYPE 声明。

对于在 HTML5 中的 DOCTYPE 声明，读者可以参考下面的代码。

```
<!DOCTYPE html>
```

- 在上面的声明中，声明了 HTML 文档的根元素是 html。

另外，读者应该注意的是，不论是在 HTML4.01 和 XHTML2.0，还是在 HTML5 中，对于 DOCTYPE 的声明的大小写和空格都是不敏感的。

1.3.2 简化的编码字符集

编码字符集是开发人员通过一定的方式，指定浏览器以一种特殊的算法来解析字节流，使 HTML 文档得到正确的显示。

作为 Web 开发人员，多多少少都会遇到一些 Web 程序“乱码”问题。这是因为 HTML 文档的编码方式和浏览器使用的编码字符集不一致造成的。在目前主流浏览器的中文版，它们的默认编码方式如图 1-5 所示。

从图 1-5 中可以看出，目前主流浏览器的中文版的默认使用编码字符集是不一样的。因此，指定 HTML 文档的浏览器解析的编码字符集显得相当重要。

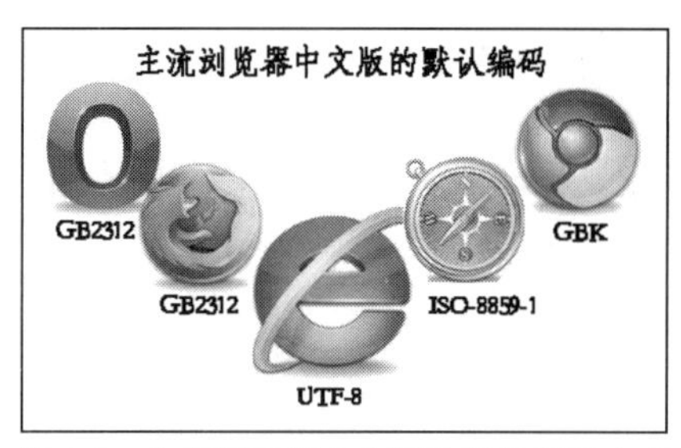

图 1-5　主流浏览器中文版的默认编码方式

在 HTML4.01 标准中，我们通过使用 HTTP 头里的 Content-Type 字段后跟随编码字符集来完成。对于外部引入的 Javascript 脚本资源文件等，也可以使用 charset 来声明。

对于 HTML4.01 标准的编码字符集声明，读者可以参考下面的代码。

```
<meta http = "Content-Type"
content = "text/html;charet =utf-8">
```

- 在上面的声明中，声明了 HTML 文档的编码字符集为 utf-8。

编码字符集声明和 DOCTYPE 声明一样。HTML5 的设计者们，渐渐发现 HTML4.01 标准的编码字符集非常琐碎，于是他们简化了编码字符集的声明方式。当然，这在很大程度上，还是得益于浏览器的竞争，浏览器的“容错性”渐渐使得 HTML5 的编码字符集声明方式成为主流。

对于 HTML5 的编码字符集声明，读者可以参考下面的代码。

```
<meta charset = "utf-8">
```

- 在上面的声明中，同样声明了 HTML 文档的编码字符集为 utf-8。

此外，读者应该注意的是，不论在 HTML4.01 标准中，还是在 HTML5 标准中，对于 HTML 文档的编码字符集的声明大小写是敏感的。

1.3.3　简化样式表和脚本引入

在一个 Web 程序中，我们总是要在 HTML 文档中引入外部的 CSS 层叠样式表和 Javascript 脚本文件。在 HTML4.01 中，引入 CSS 层叠样式表使用 link 标签，引入 Javascript 脚本文件使用 script 标签。

对于在 HTML4.01 标准的 HTML 文档中引入的样式表和脚本文本，读者可以参考下面的代码。

```
<link href="test.css" rel="stylesheet" type="text/css" />
<script src="test.js" type="text/javascript"></script>
```

- test.css 为同一文件夹下的 CSS 样式文件。
- test.js 为同一文件夹下的 Javascript 脚本文件。
- 在上面的代码中，我们在 HTML 文档中引入了外部 CSS 样式表和脚本文件。

与 DOCTYPE 和编码字符集一样，在 HTML5 中，引入样式表和脚本文件的方式也精简了，我们将 type 属性省略。

对于在HTML5标准的HTML文档中引入的样式表和脚本链接，读者可以参考下面的代码。

```
<link href="test.css" rel="stylesheet" />
<script src="test.js" ></script>
```

1.3.4 新增的全局属性

在HTML4.01标准中，有一些属性是HTML标签共有的，称为全局属性。

在HTML5标准中，既保留了HTML4.01中保留的全局属性，同时也增加了新的全局属性。本节，我们将重点探讨HTML5中新增的全局属性。这些全局属性包括：

- contenteditable属性；
- spellcheck属性；
- draggable属性；
- dropzone属性；
- hidden属性。

contenteditable属性用来将HTML元素设置为可编辑。这个属性可以为HTML中的任何一个HTML标签设置为可编辑状态，供用户实时编辑其中的内容。contenteditable属性的属性值，如表1.1所示。

表1.1 contenteditable属性的属性值

属　　性　　值	说　　　　明
true	表示设置HTML元素可编辑
false	默认值，表示设置HTML元素不可编辑

对于contentededitable属性的具体使用，读者可以参考下面的代码。在Chrome浏览器运行之后，显示效果如图1-6所示。

HTML文件：test_contenteditable.html。

```
<!DOCTYPE html>
<html>
<head>
</head>
<body>
<h1 contenteditable = "false">HTML5 test</h1>
<p contenteditable="true">
内容:
</p>
</body>
</html>
```

- contenteditable 属性用来将 HTML 元素设置为可编辑。
- 在上面的代码中，我们设置了 h1 标签不可编辑，但是 p 标签为可编辑状态。

图 1-6　使用 contenteditable 属性在 Chrome 浏览器的运行效果

spellcheck 属性用来指定浏览器是否对用户输入的内容进行语法拼写检查。spellcheck 属性的属性值和 contenteditable 属性的属性值一样。这个属性和 Office 中的语法拼写检查类似。当设置了 spellcheck 属性为 true。只要是用户输入的内容，语法检查不通过时，浏览器就会通过下画线标注出来。

不过遗憾的是，目前主流浏览器对 spellcheck 属性的支持情况还不是很理想，在 IE 和 Chrome 浏览器都还没有真正实现。

对于 spellcheck 属性的具体使用，读者可以参考下面的代码。在 Opera 浏览器运行之后，显示效果如图 1-7 所示。

图 1-7　使用 spellcheck 属性在 Opera 浏览器的运行效果

HTML 文件：test_spellcheck.html。

```
<!DOCTYPE html>
<html>
<head>
</head>
<body>
<label for = "input">内容</label>
<input type = "text" id = "input" spellcheck = "true" />
</body>
</html>
```

- spellcheck 属性用来指定浏览器是否对用户输入的内容进行语法拼写检查。
- 在上面的代码中，我们设置了对用户的输入内容进行语法拼写检查。

draggable 属性用来指定 HTML 元素是否可以进行拖动。draggable 属性的属性值和 contenteditable 属性的属性值一样。对于 draggable 属性的具体使用，这里不再赘述。

dropzone 属性用来规定当被拖动的 HTML 元素时发生的动作。dropzone 属性的属性值，如表 1-2 所示。

表 1-2 dropzone 属性的属性值

属性值	说明
copy	表示创建拖动元素的一个副本
link	表示将拖动元素移动一个新的位置
move	表示创建被拖动的元素的链接

目前笔者还没有浏览器已经实现了 draggable 属性和 dropzone 属性，因此，这里，我们不做进一步探讨。

hidden 属性是一个布尔值，用来隐藏特定的 HTML 元素。hidden 属性不是在 HTML5 中新增加的属性，但是它是 HTML5 中的全局属性。也就是说，在 HTML5 中，所有的 HTML 元素都可以使用 hidden 属性进行隐藏操作。

对于 hidden 属性的具体使用，读者可以参考下面的代码。在 Chrome 浏览器运行之后，显示效果如图 1-8 所示。

HTML 文件：test_hidden.html。

```
<!DOCTYPE html>
<html>
<head>
</head>
<body>
<label>
    姓名:
<input type = "text" name = "name"  hidden = "hidden">
<label>
<br><br>
<label>
    密码:
    <input type = "password" name = "password">
<label>
</body>
</html>
```

- hidden 属性用来隐藏 HTML 元素标签。
- 在上面的代码中，我们通过设置 hidden 属性隐藏了姓名的输入框。

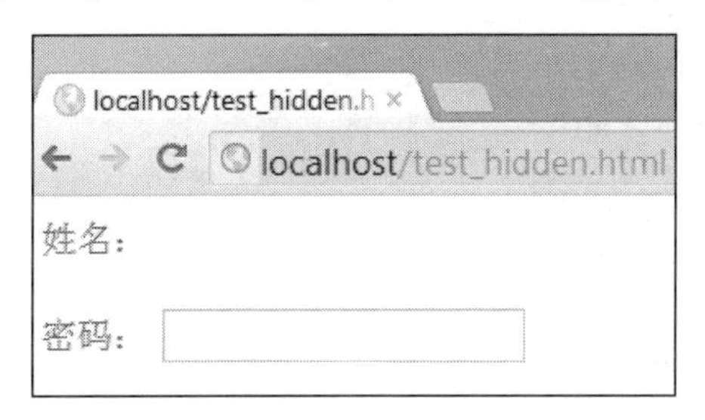

图 1-8　使用 hidden 属性在 Chrome 浏览器的运行效果

1.3.5　语义化标签之文档元素

语义化是近年来在 Web 领域热门的一个话题。语义化的一个典型应用就是 RSS。RSS 本身就是一个高度语义化的 XML 文档，同时它也是一个协议，大家都按照这个协议来提供网站的信息内容。这样，我们便可以按照同样的协议编写程序，使用这个程序来获取我们各自需要的信息，大大促进了信息的共享和传播。

在 HTML5 中，新增加了一系列的语义化标签。相比于原始的 div，这些语义化标签不仅可以让不同的浏览器更方便地解析我们的网页，同时语义化标签使网页在无样式下就可以呈现清晰的结构，有助于团队开发和维护工作。本节，我们将重点探讨 HTML5 新增的有关文档元素的语义化标签。这些语义化标签包括：

- header 标签；
- footer 标签；
- hgroup 标签；
- nav 标签；
- article 标签；
- section 标签；
- aside 标签。

header 标签用来定义一个文档结构的“页眉”。通常情况下，会和 h1-h6 标签和 hgroup 标签组合，表示一个内容块的标题，或者是包含一个搜索框、导航栏、logo 等栏目。

此外，读者应该注意的是，在一个 HTML 页面中，并没有限制 header 标签的个数，我们也可以为每个内容块增加一个 header 标签。

对于 header 标签的具体使用，读者可以参考下面的代码。在 Chrome 浏览器运行之后，显示效果如图 1-9 所示。

HTML 代码：test_header.html。

```
<!DOCTYPE html>
<html>
<head>
</head>
<body>
<header>
    <hgroup>
        <h1>HTML5</h1>
        <h4>HTML5 开发深入浅出</h4>
    </hgroup>
    <input type="search" results="9"/>
</header>
</body>
</html>
```

- header 标签用来定义一个文档结构的“页眉”。
- 在上面的代码中，我们在 header 标签中定义两个标题和一个搜索框。

图 1-9　使用 header 标签在 Chrome 浏览器的运行效果

footer 标签用来定义一个文档结构的“页眉”。通常用来表示文档的作者信息、相关链接、版权资料等。footer 标签和 header 标签一样，在一个 HTML 文档中，也可以有多个 footer 标签。

对于 footer 标签的具体使用，读者可以参考下面的代码。在 Chrome 浏览器运行之后，显示效果如图 1-10 所示。

HTML 代码：test_footer.html

```
<!DOCTYPE html>
<html>
<head>
</head>
<body>
<footer>
```

```
    designed by <em>guoxiaocheng</em> from hhu.
</footer>
</body>
</html>
```

- footer 标签用来定义一个文档结构的“页眉”。
- 在上面的代码中，我们在 footer 标签中定义作者的信息。

图 1-10　使用 header 标签在 Chrome 浏览器的运行效果

hgroup 标签用来定义一个文档中的标题组。即一个内容块包含主标题和多个副标题时，多个 h1-h6 标签可以放在 hgroup 标签里面。

对于 hgroup 标签的具体使用，读者可以参考下面的代码。在 Chrome 浏览器运行之后，显示效果如图 1-11 所示。

HTML 代码：test_hgroup.html。

```
<!DOCTYPE html>
<html>
<head>
</head>
<body>
<hgroup>
    <h1>1.HTML5</h1>
    <h3>1.1HTML5 的发展历程</h3>
    <h3>1.2HTML5 的主要特征</h3>
    <h3>1.3HTML5 的新功能</h3>
</hgroup>
</body>
</html>
```

- hgroup 标签用来定义一个文档中的标题组。
- 在上面的代码中，我们在一个标题组中定义了三个标题。

nav 标签用来定义一个文档中的导航区域。通常情况下，nav 标签只用于页面的主要导航，对于侧边栏上目录，搜索样式，或者下一篇上一篇文章等导航却不适合使用。

对于 nav 标签的具体使用，读者可以参考下面的代码。在 Chrome 浏览器运行之后，显示效果如图 1-12 所示。

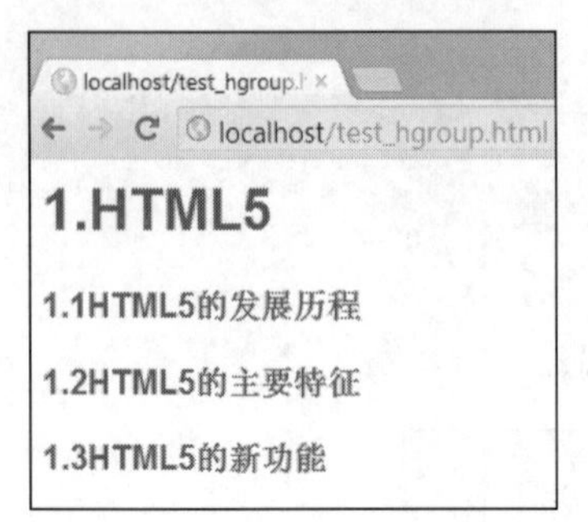

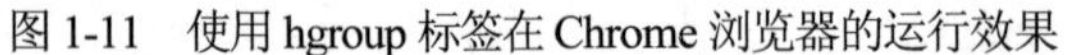
图 1-11　使用 hgroup 标签在 Chrome 浏览器的运行效果

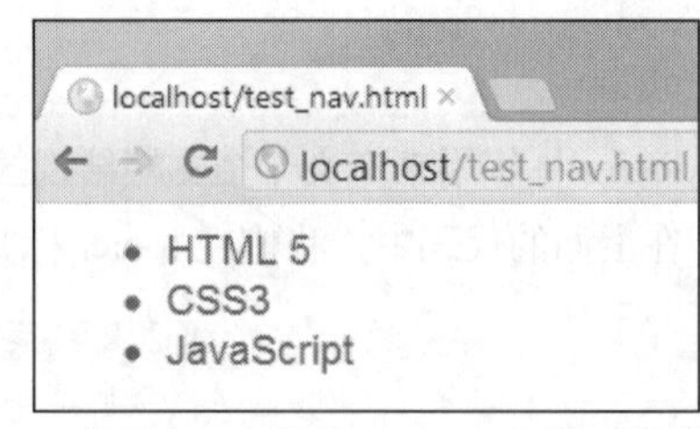

图 1-12　使用 nav 标签在 Chrome 浏览器的运行效果

HTML 代码：test_nav.html。

```
<!DOCTYPE html>
<html>
<head>
</head>
<body>
<nav>
    <ul>
        <li>HTML 5</li>
        <li>CSS3</li>
        <li>JavaScript</li>
    </ul>
</nav>
</body>
</html>
```

- nav 标签用来定义一个文档中的导航区域。
- 在上面的代码中，我们 nav 导航区域里设置了三个导航选项。

article 标签用来定义一个文档中自成一体的内容。比如，在 article 标签里，我们可以放入论坛的帖子、博客的文章或者用户的评论。通常情况下，在 article 标签里，还有其自身的 header 和 footer 标签。此外，article 标签可以嵌套使用。

对于 article 标签的具体使用，读者可以参考下面的代码。在 Chrome 浏览器运行之后，显示效果如图 1-13 所示。

HTML 代码：test_article.html。

```
<!DOCTYPE html>
<html>
<head>
</head>
```

```
<body>
<article>
    <header>
        <h1>HTML5 博客</h1>
    </header>
    <p>文章内容..</p>
    <article>
        <h2>评论</h2>
        <article>
            <header>
                <h3>评论者：访客甲</h3>
            </header>
            <p>good...it's userful!</p>
        </article>
        <article>
            <header>
                <h3>评论者：访客乙</h3>
            </header>
            <p>垃圾,糟糕的文章！</p>
        </article>
    </article>
</article>
</body>
</html>
```

- article 标签用来定义一个文档中自成一体的内容。
- 在上面的代码中，我们定义了一个典型的博客文章加评论的文档结构。

图 1-13　使用 article 标签在 Chrome 浏览器的运行效果

section 标签用来定义一个文档结构中的“章节”内容。section 标签和 artile 标签很容易混淆。总体说来，article 标签定义的是一个文档的独立版块，是一个容器元素。而 section 标签定义的是一个文档中的组成内容，和父标签是从属关系。此外，section 标签和 article 标签允许相互嵌套。

对于 section 标签的具体使用，读者可以参考下面的代码。在 Chrome 浏览器运行之后，显示效果如图 1-14 所示。

HTML 代码：test_section 标签。

```
<!DOCTYPE html>
<html>
<head>
</head>
<body>
<section>
    <h1>HTML5</h1>
    <article>
        <h2>HTML5 的新功能</h1>
        <p>新功能介绍</p>
        <section>
            <h3>其他功能</h3>
            <p>HTML5...</p>
        </section>
    </article>
</section>
</body>
</html>
```

- section 标签用来定义一个文档结构中的“章节”内容。
- 在上面的代码中，我们在使用 section 标签和 article 标签的相互嵌套。

图 1-14　使用 section 标签在 Chrome 浏览器的运行效果

aside 标签通常用来包含在 article 标签中作为主要内容的附属信息部分。因此，aside 标签常和 article 标签组合，用来作为页面或站点全局的附属信息部分。

对于 aside 标签的具体使用，读者可以参考下面的代码。在 Chrome 浏览器运行之后，显示效果如图 1-15 所示。

HTML 文件：test_aside.html。

```
<!DOCTYPE html>
<html>
<head>
</head>
<body>
<article>
    <h1>HTML5 的新功能</h1>
    <p>新功能介绍</p>
    <aside>
        <h1>Reference</h1>
        <p>
            WHATWG and W3C
        </p>
    </aside>
    <footer>
        <a href="#" >MORE...</a>
    </footer>
</article>
</body>
</html>
```

- aside 标签通常用来包含在 article 标签中作为主要内容的附属信息部分。
- 在上面的代码中，我们使用 aside 标签定义了 article 标签之外的内容。

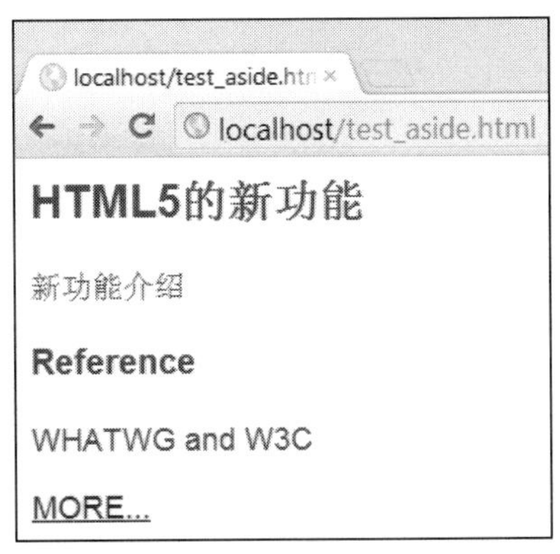

图 1-15　使用 aside 标签在 Chrome 浏览器的运行效果

1.3.6 语义化标签之文本元素

在 HTML5 标准中，除了新增加了文档元素的语义化标签之外，还增加了一系列和文本元素有关的语义化标签。本节，我们将重点探讨这些新增加的文本元素有关的语义化标签。这些常用的语义化标签包括：

- b 标签；
- i 标签；
- u 标签；
- code 标签；
- q 标签；
- cite 标签；
- time 标签；
- blockquote 标签；
- pre 标签。

b 标签用来定义加粗文本，即“bold”之意。通俗讲是用来在文本中高亮显示某个或者几个字符，旨在引起用户的特别注意，譬如文档概要中的关键字，评论中的产品名，以及分类名。

i 标签用来定义倾斜文本，即“italic”之意。通常在普通文章中突出不同意见或语气或其他的一段文本，也可以用做排版的斜体文字。

u 标签用来定义下划线文本，即“underline”之意。

对于 b 标签、i 标签和 u 标签的具体使用，读者可以参考下面的代码。在 Chrome 浏览器运行之后，显示效果如图 1-16 所示。

HTML 代码：test_text.html。

```
<!DOCTYPE html>
<html>
<head>
</head>
<body>
<b>HTML5 的新功能</b>
<br><br>
<i>HTML5 的新功能</i>
<br><br>
<u>HTML5 的新功能</u>
</body>
</html>
```

- b 标签用来定义加粗文本。

- i 标签用来定义倾斜文本。
- u 标签用来定义下画线文本。
- 在上面的代码中，我们定义了加粗、倾斜和下画线文本。

图 1-16　使用 b 标签、i 标签和 u 标签在 Chrome 浏览器的运行效果

code 标签用来定义计算机代码文本。通常情况下，是指单行的代码。对于多行的代码，可以使用 pre 标签。

对于 code 标签的具体使用，读者可以参考下面的代码。在 Chrome 浏览器运行之后，显示效果如图 1-17 所示。

HTML 文件：test_code.html。

```
<!DOCTYPE html>
<html>
<head>
</head>
<body>
<code>
    //this a Javascript code。<br>
    var result = 0;
    for(i = 0;i < 100;i++)
    {
        result += i;
    }
</code>
</body>
</html>
```

- code 标签用来定义计算机代码文本。
- 在上面的代码中，我们定义了几行 Javascript 代码。

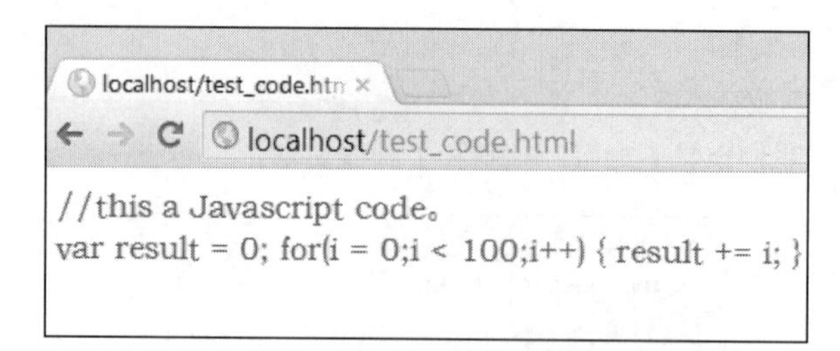

图 1-17　使用 code 标签在 Chrome 浏览器的运行效果

q 标签用来定义引用文本，即“quote”之意。

对于 q 标签的具体使用，读者可以参考下面的代码。在 Chrome 浏览器运行之后，显示效果如图 1-18 所示。

HTML 代码：test_q.html。

```
<!DOCTYPE html>
<html>
<head>
</head>
<body>
<q>
有志者，事竟成。苦心人，天不负。
</q>
</body>
</html>
```

- q 标签用来定义引用文本。

图 1-18　使用 q 标签在 Chrome 浏览器的运行效果

cite 标签也是用来定义引用文本。但与 q 标签不同的是，cite 标签引用的内容通常是书籍或杂志的标题。

对于 cite 标签的具体使用，读者可以参考下面的代码。在 Chrome 浏览器运行之后，显示效果如图 1-19 所示。

HTML 代码：test_cite.html。

```
<!DOCTYPE html>
<html>
<head>
</head>
<body>
<q>
有志者，事竟成。苦心人，天不负。
    <cite>
        —《后汉书?耿弇传》
    </cite>
</q>
</body>
</html>
```

- q 标签用来定义引用文本。
- cite 标签也是用来定义引用书籍、杂志等的标题。

图 1-19　使用 cite 标签在 Chrome 浏览器的运行效果

time 标签用来定义一个时间显示文本。在 time 标签里有两个属性，一个是 datatime 属性，用来表示具体的时间戳；另一个用来定义是否为特定文档的发布的时间。但是这两个属性在浏览器中还没有实际的效果。

对于 time 标签的具体使用，读者可以参考下面的代码。在 Chrome 浏览器运行之后，显示效果如图 1-20 所示。

HTML 代码：test_time.html。

```
<!DOCTYPE html>
<html>
<head>
</head>
<body>
<article>
    <header>
        <h1>HTML5 概述</h1>
```

```
        <p>发布时间<time datetime="2012-07-25" pubdate="pubdata">2012 年 07 月 25 日
</time></p>
      </header>
      <p>内容...</p>
   </article>
  </body>
  </html>
```

- time 标签用来定义一个时间显示文本。
- 在上面的代码中，我们使用 time 标签定义了 arcticle 内容块的发布时间。

图 1-20　使用 time 标签在 Chrome 浏览器的运行效果

blockquote 标签用来标记长引用文本。和 q 标签不同的是，q 标签用来标记的是一行文本。

对于 blockquote 标签的具体使用，读者可以参考下面的代码。在 Chrome 浏览器运行之后，显示效果如图 1-21 所示。

HTML 代码：test_blockquot.html。

```
<!DOCTYPE html>
<html>
<head>
</head>
<body>
<blockquote>
    有志者事竟成,破釜沉舟,百二秦关终属楚;
    苦心人天不负,卧薪尝胆,三千越甲可吞吴。
</blockquote>
</body>
</html
```

- blockquote 标签用来标记长引用文本。
- 在上面的代码中，我们使用 blockquote 标签标记了长引用文本。如果是短引用文本，可以使用 q 标签。

图 1-21　使用 blockquote 标签在 Chrome 浏览器的运行效果

pre 标签用来定义预格式化的文本。也就是说，使用 pre 标签的文本可以保留空格和换行符。pre 标签一个最重要的应用就是显示长代码文本。

对于 pre 标签的具体使用，读者可以参考下面的代码。在 Chrome 浏览器运行之后，显示效果如图 1-22 所示。

HTML 代码：test_pre.html。

```
<!DOCTYPE html>
<html>
<head>
</head>
<body>
<pre>
    //this a Javascript code。
    var result = 0;
    for(i = 0;i < 100;i++)
    {
        result += i;
    }
</pre>
</body>
</html>
```

- pre 标签用来定义预格式化的文本。
- 在上面的代码中，我们使用 blockquote 标签标记了长代码文本。如果是短代码文本，可以使用 code 标签。

图 1-22　使用 pre 标签在 Chrome 浏览器的运行效果

1.4　本章小结

在本章中，我们对 HTML5 技术做了一个总体的概述，使读者对 HTML5 有了一个初步的了解。

在第一节中，我们介绍了 HTML5 的发展历程。首先我们讨论在 HTML4 之前的 Web 设计者对 HTML 的探索，之后，我们讨论 HTML 是如何走向 XHTML 之路的。最后我们探讨了 HTML5 的诞生过程以及 HTML5 规范的发展情况。

在第二节中，我们讨论了 HTML5 的基本特征。讨论了 HTML5 基于各种各样的设计理念下的基本特征。

在第三节中，我们探讨了 HTML5 的新功能。包括 DOCTYPE 声明的简化、编码字符集的简化、样式表和脚本引入的简化等。此外，我们还重点探讨了在 HTML5 中的新增的全局属性和文档元素和文本元素的语义化标签。

第 2 章　旧貌换新颜——Html5 Web Form

本章我们来一起探讨 Html5 Web Form。众所周知，Html 表单自从问世以来，通过其在数据收集、数据组织、人机交互的优势，使得 Web 应用程序的应用使整个 Web 领域提升到了一个新的层次。Html 表单在整个 Web 领域中起着举足轻重的作用，小到个人网站的注册登录功能，大到大型企业的数据库管理系统，都可以看到 Html 表单的身影。

如果说 Html 表单的问世丰富和活跃了 Web 领域，那么 Html5 Web Form 的实现就是使这项崭新的技术百尺竿头，更进一步。Html5 Web Form 在保持了 Html 表单简便易用特性的同时，还增加了许多内置的元素、控件和属性来满足用户的需求，大大简便了我们之前要实现的输入类型检查、错误提示、表单校验等功能的代码。

本章，我们主要讨论 Html5 Web Form，首先会探讨 Html5 Web Form 的设计理念和各主流浏览器的支持情况，随后会讨论保留和新加的表单元素、输入类型属性和输入类型控件，最后我们会以一个开发实例探讨 Html5 Web Form 在实际开发中的应用。

2.1　Html5 Web Form 概述

Html5 Web Form 是在基于原有 HTML 表单的基础上，加入了一些特性元素和属性，使得开发人员更加方便，用户体验程度更高。本节，我们将重点探讨 Html5 Web Form 的设计理念、新颖之处和目前浏览器的支持情况。

2.1.1　Html5 Web Form 的设计理念

在 Web 领域里探索了 12 年之久的超文本标记语言 HTML，自从成为万维网的核心语言之后，精益求精，不断创新，终于发展到了第五次修订版本 Html5。但是 Html4 的发布以后，就曾一度被网页设计师和 Web 程序员称为最成功地标记格式语言。那么 Html5 在表单应用方面又有哪些创新的设计理念呢？

根据 W3C(World Wide Web Consortium，万维网联盟)的解释，HTML5 表单新特性的目的是在为用户提供更好的用户体验，为开发人员提供更简单的编程。从而可总结出 Html5 Web Form 是基于以下设计理念。

- **代码简单**。同样的表单代码 Html5 将比以前的 Html 代码更简单，因为在 Html5 Web Form 中去掉了以往的冗余代码。这对开发人员来说是非常重要的。
- **功能强大**。在 Html5 Web Form 中加入一些新元素新特性，在很大程度上改善了 Html4 中表单标签死板等问题，例如：在 Html4 或 XHtml 中，<input>,<button>,<select>,<textarea>等标签要放在<form>标签里面，而在 Html5 Web Form 中，却没有这样的限制，这些标签可以放在网页的任何位置，因为这些标签可以通过新增的 form 属性与相应的表单关联。
- **用户友好**。Html5 Web Form 的初衷是为用户提供更好的 Web 服务体验。例如：使用 Html5 Web Form 的新特性可以为用户提供一些自动聚焦、输入信息提示和输入信息选择等功能。
- **兼容性好**。基于目前的浏览器参差不齐，各大主流浏览器对 Html5 Web Form 的支持情况也不尽相同。但是 Html4 表单的标签和特性在 Html5 中是完全支持的，反过来，Html5 Web Form 的新元素新特性在旧式浏览器也不会报错，所以读者现在就可以在自己的 Web 程序上大胆地使用 Html Web Form 技术。

相信大家都可能对 Xform 有一定的了解。事实上，Html5 Web Form 从某种意义上来说只是 Xform 的冰山一角。Xform 是下一代的 HTML 表单的标准，通过 XML 结构化数据格式定义、存储和传递表单数据，提供了比现在更加灵活和丰富的表单控件，而且使用了 Web 开发中流行的 MVC(视图、控制器、模型)的设计模式，强制性地将用户数据和表单分离，使代码更加清晰、简单、方便，比现有的 html 表单更加规范，有更高的可用性。此外，XForm 还提供了丰富的表单样式和强大的事件处理模型，让开发者可以把大量的精力放在表单内容和数据的收集上，从而可以不用过多地关注表单的显示方式。但是这个作为 W3C 万维网研究了近十年的标准，至今还处于雏形阶段，主流浏览器在没有安装插件的条件下，都没有对其提供支持。而 Html5 Web Form 的一些功能和特性的设计理念在很大程度上就是来自于 Xform。读者如果对 Xform 感兴趣，可以自行查看相关资料进行学习。

2.1.2 Html5 Web Form 新在何处

Html5 Web Form 是在 Html4 中改进而来的，万变不离其宗，所以它必然保留了一些现有 html 表单的功能和特性。当然，这些保留的功能和特性，对于我们来说是喜闻乐见的，因为我们不仅可以花更少的时间去熟悉 Html5 Web Form 的使用，而且对 Html5 Web Form 的兼容性也有一定的保障。这些保留的功能和特性主要如下。

- 表单的容器还是<form>标签，我们可以在其中设置基本的提交特性。
- 之前的表单控件（如文本框、单选按钮、复选框）的使用方法不变。
- 用户向服务器提交表单的方式不变，GET 和 POST 两种方式。
- 之前使用的脚本控制可以继续使用。

所以，Html5 Web Form 标准的出现并不是什么质的变革。简单来说，Html5 Web Form 只是在原来的基础上加入了一些新的控件类型，同时加入一些新元素和属性来解决开发人员以往代码冗余的问题，所以 Html5 Web Form 的旧貌换新颜主要体现在以下几个方面。

1．表单结构更加自由。前面我们已经讨论过，在 Html4 的表单实现中，如果我们不使用一定脚本控制，表单控件就必须被放置在<form></form>标签之中才能顺利提交到服务器，也就是说，Html4 规范中要求开发人员必须将要提交到同一服务器的数据集中到一个 DOM 块中，这在 form 元素和表单控件较多的情况下给设计以及实现带来一定程度的限制。例如在某个注册模块中，有一部分信息需要提交到服务器地址 A，而另一部分则需要提交到服务器地址 B，然而在展现上这些控件又是混在一块的。这一场景在 HTML4 中处理起来是比较麻烦的，但是在 Html5 Web Form 中却可以轻松处理，因为在 Html5 中，所有的表单控件都增加了一个新属性 form，可以关联相应的表单 id，表示该控件属于某个表单。通过这个属性则彻底突破了必须将控件写在<form></form>之中的限制。

2．表单提交更加灵活。在 Html4 中，一个表单的数据内容一般只能提交到一个服务器地址，这在一定程度上也阻碍了我们表单功能的实现。而 Html5 Web Form 也解决了这个问题，因为在 Html5 中，所有的表单控件都增加了一个新属性 formaction，可以为每个表单控件设置要提交的服务器地址，这使得我们在设计网页时更加灵活，可以自由地选择要向服务器提交表单的数据。

3．用户体验更加友好。Html5 Web Form 的初衷就是为了提供更好的用户体验。Html5 中引入了一些新的属性，例如 holderplace、datalist、list 等，这些自动聚焦、提示列表和用户自由信息提示等功能，可以让 Web 程序更好地与用户实现交互。

4．输入类型更加丰富。Html5 Web Form 规范中提供了一系列的输入类型，如邮箱、网址、邮政编码等。与之前只有的文本 text、password 和 submit 相比，大大丰富了输入类型，也使我们省略了一大堆冗余的表单脚本验证代码。

5．表单样式更加华丽。Html5 Web Form 在以前只有文本框、单选钮和复选框等几个典型的输入样式的基础上，引入了时间选择器和数字选择器等更加丰富的表单数据内容表现形式，使我们可以在研究和实现用户内容和数据的收集上放更多的精力，从而不必太在意表单样式的表现。

此外，在 Html5 Web Form 规范中，虽然提供了很多元素和属性的使用方法，但是它并没有规定浏览器用何种方式来呈现给用户。Html5 的这种以退为进，无为而大作的策略，显然有着长远的考虑。

首先，这种分离语义和样式的方法带给了浏览器更大的发挥空间，浏览器可以不断改善自己的显示样式。

其次，桌面浏览器和移动设备的浏览器都可以遵照 Html5 Web Form 语义标准的前提下，设计出适合用户当前使用设备的显示方式。例如，现在的部分移动设备上，可以通过识别表单的输入类型，会显示不同的屏幕键盘。在 Iphone 手机上，当输入类型为 email 时，会提供带有“@”和“.”的屏幕键盘，而输入类型为 url 时，则会提供带有“.com”和“/”的屏幕键盘。如图 2-1 和图 2-2 所示。

图 2-1　Iphone 手机当表单的输入类型分别为 url 情况下的显示界面

图 2-2　Iphone 手机当表单的输入类型分别为 email 情况下的显示界面

2.1.3　Html5 Web Form 的浏览器支持情况

虽然 Html5 Web Form 的浏览器支持情况不一定是最糟糕的，但至少是令我们最头疼和最纠结的一个。目前主流的桌面浏览器和移动设备浏览器对 Html5 Web Form 新控件和新属性的支持情况如图 2-3 和图 2-4 所示。其中白色表示完全支持，浅灰色表示部分支持，深灰色表示不支持。

IE	Firefox	Chrome	Safari	Opera
	3.0			
	3.5	8.0		
	3.6	10.0		
	4.0	11.0		
	5.0	12.0		
	6.0	13.0		
	7.0	14.0		
	8.0	15.0		
	9.0	16.0		
	10.0	17.0		
6.0	11.0	18.0	4.0	
7.0	12.0	19.0	5.0	
8.0	13.0	20.0	5.1	11.6
9.0	14.0	21.0	6.0	12.0

图 2-3　桌面浏览器对 Html5 Web Form 的支持情况

iOS Safari	Opera Mini	Android Browser	Opera Mobile	Chrome for Android	Firefox for Android
		2.1			
3.2		2.2			
4.0-4.1		2.3	10.0		
4.2-4.3		3.0	11.5		
5.0-5.1	5.0-7.0	4.0	12.0	18.0	14.0

图 2-4　移动设备浏览器对 Html5 Web Form 的支持情况

从图 2-2 和图 2-3 中可以看出，虽然支持 Html5 Web Form 的浏览器越来越多，但是主流浏览器的支持情况却参差不齐。这主要是因为 Html5 Web Form 控件类型众多，而到目前为止，很多浏览器制造厂商都还没有来得及投入太多的精力去支持这些新的输入控件类型。即便如此，现在的 Webkit 内核的浏览器基本都在不同程度上开始支持 Html5 Web Form，特别是桌面浏览器 Opera 和移动设备上的浏览器 Safari 已经把 Html5 Web Form 支持得很完美了，Html5 Web Form 的普及已经指日可待。

此外，读者也不需要对自己在应用程序上使用 Html5 Web Form 新元素而表示担忧，因为 Html5 Web Form 的兼容性非常好。例如，即使用户的浏览器不支持新的表单输入控件，也会向 Html4 规范兼容，不会抛出任何异常或错误，只是使用简单文本输入框代替。正是基于此，我们在使用 Html5 Web Form 时，也没有必要去检测用户的浏览器的支持情况。

2.2　Html5 Web Form 的使用

在 Web 应用程序中，表单是收集用户信息和进行程序交互的主要手段，也是组织和分配用户数据内容的重要方式。而 Html5 Web Form 良好的表单设计理念，将更好地降低服务器处理表单的负载压力，提供用户友好体验，让开发人员在使用表单收集数据时更加方便。本节，首先我们讨论一些表单的基础，然后从细节上探讨 Html5 Web Form 的使用。

2.2.1　表单容器的基本属性

在 Html5 Web Form 中，保留了我们熟悉的表单容器<form>标签。现在我们一起来回顾<form>标签的基本属性的使用。这些属性主要包括：

- method 属性；
- action 属性；
- enctype 属性；
- accept 属性；
- accept-charset 属性；
- target 属性；
- id 属性；
- name 属性；
- autocomplete 属性；
- novalidate 属性。

method 属性用来指定浏览器向服务器传送表单数据的方式，这个属性是可选的。在 Html5 Web Form 中，除了保留在 html4 规范中的<form>标签里的 method 属性，而且在任何一个表单输入控件都可以设置 formmethod 属性，方便让表单不同部分的数据以不同的方式传输的服务器。Method 和 formmethod 属性值可以是 POST 和 GET，两种方式各有优劣，表 2-1 对这两种属性的传输方式和优点进行了归纳。

表 2-1　Method 和 Formmethod 属性值的传输方式和优点

Method 和 Formmethod 属性值	传　输　方　式	优　　　点
Post	将主体资料直接传输给服务器	传输数据大，安全性高
Get	通过 URL 载体传输	传输速度快，便于调试

当 method 或 formmethod 的属性值为 POST 时，表单的数据在浏览器后台直接传送给服务器进行处理。这一般用于传送数据量大、安全性要求比较高的表单数据内容。

当 method 或 formmethod 的属性值为 GET 时，实际上是通过 URL 传递表单数据内容，具体流程如下所示。

- 浏览器会先从服务器请求 URL。
- 浏览器将表单的数据内容进行 ASCALL 编码，各个变量之间使用“&”符号连接。
- 浏览器将编码过的数据绑定到 URL 上发送给服务器。

对于 method 属性的具体使用，读者可以参考下面的代码。

HTML 代码:test_method.html。

```
<!DOCTYPE html>
<html>
<head>
</head>
<body>
<form action="#" method="GET">
    <p>
        姓名:
        <input type = "text" name="user_name"/>
    </p>
    <p>
        密码:
        <input type = "password" name="user_password"/>
    </p>
    <input type="submit"/>
</form>
</body>
</html>
```

- text 是文本框输入类型控件。
- password 是密码框的输入类型控件。

- method 属性用来指定浏览器向服务器传送表单数据的方式。
- action 属性用来设置服务器接收和处理表单数据的 URL。
- 在上述代码中，我们使用 GET 方法传送数据内容。

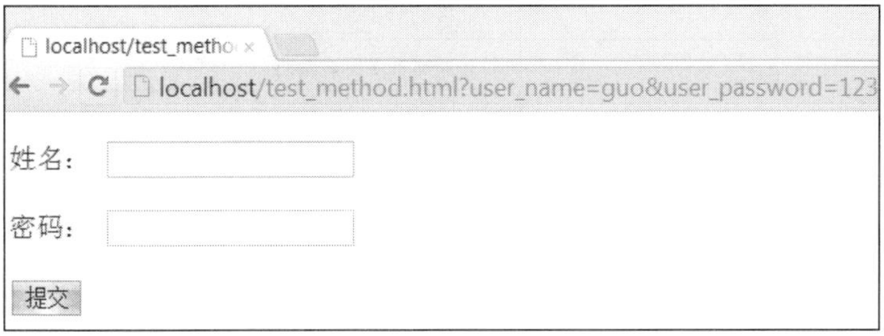

图 2-5　使用 GET 方式传递表单数据的 URL 显示效果

在一般情况下，要尽量避免使用 GET 方式，因为 URL 的长度有限制，使用 GET 方式传输的表单数据一般不能超过 2KB。此外，这种方式也存在一定的安全隐患，因为 URL 是可见的，不安分的用户可能会直接通过网址提交表单。

action 属性用来设置服务器接收和处理表单数据的 URL。这是表单容器<form>唯一的必选属性。和 method 一样，在 Html5 Web Form 中，除了在<form>标签中具有 action 属性，在任何的一个表单输入控件都可以设置 formaction，让不同表单的数据传输给不同的服务器。对于 action 属性的具体使用，前面我们已经探讨过了，这里不再赘述。

在继续探讨表单容器的基本属性之前，我们有必要来讨论一下表单的基本架构，即服务器接受表单数据的具体方式。

一个完整的表单应该包含两个部分，本书所讨论的都只是浏览器端向用户显示的部分。实际上，还有另一部分就是服务器端接受和处理表单数据的脚本。这些脚本语言主要有 ASP、CGI 和 PHP 等，它们都有一套标准统一表单数据接受和处理方式。例如当我们使用 POST 方式传输表单数据时，ASP 脚本服务器端使用 Request.Form 对象来接收，而 PHP 脚本服务器端使用$_[POST]数组来接收。而当我们使用 GET 方式传输表单数据时，ASP 脚本服务器端使用 Request.QueryString 对象来接收，而 PHP 脚本服务器端则使用$_[GET]数组来接收。

enctype 属性用来指定表单数据在发送到服务器之前进行编码的编码方式，这个属性是可选的，而且该属性只有在表单数据传输方式设置为 POST 时才有效。

同样，在 Html5 Web Form 中，除了在<form>标签中保留了 entype 属性之外，在任何的一个表单输入控件都可以设置 formenctype 属性，为不同的表单输入控件指定相应的编码方式。表 2-2 对 enctype 和 formenctype 属性的取值和说明进行了归纳。

表 2-2　enctype 和 formenctype 属性的取值和说明

属　　性　　值	说　　　　明
application/x-www-form-urlencoded	默认形式，以超文本的形式编码
multipart/form-data	以二进制形式编码
text/plain	以普通文本的形式编码
application/x-www-form+xml	以 XML 结构化数据格式编码

在上面四种编码方式中，“application/x-www-form+xml”是在 Html5 Web Form 中新增加的编码方式，这种编码方式以 XML 结构化数据的格式进行编码表单内容，可以更有效地降低服务器负载压力。

此外，对于文件上传输入类型控件，enctype 属性必须将设置为“multipart/form-data”的，因为在文件上传时，只有使用二进制形式编码，才可以保证表单数据连续地传送到服务器。

对于 enctype 属性的具体使用，读者可以参考下面的代码。

HTML 代码：test_enctype.html。

```
<!DOCTYPE html>
<html>
<head>
</head>
<body>
<form action="#" method="POST" enctype="text/plain">
    <p>
        姓名:
        <input type = "text" name="user_name"/>
    </p>
    <p>
        密码:
        <input type = "password" name="user_password"/>
    </p>
    <input type="submit"/>
</form>
</body>
</html>
```

- enctype 属性用来指定表单数据在发送到服务器之前进行编码的编码方式。
- 上述代码中，表示以普通的文本形式对表单内容进行编码。

accept 属性用来指定能够通过文件上传进行提交的文件类型。这个属性也是可选的，属性值是一个或多个 MIME 类型，多个 MIME 类型要使用逗号隔开。

对于 accept 属性的具体使用，读者可以参考下面的代码。

HTML 代码：test_accept.html。

```
<!DOCTYPE html>
<html>
<head>
</head>
<body>
<form method = "POST" enctype = "multipart/form-data" action = "#" accept
="image/gif,image/jpeg" >
    <p>
        图片文件：<input type="file" name="pic" id="pic" />
    </p>
    <input type="submit" value="开始上传" />
</form>
</body>
</html>
```

- file 是文件上传输入类型控件。
- accept 属性用来指定能够通过文件上传进行提交的文件类型。
- enctype 属性用来指定表单数据在发送到服务器之前进行编码的编码方式
- 在上面的表单代码中，只有 gif 和 jpg 文件才能进行文件上传。

accept-charset 属性用来指定服务器处理表单数据所接受的字符集。这个属性是可选的，用的也不多，但不并不代表它不重要。例如，在使用 GBK 的编码的表单向使用 UTF-8 编码的 Web 应用程序里提交数据时，如果没有使用 accept-charset 属性，肯定是会乱码的。accept-charset 的原理非常简单，开发人员制定了字符集后，服务器就会使用指定的字符集来解释表单数据。表 2-3 列举了 accept-charset 可以设置的常用字符集。

表 2-3　accept-charset 可以设置的常用字符集。

字符集名称	说　　明
ASCALL	万维网最早使用的字符集。支持 0～9 的数字，大小写英文字母以及一些特殊字符
UTF-8	可以表示 Unicode 标准中的任意字符，已成为网页和电子邮件的首选编码
ISO-8859-1	现在浏览器默认的字符集，通过了国际标准认证，基本上定义了世界各地字符
GBK	GBK 是一个汉字编码标准，支持所有的中文字符

在理论上，我们可以使用任何字符集，但问题是并不是所有服务器都能够解释它们。所以最简单的方法还是将表单和应用程序所使用的字符集统一。

对于 accept-charset 属性的具体使用，读者可以参考下面的代码。

HTML 代码：test_accept-charset.html。

```
<!DOCTYPE html>
<html>
<head>
</head>
<body>
<form action = "#" method = "get" accept-charset = "UTF-8">
    <p>
        姓名: <input type = "text" name = "name" />
    </p>
    <p>
        密码: <input type = "password" name = "password" />
    </p>
    <input type = "submit" value = "提交" />
</form>
</body>
</html>
```

- accept-charset 属性用来指定服务器处理表单数据所接受的字符集。
- 上述代码表示服务器使用 UTF-8 字符集处理表单数据。

target 属性用来指定浏览器在提交表单后生成的页面加载到哪个框架或者浏览窗口。这个属性是可选的，读者可能了解<a>标签的 target 属性，使用方法其实是一样的。表 2-4 对 target 属性的取值和说明进行了归纳。

表 2-4　target 属性的取值和说明

Target 属性值	说　　明
_blank	在新窗口中打开
_parent	在父框架中打开
_self	在当前的框架中打开
_top	在整个窗口中打开
framename	在指定的框架中打开

对于 target 属性的具体使用，读者可以参考下面的代码。

HTML 代码：test_target.html。

```
<!DOCTYPE html>
<html>
<head>
</head>
<body>
```

```
<form action = "#" method = "POST" target="_parent">
    <p>
        姓名: <input type = "text" name = "name" />
    </p>
    <p>
        密码: <input type = "password" name = "password" />
    </p>
    <input type = "submit" value = "提交" />
</form>
</body>
</html>
```

- target 属性用来指定浏览器在提交表单后生成的页面加载到哪个框架或者浏览窗口。
- 上述代码表示在当前表单窗口的父窗口中打开生成的页面。

id 属性和 name 属性都是用来标识网页中的<form>标签，在进行表单的样式设计和表单的脚本控制时都需要用到表单的 id 属性或者 name 属性来获取相应的表单容器对象。这个属性我们再熟悉不过了，这里就不再作进一步探讨。

novalidate 属性用来指定浏览器是否启用表单验证功能，是 Html5 Web Form 中新增的可选属性。novalidate 的属性值是布尔值。前面已经讨论过，Html5 Web Form 中的输入控件带有强大的表单验证功能。某些时候，我们也可以通过 novalidata 属性来关闭这些验证功能。

对于 novalidate 属性的具体使用，读者可以参考下面的代码。

HTML 代码：test_novalidate.html。

```
<!DOCTYPE html>
<html>
<head>
</head>
<body>
<form action = "#" method = "POST" novalidate = "novalidate">
    <p>
        姓名: <input type = "text" name = "name" />
    </p>
    <p>
        密码: <input type = "password" name = "password" />
    </p>
    <input type = "submit" value = "提交" />
</form>
</body>
</html>
```

- novalidate 属性用来指定浏览器是否启用表单验证功能。

- 在上面的代码中，我们关闭了表单内置的验证功能。

autocomplete 属性用来指定浏览器是否启用自动完成功能，也是 Html5 Web Form 中新增的可选属性，如果我们开启了浏览器的自动完成功能，那么在用户在表单中开始键入值时，浏览器会把用户之前的输入过的值的列表显示出来，供用户选择。表 2-5 对 autocomplete 属性的取值和说明进行了归纳。

表 2-5　autocomplete 属性的取值和说明进行了归纳

Autocomplete 的取值	数　码
On	默认设置，开启自动完成功能
Off	关闭自动完成功能

对于 autocomplete 属性的具体使用，读者可以参考下面的代码。

HTML 代码：test_autocomplete.html。

```
<!DOCTYPE html>
<html>
<head>
</head>
<body>
<form action = "#" method = "POST" autocomplete = "off">
   <p>
      姓名：<input type = "text" name = "name" />
   </p>
   <p>
      密码：<input type = "password" name = "password" />
   </p>
   <input type = "submit" value = "提交" />
</form>
</body>
</html>
```

- autocomplete 属性用来指定浏览器是否启用自动完成功能。
- 在上面的代码中，我们指定浏览器关闭自动完成功能。

2.2.2　表单结构的元素标签

在 Html5 Web Form 中，为了带给用户良好地服务体验，在保留了一些优秀的表单元素标签的同时，也加入了一些新的元素标签。本小节我们将一起讨论这些元素标签的使用，这些表单元素标签主要有以下几个。

- label 标签；
- input 标签；

- button 标签；
- fieldset 标签；
- lenged 标签；
- select 标签；
- <optgroup> 标签；
- textarea 标签；
- datalist 标签；
- output 标签；
- keygen 标签。

label 标签用来设置输入型控件的说明信息，这是一个很有用的标签。虽然 label 元素不会向用户呈现任何特殊效果，但是如果用户在 label 元素内点击文本，就会触发此控件，换句话说，当用户选择该标签时，浏览器就会自动将焦点转到和标签相关的表单控件上。

对于 label 标签的具体使用，读者可以参考下面代码。

HTML 代码：test_label1.html。

```
<!DOCTYPE html>
<html>
<head>
</head>
<body>
<form action="#" method="POST" >
    <label>
        姓名:
        <input type = "text" name = "user_name"/>
    </label>
    <label>
        密码:
        <input type = "password" name = "user_password"/>
    </label>
</form>
</body>
</html>
```

- method 属性用来指定浏览器向服务器传送表单数据的方式。
- action 属性用来设置服务器接收和处理表单数据的 URL。
- label 标签用来设置输入型控件的说明信息。

此外，使用 label 标签将会使表单的显示更加整齐、美观。如果多个表单输入类型控件的提示信息长度不一样，必然会导致输入框的缩进程度也不一样。这时候，我们就可以充分利用 label 元素的 for 属性，把提示信息和输入控件分离，然后通过 for 属性设置为相应的 id 值关联到表单输入型控件。读者可以参考下面的代码，在 Chrome 浏览器运行之后，显示效果如图 2-6 所示。

HTML 代码：test_label2.html。

```
<!DOCTYPE html>
<html>
<head>
</head>
<body>
<form action="#" method="POST" >
<table>
    <tr>
        <td>
            <label for = "name">
                请输入您的姓名:
            <label>
        </td>
        <td>
            <input type = "text" id = "name"/>
        </td>
    <tr>
    <tr>
        <td>
            <label for = "password">
                密码:
            <label>
        </td>
        <td>
            <input type = "password" id = "password"/>
        </td>
    <tr>
</table>
</form>
</body>
</html>
```

- method 属性用来指定浏览器向服务器传送表单数据的方式。
- action 属性用来设置服务器接收和处理表单数据的 URL。
- label 标签用来设置输入型控件的说明信息。

input 标签用来定义表单的输入类型控件，这是一个 Html5 Web Form 中改变最大的地方。关于 input 的属性和输入型控件的使用，我们会在后面的章节作进一步讨论。

图 2-6　使用普通<p>元素和<label>元素的显示效果对比

button 标签用来定义表单的按钮。在后面的章节我们还会介绍一个 button 类型的输入控件，两者的功能差不多，但不同的是在 button 标签中我们可以放置文本和图像，同时在脚本控件、事件处理等方面，button 标签也更显优势。关于 button 标签的脚本控制，我们将在后面的章节进行探讨。现在我们主要来讨论一下 button 标签的属性。Html5 Web Form 中在保留了 button 元素标签的基本属性的同时，还增加了一些新属性。表 2-6 对 Html5 Web Form 中的 button 元素的属性进行了归纳。

表 2-6　Html5 Web Form 中的 button 标签的属性

属性名称	取值类型或范围	说　　明
type	button、submit 和 reset	定义按钮的类型
disabled	布尔值	定义是否禁用按钮
name	字符串	定义按钮的唯一标识符
autofocus	布尔值	定义按钮是否自动获得焦点
form	相应表单的 id	定义是否关联到某个表单
formmethod	与表单容器的 method 属性相同	与表单容器的 method 属性相同
formenctype	与表单容器的 enctype 属性相同	与表单容器的 enctype 属性相同
formtarget	与表单容器的 target 属性相同	与表单容器的 target 属性相同
formnovalidata	与表单容器的 novalidata 属性相同	与表单容器的 novalidata 属性相同

对于 button 标签的具体使用，读者可以参考下面的代码。在 Chrome 浏览器运行，显示效果如图 2-7 所示。

HTML 代码：test_button.html。

```
<!DOCTYPE html>
<html>
<head>
</head>
<body>
<form action = "#" method = "POST" >
```

```
        <label>
            <button type = "button">按钮</button>
        </label>
        <br><br>
        <label>
            <button type = "button">
                <img src = "test_pic_button.gif"/>
            </button>
        </label>
    </form>
</body>
</html>
```

- label 标签用来设置输入型控件的说明信息。
- button 标签用来定义表单的按钮。
- 在上面的代码中，我们分别定义了一个文字按钮和一个图片按钮。

fieldset 标签和 lenged 标签用来将相应的表单控件分组。其中，fieldset 标签用来在表单控件组周围创建边框，以表明这些表单控件是相关的，而 legend 标签用来为分组控件指定一个标题，该标题将作为表单控件组的名称。此外，当我们使用<legend>元素时，必须把它作为<fieldset>元素的第一个子元素。

对于 Fieldset 标签和 lenged 标签的具体使用，读者可以参考下面的代码，在 Chrome 浏览器运行之后，显示效果对比如图 2-8 所示。

图 2-7　使用 button 标签在 Chrome 浏览器的显示效果

图 2-8　fieldset 和 lenged 元素在 Opera 浏览器的显示效果

HTML 代码:test_fieldset.html。

```
<!DOCTYPE html>
<html>
<head>
```

```
</head>
<body>
<form action="#" method="POST">
<fieldset>
    <legend><em>必填项</em></legend>
    <label>
        姓名:
        <input type = "text" name = "name">
    <label>
        <br><br>
    <label>
        密码:
        <input type = "password" name = "password">
    <label>
</fieldset>
<fieldset>
    <legend><em>选填项</em></legend>
    <label>
        身高:
        <input type = "text" name = "height">
    <label>
        <br><br>
    <label>
        体重:
        <input type = "text" name = "weight">
    <label>
</fieldset>
</form>
</body>
</html>
```

- label 标签用来设置输入型控件的说明信息。
- fieldset 标签用来在表单控件组周围创建边框。
- legend 标签用来为分组控件指定一个标题。
- 在上面的代码中，我们定义了两个表单控件分组，分别为必填项和选填项。

select 标签和 option 标签组合用来创建下拉列表框列表。在 Html5 Web Form 规范中，select 标签加入了一些新的属性，同时一些过时的属性也不再提供支持。表 2-7 对 select 标签的属性进行了归纳总结。

表 2-7 select 标签的属性

属性名称	取值类型或范围	说　　明
disabled	布尔值	定义是否禁用下拉列表
name	字符串	定义下拉列表框的唯一标识符
size	不再支持	不再支持
data	网址 URL	定义使用外部数据。
form	相应表单的 id	定义关联到相应的表单
multiple	布尔值	定义用户是否可以一次选择多项
autofocus	布尔值	定义下拉列表框是否自动获得焦点

对于 select 标签的具体使用，读者可以参考下面的代码。在 Chrome 浏览器运行，显示效果如图 2-9 所示。

HTML 代码：test_select.html。

```
<!DOCTYPE html>
<html>
<head>
</head>
<body>
<form action = "#" method = "POST" >
<label>
    早餐:
    <select name = "breakfast" multiple = "multiple">
        <option value = "milk">牛奶</option>
        <option value = "bread">面包</option>
        <option value = "fritters">油条</option>
    </select>
</label>
</form>
</body>
</html>
```

- label 标签用来设置输入型控件的说明信息。
- 据的 URL。
- select 标签用来创建下拉列表框列表。
- multiple 属性用来定义用户是否可以一次选择多项。

optgroup 标签用来以选项组的形式定义下拉列表框。也就是说，当下拉列表的选项比较多时，使用 optgroup 标签可以轻松地实现选项分组功能。optgroup 是 Html5 Web Form 中新增加的标签，表 2-8 对它的属性进行了归纳。

表 2-8　optgroup 标签的属性

属　性　值	取值类型或范围	说　　明
disabled	布尔值	在表单首次加载时，禁用改选项组
label	字符串	定义选项组的分组标签

对于 optgroup 标签的具体使用，读者可以参考下面的代码。在 Chrome 浏览器运行，显示效果如图 2-10 所示。

图 2-9　使用 select 标签在 Chrome 浏览器的显示效果

图 2-10　使用 optgroup 标签在 Chrome 浏览器的显示效果

HTML 代码：test_optgroup.html。

```
<!DOCTYPE html>
<html>
<head>
</head>
<body>
<form method = "POST" action = "#" >
<label>
    身份:
    <select>
        <optgroup label = "学生">
            <option value = "本科生">本科生</option>
            <option value = "研究生">研究生</option>
        </optgroup>
        <optgroup label = "工人">
            <option value = "清洁员">清洁员</option>
            <option value = "工程师">工程师</option>
            </optgroup>
    </select>
</label>
</form>
```

```
</body>
</html>
```

- label 标签用来设置输入型控件的说明信息。
- optgroup 标签用来以选项组的形式定义下拉列表框。
- multiple 属性用来定义用户是否可以一次选择多项。
- label 属性定义选项组的分组标签。

textarea 标签用来定义一个文本区域，在一个文本区域内，用户可以输入无限制的文本。文本区域的默认字体是等宽字体（fixed pitch）。Html5 Web Form 的 textarea 标签也在保留部分原来属性的基础上加入了一些新的属性，表 2-8 对 textarea 标签的属性进行了归纳总结。

表 2-8　textarea 标签的属性

属性名称	取值类型或范围	说　　明
cols	整型	定义文本区域内的可见列数
rows	整型	定义文本区域内的可见行数
name	字符串	定义文本区域的唯一标识符
readonly	布尔值	定义是否设置文本区域的只读
disabled	布尔值	定义当表单首次加载时，是否禁用改文本区域
autofocus	布尔值	定义文本区域是否自动获得焦点
form	相应表单的 id	定义关联到相应的表单
inputmode	字符串	定义该文本区域期望的输入类型
requried	布尔值	定义该文本区域是否为必填项

对于 textarea 标签的具体使用，读者可以参考下面的代码。在 Chrome 浏览器运行，显示效果如图 2-11 所示。

HTML 代码：test_textarea.html。

```
<!DOCTYPE html>
<html>
<head>
</head>
<body>
<form method = "POST" action = "#" >
<label>
    文本:
    <textarea rows = "8" cols = "10" readonly="readonly" >
        这里文本域的文本内容...
    </textarea>
```

```
</label>
</form>
</body>
</html>
```

- label 标签用来设置输入型控件的说明信息。
- textarea 标签用来定义一个文本区域。
- readonly 属性用来设置该文本区域为只读。

图 2-11　使用 textarea 标签在 Chrome 浏览器的显示效果

datalist 标签和 option 标签组合用来定义输入域的选项列表。输入域选项列表，就是指如图 2-12 所示的百度搜索关键词提示的信息列表。在 Html5 之前，要实现这个功能，需要使用大量复杂的 Javascript 脚本，而在 Htm5 Web Form 中，只要使用 datalist 标签和 option 标签组合就能完成。

图 2-12　百度搜索引擎的关键词选项列表提示功能

在 Html5 Web Form 中，我们通过 list 属性使输入类型控件关联到特定的输入域选项列表。具体使用方法，读者可以参考下面的代码，在 Chrome 浏览器运行之后，显示效果如图 2-13 所示。

HTML 代码：test_datalist1.html。

```
<!DOCTYPE html>
<html>
<head>
</head>
```

```
<body>
<form method = "POST" action = "#">
    <label>
        <input type = "text" list = "remined" name = "school"/>
    </label>
    <datalist id = "remined">
        <option  value = "html5 是什么" />
        <option  value = "html5 开发工具" />
        <option  value = "html5 canvas" />
    </datalist>
<form>
</body>
</html>
```

- label 标签用来设置输入型控件的说明信息。
- datalist 标签和 option 标签组合用来定义输入域的选项列表。
- list 属性使输入类型控件关联到特定的输入域选项列表。

图 2-13 使用 datalis 标签和 option 标签组合在 Chrome 浏览器的显示效果一

此外，在使用 datalist 标签和 option 标签组合时，我们还可以为 option 标签设置 label 属性，为每个选项配上解释性的信息。具体使用方法，读者可以参考下面的代码，在 Chrome 浏览器运行之后，显示效果如图 2-14 所示。

HTML 代码：test_datalist2.html。

```
<!DOCTYPE html>
<html>
<head>
</head>
<body>
<form method = "POST" action = "#">
    <label>
        <input type = "text" list = "remined" name = "school"/>
    </label>
```

```
    <datalist id = "remined">
        <option  value = "html5是什么"  label = "TOP1"/>
        <option  value = "html5开发工具"  label = "TOP2"/>
        <option  value = "html5 canvas"  label = "TOP3"/>
    </datalist>
<form>
</body>
</html>
```

- label 标签用来设置输入型控件的说明信息。
- datalist 标签和 option 标签组合用来定义输入域的选项列表。
- list 属性使输入类型控件关联到特定的输入域选项列表。
- label 属性为每个选项配上解释性的信息。

图 2-14　使用 datalis 标签和 option 标签组合在 Chrome 浏览器的显示效果二

keygen 标签用来规定用于表单的密钥对生成器字段。我们知道，当用户提交表单时，会生成一个私钥和一个公钥。其中，私钥（private key）存储于客户端，公钥（public key）则被发送到服务器，用于之后验证用户的客户端证书（client certificate）。而 keygen 标签实质上就是一个可以供用户选择加密强度的密钥生成器，因为 keygen 是 Html5 Web Form 中的一个全新的标签，各主流浏览器的对其的支持情况也差异甚大，可以选择的加密强度也就不一样。如下面代码，在 Chrome 浏览器和 Opera 浏览器运行之后，显示效果分别如图 2-15 和图 2-16 所示。

HTML 代码:test_keygen.html。

```
<!DOCTYPE html>
<html>
<head>
</head>
<body>
<form method = "POST" action = "#">
    <label>
        安全强度:
```

```
            <keygen name = "security"/>
        </label>
        <input type="submit"/>
    <form>
    </body>
    </html>
```

- label 标签用来设置输入型控件的说明信息。
- keygen 标签用来规定用于表单的密钥对生成器字段。

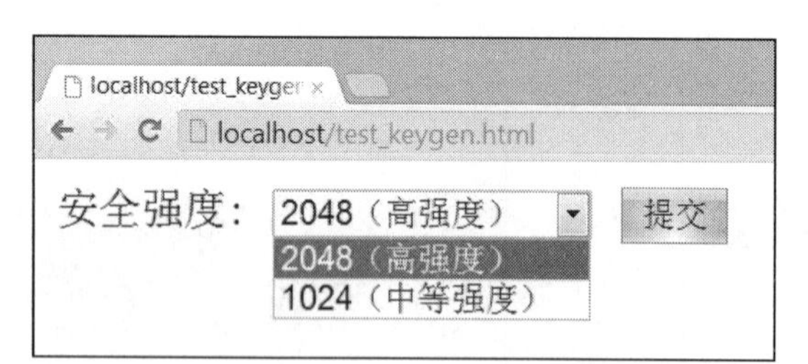

图 2-15　使用 keygen 标签在 Chrome 浏览器中的显示效果

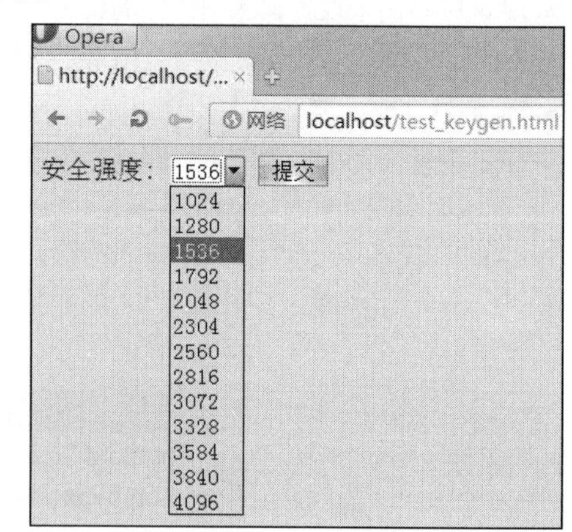

图 2-16　使用 keygen 标签在 Opera 浏览器中的显示效果

output 标签用于定义不同类型的输出，特别是在用脚本的计算结果的显示中应用广泛。这也是 Html5 Web Form 中的一个全新的标签元素。表 2-7 对 output 标签的属性进行归纳。

表 2-7　output 标签的属性

属性名称	取值范围	说　　明
for	相应标签的 id	指定计算使用到的元素.
form	相应表单的 id	定义是否关联到相应的表单
name	字符串	定义元素唯一的标识符

对于 output 标签的具体使用，读者可以参考下面的代码，在 Chrome 浏览器运行之后，显示效果如图 2-17 所示。

HTML+Javascript 代码:test_output.html。

```
<!DOCTYPE html>
<html>
<body>
<head>
```

```
<script type = "text/javascript">
    function load()
    {
        myform= document.getElementById("myform");
        myform.a.addEventListener("change",doChangeEvent,false);
        myform.b.addEventListener("change",doChangeEvent,false);
    }
    function doChangeEvent(event)
    {
        myform.result.value = parseInt(myform.a.value)+parseInt(myform.b.value);
    }
    window.addEventListener("load",load,false);
</script>
<head>
<body>
<h2>简易计算器<h2>
<form id ="myform" oninput ="calculate()">
    0<input type="range" id="a" value="50" />100
    +<input type="number" id="b" value="50" />
    =<output id="result" for="a b"></output>
</form>
</body>
</html>
```

- onchange 是一个表单事件，当用户输入的改变就会触发该事件。
- doChangeEvent()方法是 onchange 事件的回调函数。
- load()方法是 onload 事件的回调函数。
- a,b 分别表示两个相加数。
- range 和 number 输入型控件的具体使用，在后面的章节会作进一步探讨。
- output 标签用于定义不同类型的输出。
- for 属性用来指定计算使用到的元素。
- 在上面的代码中，我们定义了一个简单的加法计算器程序。

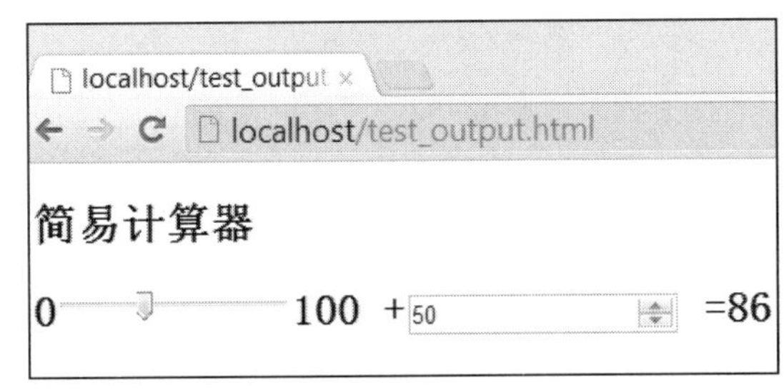

图 2-17　使用 output 标签在 Chrome 浏览器的显示效果

2.2.3 保留的输入类型控件

HTML4 曾一度被网页设计者和 Web 工程师美称为“最成功的标记格式语言”，在 HTML4 中存在着一套优秀、经典的输入类型控件，而 Html5 Web Form 都毫无保留地将其继承了下来。

表单输入类型控件是指在 input 标签里 type 可以设置的属性值。本小节我们将简单回顾一下这些保留的输入类型控件的使用。这些保留的输入类型控件主要包括：

- text 控件；
- password 控件；
- button 控件；
- file 控件；
- image 控件；
- radio 控件；
- chekbox 控件；
- hidden 控件；
- submit 控件；
- reset 控件。

text 控件用来定义用户可输入文本的单行输入字段。这是一个使用最广泛的控件类型。

pasword 控件用来定义密码字段。密码字段中的字符会被掩码，换句话说，根据浏览器的不同，用户所有的输入文本都会被星号或者原点代替。text 控件和 password 控件大家都已经很熟悉了，这里就不作深入讨论。

button 控件用来定义可以点击的按钮，与我们的<button>标签非常类似，经常使用 javascript 脚本绑定到相应的点击事件。

对于 button 控件的具体使用，读者可以参考下面的代码，在 Chrome 浏览器运行之后，显示效果如图 2-18 所示。

HTML+Javascript 代码:test_button2.html。

```
<!DOCTYPE html>
<html>
<head>
<script>
    var myform;
    function load()
    {
        myform = document.getElementById("myform");
        myform.addEventListener("click",doClickEvent,false);
    }
```

```
    function doClickEvent(event)
    {
       myform.button.value = "按钮控件被点击了";
    }
    window.addEventListener("load",load,false);
</script>
</head>
<body>
<form method = "POST" action = "#" id = "myform">
    <input type = "button" name="button" value="Click Me!"/>
<form>
</body>
</html>
```

- button 控件用来定义可以点击的按钮。
- form 表示取得的表单 DOM 对象。
- onlick 属性绑定了按钮控件的点击事件。
- 在上述代码中，当我们点击按钮之后，按钮显示的内容会变成“按钮控件被点击了”。

file 控件用来定义文件上传组件。与表单容器一样，它有一个 accept 属性，用来定义允许上传的文件格式。此外，我们还需要使用二进制进行编码，即定义 formenctype 的属性为“multipart/form-data”。

对于 file 控件的具体使用，读者可以参考下面的代码，在 Chrome 浏览器运行之后，显示效果如图 2-19 所示。

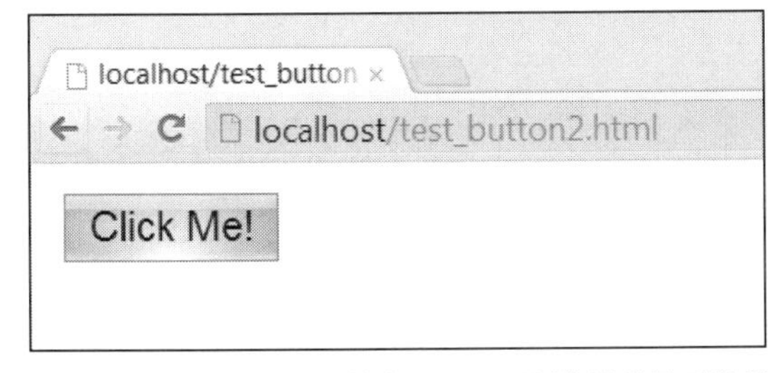

图 2-18　使用 button 控件在 Chrome 浏览器的显示效果

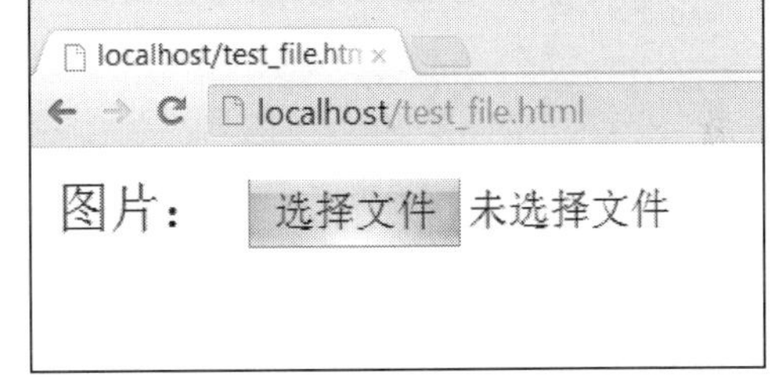

图 2-19　使用 file 控件在 Chrome 浏览器的显示效果

HTML 代码：test_file.html。

```
<!DOCTYPE html>
<html>
<head>
</head>
<body>
<form method = "POST" action = "#" id = "myform">
    <label>
```

```
            图片:
            <input type = "file" name = "pic" accept = "image/gif,image/jpeg" formenctype
= "multipart/form-data"/>
        </label>
    <form>
    </body>
    </html>
```

- file 控件用来定义文件上传组件。
- accept 属性用来定义允许上传的文件格式。
- formenctype 属性用来定义发送表单数据的编码方式。
- 在上述代码中，点击选择文件，弹出的对话框中，只有 gif 和 jpeg 两种文件格式可选。

image 控件用来定义一个图像形式的提交按钮。它有一个 src 属性和一个 alt 属性，其中 src 属性用来定义图像文件的地址，alt 属于用来定义当图像文件不能显示时的替代文本。在大部分的表单的设计中，我们通常使用 image 控件来代替 button 控件和<button>标签的使用，因为 image 控件看起来更美观、大方一些。

对于 image 控件的具体使用内容，读者可以参考下面的代码，在 Chrome 浏览器运行之后，显示效果如图 2-20 所示。

HTML 代码:test_image.html。

```
<!DOCTYPE html>
<html>
<head>
</head>
<body>
<form method = "POST" action = "#" >
    <input type = "image" src = "test_pic_button.gif" alt = "按钮"/>
<form>
</body>
</html>
```

- image 控件用来定义一个图像形式的提交按钮。
- src 属性用来定义图像文件的地址。
- alt 属于用来定义当图像文件不能显示时的替代文本。
- 在上面的代码中，我们定义一个表单图像按钮。

radio 控件用来定义单选按钮。即在一定数目的选择列表中，只能允许用户选择其中的一项。并且，在所有的 radio 控件中的 name 属性的值必须保证一致。

对应 radio 控件的具体使用，读者可以参考下面的代码，在 Chrome 浏览器运行之后，显示效果如图 2-21 所示。

图 2-20　使用 image 控件在 Chrome 浏览器的显示效果

图 2-21　使用 radio 控件在 Chrome 浏览器的显示效果

HTML 代码:test_radio.html。

```
<!DOCTYPE html>
<html>
<head>
</head>
<body>
<form method = "POST" action = "#" >
    <label>
        性别:
        <input type = "radio" name=" sex " value = "male" checked = "checked"/> 男
        <input type = "radio" name=" sex " value = "female" /> 女
    </label>
    <br>
    <input type = "submit" value = "提交" />
<form>
</body>
</html>
```

- radio 控件用来定义单选按钮。
- checked 属性用来选择默认的选项。
- value 属性用来设置具体的选项值。

checkbox 控件用来定义复选框。即在一定数目的选择中，用户可以选择其中的一项或多项。和 radio 控件一样，在所有的 radio 控件中的 name 属性的值必须保证一致。

对于 checbox 控件的具体使用，读者可以参考下面的代码，在 Chrome 浏览器运行之后，显示效果如图 2-22 所示。

HTML 代码：test_checkbox.html。

```
<!DOCTYPE html>
<html>
<head>
```

```
</head>
<body>
<form method = "POST" action = "#">
    <label>
        你拥有的证件:
        </br>
        <input type="checkbox" name="certificate" value="stu" checked="checked"/>学生
证<br/>
        <input type="checkbox" name="certificate" value="car" />驾驶证<br/>
        <input type="checkbox" name="certificate" value="ind" />身份证<br/>
        <input type="checkbox" name="certificate" value="tem" />暂住证<br/>
    </label>
    <input type="submit" value="提交" />
</form>
</body>
</html>
```

- checkbox 控件用来定义复选框。
- checked 属性用来选择默认的选项。
- value 属性用来设置具体的选项值。

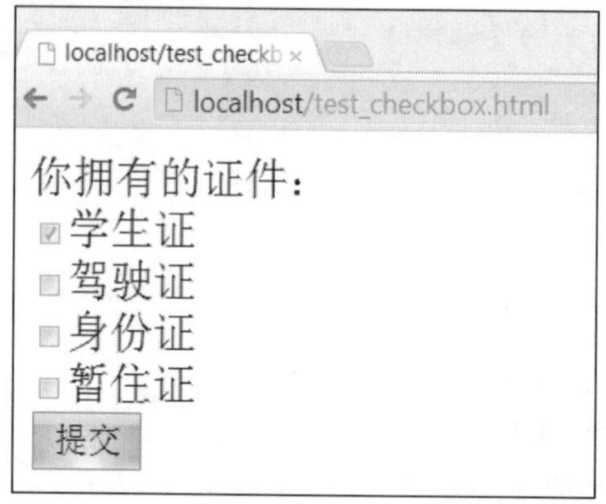

图 2-22 使用 checkbox 控件在 Chrome 浏览器的显示效果

hidden 控件用来定义一个隐藏字段。虽然隐藏字段对于用户是不可见的，但是隐藏字段通常会存储一个默认值，并且也会随表单一起提交给服务器。

submit 控件用来定义提交按钮。提交按钮用于向服务器发送表单数据。数据会发送到表单容器里的 action 属性或其他元素的 formaction 属性中指定的页面。

reset 控件用来定义重置按钮。重置按钮会清除表单中的所有数据，让用户重新填写。

对于 hidden、submit 控件和 reset 控件的具体使用，读者可以参考下面代码，在 Chrome 浏览器运行之后，显示效果如图 2-23 所示。

HTML 代码：test_hidden.html。

```
<!DOCTYPE html>
<html>
<head>
</head>
<body>
<form method = "POST" action = "#">
   <input type = "hidden" value="这个值是不可见的"/>
   <input type = "submit"/>
   <input type = "reset"/>
</form>
</body>
</html>
```

- hidden 控件用来定义一个隐藏字段。
- submit 控件用来定义提交按钮。
- reset 控件用来定义重置按钮。

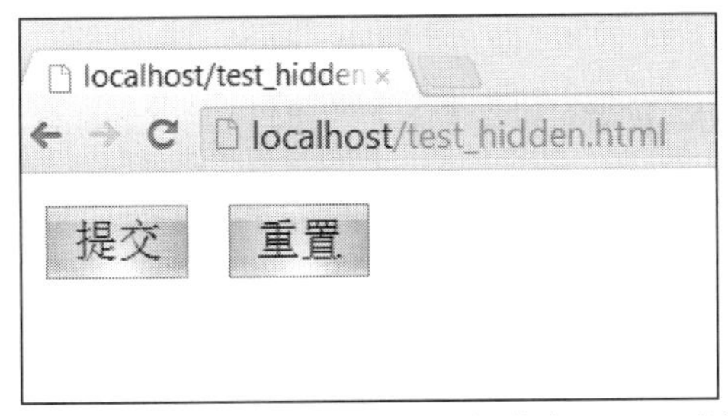

图 2-23　使用 hidden 控件、submit 控件和 reset 控件在 Chrome 浏览器的显示效果

2.2.4　新增的输入类型控件

在 Html5 Web Form 中，除了保留了 HTML4 规范中的输入类型控件，同时也引入了一系列全新的输入类型控件，这些输入类型控件不仅提升了用户的表单输入体验，其自身携带的内建系统验证功能也为开发人员的表单验证提供了很大的方便。本节我们将重点探讨这些新增的输入类型控件的使用。新增的输入类型控件包括：

- email 控件；
- url 控件；
- number 控件；
- range 控件；
- search 控件；

- color 控件；
- date 控件；
- month 控件；
- week 控件；
- time 控件；
- datetime 控件；
- datetime-local 控件；
- telephone 控件。

email 控件用来定义邮件地址的输入域。这个控件除了可以提示用户输入电子邮件之外，当用户提交表单时，系统在将数据传送给服务器之前会自动验证 email 域的值。通常，对一个 email 的验证机制主要包括如下几点。

- 以字母、数字、下划线或点开始；
- 用户名后紧跟着 " @ " ；
- " @ " 后是域名或 IP，不少于四个字符；
- " @ " 后存在点 " . " ；
- " . " 不能是最后一个字符。

对于 email 控件的具体使用，读者可以参考下面的代码，在 Chrome 浏览器运行之后，显示效果如图 2-24 所示。

HTML 代码：test_email.html。

```
<!DOCTYPE html>
<html>
<head>
</head>
<body>
<form method = "POST" action = "#">
    <label>
        电子邮件:
        <input type = "email" name = "user_email"/>
    </label>
    <input type = "submit">
</form>
</body>
</html>
```

- email 控件用来定义邮件地址的输入域。
- 在上面的代码中，我们定义了一个输入电子邮件的输入域。

图 2-24　使用 email 控件在 Chrome 浏览器的显示效果

url 控件用来定义 URL 地址的输入域。使用 url 控件时，当用户提交表单时，系统会自动验证 url 的值。对于 url 的验证机制比较简单，只要验证用户输入的内容开头是否为“http://”即可。

但是这个控件的具体表现形式在不同的浏览器存在一定的差异。例如，在 Chrome 浏览器中会中断表单提交并提示用户输入正确的网址，而在 Opera 浏览器则会自动为用户加上“http://”并自动提交表单。

对于 url 控件的具体使用，读者可以参考下面的代码，在 Chrome 浏览器和 Opera 浏览器运行之后，显示效果分别如图 2-25 和图 2-26 所示。

图 2-25　使用 url 控件在 Chrome 浏览器的显示效果

图 2-26　使用 url 控件在 Opera 浏览器的显示效果

HTML 代码：test_url.html。

```
<!DOCTYPE html>
<html>
<head>
</head>
<body>
<form method = "POST" action = "#">
    <label>
        网址:
        <input type = "url" name = "user_url"/>
    </label>
    <input type = "submit">
```

```
</form>
</body>
</html>
```

- url 控件用来定义 URL 地址的输入域。
- 在上面的代码中，我们定义了一个输入 URL 网址的输入域。

number 控件用来定义数字的输入域。此外，我们还可以使用 input 的 min 、max 和 step 属性对用户输入的数字进行限定。表 2-9 对三个属性的取值类型和含义说明进行了归纳。

表 2-9　min、max 和 step 属性

属性名称	取值类型或范围	说　　明
min	整型	定义允许用户输入的最小值
max	整型	定义允许用户输入的最大值
step	整型	定义数字的变化间隔，默认为 1

number 控件在主流浏览器的显示也比较特别，如果我们输入的是字符串等非数字类型，浏览器将不会提示任何信息，但是当我们输入的数字不合法时，则会提示相关信息。

对于 number 控件的具体使用，读者可以参考下面的代码，在 Chrome 浏览器的显示效果如图 2-27 所示。

HTML 代码：test_number.html。

```
<!DOCTYPE html>
<html>
<head>
</head>
<body>
<form method = "POST" action = "#" >
    <label>
        年龄:
        <input type = "number" min ="1" step = "1" name = "user_age"/>
    </label>
    <input type = "submit">
</form>
</body>
</html>
```

- number 控件用来定义数字的输入域。
- min 属性定义允许用户输入的最小值。
- step 属性定义数字的变化间隔。

range 控件用来定义一个包含一定范围内数值的滑动条输入域。这个控件的用法和 number 控件类

似，只是换了一个更加美观、大气的表现形式。所以在 number 控件中的 min、max 和 step 属性，在 range 控件中也同样适用。

对于 range 控件的具体使用，读者可以参考下面的代码，在 Chrome 浏览器的显示效果如图 2-28 所示。

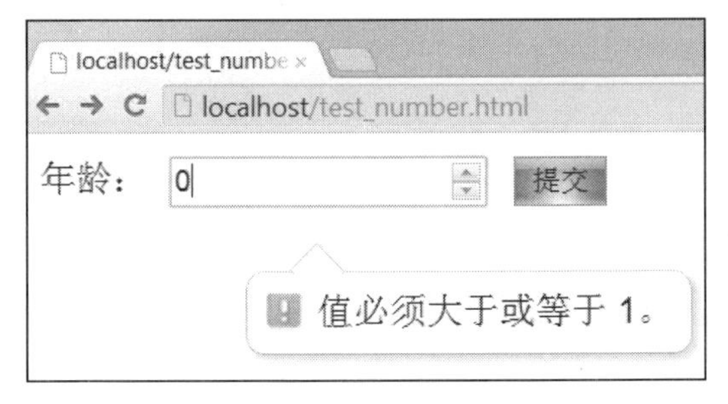

图 2-27　使用 number 控件在 Chrome 浏览器的显示效果　　图 2-28　使用 range 控件在 Chrome 浏览器的显示效果

HTML 代码：test_range.html。

```
<!DOCTYPE html>
<html>
<head>
</head>
<body>
<form method = "POST" action = "#" >
    <label>
        年龄:
        <input type = "range" name = "user_age" step = "1"/>
    </label>
    <input type = "submit">
</form>
</body>
</html>
```

- number 控件用来定义数字的输入域。
- step 属性定义数字的变化间隔。

search 控件用来定义一个搜索域，比如站点搜索或 Google 搜索。它有一个 results 属性用来指定显示搜索结果的条数。

对于 search 控件的具体使用，读者可以参考下面的代码，在 Chrome 浏览器运行之后，显示效果如图 2-29 所示。

HTML 代码:test_search.html。

```
<!DOCTYPE html>
<html>
```

```
<head>
</head>
<body>
<form method = "GET" action = "#" >
    <label>
        搜索:
        <input type="search" results = "8" />
    </label>
    <input type = "submit">
</form>
</body>
</html>
```

- search 控件用来定义一个搜索域。
- results 属性用来指定显示搜索结果的条数。

color 控件用来定义一个颜色选择域。这个控件在网站的样式选择中有很大的应用潜力，但是目前大部分主流浏览器都还不支持这一控件。

对于 color 控件的具体使用，读者可以参考下面的代码，在 Opera 浏览器运行之后，显示效果如图 2-30 所示。

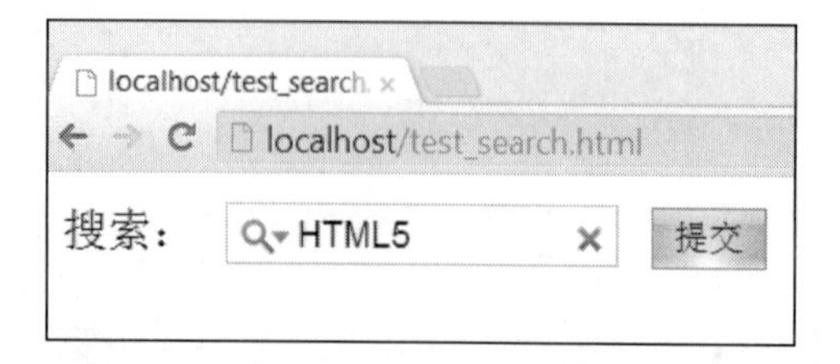

图 2-29　使用 search 控件在 Chrome 浏览器的显示效果

图 2-30　使用 color 控件在 Opera 浏览器的显示效果

HTML 代码：test_color.html。

```
<!DOCTYPE html>
<html>
<head>
</head>
<body>
<form method = "POST" action = "#" >
    <label>
        选择颜色:
        <input type="color" name="color_style"/>
    </label>
```

```
    <input type = "submit">
</form>
</body>
</html>
```

- color 控件用来定义一个颜色选择域。
- 在上面的代码中，我们定义了一个颜色的选择域。

date 控件用来定义日期选择域，是一个用户体验效果很高的输入类型控件。但是目前大部分主流浏览器都还没有对这一控件提供支持。

对于 date 控件的具体使用，读者可以参考下面的代码，在 Chrome 浏览器运行之后，显示效果如图 2-31 所示。

HTML 代码:test_date.html。

```
<form method = "POST" action = "#" >
<label>
    选择日期:
    <input type = "date" name = "date"/>
</label>
<input type = "submit">
</form>
```

- date 控件用来定义日期选择域。
- 在上面的代码中，我们定义了一个日期的选择域。

time 控件用来定义时间的输入域，采用 24 小时制，可以让用户选择或者输入时间的时和分。同样地，目前大部分主流浏览器都还没有对这一控件提供支持。

对于 time 控件的具体使用，读者可以参考下面的代码，在 Opera 浏览器运行之后，显示效果如图 2-32 所示。

图 2-31　使用 date 控件在 Chrome 浏览器的显示效果

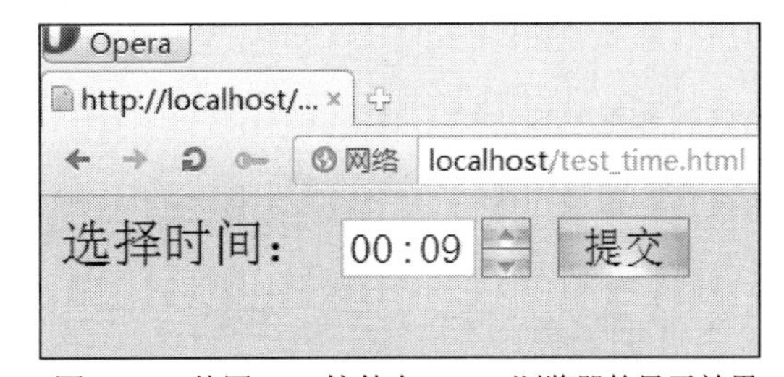

图 2-32　使用 time 控件在 Opera 浏览器的显示效果

HTML 代码：test_time.html。

```
<!DOCTYPE html>
<html>
<head>
</head>
<body>
<form method = "POST action = "#" >
    <label>
        选择时间:
        <input type="time" name = " time"/>
    </label>
    <input type = "submit">
</form>
</body>
</html>
```

- time 控件用来定义时间的输入域。
- 在上面的代码中，我们定义了一个时间的选择域。

month 控件用来定义月份选择域。它的作用与 date 控件的使用方法非常类似，唯一不同的是 month 控件只选择年和月，而 date 控件选择年、月和日。

对 month 控件的具体使用，读者可以参考下面的代码，在 Chrome 浏览器运行之后，显示效果如图 2-33 所示。

HTML 代码：test_month.html。

```
<!DOCTYPE html>
<html>
<head>
</head>
<body>
<form method = "POST" action = "#" >
    <label>
        选择年/月:
        <input type="month" name = "month"/>
    </label>
    <input type = "submit">
</form>
</body>
</html>
```

- month 控件用来定义月份选择域。
- 在上面的代码中，我们定义了一个月份的选择域。

week 控件用来定义星期选择域。与 date 控件的使用方法非常类似，但不同的是 week 控件选择的是一年中的第几周。

对于 week 控件的具体使用，读者可以参考下面的代码，在 Opera 浏览器运行之后，显示效果如图 2-34 所示。

图 2-33　month 控件在 Opera 浏览器的显示效果

图 2-34　使用 week 控件在 Opera 浏览器的显示效果

HTML 代码：test_week.html。

```
<!DOCTYPE html>
<html>
<head>
</head>
<body>
<form method = "POST" action = "#" >
    <label>
        选择星期:
        <input type = "week" name = "week"/>
    </label>
    <input type = "submit">
</form>
</body>
</html>
```

- week 控件用来定义星期选择域。
- 在上面的代码中，我们定义了一个星期的选择域。

datetime 控件和 datetime-local 控件都是用来定义日期和时间的输入域。不同的是，datetime-local 默认显示的是本地的时间。事实上，这两个控件就是把 date 控件和 time 控件结合了起来。

对于 datatime 控件的具体使用，读者可以参考下面代码，在 Opera 浏览器运行之后，显示效果如图 2-35 所示。

HTML 代码：test_datetime.html。

```
<!DOCTYPE html>
<html>
<head>
</head>
<body>
<form method = "POST" action = "#" >
    <label>
        选择日期和时间:
        <input type = "datetime" name = "datetime"/>
    </label>
    <input type = "submit">
</form>
</body>
</html>
```

- datetime 控件用来定义日期和时间的输入域。
- 在上面的代码中，我们定义了一个日期加时间的选择域。

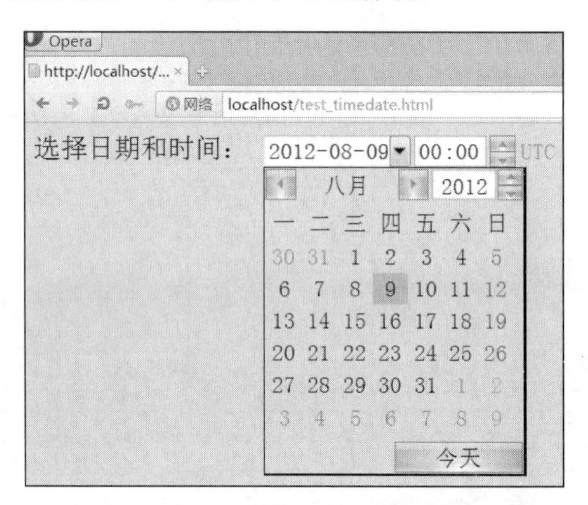

图 2-35　使用 datetime 控件在 Opera 浏览器的显示效果

telephone 控件用来定义电话号码输入域。但是笔者目前还没有发现存在浏览器支持这个表单输入类型控件，所以它现在的实际效果跟 text 一样。这里就不作深入讨论。

2.2.5　新增的表单标签属性

在 Html5 Web Form 中，除了引入了一系列的输入控件之外，也增加了一些新的表单标签属性。本节我们将重点探讨这些新增的表单标签属性的使用，这些表单标签属性主要包括。

- placeholder 属性；
- required 属性；
- pattern 属性；
- mutiple 属性；
- list 属性；
- min 属性；
- max 属性；
- step 属性；
- novalidate 属性；
- autocomplete 属性；
- autofocus 属性。

placeholder 属性用来定义一个占位符，提示用户改输入域期望输入的值。目前可以使用 placeholdere 属性的表单输入类型控件包括：text、password、email、url、telephone 和 search 控件。

此外，对于 placeholder 属性的处理，不同的浏览器存在一定的差异。例如，在 Chrome 浏览器中，当用户开始输入内容时，提示信息会自动消失；而在 Opera 浏览器中，当输入域获得焦点提示信息时才会消失。

对于 placeholder 属性的具体使用，读者可以参考以下代码，在 Chrome 浏览器运行之后，显示效果如图 2-36 所示。

图 2-36　使用 placeholder 属性在 Chrome 浏览器的显示效果

HTML 代码：test_placeholder.html。

```
<form method = "POST" action = "#" >
<label>
    电子邮件:
    <input type = "email" name = "user_email" placeholder = "请输入正确的 email 地址"/>
</label>
<input type = "submit">
</form>
```

- email 控件用来定义邮件地址的输入域。

- placeholder 属性用来定义一个占位符，提示用户该输入域期望输入的值。

required 属性用来定义一个必填项。即如果用户存在必填项没有输入内容，表单将无法提交。required 是布尔值，目前可以使用 required 属性的表单输入类型控件包括：text、search、 url,、telephone、email,、password、date、month、week、time、atetime、 number、checkbox、radio 以及 file。

对于 required 属性的具体使用，读者可以参考下面的代码，在 Chrome 浏览器运行之后，显示效果如图 2-37 所示。

HTML 代码：test_required.html。

```
<!DOCTYPE html>
<html>
<head>
</head>
<body>
<form method = "post" action = "#" >
    <label>
        电子邮件:
        <input type = "email" name = "user_email" placeholder = "必填的电子邮件地址" required
= "required"/>
    </label>
    <input type = "submit">
</form>
</body>
</html>
```

- email 控件用来定义邮件地址的输入域。
- placeholder 属性用来定义一个占位符，提示用户改输入域期望输入的值。
- required 属性用来定义一个必填项。

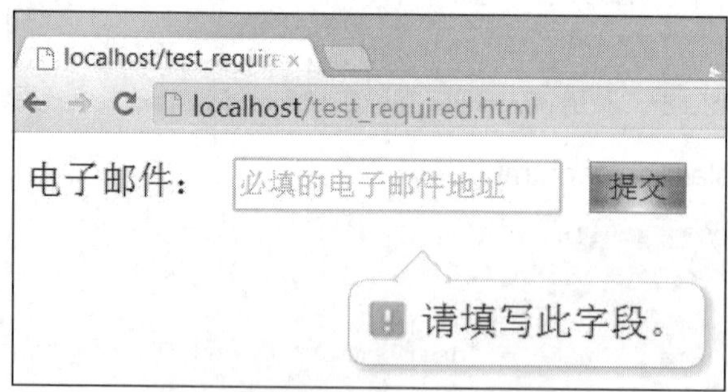

图 2-37　使用 required 属性在 Chrome 浏览器的显示效果

pattern 属性用来定义一个正则表达式对输入域进行验证。也就是说，pattern 的属性值是正则表达式，用来验证输入域的内容，如果验证不通过，浏览器将会提示用户输入的格式不对。目前可以使用 required

属性的表单输入类型控件包括：text、search、 url、 telephone、email 和 password。

对于 pattern 属性的具体使用，读者可以参考下面的代码，在 Chrome 浏览器运行之后，显示效果如图 2-38 所示。

HTML 代码：test_pattern.html。

```
<!DOCTYPE html>
<html>
<head>
</head>
<body>
<form method = "POST" action = "#" >
    <label>
        邮政编码:
        <input type = "text" name = "user_code" placeholder = "请输入 6 位邮政编码" pattern
= "^[1-9]\d{5}$" />
    </label>
    <input type = "submit">
</form>
</body>
</html>
```

- placeholder 属性用来定义一个占位符，提示用户改输入域期望输入的值。
- pattern 属性用来定义一个正则表达式对输入域进行验证。
- “^[1-9]\d{5}$”的含义是匹配一串 6 位数的数字。

图 2-38　使用 pattern 属性在 Chrome 浏览器的显示效果

multiple 属性用来定义输入域可以选择多个值。mutiple 是布尔值，目前可以使用该属性的表单输入类型控件只有 email 和 file。

对于 multiple 属性的具体使用，读者可以参考以下代码，在 Chrome 浏览器运行之后，显示效果如图 2-39 所示。

HTML 代码：test_mutiple.html。

```
<!DOCTYPE html>
<html>
<head>
</head>
<body>
<form method = "POST" action = "#" >
    <label>
        电子邮件:
        <input type = "email" name = "user_mail" placeholder = "请输入一个或多个电子邮件"
multiple = "multiple">
    </label>
    <input type = "submit">
</form>
</body>
</html>
```

- email 控件用来定义邮件地址的输入域。
- placeholder 属性用来定义一个占位符，提示用户改输入域期望输入的值。
- multiple 属性用来定义输入域可以选择多个值。

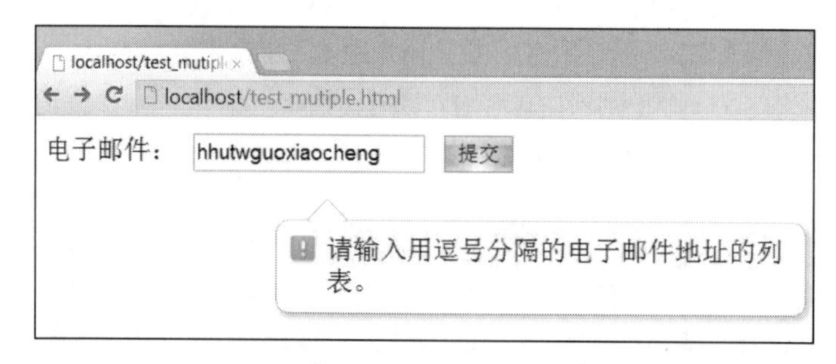

图 2-39　使用 multiple 属性在 Chrome 浏览器的显示效果

list 属性和 datalist 标签组合用来定义输入域的选项列表。目前可以使用该属性的表单输入类型控件有 text、search,、url、 telephone、email、date pickers、number、range 和 color。具体使用方法请读者参考 datalist 标签。

min 、max、step、novalidate、autocomplete 和 autofocus 属性的使用，我们在前面的章节已经讨论过了，这里也不再赘述。

2.2.6　表单验证机制

表单验证功能的实现是一项很复杂的工作，在典型的 B/S(Browser and Server)框架中，一个完整的表单验证包括了浏览器端验证和服务器端验证。其中，浏览器端验证效率高、速度快，而服务器端验证可以与数据库交互、验证准确度高。所以两者各有优势，相互之间不可取代，我们在实际开发中，都会采用表单多层验证机制。

在 HTML4 以前，如果我们不借助 Javascript 等脚本语言，纯粹的 HTML 标记语言是无法完成表单验证功能的。到了 Html5 Web Form 的时代，这一束缚将被彻底打破。除了提供了一些特定验证功能的输入类型控件之外，开发人员也可以使用 API 定义自己的表单验证机制。本节，我们将主要介绍 Html5 Web Form 的表单验证机制。

在 Html5 Web Form 中，每个输入类型控件都有一个专门的 ValidityState 接口来负责输入域的验证。这个接口提供了一系列的属性和方法来完成输入域的验证功能。这些属性和方法包括：

- valid 属性；
- valueMissing 属性；
- typeMismatch 属性；
- tooLong 属性；
- stepMismatch 属性；
- rangeUnderflow 属性；
- rangeOverflow 属性；
- patternMisMatch 属性；
- customError 属性。

在探讨 ValidityState 接口的属性的具体使用之前，我们应该先来讨论如何获得可以 ValidityState 对象。在每个 HTMLInputElement 对象中都有一个 validity 属性，所以我们可以通过输入类型控件对应的 DOM 对象来获取 ValidityState 接口。

对于获取 ValidityState 接口的具体步骤，读者可以参考下面的代码。

HTML+Javascript 代码：test_validitystate.html。

```
<!DOCTYPE html>
<html>
<head>
<script>
    function load()
    {
        var mail = document.getElementById("user_mail");
        var validityState =  mail.validity;
    }
    window.addEventListener("load",load,false);
</script>
```

```
</head>
<body>
<form method = "POST" action = "#" >
        <label>
      电子邮件:
          <input type = "email" name = "user_mail" id = "user_mail"/>
    </label>
    <input type = "submit">
</form>
</body>
</html>
```

- email 控件用来定义邮件地址的输入域。
- mail 是取得的 email 输入类型控件对应的 DOM 对象。
- validity 是 HTMLInputElement 接口中的一个属性。
- validityState 就是所获取的 ValidityState 对象。

valueMissing 属性用来返回一个必填字段是否有内容。也就是说，在我们设置了输入控件的 Required 属性的前提下，如果用户输入了内容，那么 valueMissing 的属性值将为 false，否则将一直为 true。所以我们可以使用 valueMissing 属性来判断必填项是否为空。

对于 valueMissing 属性的具体使用，读者可以参考下面的代码。在 Chrome 浏览器运行之后，显示效果如图 2-40 所示。

HTML+Javascript 代码:test_valuemissing.html。

```
<!DOCTYPE html>
<html>
<head>
<script>
    var span;
    var validityState
    function load()
    {
        span = document.getElementsByTagName("span")[0];
        var mail = document.getElementById("user_mail");
        validityState =  mail.validity;
        mail.addEventListener("invalid",doInvalidEvent,false);
    }
    function doInvalidEvent(event)
    {
        if(validityState.valueMissing)
        {
            event.preventDefault();
```

```
            span.textContent = "内容不能为空！";
        }
    }
    window.addEventListener("load",load,false);
</script>
</head>
<body>
<form method = "POST" action = "#" >
    <label>
        电子邮件:
        <input type = "email" name = "user_mail" id = "user_mail" required ="required"/>
    </label>
    <input type = "submit">
</form>
<span></span>
</body>
</html>
```

- email 控件用来定义邮件地址的输入域。
- span 标签用来显示提示信息。
- mail 是取得的 email 输入类型控件对应的 DOM 对象。
- validity 是 HTMLInputElement 接口中的一个属性。
- valueMissing 属性用来返回一个必填字段是否有内容。
- addEventListener()函数监听了 oninvalid 事件。
- doInvalidEvent()方法用来作为 oninvalid 事件触发后的回调函数。
- preventDefault()方法用来关闭浏览器默认的验证功能，具体使用会在后面的章节作进一步探讨。
- 在上述代码中，用户点击提交按钮之后，浏览器内置的提示信息被关闭了，取而代之的是自定义的提示信息。

图 2-40　使用 valueMissing 属性在 Chrome 浏览器的显示效果

typeMismatch 属性用来返回用户输入的内容是否符合类型，主要面对 emai、 url 和 number 这三个输入类型控件。如果用户输入的内容不符合规定的类型，那么 typeMismatch 的属性值将为 true，否则为

false。因此，我们可以使用 typeMismatch 属性来判断用户输入的内容类型是否匹配。

对于 typeMismatch 属性的具体使用，读者可以参考下面的代码，在 Chrome 浏览器运行之后，显示效果如图 2-41 所示。

HTML+Javascript 代码:test_typemismatch.html。

```
<!DOCTYPE html>
<html>
<head>
<script>
    var span;
    var validityState
    function load()
    {
        span = document.getElementsByTagName("span")[0];
        var mail = document.getElementById("user_mail");
        validityState =  mail.validity;
        mail.addEventListener("invalid",doInvalidEvent,false);
    }
    function doInvalidEvent(event)
    {
        if(validityState.valueMissing)
        {
            event.preventDefault();
            span.textContent = "内容不能为空! ";
        }
    }
    window.addEventListener("load",load,false);
</script>
</head>
<body>
<form method = "POST" action = "#" >
    <label>
        电子邮件:
        <input type = "email" name = "user_mail" id = "user_mail" required ="required"/>
    </label>
    <input type = "submit">
</form>
<span></span>
</body>
</html>
```

- email 控件用来定义邮件地址的输入域。

- span 标签用来显示提示信息。
- mail 是取得的 email 输入类型控件对应的 DOM 对象。
- validity 是 HTMLInputElement 接口中的一个属性。
- typeMismatch 属性用来返回用户输入的内容是否符合类型。
- addEventListener()函数监听了 oninvalid 事件。
- doInvalidEvent()方法用来作为 oninvalid 事件触发后的回调函数。
- preventDefault()方法用来关闭浏览器默认的验证功能。
- 在上述代码中，用户点击提交按钮之后，浏览器内置的提示信息被关闭了，取而代之的是自定义的提示信息。

图 2-41　使用 typeMismatch 属性在 Chrome 浏览器的显示效果

tooLong 属性用来返回用户输入的内容是否超过规定的长度，也就是说，在我们设置了输入控件的 maxlength 属性的前提下，如果用户输入的内容大于 maxlength，则 toolong 的属性值为 true，否则一直为 false。但是在一般的情况下，这个属性没有实质性的作用，因为大多数的浏览器都不允许用户输入比 maxlength 还长的内容。在此，我们就不作深入探讨。

stepMismatch 属性用来返回用户输入的数字是否合法，也就是说，在我们设置了输入控件的 step 属性的前提下，如果用户输入的数字不符合 step 的过渡间隔，则 stepMismatch 的属性值为 ture，否则为 false。

对于 stepMismatch 属性的具体使用，读者可以参考下面的代码，在 Chrome 浏览器运行之后，显示效果如图 2-42 所示。

图 2-42　使用 stepMismatch 属性在 Chrome 浏览器的显示效果

HTML+Javascript 代码：test_stepmismatch.html。

```
<!DOCTYPE html>
<html>
<head>
<script>
    var span;
    var validityState
    function load()
    {
        span = document.getElementsByTagName("span")[0];
        var age = document.getElementById("user_age");
        validityState =  age.validity;
        age.addEventListener("invalid",doInvalidEvent,false);
    }
    function doInvalidEvent(event)
    {
        if(validityState.stepMismatch)
        {
            event.preventDefault();
            span.textContent = "你输入的年龄不合法！";
        }
    }
    window.addEventListener("load",load,false);
</script>
</head>
<body>
<form method = "POST" action = "#" id = "myform" >
    <label>
        年龄:
        <input type = "number" name = "user_age" id = "user_age" step="1"/>
    </label>
    <input type = "submit">
</form>
<span></span>
</body>
</html>
```

- number 控件用来定义数字的输入域。
- span 标签用来显示提示信息。
- age 是取得的 number 输入类型控件对应的 DOM 对象。
- validity 是 HTMLInputElement 接口中的一个属性。
- stepMismatch 属性用来返回用户输入的数字是否合法。

- addEventListener()函数监听了 oninvalid 事件。
- doInvalidEvent()方法用来作为 oninvalid 事件触发后的回调函数。
- preventDefault()方法用来关闭浏览器默认的验证功能。
- 在上述代码中，用户点击提交按钮之后，浏览器内置的提示信息被关闭了，取而代之的是自定义的提示信息。

rangeUnderflow 属性用户返回用户输入的数字是否小于设置的最小值，也就是说，在我们设置了输入控件的 min 属性的前提下，如果用户输入的数字比 min 的值还小，则 rangeUnderflow 的属性值为 true，否则为 false。

rangeOverflow 属性与 rangeUnderflow 属性相反，rangeOverflow 属性用来返回用户输入的数字是否大于设置的最大值。

对于 rangeUnderflow 属性和 rangeOverflow 属性的具体使用，读者可以参考下面的代码，在 Chrome 浏览器运行之后，显示效果如图 2-43 所示。

HTML+Javascript 代码:test_rangeunderflow.html。

```
<!DOCTYPE html>
<html>
<head>
<script>
    var span;
    var validityState
    function load()
    {
        span = document.getElementsByTagName("span")[0];
        var age = document.getElementById("user_age");
        validityState =  age.validity;
        age.addEventListener("invalid",doInvalidEvent,false);
    }
    function doInvalidEvent(event)
    {
        if(validityState.rangeUnderflow)
        {
            event.preventDefault();
            span.textContent = "你的年龄不可能1岁还不到！";
        }
        else if(validityState.rangeOverflow)
        {
            event.preventDefault();
            span.textContent = "你的年龄不可能超过200岁！";
        }
```

```
        }
        window.addEventListener("load",load,false);
    </script>
    </head>
    <body>
    <form method = "POST" action = "#" id = "myform" >
        <label>
            年龄:
            <input type = "number" name = "user_age" id = "user_age" min="1" max="200" step="1"/>
        </label>
        <input type = "submit">
    </form>
    <span></span>
    </body>
    </html>
```

- number 控件用来定义数字的输入域。
- span 标签用来显示提示信息。
- age 是取得的 number 输入类型控件对应的 DOM 对象。
- validity 是 HTMLInputElement 接口中的一个属性。
- rangeUnderflow 属性用户返回用户输入的数字是否小于设置的最小值。
- rangeOverflow 属性用来返回用户输入的数字是否大于设置的最大值。
- addEventListener()函数监听了 oninvalid 事件。
- doInvalidEvent()方法用来作为 oninvalid 事件触发后的回调函数。
- preventDefault()方法用来关闭浏览器默认的验证功能。
- 在上述代码中，用户点击提交按钮之后，浏览器内置的提示信息被关闭了，取而代之的是自定义的提示信息。

图 2-43　使用 rangeUnderflow 属性和 rangeOverflow 属性在 Chrome 浏览器的显示效果

patternMismatch 属性用来返回用户输入的内容是否满足规定的验证要求，也就是说，在我们设置了输入类型控件的 pattern 属性的前提下，如果用户输入的内容不满足正则表达式，则 patternMismatch 的属性值为 true，否则为 false。

对于 patternMismatch 属性的具体使用，读者可以参考下面的代码，在 Chrome 浏览器运行之后，显示效果如图 2-44 所示。

HTML+Javascript 代码:test_patternmismatch.html。

```
<!DOCTYPE html>
<html>
<head>
<script>
    var span;
    var validityState
    function load()
    {
        span = document.getElementsByTagName("span")[0];
        var code = document.getElementById("user_code");
        validityState =  code.validity;
        code.addEventListener("invalid",doInvalidEvent,false);
    }
    function doInvalidEvent(event)
    {
        if(validityState.patternMismatch)
        {
            event.preventDefault();
            span.textContent = "你输入的邮政编码格式不对！";
        }
    }
    window.addEventListener("load",load,false);
</script>
</head>
<body>
<form method = "POST" action = "#" id = "myform" >
    <label>
        邮政编码:
        <input type = "text" name = "user_code" id = "user_code" pattern = "^[1-9]\d{5}$"
/>
    </label>
    <input type = "submit">
</form>
<span></span>
</body>
</html>
```

- span 标签用来显示提示信息。
- code 是取得的 text 输入类型控件对应的 DOM 对象。
- patternMismatch 属性用来返回用户输入的内容是否满足规定的验证要求。
- validity 是 HTMLInputElement 接口中的一个属性。
- addEventListener()函数监听了 oninvalid 事件。
- doInvalidEvent()方法用来作为 oninvalid 事件触发后的回调函数。
- preventDefault()方法用来关闭浏览器默认的验证功能。
- 在上述代码中，用户点击提交按钮之后，浏览器内置的提示信息被关闭了，取而代之的是自定义的提示信息。

图 2-44　使用 patternMismatch 属性在 Chrome 浏览器的显示效果

valid 属性用来返回输入的字段是否有效，也就是说，如果表单控件的所有约束条件都被验证通过，则 valid 的属性值为 true，不然，只要有一个验证没有通过，valide 的属性值就为 false。因此，我们可以通过 valid 属性来获取表单验证的结果。这里我们不作进一步探讨。

customError 属性用来返回是否用户自定义的错误。也就是说，当浏览器的内置验证机制不适用的时候，我们可以自定义一些验证机制。

在进一步讨论 customError 属性的使用之前，我们先来探讨几个重要的属性和函数的使用。这些属性和函数对于定义表单的自定义错误有着重要的作用。

- setCustomValidity()函数；
- willValidate 属性；
- checkValidity 函数；
- validationMessage 函数；
- preventDefault 函数。

setCustomValidity()函数来设置错误信息时。当调用 setCustomValidity()函数时，customError 的属性值将变为为 true，否则 customError 的属性将一直为 false。

willValidate 属性用来返回某输入类型控件是否将进行表单验证，也就是说，如果某输入类型控件设置了 required、pattern 等属性，我们可以通过 willValidate 检测表单验证是否将进行。

checkValidity()函数用来进行表单验证。通常情况下，表单只有在用户提交时才会进行表单验证，但是我们也可以通过 checkValidity 函数随时进行表单的验证。当表单的所有的字段都有效时，返回 true,否则会返回 false,并且触发一个 invalid 事件。实际上，我们前面的介绍的 invalid 的属性值就该函数的返回值。

validationMessage 属性用来显示相关的用户提示信息。当用户输入的内容有效时，返回的是一个空字符串，否则返回一个适当的本地化信息，通过浏览器显示给用户，并使相应的输入类型控件获得焦点供用户进行调整。

preventDefault()函数主要用来关闭浏览器的默认错误提示信息，并可以使用自定义错误信息。

对于 customError 属性的具体使用，读者可以参考下面的代码，在 Chrome 浏览器和 Opera 浏览器运行之后，显示效果如图 2-45 和图 2-46 所示。

HTML+Javascript 代码:test_customerror.html。

```
<!DOTYPE html>
<html>
<head>
<script>
    var tel;
    function load()
    {
        tel = document.myform.tel;
        tel.addEventListener("change",checkform,false);
    }
    function checkform()
    {

        if(isTel(tel.value)==null)
        {
            tel.setCustomValidity("请输入正确的电话号码");
            tel.validationMessage;
        }
        else
        {
            tel.setCustomValidity("");
        }
    }
    function isTel(str)
    {
        var reg = /^(([0\+]\d{2,3}-)?(0\d{2,3})-)(\d{7,8})(-(\d{3,}))?$/ ;
        return reg.exec(str);
    }
    window.addEventListener("load",load,false);
```

```
</script>
</head>
<body>
<form method ="get" action ="#" name = "myform" onsubmit = "checkform();">
    <label>
        电话号码:
        <input type ="telephone" name= "tel" id ="tel" >
    </label>
    <input type ="submit">
</form>
</body>
</html>
```

- checkform()函数用来在表单提交时进行表单的验证。
- isTel()函数用来验证用户输入电话号码的正确性。
- setCustomValidity()函数用来设置错误信息时。
- customError 属性用来返回是否用户自定义错误。
- reg 是验证电话号码的正则表达式。验证的过程是，国家代码(2 到 3 位)、区号(2 到 3 位)、电话号码(7 到 8 位)、分机号(3 位)四个部分。
- exec()函数用来检索字符串是否匹配正则表达式，匹配时会返回一个存放匹配结果的数组，不匹配时也则会返回 null。

图 2-45　使用 customError 属性实现 telephone 输入类型控件在 Chrome 浏览器的显示效果

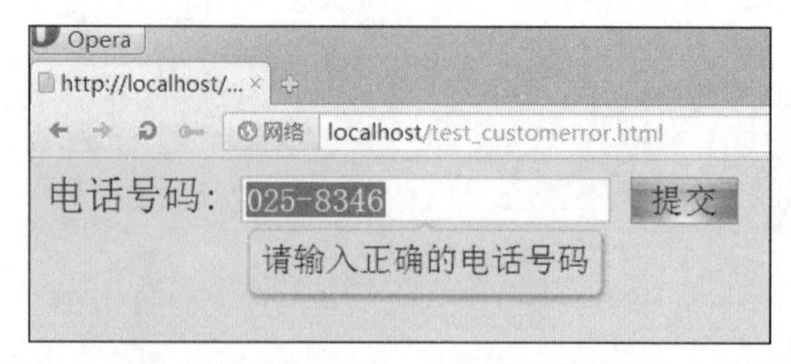

图 2-46　使用 customError 属性实现 telephone 输入类型控件在 Opera 浏览器的显示效果

2.3　构建 Html5 Web Form 的开发实例

Html5 Web Form 应用前景十分广泛，从单一输入控件的搜索引擎，到企业复杂的报表，表单的身影已经无处不在。为了让读者可以更加高效地开发出自己的表单程序，本节，我们将以一个具体的实例，探讨 Htm5 Web Form 在实际开发中的应用。

2.3.1　分析开发需求

在互联网中，Html5 Web Form 应用最多的地方是注册、登录、留言和问卷调查等，不一而足。鉴于笔者所在的学院最近在筹办一场运动会，现在让我们举例使用 Html5 Web Form 来开发一个参赛选手的报名表单。主办方需要收集的报名信息如下：

- 选手的真实姓名；
- 选手的报名密码；
- 选手要参加比赛的项目；
- 选手的电子邮箱；
- 选手的手机号码；
- 选手的出生年月；
- 选手期望的获奖名次。

此外，在此次开发中，我们还要实现基本的浏览器端表单验证功能，样式设计要求简约、大气。所以我们要使用 Javascript 进行脚本控件，使用 CSS3.0 进行页面的美化。

2.3.2　搭建程序基本框架

根据开发需求，我们来开发这个 Html5 Web Form 应用程序的基本页面显示框架，这个显示框架很简单，只要把所有的输入类型控件结合在一起。

对于表单程序的主框架的具体设计，读者可以参考下面的代码。

HTML 代码：test_form.html。

```
<!DOCTYPE html>
<html>
<head>
<title>Html5 Web Form</title>
<script src="test_form.js"></script>
<link rel="stylesheet" href="test_form.css"/>
</head>
<body>
<div id="wrapper">
```

```
    <header>
        <h1>Html5 Web Form</h1>
    </header>
    <section>
    <form class="form" method="post" action="#" name = "myform">
        <p>
            <label for="user_name">真实姓名</label>
            <input type="text" id="user_name" name="user_name" required = "required"/>
        </p>
        <p>
            <label for="user_ball">比赛项目</label>
            <input type="text" id="user_ball" name="user_ball" list = "ball" required =
"required" />
            <datalist id = "ball">
            <option value = "篮球"/>
            <option value = "足球"/>
            <option value = "排球"/>
            </datalist>
        </p>
        <p>
            <label for="user_email">电子邮箱</label><br />
            <input type="email" id="user_email" name="user_email" required = "required" />
        </p>
        <p>
            <label for="user_phone">手机号码</label><br />
            <input   type="telephone"   id="user_phone"   name="user_phone"   required   =
"required"/>
        </p>
        <p>
            <label for="user_id">身份证号</label><br />
            <input type="text" id="user_id" name="user_id" required = "required" />
        </p>
        <p>
            <label for="user_born">出生年月</label><br />
            <input type="month" id="user_born" name="user_born" required = "required"/>
        </p>
        <p>
            <label for="user_rank">名次期望</label>
            <span>第<em>1</em id =" ranknum" >名</span>
            <input type="range" id="user_rank" name="user_rank" value = ″5″ required =
"required" min =″0″ max = ‟10″ step =″1″ />
```

```
        </p>
        <p>
            <input type="submit" value="提交表单" id="submit" name="submit" />
        </p>
    </form>
    </section>
    <footer> Designed by <em>guoxiaocheng </em>from hhu.</footer>
    </div>
    </body>
    </html>
```

- datalist 标签和 option 标签组合用来定义输入域的选项列表。
- range 控件用来定义一个包含一定范围内数值的滑动条输入域。
- email 控件用来定义邮件地址的输入域。
- month 控件用来定义月份选择域。
- 在上述代码中，所有的收入类型表单控件都设置为了必填项。

读者可能已经注意到，在收集选手的期望名称的输入类型控件中，我们使用了 range 控件。range 控件虽然大气、美观，但并不能显示具体的数值。因此，需要额外定义一个名次显示框。现在我们通过脚本简单地实现两者的同步显示。

Javascript 代码:test_form.js。

```
var rank;
var ranknum;
function load()
{
rank = document.myform.user_rank;
ranknum = document.getElementById("ranknum");
rank.addEventListener("change",changerank,false);
}
function changerank()
{
ranknum.innerHTML = rank.value;
}
window.addEventListener("load",load,false);
```

- rank 表示比赛名次期望的输入类型控件的 DOM 对象。
- ranknum 表示比赛名次显示框的 DOM 对象。
- changerank()函数用来改变名次显示框具体的数值。
- addEventListener()函数注册监听了 onchange 事件。

2.3.3 页面的风格设计

在 Html5 Web Form 中，单单靠基本的功能 API 很难开发出满足用户要求的 Web 程序，所以我们还需要使用 CSS 样式表进行一些风格设计。实际上，最新的 CSS3.0 与 Html5 是一对铁杆兄弟，CSS3.0 中提供了很多 Html5 Web Form 的样式 API 接口选择器。

对于本次开发实例的 CSS 设计，读者可以参考下面的代码。在 Chrome 浏览器运行之后，显示效果如图 4-47 所示。

CSS 代码：test_form.css。

```
#wrapper
{
width: 500px;
margin: 0 auto;
}
.form
{
padding: 30px;
border: 1px solid #bbb;
-moz-box-shadow: 0 0 10px #bbb;
-webkit-box-shadow: 0 0 10px #bbb;
box-shadow: 0 0 10px #bbb;
}
.form p span
{
color:#FF0000;
}
.form input
{
font-family: "Helvetica Neue", Helvetica, Arial, sans-serif;
background-color:#fff;
border:1px solid #ccc;
font-size:20px;
width:300px;
min-height:30px;
display:block;
margin-bottom:16px;
margin-top:8px;
-webkit-border-radius:5px;
-moz-border-radius:5px;
border-radius:5px;
-webkit-transition: all 0.5s ease-in-out;
```

```
-moz-transition: all 0.5s ease-in-out;
transition: all 0.5s ease-in-out;
}
.form input:focus
{
-webkit-box-shadow:0 0 25px #ccc;
-moz-box-shadow:0 0 25px #ccc;
box-shadow:0 0 25px #ccc;
-webkit-transform: scale(1.05);
-moz-transform: scale(1.05);
transform: scale(1.05);
}
input[type=submit]
{
display: inline-block;
padding:5px 10px 6px 10px;
font-weight:bold;
border:1px solid #888;
border-radius: 5px;
-moz-border-radius: 5px;
-moz-box-shadow: 0 0 3px #888;
-webkit-box-shadow: 0 0 3px #888;
box-shadow: 0 0 3px #888;
opacity:1.0;
}
input[type=submit]:hover
{
opacity:1.0;
color: #516527;
cursor: hand;
cursor: pointer;
}
```

- body 对应的是页面内容的 CSS 样式设计。
- wrapper 对应的是 section 标签的 CSS 样式设计。
- form 对应的是表单整体的 CSS 样式设计。
- form input 对应的是表单输入类型控件的 CSS 样式设计。
- form input.focus 对应的是表单输入类型控件获得焦点时的 CSS 样式设计。
- input[type="button"]对应的是表单按钮的 CSS 样式设计。
- input[type="button"]:hover 对应的是表单按钮被鼠标滑过时的 CSS 样式设计。

图 2-47　使用了 CSS 样式在 Chrome 浏览器的显示效果

此外，CSS3.0 样式表在 Html5 Web Form 中还提供了 invalid 和 valid 选择器。这两个选择器是指开发人员可以根据用户在输入类型控件里输入内容的有效性，设计不同的显示风格。例如，我们当用户输入的内容有效时，显示一个打勾的图片，而当用户输入的内容无效时输入一个打叉的图片。

对于 valid 和 invalid 两个选择器的具体使用，读者可以参考下面的代码，在 Chrome 浏览器运行之后，显示效果如图 2-49 所示。

CSS 代码：test_css。

```
.form input:valid
{
background:url("tick.gif") no-repeat 260px 0px;
}

.form input:focus:invalid
{
background:url("cancel.gif") no-repeat 260px 0px;
}
```

- “.form input:valid”表示输入类型控件的验证有效时的 CSS 样式。
- “.form input:focus:invalid”表示输入类型控件的验证无效时的 CSS 样式。

图 2-48　使用 invalid 和 valid 选择器在 Chrome 浏览器的显示效果

2.3.4　构建实例表单验证机制

在 Html5 Web Form 应用程序中，可以使用简单的 Javascript 脚本定制属于自己的表单验证机制，本节，我们将为开发实例建立表单验证机制。

根据开发需求，首先我们验证真实姓名，这里我们假设所有的留学生都有自己的中文名字，并且要有为用户提示不能输入英文名字的信息。

验证真实姓名的相关代码如下，在 Chrome 浏览器运行之后，显示效果如图 2-49 所示。

Javascript 代码：test_form.js。

```
var rank;
var ranknum;
var user_name;
function load()
{
rank = document.myform.user_rank;
ranknum = document.getElementById("ranknum");
rank.addEventListener("change",changerank,false);
user_name = document.myform.user_name;
user_name.addEventListener("change",checkName,false);
}
function changerank()
{
```

```
    ranknum.innerHTML = rank.value;
    }
    function checkName()
    {
    if(isuser_name(user_name.value)==null)
    {
        user_name.setCustomValidity("请输入真实的中文姓名");
        user_name.validationMessage;
    }
    else
    {
        user_name.setCustomValidity("");
    }
    }
    function isuser_name(str)
    {
    var reg =/^[赵钱孙李周吴郑王冯陈褚卫蒋沈韩杨朱秦尤许何吕施张孔曹严华金魏陶姜戚谢邹喻柏水窦章云苏潘
葛奚范彭郎鲁韦昌马苗凤花方俞任袁柳酆鲍史唐费廉岑薛雷贺倪汤滕殷罗毕郝邬安常乐于时傅皮卞齐康伍余元卜顾孟平黄
和穆萧尹姚邵湛汪祁毛禹狄米贝明臧计伏成戴谈宋茅庞熊纪舒屈项祝董梁杜阮蓝闵席季麻强贾路娄危江童颜郭梅盛林刁钟
徐邱骆高夏蔡田樊胡凌霍虞万支柯昝管卢莫柯房裘缪干解应宗丁宣贲邓郁单杭洪包诸左石崔吉钮龚程嵇邢滑裴陆荣翁荀羊
于惠甄曲家封芮羿储靳汲邴糜松井段富巫乌焦巴弓牧隗山谷车侯宓蓬全郗班仰秋仲伊宫宁仇栾暴甘钭历戎祖武符刘景詹束
龙叶幸司韶郜黎蓟溥印宿白怀蒲邰从鄂索咸籍赖卓蔺屠蒙池乔阳郁胥能苍双闻莘党翟谭贡劳逄姬申扶堵冉宰郦雍却璩桑桂
濮牛寿通边扈燕冀浦尚农温别庄晏柴瞿阎充慕连茹习宦艾鱼容向古易慎戈廖庾终暨居衡步都耿满弘匡国文寇广禄阙东欧殳
沃利蔚越夔隆师巩厍聂晁勾敖融冷訾辛阚那简饶空曾毋沙乜养鞠须丰巢关蒯相查后荆红游竺权逮盍益桓公上赫皇澹淳太轩
令宇长盖况闫].{1,5}$/ ;
    return reg.exec(str);
    }
    window.addEventListener("load",load,false);
```

- user_name 表示真实姓名输入类型控件的 DOM 对象。
- checkName()是验证姓名真实性的主函数。
- isuser_name()函数使用正则表达式来验证姓名的真实性，这里主要验证姓必须是中国百家姓的一个，而且，必须是 2～5 个字符。
- setCustomValidity()函数来设置错误信息时。
- validationMessage 属性用来显示相关的用户提示信息。
- addEventListener()函数监听了 onchange 事件。
- reg 是验证真实姓名的正则表达式。
- exec()函数用来检索字符串是否匹配正则表达式，匹配时会返回一个存放匹配结果的数组，不匹配时则会返回 null。

图 2-49 验证真实姓名部分在 Chrome 浏览器的显示效果

验证电子邮箱，可以使用浏览器自带的验证机制，这里不再作进一步讨论。根据开发需求，我们还需要验证选手的比赛项目，因为所有比赛项目是提前已经制订好的。虽然我们之前使用了 datalist 标签和 option 标签组合构建了下拉选项列表供用户选择，但是用户还是可以输入其他的比赛项目。因此，验证选手的比赛项目还是必要的。

对于验证比赛选手的比赛项目的相关代码如下，在 Chrome 浏览器运行之后，显示效果如图 2-50 所示。

Javascript 代码：test_form.js

```
var rank;
var ranknum;
var user_ball;
function load()
{
rank = document.myform.user_rank;
ranknum = document.getElementById("ranknum");
rank.addEventListener("change",changerank,false);
user_ball = document.myform.user_ball;
user_ball.addEventListener("change",checkBall,false);
}
function changerank()
{
ranknum.innerHTML = rank.value;
}
function checkBall()
{
if(isuser_ball(user_ball.value)==null)
{
    user_ball.setCustomValidity("请正确选择比赛的项目");
    user_ball.validationMessage;
}
else
```

```
    {
        user_ball.setCustomValidity("");
    }
    }
    function isuser_ball(str)
    {
    if(str != "篮球" ||srt != "足球" ||str != "排球")
    {
        return null;
    }
    }
    window.addEventListener("load",load,false);
```

- user_ball 表示比赛项目输入类型控件的 DOM 对象。
- checkBall()是验证比赛项目的主函数。
- isuser_ball()函数使用正则表达式来检查比赛项目的合理性。
- addEventListener()函数监听 onchange 事件。
- setCustomValidity()函数用来设置错误信息。
- validationMessage 属性用来显示相关的用户提示信息。

图 2-50　验证比赛项目部分在 Chrome 浏览器的显示效果

根据开发需求，我们还需要对用户输入的手机号码进行验证。对于手机号码的验证是比较常见的，这里我们验证以下三个主要方面。

- 手机号码的长度必须是 11 位。
- 手机号码的开头都是 15 和 13 开头的。

验证手机号码的相关代码如下，在 Chrome 浏览器运行之后，显示效果如图 2-51 所示。

Javascript 代码：test_form.js。

```
var rank;
var ranknum;
var user_phone;
function load()
```

```
{
rank = document.myform.user_rank;
ranknum = document.getElementById("ranknum");
rank.addEventListener("change",changerank,false);
user_phone = document.myform.user_phone;
user_phone.addEventListener("change",checkPhone,false);
}
function changerank()
{
ranknum.innerHTML = rank.value;
}
function checkPhone()
{
if(isuser_phone(user_phone.value)==null)
{
   user_phone.setCustomValidity("请输入正确的手机号码");
   user_phone.validationMessage;
}
else
{
   user_phone.setCustomValidity("");
}
}
function isuser_phone(str)
{
var reg =/^0{0,1}(13[0-9]|15[0-9])[0-9]{8}$/;
return reg.exec(str);
}
window.addEventListener("load",load,false);
```

- user_phone 表示手机号码输入控件的 HTML 对象。
- checkPhone()是验证比赛项目的主函数。
- isuser_phone()函数使用正则表达式来验证比赛项目的合理性。
- addEventListener()函数监听 onchange 事件。
- setCustomValidity()函数用来设置错误信息。
- validationMessage 属性用来显示相关的用户提示信息。
- reg 是验证手机号码的正则表达式。
- exec()函数用来检索字符串是否匹配正则表达式，匹配时会返回一个存放匹配结果的数组，不匹配时则会返回 null。

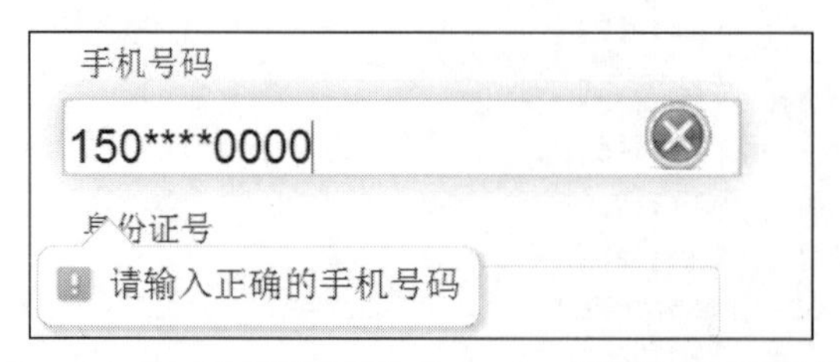

图 2-52　验证手机号码部分在 Chrome 浏览器的显示效果

根据开发需求，我们还需要对身份证进行验证，身份证的验证比较复杂，需要分别根据一代身份证和二代身份证分别验证，主要包括身份证的长度、身份证的格式、身份证的地区、身份证的生日以及校验位是否合法等。

对于身份证号码验证机制进行验证相关代码如下，在 Chrome 浏览器运行之后，显示效果如图 2-52 所示。

Javascript 代码：test_form.js。

```
var rank;
var ranknum;
var user_id;
function load()
{
rank = document.myform.user_rank;
ranknum = document.getElementById("ranknum");
rank.addEventListener("change",changerank,false);
user_id = document.myform.user_id;
user_id.addEventListener("change",checkId,false);
}
function changerank()
{
ranknum.innerHTML = rank.value;
}
function checkId()
{
if(isuser_id(user_id.value) == null)
{
    user_id.setCustomValidity("请输入正确的身份证号");
    user_id.validationMessage;
}
else
{
    user_id.setCustomValidity("");
}
```

```
    }
    function isuser_id(idcard)
    {
    var area={11:"北京",12:"天津",13:"河北",14:"山西",15:"内蒙古",21:"辽宁",22:"吉林",23:"黑龙江",31:"上海",32:"江苏",33:"浙江",34:"安徽",35:"福建",36:"江西",37:"山东",41:"河南",42:"湖北",43:"湖南",44:"广东",45:"广西",46:"海南",50:"重庆",51:"四川",52:"贵州",53:"云南",54:"西藏",61:"陕西",62:"甘肃",63:"青海",64:"宁夏",65:"新疆",71:"台湾",81:"香港",82:"澳门",91:"国外"}
    var idcard,Y,JYM;
    var S,M;
    var idcard_array = new Array();
    idcard_array = idcard.split("");
    if(area[parseInt(idcard.substr(0,2))]==null)
    {
       return null;
    }
    switch(idcard.length)
    {
       case 15:
           if ( (parseInt(idcard.substr(6,2))+1900) % 4 == 0 || ((parseInt(idcard.substr(6,2))+1900) % 100 == 0 && (parseInt(idcard.substr(6,2))+1900) % 4 == 0 ))
           {

    ereg=/^[1-9][0-9]{5}[0-9]{2}((01|03|05|07|08|10|12)(0[1-9]|[1-2][0-9]|3[0-1])|(04|06|09|11)(0[1-9]|[1-2][0-9]|30)|02(0[1-9]|[1-2][0-9]))[0-9]{3}$/;
           }
           else
           {

    ereg=/^[1-9][0-9]{5}[0-9]{2}((01|03|05|07|08|10|12)(0[1-9]|[1-2][0-9]|3[0-1])|(04|06|09|11)(0[1-9]|[1-2][0-9]|30)|02(0[1-9]|1[0-9]|2[0-8]))[0-9]{3}$/;
           }
           if(ereg.test(idcard))
           {
              return null;
           }
           else
           {
              return null;
           }
           break;
       case 18:
           if ( parseInt(idcard.substr(6,4)) % 4 == 0 || (parseInt(idcard.substr(6,4)) % 100 == 0 && parseInt(idcard.substr(6,4))%4 == 0 ))
```

```
            {

    ereg=/^[1-9][0-9]{5}19[0-9]{2}((01|03|05|07|08|10|12)(0[1-9]|[1-2][0-9]|3[0-1])|(04
|06|09|11)(0[1-9]|[1-2][0-9]|30)|02(0[1-9]|[1-2][0-9]))[0-9]{3}[0-9Xx]$/;
            }
            else
            {

    ereg=/^[1-9][0-9]{5}19[0-9]{2}((01|03|05|07|08|10|12)(0[1-9]|[1-2][0-9]|3[0-1])|(04
|06|09|11)(0[1-9]|[1-2][0-9]|30)|02(0[1-9]|1[0-9]|2[0-8]))[0-9]{3}[0-9Xx]$/;
            }
            if(ereg.test(idcard))
            {
                S  =  (parseInt(idcard_array[0])  +  parseInt(idcard_array[10]))  *  7  +
(parseInt(idcard_array[1]) + parseInt(idcard_array[11])) * 9 + (parseInt(idcard_array[2])
+ parseInt(idcard_array[12])) * 10 + (parseInt(idcard_array[3]) + parseInt(idcard_array
[13])) * 5+ (parseInt(idcard_array[4]) + parseInt(idcard_array[14])) * 8  +    (parseInt
(idcard_array[5]) + parseInt(idcard_array[15])) * 4 + (parseInt(idcard_array[6]) + parseInt
(idcard_array[16])) * 2 + parseInt(idcard_array[7]) * 1  + parseInt(idcard_array[8]) * 6 +
parseInt(idcard_array[9]) * 3 ;
                Y = S % 11;
                M = "F";
                JYM = "10X98765432";
                M = JYM.substr(Y,1);
                if(M == idcard_array[17])
                {
                    return null;
                }
            }
            else
            {
                    return null;
            }
            break;
        default:
            return false;
    }
    }
    window.addEventListener("load",load,false);
```

- user_id 表示身份证号输入控件的 DOM 对象。
- checkId()是验证身份证号的主函数。
- isuser_id()函数使用正则表达式来验证身份证号的有效性。

- addEventListener()函数监听 onchange 事件。
- setCustomValidity()函数用来设置错误信息。
- validationMessage 属性用来显示相关的用户提示信息。

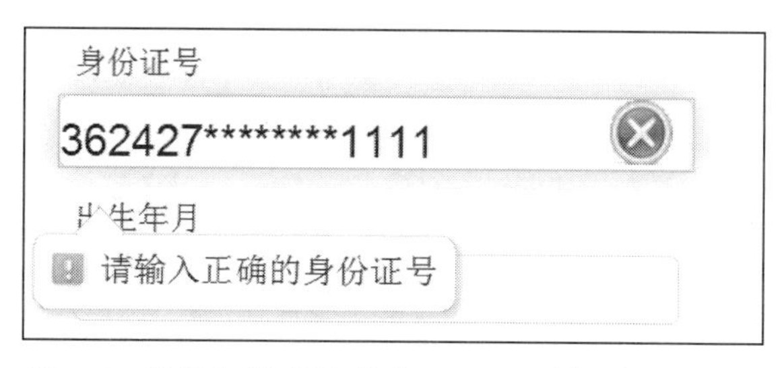

图 2-52　验证身份证号部分在 Chrome 浏览器的显示效果

出生年月和名次期望输入控件靠用户的选择功能，用户不可能选择或者输入不期望的数据，因此这里不需要进行验证。

到此，开发需求中分析的功能就全部实现了。虽然代码有点长，但是在这个表单中，客户端表单验证机制已经非常完善了。

2.4　本章小结

在本章中，我们主要讨论 HTML5 中一个非常普遍的特性——Html5 Web Form。

在第一节中，首先讨论了 Html5 Web Form 的设计理念，即为用户提供更好的用户体验，为开发人员提供更简单的编程，接着又探讨了这些设计理念在表单中的具体表现形式，最后讨论了 Html5 Web Form 在桌面浏览器和移动设备浏览器的支持情况，得出在 Html5 Web Form 的浏览器支持上，桌面浏览器以 Opera 浏览器最为出色，移动设备浏览器以 Safari 浏览器最为出色的结论。

在第二节中，我们细致地探讨了表单容器的基本属性、表单结构的元素标签、保留的输入类型控件、新增的输入类型控件以及新增的表单标签属性。最后详细地讨论了自定义的表单验证机制 API 的具体使用。

在第三节中，我们使用第二节探讨的内容，创建了一个实用的表单。在表单中，使用了新增的表单输入类型控件和新增的表单标签属性，创建一个完善的表单客户端验证机制，展现了 Html5 Web Form 在实际开发中的应用。

第 3 章 影音急先锋——Html5 Audio and Video

本章，我们将探讨 HTML5 规范中的两个重要的元素——Audio 和 Video。这两个多媒体元素在 HTML5 中备受关注，不仅在于浏览器提供商对多媒体格式的支持差异，更在于它的多媒体播放零插件支持理念给整个 Web 领域带来的巨大冲击力。

去年年底，Adobe 公司正式宣称停止为移动浏览器开发 Flash Player，持续两年的 Adobe 和 Apple 之争终于落下帷幕。众所周知，在这场纷争中，起决定性作用的还是我们的 Html5 Audio and Video。事后，就连 Adobe 副总裁丹尼·维诺科也很无奈地表示："除了个别特例以外，HTML5 现已受到主要移动设备的广泛支持，这令 HTML5 成为在所有移动平台上制作和部署浏览器内容的最佳解决方案。"这就是 HTML5 中 Html5 Audio and Video 特性的魅力。

本章，我们将探讨 Html5 Audio and Video。首先我们将探讨与多媒体相关的概念和目前主流浏览器对 Html5 Audio and Video 的支持情况，随后我们探讨 Html5 Audio Video 的新增标签和相关的脚本控制，最后我们创建一个多媒体播放器，探讨 Html5 Audio and Video 在实际开发中的应用。

3.1 Html5 Audio and Video 概述

诚然，Adobe Flash Player 是一个非常优秀的插件，它率先使得多媒体元素通过 Web 程序展现给用户成为了可能，但是在 Web2.0 的时代，提倡的是零插件支持。而 Html5 Audio and Video 特性提供了一套完整、通用和可脚本化控制的规范，在不安装任何第三方插件的情况下，就可以构建一些非常拉风的多媒体 Web 应用程序。本节，我们将探讨与一些多媒体元素相关的概念，进而讨论 Html5 Audio and Video 的实现原理。

3.1.1　视频容器

多媒体文件，也称为视频容器，是一种高度压缩的文件，一个完整的视频容器包含了音频轨道、视频轨道和其他一些说明性的数据。音频轨道用来渲染声音，视频轨道用来渲染图像，所以音频轨道和视频轨道通常情况下是以一定的方式相关联的。而说明性的数据是指与多媒体播放无关的内容，例如封面、标题、作者和版权信息等。

事实上，多媒体文件和我们平常所说的压缩文件有许多共同点。比如，我们平常的压缩文件有 ZIP 方式、RAR 方式，同理，多媒体文件也有多种压缩方式，这就是我们习以为常的多媒体文件格式。目前在 Html5 Audio and Video 中支持的主流视频容器有以下几种。

- Audio Video Interleave 格式；
- Flash Video 格式；
- MPEG-4 格式；
- Matroska 格式；
- Ogg 格式；
- WebM 格式。

Audio Video Interleave（.avi）格式，也叫做音频视频交错格式。Audio Video Interleave 视频容器是 1992 年被 Microsoft 公司推出的一种将语音和影像同步组合在一起的文件格式。由于采用了一种有损压缩方式，压缩率很高，因此应用范围非常广泛。但是它既不支持提供视频的元数据，也不能兼容现在主流的解码器，所以正在逐步退出历史舞台。

Flash Video（.flv）格式，是由 Adobe 公司针对其产品 flash player 推出的一种视频容器，由于其形成的文件极小、加载速度极快的特点，目前各在线视频网站均采用此视频格式。例如，新浪播客、56、优酷、土豆、酷 6、youtube 等。

MPEG4（.mp4）格式，是一个广泛采用的视频容器，是基于 apple 旧的 quicktime 容器格式（.mov）发展起来的。

Matroska（.mkv、.mka、.mks）格式，是近年来流行的一种视频容器，它定义了三种类型的文件：MKV 是视频文件，它里面可能还包含有音频和字幕；MKA 是单一的音频文件，但可能有多条及多种类型的音轨；MKS 是字幕文件。这三种文件以 MKV 最为常见。

Ogg(.ogv)格式，是一个广泛使用的开放标准，视频（Theroa）和音频（Vorbis）在现在的主流平台都可以自由播放。

WebM（.webm）格式，是 2010 年由 google 公司在世界 I/O 大会上发布的一种新视频容器，该视频容器只支持 VP8 视频编解码器和 Vorbis 音频编解码器，但是目前已经获得很多浏览器的支持，就连 Adobe 公司也宣称在下一代的 flash 中支持 WebM 视频容器，打破 Flash Video 视频容器在 Web 领域长期垄断的局面。

3.1.2 编码器和解码器

所谓的多媒体文件编码和解码，就是指通过特定算法，对一段特定的音频流或者视频流解压缩的算法。在 Html5 Audio and Video 中，对具体编码器和解码器的选择是一个比较大的争议。

W3C 组织首先提议使用免费的 Ogg 编解码器作为 Html5 Audio and Video 的首选，但是很快就遭到以苹果公司为代表的反对，因为 Safari 等浏览器的底层很难支撑 Ogg 编解码器。后来，大部分浏览器制造商又对使用 H.264 编解码器表示不同意，因为 H.264 编解码器需要支付一定的许可费用。因此，持续至今，对于 Html5 Audio and Video 的默认编解码器仍然是一个争议。下面我们来探讨目前浏览器已经实现了的编解码器类型，如下。

- AAC 音频编解码器；
- Ogg Vorbis 音频编解码器；
- Ogg Theora 视频编解码器；
- H.264 视频解码器；
- VP8 视频解码器；

AAC 音频编解码器是 ISO/IEC 标准化的音频编解码器。它是比 MP3 音频编解码器更先进的音频压缩技术。AAC 音频编解码器被广泛的运用在数字广播、数字电视等领域。目前网上最大的音乐零售商苹果的 iTunes 音乐商店的所有数字音乐也全部采用 AAC 音频编码。

Ogg Vorbis 音频编解码器是类似 AAC 音频编解码器的另一种免费、开源的音频编码，由非盈利组织 Xiph 开发。业界的普遍共识是 Vorbis 是和 AAC 一样优秀、用以替代 MP3 的下一代音频压缩技术。

Ogg Theora 视频编解码器是一个免权利金、开放格式的有损影像压缩技术，由 Xiph.Org 基金会开发。本来是 Html5 Audio and Video 的首先编解码器，但是因为受到了苹果等公司的反对，最终被迫放弃。就连 HTML5 的制定者 Ian Hickson 也表示，这是令人难以接受的遗憾。

H.264 视频编解码器，也称为 MPEG-4 AVC，是目前公认的效率最高的的视频编解码设备。它是由国际电信联盟远程通信标准化组织（ITU-T）和国际标准化组织/国际电工委员会动态图像专家组（ISO/IEC MPEG）共同开发的一种视频压缩技术，也是 Safari 浏览器力挺的 Html5 Audio and Video 编码解码器，目前 H.264 被广泛地应用在蓝光电影、数字电视、卫星电视、网络媒体等领域。但可惜的是，使用 H.264 编解码器需要支付一定费用。

VP8 视频编解码器是类似于 H.264 视频编解码的另一种但免费的视频编解码器，其压缩效率略低。H.264 视频编解码器最初由 On2 公司开发，后来 Google 收购了 On2，因此 VP8 编码解码器现在归 Google 所有。目前 Chrome、IE、Opera 和 Firefox 都宣称对 VP8 编解码器表示支持。

目前，在 Html5 Audio and Video 编解码器的选择上，各方都还没有达成统一意见。从目前的情况来看，渐渐形成了两大派的格局。

- 以 Apple 公司为代表的 H.264 支持派。

- 以 Google 公司为代表的 VP8 和 WebM 支持派。

H.264 编解码器是目前公认的效率最高的的视频编解码设备。Apple 公司一直是 H.264 编解码器的坚定支持者，目前苹果全线产品都有对 H.264 有硬件支持。此外，苹果的 Safari 浏览器是将视频解码部分交由 iOS 或者 OSX 处理的，而在 iOS 和 OSX 已经为 H.264 支付过专利费的情况下，Safari 浏览器并不需要为使用 H.264 编解码支付额外成本。所以，Apple 公司一直坚定支持 H.264。

Google 公司则认为免费、开源的视频编码对 HTML5 的长远发展是有益处的。虽然在 Chrome 浏览器的起初，同时原生支持 Theora、H.264、WebM 三种编解码器，可后来还是决定从 Chrome 浏览器中移除对 H.264 编解码的支持。而且，Google 公司旗下的 Youtube，这个互联网上最大的视频站点，目前采用的还是 H.264 编码技术，但是在其 HTML5 测试版中，部分视频已经采用 WebM。

综上，虽然 Ogg 编解码器已经成为历史，但是 H.264 和 WebM 的两大格局在一定的时间内是很难有所改变的。正如业内人士称，未来不可预期，也有可能 VP8 编解码器会迅速优秀强大起来，成为效率最高的编解码器，也有可能等到 H.264 的专利期满，其会变成免费的技术而被广泛采用。

3.1.3　Html5 Audio and Video 的优势

在传统的 Web 应用程序中，如果我们在网页中加入多媒体元素，典型的处理方式是可以使用 Flash、Quick Time 和 Window Media 插件。其中，Flash 在网页的多媒体展示使用中所占的份额最大，持续了两年之久的 Apple 和 Adobe 之争就是最好的见证。那么 Html5 Audio and Video 在 Web 网页的多媒体应用中到底有哪些优势呢？

- 作为原生的浏览器支持，无需安装任何第三方插件。这是多媒体元素在网页中加载技术中跨时代的进步。从用户体验的角度来说插件的安装和更新提醒往往使用户感到反感；从安全角度来看，某些插件有可能绑定了广告或者恶意木马；从开发者角度来看，插件很难与网页中其他内容兼容，在弹出式菜单或者其他跨越插件显示边界的内容的版面设计上会有很大的困难。
- Html5 规范提供了一套完整的多媒体脚本化控制的 API，开发人员可以轻易地使用脚本来控制播放的内容。

Html5 Audio and Video 的优势是显而易见的，目前国外像 YouTube 等网站都将多媒体方面应用的目光投向了 Html5。Html5 在不断努力，世界也正在不断认可后起之秀 Html5 Audio and Video 。

3.1.4　Html5 Audio and Video 的缺陷

Html5 Audio and Video 虽然凭借其强大的应用功能和视觉享受正逐渐引领 Web 多媒体应用的新潮流，但是就如前面所说，这是一个逐渐发展中的规范，必然有其自身不能克服的缺陷。

- 编解码器无法统一，必须对不同的浏览器进行分类处理。这应该是 Html5 Audio and Video 规范中最大的缺陷。

- 受到 HTTP 跨源资源共享的限制。
- 全屏视频无法通过脚本进行控制。这主要从安全角度考虑，脚本元素控制全屏视频存在很大的漏洞。
- 对 Audio 和 Video 两个多媒体元素的访问尚未完全加入到规范中。
- 在播放复杂视频流时的资源消耗过大。
- 没有比特率切换标准，无法在普通、高清和全清视频之间进行切换。
- Html5 Audio and Video 暂不支持摄像头和麦克风。
- 在外网嵌入视频方面远不如 flash 方便。

当然，上面列举的只是 Html5 Audio and Video 目前存在的典型缺陷，因为 Html5 很多规范都在设计和完善中，可以预见在不久的将来，缺陷将会不断地得到弥补，Html5 规范也将成为一个十分完美的工业标准。

3.1.5 Html5 Audio and Video 的浏览器支持情况

因为 Html5 Audio and Video 需要考虑视频容器、编码器和解码器等原因，所以对 Html5 Audio and Video 的支持稍微复杂些，再加上 Google 的新秀 webM 视频容器和视频编码格式 VP8 编解码器的加入，近年来，对 Html5 Audio and Video 支持的浏览器市场格局发生了些变化。

目前主流的桌面浏览器和移动设备浏览器对 Html5 Audio and Video 的支持情况如图 3-1 和图 3-2 所示。其中白色表示完全支持，深灰色表示不支持。

IE	Firefox	Chrome	Safari	Opera
	3.0			
	3.5	8.0		
	3.6	10.0		
	4.0	11.0		
	5.0	12.0		
	6.0	13.0		
	7.0	14.0		
	8.0	15.0		
	9.0	16.0		
	10.0	17.0		
6.0	11.0	18.0	4.0	
7.0	12.0	19.0	5.0	
8.0	13.0	20.0	5.1	11.6
9.0	14.0	21.0	6.0	12.0

图 3-1 桌面浏览器对 Html5 Audio and Video 的支持情况

iOS Safari	Opera Mini	Android Browser	Opera Mobile	Blackberry Browser	Chrome for Android	Firefox for Android
		2.1				
3.2		2.2				
4.0-4.1		2.3	10.0			
4.2-4.3		3.0	11.5			
5.0-5.1	5.0-7.0	4.0	12.0	7.0	18.0	14.0

图 3-2 移动设备浏览器对 Html5 Audio and Video 的支持情况

从图 3-1 和图 3-2 中，可以看出，不管是桌面浏览器，还是在移动设备上的浏览器，对 Html5 Audio and Video 的支持情况还是比较理想的。

但是在开发 Html5 Audio and Video 应用程序时，我们需要考虑得更多。就如我们前面的讨论的那样，在 Html5 Audio and Video 中，没有指定编码器和解码器。所以，在实际开发中，还要考虑浏览器所支持的编码器和解码器，图 3-3 所示内容对目前浏览器所支持的编码器和解码器的市场份额进行了归纳。

The State of HTML5 / Flash Support across browsers

Browser (version)	Market Share	HTML5 Video Codec Support			Flash Support
		H.264	WebM	Ogg	
Internet Explorer (8 and below)	34.4				✓
Internet Explorer (9+)	18.0	✓			✓
Firefox (3.4 and below)	3.8				✓
Firefox (3.5+)	15.2		✓	✓	✓
Chrome (3.0+)	15.8	✓*	✓		✓
Safari (3.0 and below)	0.5				✓
Safari (3.1+)	5.1	✓			✓
Safari Mobile	4.8	✓			
Opera (10.5+)	0.3		✓	✓	✓

*Chrome has pledged to remove support for H.264

图 3-3　浏览器支持的编解码器所占的市场份额

3.2　Html5 Audio and Video 的使用

Html5 Audio and Video 是一个非常令人振奋的新特性，我们可以使用它构建非常拉风的多媒体 Web 应用程序。本节，我们将首先讨论多媒体元素标签的使用，然后从细节上探讨 Html Audio and Video 脚本控制的使用。

3.2.1　检测浏览器的支持情况

因为各浏览器对 Html5 Audio and Video 的支持情况不尽相同，所以在使用多媒体元素标签之前，检测用户的浏览器的支持情况就显得非常必要。

现在我们写一个函数来检测用户的浏览器对 Html5 Audio and Video 的支持情况，读者可以参考下面的代码。

HTML+Javascript 代码：test_chrome_video1.html。

```
<!DOCTYPE html>
<html>
```

```
<head>
<script type="text/javascript">
    function load()
    {
        var video = document.createElement("video");
        if(typeof(video.canPlayType))
        {
            alert("你的浏览器支持Html5 Audio and Video!");
        }
        else
        {
            alert("sorry，你的浏览器还不支持Html Audio and Video!");
        }
    }
    window.addEventListener("load",load,false);
</script>
</head>
<body>
</body>
</html>
```

- createElement()方法用来创建一个 video 标签节点。
- video 表示创建的 video 标签对应的 DOM 对象。
- canPlayType 是 Html5 Audio and Video 中的一个特性函数，后面的章节会作进一步探讨。
- typeof()函数是 Javascript 中一个测试类型的函数。
- load()方法是 onload 事件的回调函数。
- addEventListener()方法注册监听了 onload 事件。

在 HTML5 的众多特性中，对应浏览器的支持情况的检测，都是通过检测其特性函数或者属性是否存在来完成的。这一点，读者可以从后面的章节得到验证。

此外，当用户的浏览器对 Html5 Audio and Video 不提供支持时，多媒体元素标签会直接被忽视掉，并不会抛出任何异常。因此，如果我们只是使用这两个多媒体元素标签的话，完全没有必要使用上面的脚本代码对用户的浏览器进行检测。

对于多媒体元素标签的一般使用，检测浏览器的支持情况，读者可以参考下面的代码。在 IE8 浏览器上运行之后，显示效果如图 3-4 所示。

HTML 代码：test_chrome_video2.html。

```
<!DOCTYPE html>
<html>
<head>
```

```
</head>
<body>
<video src = "test_video.ogv" controls = "controls" width="650px" height="450px">
    sorry，你的浏览器还不支持 Html5 Audio and Video!
</video>
</body>
</html>
```

- test_video.ogv 是同一文件夹下的视频文件。
- src 属性用来指定多媒体文件的来源地址，具体使用会在后面的章节进一步探讨。
- controls 属性用来设置用户的控制界面，具体使用会在后面的章节进一步探讨。
- width 属性用来设置视频显示的宽度。
- height 属性用来设置视频显示的高度。

图 3-4　多媒体元素标签的简单使用在 IE8 浏览器的显示效果

此外，如果在服务器端运行 Html5 Audio and Video 程序，对于一些 ogv 和 webm 格式的视频，服务器不一定能够解析。这时候需要在服务器中添加 MIME 类型。

我们以 Apache 服务器为例，探讨一下在服务器端设置视频文件的 MIME 类型。首先要在 Apache 的安装目录下的 conf 文件夹中找到 mime.types 文件。如图 3-5 所示。

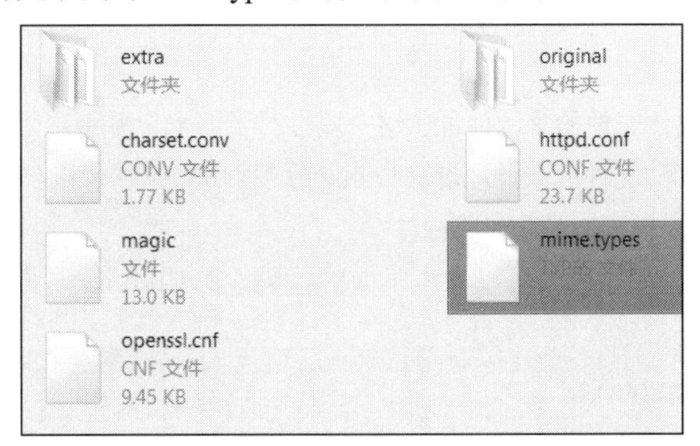

图 3-5　在 Apache 服务器安装目录下找到 mime.types 文件

然后在 mime.types 文件中，找到设置 MIME 类型的部分，加入如下设置 MIME 类型的代码。

```
video/ogg     ogv
video/webm   webm
```

- ogv、webm 表示 MIME 的名称。
- video/ogg、video/webm 表示 MIME 类型的值。

3.2.2 多媒体元素标签及其简单属性

在 Html5 Audio and Video 中，引入了两个重要的 HTML 标签——audio 和 video，它们分别对应着 HTMLAudioElement 接口和 HTMLVideoElement 接口。这两个标签就像一对孪生姊妹，一个负责音频资源处理，另一个负责视频资源处理。但是在标签属性、脚本处理、事件捕捉等方面都有惊人的相似。因此，在后面的章节中，对于这两个多媒体元素，我们把它们作为一个整体来探讨。本节我们将重点探讨这两个多媒体元素标签的属性的具体使用内容。这些属性包括如下内容。

- src 属性；
- autoplay 属性；
- loop 属性；
- muted 属性；
- controls 属性；
- crossOrigi 属性；
- poster 属性；
- mediagroup 属性；
- preload 属性；
- width 属性；
- heigth 属性；
- videoWidth 属性；
- videoHeight 属性。

src 属性用来指定多媒体文件的来源地址。这个属性对我们来说并不陌生，因为在 img 标签中也有一个 src 属性，用来指定图片文件的来源地址。与 img 标签的 src 属性一样，这里的 src 属性的值，可以是多媒体文件的绝对路径，也可以是相对路径。

对于 src 属性的具体使用，读者可以参考下面的代码，在 Chrome 浏览器运行之后，显示效果如图 3-6 所示。

HTML 代码：test_src.html。

```
<!DOCTYPE html>
<html>
<head>
```

```
</head>
<body>
<video src = "test_video.ogv">
    sorry，你的浏览器还不支持Html5 Audio and Video!
</video>
</body>
</html>
```

- test_video.ogv 是同一文件夹下的视频文件。
- src 属性用来指定多媒体文件的来源地址。

图 3-6　使用 src 属性在 Chrome 浏览器的显示效果

图 3-6 的显示效果，和普通的图片并没有什么区别，其只是显示了视频的第一帧的内容。

autoplay 属性也是一个布尔值，用来指定浏览器是否进行自动播放。在大多数情况下，自动播放可能会使用户反感。因为自动播放会消耗大量的浏览器资源而导致网页打开缓慢。所以，在实际开发中要慎用 autoplay 属性。

loop 属性也是一个布尔值，用来指定浏览器是否进行循环播放。一般情况下，它会和 autoplay 属性配合使用。

muted 属性用来指定多媒体资源播放时是否静音。

对于 autoplay 属性、loop 属性和 muted 属性的具体使用，读者可以参考下面的代码。

HTML 代码：test_autoplay.html。

```
<!DOCTYPE html>
<html>
<head>
</head>
```

```
<body>
<video src = "test_video.ogv" autoplay = "autoplay" loop ="loop" muted="muted" >
   sorry，你的浏览器还不支持Html5 Audio and Video!
</video>
</body>
</html>
```

- test_video.ogv 是同一文件夹下的视频文件。
- autoplay 属性用来指定浏览器是否进行自动播放。
- loop 属性用来指定浏览器是否进行循环播放。
- muted 属性用来指定多媒体资源播放时是否静音。

controls 属性是一个布尔值，用来指定浏览器是否显示播放器的用户控制按钮。在 Html5 Audio and Video 中，一个播放器的用户控制按钮，主要包括停止、播放、进度控制和音量控制等。

此外，在 HTML5 规范中，并没有明确指定浏览器应该实现控制按钮的样式。因此，不同的浏览器实现的播放器控制按钮的风格不一样。如图 3-7 所示。

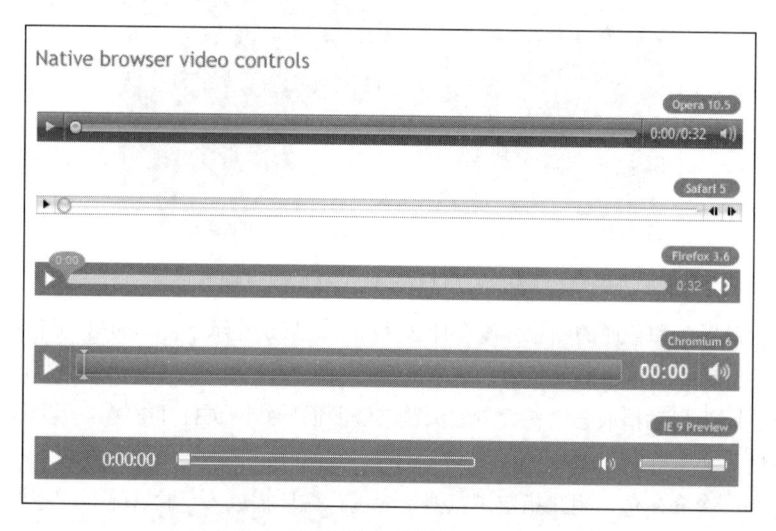

图 3-7　主流浏览器的播放器风格样式

各主流浏览器除了在播放器的显示样式不同之外，其展现方式也存在一些差异。例如，在 Chrome 浏览器和 Safari 浏览器中，多媒体文件播放时会隐藏播放器控制按钮；在 FireFox 浏览器中播放器按钮会始终显示；在 Opera 浏览器和 IE9 浏览器中，多媒体文件播放时，只有当用户的鼠标移出视频显示区域，播放器控制按钮才会自动隐藏。

对于 controls 属性的具体使用，读者可以参考下面的代码，在 Chrome 浏览器运行之后，显示效果如图 3-8 所示。

HTML 代码：test_controls.html。

```
<!DOCTYPE html>
<html>
<head>
</head>
<body>
<video src = "test_video.ogv" controls = "controls">
    sorry，你的浏览器还不支持Html5 Audio and Video!
</video>
</body>
</html>
```

- test_video.ogv 是同一文件夹下的视频文件。
- controls 属性用来指定浏览器是否显示播放器的用户控制按钮。

图 3-8　使用 controls 属性在 Chrome 浏览器的显示效果

crossOrigi 属性用于指定多媒体资源在不同的域中得到服务的条件。这个属性用来解决播放与跨起源资源共享问题。crossorigi 属性的属性值如表 3-1 所示。

表 3-1　crossorigi 属性的属性值

crossorigi 属性值	说　　明
anonymous	默认值，表示跨域访问不需要证书
use-credentials	表示跨域方法需要证书

对于 crossorigi 属性的具体使用，读者可以参考下面的代码。

HTML 代码：test_crossorigi.html。

```
<!DOCTYPE html>
<html>
```

```
<head>
</head>
<body>
<video controls = "controls" src = "test_video.ogv" crossorigi = "use-credentials">
    sorry，你的浏览器还不支持Html5 Audio and Video!
</video>
</body>
</html>
```

- video 标签是在 HTML5 中新增加的标签。
- test_video.ogv 是同一文件夹下的视频文件。
- src 属性用来指定多媒体文件的来源地址。
- crossorigi 属性用于指示多媒体资源在不同域中得到的服务。

poster 属性用来在多媒体显示区域显示一张图片。也就是说，通常情况下，对于视频文件来说，在没有播放的情况下，会显示视频的第一帧图像，poster 属性可以指定一张特定的图片来显示。因此，poster 属性是 video 标签独有的。

poster 的属性值与 img 标签的 src 属性一样，可以是图片文件的绝对路径，也可以是相对路径。

对于 poster 属性的具体使用，读者可以参考下面的代码，在 Chrome 浏览器运行之后，显示效果如图 3-9 所示。

HTML 代码：test_poster.html。

```
<!DOCTYPE html>
<html>
<head>
</head>
<body>
<video src = "test_video.ogv" controls = "controls" poster = "test_pic_poster.jpg" >
    sorry，你的浏览器还不支持Html5 Audio and Video!
</video>
</body>
</html>
```

- test_video.ogv 是同一文件夹下的视频文件。
- test_pic_poster.jpg 是同一文件夹下的图片文件。
- src 属性用来指定多媒体文件的来源地址。
- controls 属性用来指定浏览器是否显示播放器的用户控制按钮。
- poster 属性用来在多媒体显示区域显示一张图片。

mediagroup 属性用来将多个多媒体资源连接起来做重播操作，但是很多浏览器都还没有实现这个属性。

preload 属性用来指定浏览器是否对多媒体文件进行预加载。也就是说，在没有指定自动播放的 Html5 Audio and Video 程序中，使用 preload 属性可以指定浏览器在多媒体文件没有播放时之前，需要加载哪些信息。preload 属性的属性值如下所示。

- none 属性值表示不进行预加载，通常适用于在认为用户对视频的期望值不高或者为了减少 HTTP 请求时使用的情况。
- metadata 属性表示部分预加载，通常适用于在认为用户对视频的期望值不高的情况，但是还是会加载一些元数据（包括视频尺寸、持续时间和第一帧等）。
- auto 属性值表示全部预加载，为 preload 属性的默认值。
- 对于 preload 属性的具体使用，读者可以参考下面的代码，在 Chrome 浏览器运行之后，显示效果如图 3-10 所示。

图 3-9　使用 poster 属性在 Chrome 浏览器的显示效果

图 3-10　使用 preload 属性在 Chrome 浏览器的显示效果

HTML 代码：test_preload.html。

```
    <!DOCTYPE html>
    <html>
    <head>
    </head>
    <body>
    <video src = "test_video.ogv" controls = "controls" poster = "test_pic_poster.jpg"
preload = "none" >
        sorry，你的浏览器还不支持 Html5 Audio and Video!
    </video>
    </body>
    </html>
```

- test_video.ogv 是同一文件夹下的视频文件。
- test_pic_poster.jpg 是同一文件夹下的图片文件。

- src 属性用来指定多媒体文件的来源地址。
- controls 属性用来指定浏览器是否显示播放器的用户控制按钮。
- preload 属性用来指定浏览器是否对多媒体文件进行预加载。
- preload = "none"表示不进行预加载。

从图 3-10 中，可以看出，由于指定了浏览器不对视频文件进行预加载，所以相比于图 3-9 所示，视频的尺寸、持续时间等信息都没有显示出来。

此外，读者应该注意的是，在我们设置了 poster 属性的情况下，不管怎样设置 preload 属性，设定的图片是肯定会进行预加载的。

width 属性和 height 属性用来设置视频播放区域的宽度和高度。所以，这也是 video 标签特有的属性。对于 width 属性和 height 属性的具体使用，和图片的 width 属性和 height 属性的设置完全相同。

videoWidth 属性和 videoHeight 属性都是 video 标签独有的只读属性，也就是说这两个属性只能用脚本来获取它们的值。它们分别表示视频资源固有的尺寸大小。

对应 videoWidth 属性和 videoHeight 属性的具体使用，读者可以参考下面的代码，在 Chrome 浏览器运行之后，显示效果如图 3-11 所示。

HTML+Javascript 代码：test_videowidth.html。

```
<!DOCTYPE html>
<html>
<head>
<script>
    var video;
    var p;
    function load()
    {
        video = document.getElementsByTagName("video")[0];
        p = document.getElementsByTagName("p")[0];
        setTimeout(getSize,2000);
    }
    function getSize()
    {
        p.textContent = "视频的尺寸: "+video.videoWidth +" x "+video.videoHeight;
    }
    window.addEventListener("load",load,false);

</script>
</head>
```

```
<body>
<video src = "test_video.ogv" controls = "controls" >
   sorry，你的浏览器还不支持Html5 Audio and Video!
</video>
<p></p>
</body>
</html>
```

- videoWidth 属性和 videoHeight 属性分别表示视频资源固有的尺寸大小。
- p 标签用来输出信息。
- setTimeout()方法用于在指定的毫秒数后调用函数或计算表达式。
- load()方法是 onload 事件的回调函数。
- addEventListener()方法注册监听了 onload 事件。
- test_video.ogv 是同一文件夹下的视频文件。

图 3-11　使用 videoWidth 属性和 videoHeight 属性在 Chrome 浏览器的显示效果

3.2.3　多媒体元素的 source 子标签及其属性

我们前面讨论过，在 Html5 Audio and Video 中，由于没有指定编解码器。因此，不同的浏览器实现的编解码器可能不相同。这导致开发人员在选择多媒体格式上出现问题。

为了解决这个问题，在 HTML5 规范中，引入了一个 source 子标签。source 子标签嵌套在多媒体元素标签的内部，用来设置多个多媒体文件资源。浏览器会从多个多媒体资源中，依次选择其支持的多媒体文件进行播放。因此，开发人员可以把多媒体资源预期值高的 source 子标签放在前面。

对于 source 子标签的具体使用，读者可以参考下面的代码。在 Chrome 浏览器和 Fire 浏览器运行之后，显示效果分别如图 3-12 所示。

HTML 代码:test_source.html。

```
<!DOCTYPE html>
<html>
<head>
</head>
<body>
<video controls = "controls" >
    sorry，你的浏览器还不支持Html5 Audio and Video!
    <source src = "test_video.ogv" />
    <source src = "test_video.mp4" />
</video>
</body>
</html>
```

- source 标签用来设置多个多媒体文件资源。
- test_video.mp4 是同一文件夹下的视频文件。
- test_video.ogv 是同一文件夹下的视频文件。
- src 属性用来指定多媒体文件的来源地址。

图 3-12　使用 source 标签在 Chrome 浏览器的显示效果

在 source 子标签中有三个属性，本节我们将重点探讨这三个属性的使用。

- src 属性；
- media 属性；
- type 属性。

src 属性和多媒体元素标签的 src 属性完全一样，这是一个必选的属性，用来指定多媒体文件的来源地址。

media 属性用来指定用户的浏览器对于特定媒体资源是否有效。换句话说，media 属性可以用来设置该媒体资源在怎样的浏览器上才可以有效播放。常见的 media 属性的属性值如表 3-2 所示。

表 3-2　media 属性的属性值

media 属性值	说　　明
handheld	表示该媒体文件只在手持设备上有效，默认是 all
all and (min-device-height:600px)	表示该媒体文件只在浏览器的最小高度达到 600 像素时有效
all and (min-device-width:800px)	表示该媒体文件只在浏览器的最小宽度达到 800 像素时有效

对于 media 属性的具体使用，读者可以参考下面的代码，在 Chrome 桌面浏览器运行之后，显示效果如图 3-13 所示。

HTML 代码：test_media.html。

```
<!DOCTYPE html>
<html>
<head>
</head>
<body>
<video controls = "controls" >
    sorry，你的浏览器还不支持 Html5 Audio and Video!
    <source src = "test_video.ogv"  type = 'video/ogg;codecs = "theora,vorbis"' media
= "handheld"/>
    <source src = "test_video.mp4"  type = 'video/mp4;codecs = "avc1.64001E, mp4a.40.2"'
media = "handheld"/>
</video>
</body>
</html>
```

- source 标签用来设置多个多媒体文件资源。
- test_video.mp4 是同一文件夹下的视频文件。
- test_video.ogv 是同一文件夹下的视频文件。
- src 属性用来指定多媒体文件的来源地址。
- type 属性用来指定引用多媒体资源的视频容器和编解码器。
- media 属性用来指定用户的浏览器对于特定媒体资源是否有效。
- media = "handheld"表示该多媒体资源只有在移动设备上才有效。

图 3-13　使用 media 属性在 Chrome 浏览器的显示效果

type 属性用来指定引用多媒体资源的视频容器和编解码器。换句话说，使用 type 属性，可以使用户的浏览器快速找到需要播放的多媒体资源的视频容器和编解码器，从而省去提取媒体文件信息的额外资源开销。在 type 属性值中，视频容器可以直接指定，而编解码器则要通过 codecs 参数指定。常见的 type 属性的属性值如表 3-1 所示。

表 3-1 常见 type 属性的属性值

type 属性值	说　　明
video/webm；codecs = ” vp8,vorbis”	表示 Webm 视频容器中的 vp8 视频编解码器和 vorbis 音频编解码器
video/ogg；codecs = ” theora,vorbis”	表示 Ogg 视频容器中的 theora 视频编解码器和 vorbis 音频编解码器
video/mp4;codecs=″avc1.42E01E, mp4a.40.2″	表示基本的 MPEG-4 视频容器中的 H.264 视频编解码器和 AAC 音频编解码器
video/mp4；codecs=″avc1.64001E, mp4a.40.2″	表示高质量的 MPEG-4 视频容器中的 H.264 视频编解码器和 AAC 音频编解码器

对于 type 属性的具体使用，读者可以参考下面的代码。

HTML 代码：test_type.html。

```
<!DOCTYPE html>
<html>
<head>
</head>
<body>
<video controls = "controls" >
    sorry，你的浏览器还不支持 Html5 Audio and Video!
    <source src = "test_video.ogv" type = 'video/ogg;codecs = "theora,vorbis"'/>
    <source src = "test_video.mp4" type = 'video/mp4;codecs = "avc1.64001E, mp4a.40.2"'/>
</video>
</body>
</html>
```

- test_video.mp4 是同一文件夹下的视频文件。
- test_video.ogv 是同一文件夹下的视频文件。
- src 属性用来指定多媒体文件的来源地址。
- type 属性用来指定引用多媒体资源的视频容器和编解码器。

某些时候，我们需要对用户的浏览器所支持的视频容器和编解码器进行检测，完成这个功能需要使用 Html5 Audio and Video 的特性函数 canPlayType()。

canPlayType()函数接受一个参数，这个参数就是多媒体的视频容器或者多媒体的编解码器类型。canPlayType()函数对应的测试结果，一般情况下，将返回以下三种情况。

- 完全不支持，即 canPlayType()函数返回值为空。
- 可能支持，即 canPlayType()函数返回值为 maybe。
- 基本支持，即 canPlayType()函数返回值为 probably。

canPlayType()函数检测用户浏览器视频容器和编解码器的支持情况，读者可以参考下面的代码。在 Chrome 浏览器和 Firefox 浏览器运行之后，显示效果如图 3-14 和图 3-15 所示。

HTML+Javascript 代码：test_canplaytype.html。

```
<!DOCTYPE html>
<html>
<head>
<script type ="text/javascript">
   var types = new Array();
   types[0] = "video/webm";
   types[1] = "video/ogg";
   types[2] = "video/mp4";
   var codecs = new Array();
   codecs[0] = 'video/webm;codecs = "vp8,vorbis"';
   codecs[1] = 'video/ogg;codecs = "theora,vorbis"';
   codecs[2] = 'video/mp4;codecs="avc1.42E01E, mp4a.40.2"';
   codecs[3] = 'video/mp4;codecs="avc1.64001E, mp4a.40.2"';
   var video = document.createElement('video');
   var str = "<h1>浏览器支持的视频容器</h1>";
   for(var i = 0; i<types.length;i++)
   {
      var support = video.canPlayType(types[i]);
      if(support == "")
      {
         support = "不支持";
      }
```

```
            str += "<b>"+types[i]+"</b>==>"+support+"<br><br>";
        }
        str += "<h1>浏览器支持的编解码器</h1>";
        for(var i = 0; i<codecs.length;i++)
        {
            var support = video.canPlayType(codecs[i]);
            if(support == "")
            {
                support = "不支持";
            }
            str += "<b>"+codecs[i]+"</b>==>"+support+"<br><br>";
        }
        document.write(str);
    </script>
    </head>
    <body>
    </body>
    </html>
```

- types 是一个包含待测视频容器的数组。
- codecs 是一个包含待测编解码器的数组。
- canPlayType()函数是 Html5 Audio and Video 的特性函数，具体使用后面的章节会做进一步探讨。
- support 表示对应的测试结果。

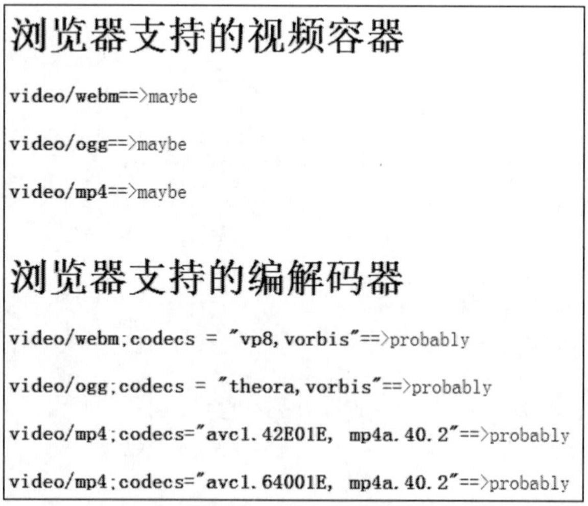

浏览器支持的视频容器

video/webm==>maybe

video/ogg==>maybe

video/mp4==>maybe

浏览器支持的编解码器

video/webm;codecs = "vp8, vorbis"==>probably

video/ogg;codecs = "theora, vorbis"==>probably

video/mp4;codecs="avc1.42E01E, mp4a.40.2"==>probably

video/mp4;codecs="avc1.64001E, mp4a.40.2"==>probably

图 3-14 使用 canPlayType()函数 Chrome 浏览器视频容器和编解码器的支持情况

图 3-15　使用 canPlayType()函数 Firefox 浏览器视频容器和编解码器的支持情况

3.2.4　多媒体元素的事件控制

播放器在不同的时候会处于不同的状态，为了让开发人员方便地捕捉到这些状态，Html5 Audio and Video 提供了一系列的事件属性。本节，我们将重点探讨这些属性的具体使用。这些属性包括如下内容。

- onloadstart 属性；
- onprogress 属性；
- onsuspend 属性；
- onabort 属性；
- onerror 属性；
- onemptied 属性；
- onstalled 属性；
- onloadedmetadata 属性；
- onloadeddata 属性；
- oncanplay 属性；
- oncanplaythrough 属性；
- onseeking 属性；

- onseeked 属性；
- onplaying 属性；
- onended 属性；
- onwaiting 属性；
- ondurationchange 属性；
- ontimeupdate 属性；
- onplay 属性；
- onpause 属性；
- onratechange 属性；
- onvolumechange 属性。

onloadstart 属性表示当浏览器开始请求多媒体资源的数据时触发的事件。onprogress 属性表示当浏览器正在加载多媒体资源的数据时触发的事件。onsuspended 属性表示当浏览器正在加载多媒体资源的数据时发生中断时触发的事件。onabort 属性表示当用户强制停止加载多媒体资源时触发的事件。onstalled 属性表示当浏览器正在加载多媒体资源的数据但是 3s 内没有得到数据回应时触发的事件。onloadedmetadata 属性表示当浏览器对多媒体资源的元数据加载完毕之后触发的事件。

对于以上几个属性的具体使用，读者可以参考下面的代码。

HTML+Javascript 代码：test_onloadstart.html。

```
<!DOCTYPE html>
<html>
<head>
<script>
    var video;
    function load()
    {
            video = document.getElementsByTagName("video")[0];
        video.addEventListener("loadstart",doLoadstartEvent,false);
        video.addEventListener("progress",doProgressEvent,false);
        video.addEventListener("suspended",doSuspendedEvent,false);
        video.addEventListener("stalled",doStalledEvent,false);
        video.addEventListener("aborted",doAbortedEvent,false);
        video.addEventListener("loadedmetadata",doLoadedmetadataEvent,false);
    }
    function doLoadstartEvent(event)
    {
        console.log("开始请求媒体资源数据...");
    }
    function doProgressEvent(event)
```

```
        {
            console.log("正在加载媒体资源数据...");
            }
        function doSuspendedEvent(event)
        {
            console.log("加载媒体资源数据发送中断...");
        }
        function doStalledEvent(event)
        {
            console.log("暂时没有可用的数据...")
        }
        function doAbortedEvent(event)
        {
            console.log("用户停止浏览器加载媒体数据...");
        }
        function doLoadedmetadataEvent(event)
        {
            console.log("媒体资源的元数据加载完成");
        }
        window.addEventListener("load",load,false);
    </script>
    </head>
    <body>
    <video controls = "controls" src = "test_video.ogv" >
    sorry，你的浏览器还不支持Html5 Audio and Video!
    </video>
    </body>
    </html>
```

- doLoadstartEvent()方法是 onloadstart 事件回调函数。
- doProgressEvent()方法是 onprogress 事件的回调函数。
- doSuspendedEvent()方法是 onsuspended 事件的回调函数。
- doStalledEvent()方法是 onstalled 事件的回调函数。
- doAbortedEvent()方法是 onaborted 事件的回调函数。
- doLoadedmetadataEvent()方法是 onloadedmetadata 事件的回调函数。
- addEventListener()方法依次监听了 onloadstart、onprogress、onsuspended、onstalled、onaborted 和 onloadedmetadata 事件。

onerror 属性表示当浏览器发生异常时触发的事件。onemptied 属性表示当多媒体资源未初始化时触发的事件。

对于 onerror 属性和 onemtied 属性的具体使用，读者可以参考下面的代码。

HTML+Javascript 代码:test_onerror.html。

```
<!DOCTYPE html>
<html>
<head>
<script>
    var video;
    function load()
    {
        video = document.getElementsByTagName("video")[0];
        video.addEventListener("error",doErrorEvent,false);
        video.addEventListener("emptied",doEmptiedEvent,false);
    }
    function doErrorEvent(event)
    {
        console.log("发生异常...")
    }
    function doEmptiedEvent(event)
    {
        console.log("多媒体数据未初始化...")
    }
    window.addEventListener("load",load,false);
</script>
</head>
<body>
<video controls = "controls" src = "test_video.ogv" >
sorry，你的浏览器还不支持 Html5 Audio and Video!
</video>
</body>
</html>
```

- test_video.ogv 是同一文件夹下的视频文件。
- onerror 属性表示当浏览器发生异常时触发的事件。
- onemptied 属性表示当多媒体资源未初始化时触发的事件。
- doErrorEvent()方法是 onerror 事件回调函数。
- doEmptiedEvent()方法是 onemptied 事件的回调函数。
- addEventListener()方法依次监听了 onerror 和 onemptied 事件。

onloadeddata 属性表示浏览器加载了部分多媒体资源的数据，可以进行播放时触发的事件。oncanplay 属性表示在浏览器由于后续数据不足自动暂停播放，经过数据缓冲之后，可以恢复播放时触发的事件。oncanplaythrough 属性表示在浏览器由于后续不足自动暂停播放，经过数据缓冲之后，浏览器拥有足够的数据，可以持续播放时触发的事件。

对于以上三个属性的具体使用，读者可以参考下面的代码。

HTML+Javascript 代码：test_onloaddata.html。

```
<!DOCTYPE html>
<html>
<head>
<script>
    var video;
    function load()
    {
        video = document.getElementsByTagName("video")[0];
        video.addEventListener("loadeddate",doLoadeddataEvent,false);
        video.addEventListener("canplay",doCanplayEvent,false);
        video.addEventListener("canplaythrough",doCanplaythroughEvent,false);
    }
    function doLoadeddataEvent(event)
    {
        console.log("已经加载了多媒体资源的部分数据，可以进行播放。")
    }
    function doCanplayEvent(event)
    {
        console.log("");
    }
    function doCanplaythroughEvent(event)
    {
        console.log("已经加载了足够的数据，可以持续进行播放。")
    }
    window.addEventListener("load",load,false);
</script>
</head>
<body>
<video controls = "controls" src = "test_video.ogv" >
sorry，你的浏览器还不支持Html5 Audio and Video!
</video>
</body>
</html>
```

- test_video.ogv 是同一文件夹下的视频文件。
- doLoadeddataEvent()方法是 onloadeddata 事件回调函数。
- doCanplayEvent()方法是 oncanplay 事件的回调函数。
- doCanplaythroughEvent()方法是 oncanplaythrough 事件的回调函数。
- addEventListener()方法依次监听了 onloadeddata、oncanplay 和 oncanplaythrough 事件。

onseeking 属性表示浏览器正在定时搜索时触发的事件。onseeked 属性表示当浏览器定时搜索完成时触发的事件。

对于 seeking 属性和 seeked 属性的具体使用，读者可以参考下面的代码，在 Chrome 浏览器运行之后，打开开发人员工具，拖到进度条进行定时播放，显示效果如图 3-16 所示。

HTML+Javascript 代码：test_onseeking.html。

```
<!DOCTYPE html>
<html>
<head>
<script>
    var video;
    function load()
    {
        video = document.getElementsByTagName("video")[0];
        video.addEventListener("seeking",doSeekingEvent,false);
        video.addEventListener("seeked",doSeekedEvent,false);
    }
    function doSeekingEvent(event)
    {
        console.log("正在进行定时播放...");
    }
    function doSeekedEvent(event)
    {
        console.log("定时播放完成。")
    }
    window.addEventListener("load",load,false);
</script>
</head>
<body>
<video controls = "controls" src = "test_video.ogv" >
sorry，你的浏览器还不支持 Html5 Audio and Video!
</video>
</body>
</html>
```

- test_video.ogv 是同一文件夹下的视频文件。
- onseeking 属性表示浏览器正在定时搜索时触发的事件。
- onseeked 属性表示当浏览器定时搜索完成时触发的事件。
- doSeekingEvent()方法是 onseeking 事件回调函数。
- doSeekedEvent()方法是 onseeked 事件的回调函数。
- addEventListener()方法依次监听了 onseeking 和 onseeked 事件。

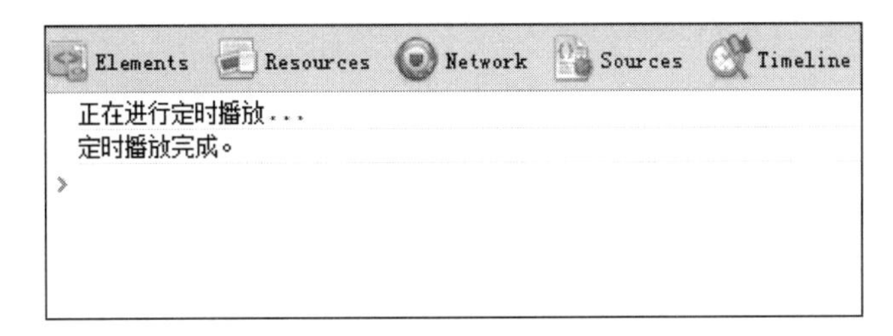

图 3-16　使用 onseeking 属性和 onseeked 属性在 Chrome 浏览器的显示效果

onplaying 属性表示当浏览器已经加载了足够的后续数据，可以进行播放时触发的事件。onwaiting 属性表示当浏览器由于后续数据不足自动暂停播放时触发的事件。ondurationchange 属性表示当多媒体资源的持续播放时间发生改变时触发的事件。ontimeupdate 属性表示当播放位置变化时触发的事件，一般为 15～250ms。

对于以上几个属性的具体使用，读者可以参考下面的代码，在 Chrome 浏览器运行之后，打开开发人员工具，单击播放按钮，显示效果如图 3-17 所示。

HTML+Javascript 代码:test_onplaying.html。

```
<!DOCTYPE html>
<html>
<head>
<script>
    var video;
    function load()
    {
        video = document.getElementsByTagName("video")[0];
        video.addEventListener("playing",doPlayingEvent,false);
        video.addEventListener("waiting",doWaitingEvent,false);
        video.addEventListener("durationchangeEvent",doDurationchangeEvent,false);
        video.addEventListener("timeupdate",doTimeupdateEvent,false);
    }
    function doPlayingEvent(event)
    {
        console.log("已经加载了足够的后续数据,可以进行播放。");
    }
    function doWaitingEvent(event)
    {
        console.log("正在缓冲…");
    }
    function doDurationchangeEvent(event)
    {
```

```
        console.log("多媒体持续播放时间发生了变化...");
    }
    function doTimeupdateEvent(event)
    {
        console.log("当前播放位置发生了变化。");
    }
    window.addEventListener("load",load,false);
</script>
</head>
<body>
<video controls = "controls" src = "test_video.ogv" >
sorry，你的浏览器还不支持 Html5 Audio and Video!
</video>
</body>
</html>
```

- test_video.ogv 是同一文件夹下的视频文件。
- doPlayingEvent()方法是 onplaying 事件回调函数。
- doWaitngEvent()方法是 onwaiting 事件的回调函数。
- doDurationchangeEvent()方法是 ondurationchange 事件的回调函数。
- doTimeupdateEvent()方法是 ontimeupdate 事件的回调函数。
- addEventListener()方法依次监听了 onplaying、onwaiting、ondurationchange 和 ontimeupdate 事件。

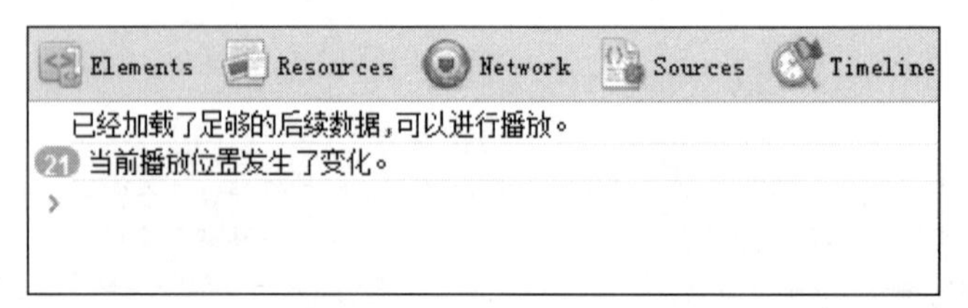

图 3-17　使用 onplaying、onwaiting 和 ondurationchange 等属性在 Chrome 浏览器的显示效果

onended 属性表示当浏览器播放完当前媒体数据时触发的事件。onplay 属性表示当播放器从暂停多媒体资源播放变成播放时触发的事件。onpause 属性表示当播放器从播放多媒体资源变成暂停时触发的事件。onratechange 属性表示当播放器的播放速率发生改变时触发的事件。onvolumechange 属性表示当播放器的音量发生改变时触发的事件。

对于以上几个属性的具体使用，读者可以参考下面的代码，在 Chrome 浏览器运行之后，打开开发人员工具，单击播放器的控制按钮，显示效果如图 3-18 所示。

HTML+Javascript 代码:test_onended.html。

```
<!DOCTYPE html>
```

```
<html>
<head>
<script>
    var video;
    function load()
    {
        video = document.getElementsByTagName("video")[0];
        video.addEventListener("ended",doEndedEvent,false);
        video.addEventListener("play",doPlayEvent,false);
        video.addEventListener("pause",doPauseEvent,false);
        video.addEventListener("ratechange",doRatechangeEvent,false);
        video.addEventListener("volumechange",doVolumechangeEvent,false);
    }
    function doEndedEvent(event)
    {
        console.log("播放停止了。");
    }
    function doPlayEvent(event)
    {
        console.log("点击了播放按钮。")
    }
    function doPauseEvent(event)
    {
        console.log("点击了暂停按钮。");
    }
    function doRatechangeEvent(event)
    {
        console.log("播放速率发生了改变。")
    }
    function doVolumechangeEvent(event)
    {
        console.log("播放音量发生了改变。");
    }
    window.addEventListener("load",load,false);
</script>
</head>
<body>
<video controls = "controls" src = "test_video.ogv" >
sorry，你的浏览器还不支持 Html5 Audio and Video!
</video>
</body>
</html>
```

- test_video.ogv 是同一文件夹下的视频文件。
- doPlayEvent()方法是 onplay 事件的回调函数。
- doPauseEvent()方法是 onpause 事件的回调函数。
- doEndedEvent()方法是 onended 事件的回调函数。
- doRatechangeEvent()方法是 onratechange 事件的回调函数。
- doVolumechangeEvent()方法是 onvolumechange 事件的回调函数。
- addEventListener()方法依次监听了 onplay、onpause、onended、onratechange 和 onvolumechange 事件。

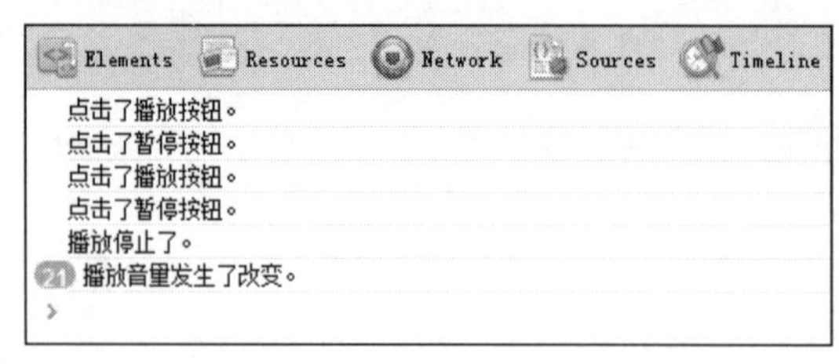

图 3-18　使用 onplay、onpause 和 onended 等属性在 Chrome 浏览器的显示效果

3.2.5　多媒体元素的网络状态

在 Html5 Audio and Video 中，新增加了 video 和 audio 两个 HTML 标签，这两个标签分别对应着 HTMLVideoElement 接口和 HTMLAudioElement 接口。而这两个接口又实现了 HTMLMediaElement 接口的属性和方法。本节，我们将探讨 HTMLMediaElement 接口中与网络状态有关的常量、属性和方法。这些常量、属性和方法包括以下内容。

- NETWORK_EMPTY 常量；
- NETWORK_IDLE 常量；
- NETWORK_LOADING 常量；
- NETWORK_NO_SOURCE 常量；
- networkState 属性；
- src 属性；
- currentSrc 属性；
- crossOrigin 属性；
- preload 属性；
- load()方法；
- buffered 属性；
- canPlayType()方法。

networkState 属性用来获取当前网络的连通状态，networkState 的属性值就是 HTMLMediaElement 接口中的 4 个网络状态常量。这些常量既可以用字符串表示，也可以用对应的数字表示。

networkState 属性的属性值为 NETWORK_EMPTY 常量时，也可以用数字 0 表示，表示当前多媒体资源还没有被初始化。换句话说，浏览器还没有获取到指定的多媒体资源。

此外，当 networkState 属性的属性值为 NETWORK_EMPTY 时，HTMLMediaElement 接口的所有属性都为初始值。当浏览器进入 NETWORK_EMPTY 时，通常会触发 onemptied 事件。

对于 NETWORK_EMPTY 常量的具体使用，读者可以参考下面的代码，在 Chrome 浏览器运行之后，显示效果如图 3-19 所示。

HTML+Javascript 代码:test_network_empty.html。

```
<!DOCTYPE html>
<html>
<head>
<script>
   var video;
   var p;
   function load()
   {
      video = document.getElementsByTagName("video")[0];
      p = document.getElementsByTagName("p")[0];
      p.innerHTML = "<h3>networkState 的属性值: "+video.networkState+"</h3>"
   }
   window.addEventListener("load",load,false);
</script>
</head>
<body>
<video controls = "controls">
sorry，你的浏览器还不支持 Html5 Audio and Video!
</video>
<p></p>
</body>
</html>
```

- networkState 属性用来获取当前网络的连通状态。
- NETWORK_EMPTY 常量表示当前多媒体资源还没有被初始化。
- 上述代码，没有设置 src 属性，也没有 source 子标签。这时就会进入 NETWORK_EMPTY 状态。

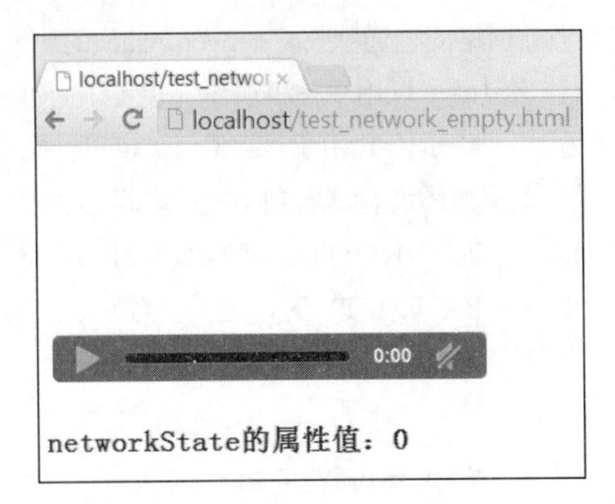

图 3-19　使用 NETWORK_EMPTY 常量在 Chrome 浏览器中的显示效果

networkState 的属性值为 NETWORK_IDLE 常量时，也可以用数字 1 表示，表示当前浏览器已经暂停了对当前多媒体资源数据的加载和缓冲。一般该属性值会在以下三种情况下出现。

- 浏览器已经加载完成多媒体资源的元数据，在没有设置自动播放的情况下，浏览器已经终止了多媒体资源的缓冲。
- 媒体文件播放过程中由于某些网络连接中断、多媒体资源崩溃等原因导致浏览器缓冲暂停。
- 浏览器已经加载和缓冲完了多媒体资源的全部内容。

因为浏览器进入 NETWORK_IDLE 状态时，会暂停对多媒体资源数据的加载和缓冲，所以同时会触发 onsuspend 事件。

对于 NETWORK_IDLE 常量的具体使用，读者可以参考下面的代码，在 Chrome 浏览器运行之后，显示效果如图 3-20 所示。

HTML+Javascript 代码:test_network_idle.html。

```
<video src="test_video.ogv" controls = "controls" >
sorry，你的浏览器还不支持 Html5 Audio and Video!
</video>
<p></p>
<script type = "text/javascript">
var video = document.getElementsByTagName("video")[0];
var p = document.getElementsByTagName("p")[0];
function doLoadedmetadataEvent(event)
{
    p.textContent = "onloadedmetadata 事件触发时， networkState 的属性值： "+video.
networkState;
}
video.addEventListener("loadedmetadata",doLoadedmetadataEvent,false);
</script>
```

- test_video.ogv 是同一文件夹下的视频文件。
- doLoadedmetadataEvent()方法是 onloadedmetadata 事件的回调函数。
- addEventListener()方法监听了 onloadedmetadata 事件。
- NETWORK_IDLE 常量表示当前浏览器已经暂停了对当前多媒体资源数据的加载和缓冲。

图 3-20　使用 NETWORK_IDLE 常量在 Chrome 浏览器中的显示效果

networkState 的属性值为 NETWORK_LOADING 时，也可以用数字 2 表示。表示浏览器正在加载多媒体资源。这是一个过渡性的状态，多媒体资源加载期间会触发一系列的事件。具体情况如下。

- 如果浏览器开始请求媒体数据时，会触发 onloadstart 事件；
- 如果浏览器正在加载媒体数据，则会触发 onprogress 事件；
- 如果浏览器由于网络原因，3s 之内没有得到数据请求回应，则会触发 onstalled 事件。

对于 NETWORK_LOADING 常量的具体使用，读者可以参考下面的代码，在 Chrome 浏览器运行之后，显示效果如图 3-21 所示。

HTML+Javascript 代码：test_network_loading.html。

```
<!DOCTYPE html>
<html>
<head>
<script>
    var video;
    var p;
    function load()
    {
        video = document.getElementsByTagName("video")[0];
        p = document.getElementsByTagName("p")[0];
```

```
        video.addEventListener("loadstart",doLoadstartEvent,false);
    }
    function doLoadstartEvent(event)
    {
        p.innerHTML = "<h3>networkState 的属性值: "+video.networkState+"</h3>"
    }
    window.addEventListener("load",load,false);
</script>
</head>
<body>
<video controls = "controls" src="test_video.ogv" width="400px" height="230px">
sorry，你的浏览器还不支持 Html5 Audio and Video!
</video>
<p></p>
</body>
</html>
```

- test_video.ogv 是同一文件夹下的视频文件。
- src 属性用来指定多媒体文件的来源地址。
- doLoadstartEvent()方法是 onloadstart 事件的回调函数。
- addEventListener()方法监听 onloadstart 事件。
- NETWORK_LOADING 常量表示浏览器正在加载多媒体资源。

图 3-21　使用 NETWORK_LOADING 常量在 Chrome 浏览器中的显示效果

networkState 的属性值为 NETWORK_NO_SOURCE 常量时，也可以用数字 3 表示，表示浏览器可以可以选择的多媒体资源。这种状态一般发生在以下两种情况下。

- 浏览器不支持指定的多媒体资源的视频容器或者编解码器，即多媒体资源不可用。
- 浏览器在进行多媒体资源的选择之前。

对于 NETWORK_NO_SOURCE 常量的具体使用，读者可以参考下面的代码，在 Chrome 浏览器运行之后，显示效果如图 3-22 所示。

图 3-22　使用 NETWORK_NO_SOURCE 常量在 Chrome 浏览器中的显示效果

HTML+Javascript 代码:test_network_no_source.html。

```
<!DOCTYPE html>
<html>
<head>
<script>
    var video;
    var p;
    function load()
    {
        video = document.getElementsByTagName("video")[0];
        p = document.getElementsByTagName("p")[0];
        p.innerHTML = "<h3>networkState 的属性值: "+video.networkState+"</h3>"
    }
    window.addEventListener("load",load,false);
</script>
</head>
<body>
<video controls = "controls" src="test_video.mp4" width="400px" height="230px">
sorry，你的浏览器还不支持 Html5 Audio and Video!
</video>
<p></p>
</body>
</html>
```

- test_video.ogv 是同一文件夹下的视频文件。
- src 属性用来指定多媒体文件的来源地址。
- NETWORK_NO_SOURCE 常量表示浏览器可以选择的多媒体资源。

src 属性用来指定多媒体文件的来源地址。它和多媒体元素标签中的 src 属性是对应的。但是如果要使用 Javascript 脚本获取当前的多媒体文件的来源地址，则需要使用 currentSrc 属性。

currentSrc 属性是一个只读的属性，用来获取当前媒体文件的来源地址，其属性值也是作为多媒体资源的元数据一起加载的。即在 onprogress 事件触发之前，currentSrc 的属性为空字符串。

对于 src 属性和 currentSrc 属性的具体使用，读者可以参考下面的代码，在 Chrome 浏览器运行之后，显示效果如图 3-23 所示。

HTML+Javascript 代码:test_curretnsrc.html。

```
<!DOCTYPE html>
<html>
<head>
<script>
    var video;
    var p;
    function load()
    {
        video = document.getElementsByTagName("video")[0];
        p = document.getElementsByTagName("p");
        video.src = "test_video.ogv";
        p[0].innerHTML = "<h3>onprogress 事件触发前 currentSrc 的属性值: </h3>"+video.
currentSrc;
        video.addEventListener("progress",doProgressEvent,false);
    }
    function doProgressEvent(event)
    {
        p[1].innerHTML = "<h3>onprogress 事件触发后 currentSrc 的属性值: </h3>"+video.
currentSrc;
    }
    window.addEventListener("load",load,false);
</script>
</head>
<body>
<video controls = "controls" width="400px" height="230px">
sorry，你的浏览器还不支持 Html5 Audio and Video!
</video>
<p></p>
<p></p>
```

```
</body>
</html>
```

- test_video.ogv 是同一文件夹下的视频文件。
- src 属性用来指定多媒体文件的来源地址。
- doProgressEvent()方法是 onprogress 事件的回调函数。
- addEventListener()方法监听 onprogress 事件。

图 3-23　使用 currentSrc 属性在 Chrome 浏览器中的测试效果

crossOrigi 属性用于指定多媒体资源在不同的域中得到服务的条件。这个属性用来解决播放与跨源资源共享问题。它和多媒体元素标签中的 crossOrigi 属性是对应的。这里就不再赘述。

preload 属性用来指定浏览器是否对多媒体文件进行预加载，和多媒体元素标签中的 preload 属性是对应的。这里也不再赘述。

load()方法用于对多媒体资源进行重新加载操作。也就是说，当调用 load()方法时，会导致所有的多媒体资源操作立即终止，这些媒体资源操作包括多媒体资源的选取、多媒体资源的加载和多媒体资源的定时搜索等。

此外，如果在调用 load()方法之前，networkState 属性的属性值为 NETWORK_LOADING 和 NETWORK_IDLE 状态，则会触发 onabort 事件。

对于 load()方法的具体使用，读者可以参考下面的代码。

HTML+Javascript 代码：test_load.html。

```
<!DOCTYPE html>
<html>
```

```
<head>
<script>
    var video;
    function load()
    {
        video = document.getElementsByTagName("video")[0];
        video.src = "test_video.ogv";
        video.load();
    }
    window.addEventListener("load",load,false);
</script>
</head>
<body>
<video controls = "controls" width="400px" height="230px">
sorry，你的浏览器还不支持Html5 Audio and Video!
</video>
</body>
</html>
```

- test_video.mp4 是同一文件夹下的视频文件。
- test_video.ogv 是同一文件夹下的视频文件。
- src 属性用来指定多媒体文件的来源地址。
- video.load()方法用于对多媒体资源进行重新加载操作。

buffered 属性用来返回浏览器对多媒体资源已经缓冲的时间范围。实际上，它是一个 TimeRanges 对象。这个对象描述了一个或者多个时间段，例如，缓冲的时间段 0～19s 和 25～60s。在 TimeRanges 对象中，有下列属性和方法。

- length 属性；
- start()方法；
- end()方法。

length 属性是只读的，用来返回时间段的个数。start()方法接受一个参数，这个参数指明是特定的时间段。返回的是该时间段的开始时间。end()方法接受的参数和 start()方法相同，返回的是该时间段的结束时间。

对于 buffered 属性的具体使用，读者可以参考下面的代码，在 Chrome 浏览器运行之后，显示效果如图 3-24 所示。

HTML+Javascript 代码:test_buffered.html。

```
<!DOCTYPE html>
<html>
<head>
```

```
    <script>
        var video;
        var p;
        function load()
        {
            video = document.getElementsByTagName("video")[0];
            p = document.getElementsByTagName("p")[0];
            video.addEventListener("timeupdate",doTimeupdateEvent,false);
        }
        function printTimeranges(obj)
        {
            if(obj == null)
            {
                return "undefined";
            }
            else
            {
                var str = "";
                for(var i = 0;i<obj.length;i++)
                {
                    str += "<h4>第"+(i+1)+"缓冲时间段</h4>";
                    str += "<h4>开始时间: "+obj.start(i)+"</h4><h4>结束时间"+obj.end(i)+"
</h4>";
                }
                return str;
            }
        }
        function doTimeupdateEvent(event)
        {
            p.innerHTML = printTimeranges(video.buffered);
        }
        window.addEventListener("load",load,false);
    </script>
    </head>
    <body>
    <video controls = "controls" src="test_video.ogv" width="400px" height="230px">
    sorry，你的浏览器还不支持Html5 Audio and Video!
    </video>
    <p></p>
    </body>
    </html>
```

- test_video.ogv 是同一文件夹下的视频文件。

- printTimeranges()方法用来输出 Timeranges 对象的信息。
- buffered 属性用来返回浏览器对多媒体资源已经缓冲的时间范围。
- doTimeupdateEvent()方法是 ontimeupdate 事件的回调函数。
- addEventListener()方法监听 ontimeupdate 事件。

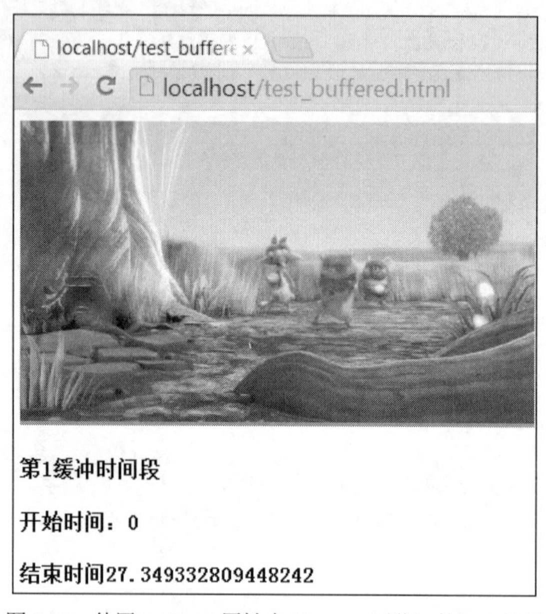

图 3-24 使用 buffered 属性在 Chrome 浏览器的显示效果

canPlayType()方法用来测试用户的浏览器是否支持某种特定的视频容器或者编解码器，具体使用内容，这里则不再赘述。

3.2.6 多媒体元素的就绪状态

在 HTMLMediaElement 接口中，提供了一些常量和属性来获取播放器的就绪状态信息。本节，我们将重点探讨 HTMLMediaElement 接口中与就绪状态有关的常量、属性。这些常量和属性包括以下内容。

- HAVE_NOTHING 常量；
- HAVE_METADATA 常量；
- HAVE_CURRENT_DATA 常量；
- HAVE_FUTURE_DATA 常量；
- HAVE_ENOUGH_DATA 常量；
- readyState 属性；
- seeking 属性。

readyState 属性用来获取当前多媒体资源的就绪状态。和 networkState 属性一样，readyState 属性的属性值就是 HTMLMediaElement 接口的 5 个就绪状态的常量。这些常量既可以用字符串表示，也可以用对应的数字表示。

当 steadyState 属性的属性值为 HAVE_NOTHING 常量时，也可以用数字 0 表示，表示浏览器没有获取到有效的多媒体资源。当 readyState 属性的属性值为 HAVA_NOTHING 常量时，networkState 属性的属性值通常为 NETWORK_EMPTY。

对于 HAVA_NOTHING 常量的具体使用，读者可以参考下面的代码，在 Chrome 浏览器运行之后，显示效果如图 3-25 所示。

HTML+Javascript 代码:test_have_nothing.html。

```
<!DOCTYPE html>
<html>
<head>
<script>
    var video;
    var p;
    function load()
    {
        video = document.getElementsByTagName("video")[0];
        p = document.getElementsByTagName("p");
        p[0].innerHTML = "<h3>此时 networkState 的属性值: "+video.networkState+"</h3>";
        p[1].innerHTML = "<h3>此时 readyState 的属性值: "+video.readyState+"</h3>";
    }
    window.addEventListener("load",load,false);
</script>
</head>
<body>
<video controls = "controls" width="400px" height="230px">
sorry，你的浏览器还不支持 Html5 Audio and Video!
</video>
<p></p>
<p></p>
</body>
</html>
```

- networkState 属性用来获取当前网络的连通状态。
- readyState 属性用来获取当前多媒体资源的就绪状态。
- 上述代码中，没有设置 src 属性，也没有 source 子标签。这时就会进入 HAVE_NOTHING 状态。

图 3-25　使用 HAVA_NOTHING 常量在 Chrome 浏览器中的显示效果

当 steadyState 属性的属性值为 HAVA_METADATA 常量时，也可以用数字 1 表示，表示浏览器已经加载完了多媒体资源的播放时间、解码渠道、媒体文件的尺寸等元数据。但是此时，还不能进行播放。

对于 HAVA_METADATA 的具体使用，读者可以参考下面的代码。在 Chrome 浏览器运行之后，显示效果如图 3-26 所示。

HTML+Javascript 代码:test_hava_metadata.html。

```
<!DOCTYPE html>
<html>
<head>
<script>
    var video;
    var p;
    function load()
    {
        video = document.getElementsByTagName("video")[0];
        p = document.getElementsByTagName("p");
        video.addEventListener("loadedmetadata",doLoadedmetadataEvent,false);
    }
    function doLoadedmetadataEvent(event)
    {
        p[0].innerHTML = "<h3>此时 networkState 的属性值: "+video.networkState+"</h3>";
        p[1].innerHTML = "<h3>此时 readyState 的属性值: "+video.readyState+"</h3>";
    }
    window.addEventListener("load",load,false);
```

```
</script>
</head>
<body>
<video controls = "controls" src="test_video.ogv" width="400px" height="230px">
   sorry，你的浏览器还不支持 Html5 Audio and Video!
</video>
<p></p>
<p></p>
</body>
</html>
```

- test_video.ogv 是同一文件夹下的视频文件。
- readyState 属性用来获取当前多媒体资源的就绪状态。
- doLoadedmetadataEvent()方法是 onloadedmetadata 事件的回调函数。
- addEventListener()方法监听了 onloadedmetadata 事件。

图 3-26　使用 HAVA_METADATA 常量在 Chrome 浏览器中的显示效果

读者应该注意，HAVA_METADATA 状态存在的时间会很短。因为只要浏览器加载了当前播放多媒体资源数据，就会进入 HAVA_CURRENT_DATA 状态。

readyState 属性的属性值为 HAVA_CURRENT_DATA 常量时，也可以用数字 2 表示，表示浏览器已经加载了当前多媒体播放的数据，可以对当前播放位置的数据进行播放。如果 readyState 属性的属性值首次加载时处于 HAVA_CURRENT_DATA 状态，则会触发 onloadeddata 事件。

对于 HAVA_CURRENT_DATA 常量的具体使用，读者可以参考下面的代码，在 Chrome 浏览器运行之后，显示效果如图 3-27 所示。

图 3-27　使用 HAVA_CURRENT_DATA 常量在 Chrome 浏览器中的显示效果

HTML+Javascript 代码:test_hava_current_data.html。

```
<!DOCTYPE html>
<html>
<head>
<script>
    var video;
    var p;
    function load()
    {
        video = document.getElementsByTagName("video")[0];
        p = document.getElementsByTagName("p")[0];
        video.addEventListener("loadeddata",doLoadeddataEvent,false);
    }
    function doLoadeddataEvent(event)
    {
        p.innerHTML = "<h3>此时 readyState 的属性值: "+video.readyState+"</h3>";
    }
    window.addEventListener("load",load,false);
</script>
</head>
<body>
<video controls = "controls" src="test_video.ogv" width="400px" height="230px">
    sorry，你的浏览器还不支持Html5 Audio and Video!
```

```
</video>
<p></p>
</body>
</html>
```

- test_video.ogv 是同一文件夹下的视频文件。
- readyState 属性用来获取当前多媒体资源的就绪状态。
- doLoadeddataEvent()方法是 onloadeddata 事件的回调函数。
- addEventListener()方法监听了 onloadeddata 事件。

当 readyState 属性的属性值为 HAVA_FUTRUE_DATA 常量时，也可以用数字 3 表示，表示浏览器已经缓冲完多媒体资源的后续播放数据。但读者应该注意的是，这并不代表浏览器可以完全顺利地播放完这个多媒体资源文件。

如果 readyState 属性的属性值首次加载时处于 HAVA_FUTRUE_DATA 状态，则会触发 oncanplay 事件。如果 readyState 属性的属性值正常播放时处于 HAVA_FUTRUE_DATA 状态，则会触发 onplaying 事件。

当 readyState 属性的属性值为 HAVA_ENOUGH_DATA 常量时，也可以用数字 4 表示，表示浏览器有足够的多媒体资源数据进行媒体的播放，即媒体文件的缓冲速率大于媒体的解码播放速率。如果 readyState 属性的属性值首次加载时处于 HAVA_ENOUGH_DATA 状态，则会触发 oncanplaythrough 事件。

对于 HAVA_ENOUGH_DATA 常量的具体使用，读者可以参考下面的代码。在 Chrome 浏览器运行之后，显示效果如图 3-28 所示。

HTML+Javascript 代码：test_hava_enough_data.html。

```
<!DOCTYPE html>
<html>
<head>
<script>
    var video;
    var p;
    function load()
    {
        video = document.getElementsByTagName("video")[0];
        p = document.getElementsByTagName("p")[0];
        video.addEventListener("canplaythrough",doCanplaythroughEvent,false);
    }
    function doCanplaythroughEvent(event)
    {
        p.innerHTML = "<h3>oncanplaythrough 事件触发时，</h3><h3>readyState 的属性值：
"+video.readyState+"</h3>";
    }
```

```
    window.addEventListener("load",load,false);
</script>
</head>
<body>
<video controls = "controls" src="test_video.ogv" width="400px" height="230px">
    sorry，你的浏览器还不支持Html5 Audio and Video!
</video>
<p></p>
</body>
</html>
```

- test_video.ogv 是同一文件夹下的视频文件。
- readyState 属性用来获取当前多媒体资源的就绪状态。
- doCanplaythroughEvent()方法是 oncanplaythrough 事件的回调函数。
- addEventListener()方法监听了 oncanplaythrough 事件。

图 3-28　使用 HAVA_CURRENT_DATA 常量在 Chrome 浏览器中的显示效果

seeking 属性是一个布尔值，返回播放器是否在定时播放状态。当 seeking 属性的属性值由 false 变成 true 时，同时会触发一个 onseeking 事件。当 seeking 属性的属性值由 true 变成 false 时，同时会触发一个 onseeked 事件。

对于 seeking 属性的具体使用，读者可以参考下面的代码，在 Chrome 浏览器运行之后，显示效果如图 3-29 所示。

HTML+Javascript 代码：test_seeking.html。

```
<!DOCTYPE html>
<html>
<head>
<script>
    var video;
    var p;
    function load()
    {
        video = document.getElementsByTagName("video")[0];
        p = document.getElementsByTagName("p");
        video.addEventListener("seeked",doSeekedEvent,false);
        video.addEventListener("seeking",doSeekingEvent,false);
    }
    function doSeekedEvent(event)
    {
        p[0].textContent = "onseeked 事件触发时，seeking 的属性值："+video.seeking;
    }
    function doSeekingEvent(event)
    {
        p[1].textContent = "onseeking 事件触发时，seeking 的属性值："+video.seeking;
    }
    window.addEventListener("load",load,false);
</script>
</head>
<body>
<video controls = "controls" src="test_video.ogv" width="400px" height="230px">
    sorry，你的浏览器还不支持 Html5 Audio and Video!
</video>
<p></p>
<p></p>
</body>
</html>
```

- test_video.ogv 是同一文件夹下的视频文件。
- seeking 属性用来返回播放器是否在定时播放状态。
- doSeekingEvent()方法是 onseeking 事件的回调函数。
- doSeekedEvent()方法是 onseeked 事件的回调函数。
- addEventListener()方法监听了 onseeking 和 onseeked 事件。

图 3-29　使用 seeking 属性在 Chrome 浏览器中的显示效果

3.2.7　多媒体元素的异常状态

在 HTMLMediaElement 接口中，提供了一个 error 属性用来表示浏览器在处理多媒体资源过程中发生的异常。

事实上，这个 error 属性是一个 MediaError 接口。不过读者应该注意的是，这个 MediaError 接口浏览器的支持情况还很不完善，目前笔者只发现 IE9 支持它。本节，我们将重点探讨 MediaError 对象中的常量和属性。这些常量和属性包括如下内容。

- MEDIA_ERR_ABORTED 常量；
- MEDIA_ERR_NETWORK 常量；
- MEDIA_ERR_DECODE 常量；
- MEDIA_ERR_SRC_NOT_SUPPORTED 常量；
- code 属性。

code 属性用来返回浏览器在处理多媒体资源过程中产生异常的类型。初始情况下，code 属性的属性值为空字符串。产生异常时，code 属性的属性值就是 MediaError 接口中 4 个常量。

此外，不管产生哪种类型的异常，都会触发一个 onerror 事件。

当 code 属性的属性值为 MEDIA_ERR_ABORTED 常量时，也可以用数字 1 表示。表示浏览器被用户强制停止加载多媒体资源产生的异常。因此，产生 MEDIA_ERR_ABORTED 异常时，通常还会触发一个 onabort 事件。

当 code 属性的属性值为 MEDIA_ERR_NETWORK 常量时，也可以用数字 2 表示，表示浏览器在加载多媒体资源时发生网络中断产生的异常。

当 code 属性的属性值为 MEDIA_ERR_DECODE 常量时，也可以用数字 3 表示，表示浏览器不支持当前多媒体资源的视频容器和编解码器，或者多媒体资源文件已损坏等情况产生的异常。

当 code 属性的属性值为 MEDIA_ERR_SRC_NOT_SUPPOTED 常量时，也可以用数字 4 表示，表示 src 属性的属性值无效时产生的异常。

MediaError 接口的异常机制，可以很好地让开发人员捕获到浏览器在处理多媒体资源过程中产生的异常信息。遗憾的是，MediaError 接口在浏览器中还没有真正实现。

对于 MediaError 的具体使用，读者可以参考下面的代码。

HTML+Javascript 代码：test_mediaerror.html。

```
<!DOCTYPE html>
<html>
<head>
<script>
    var video;
    var p;
    function load()
    {
        video = document.getElementsByTagName("video")[0];
        p = document.getElementsByTagName("p")[0];
        video.addEventListener("error",doErrorEvent,false);
    }
    function doErrorEvent(event)
    {
        if(video.error != null)
        {
            switch(video.error.code)
                {
                case 0:
                    p.textContent = "MEDIA_ERR_ABORTED 异常";
                    break;
                case 1:
                    p.textContent = "MEDIA_ERR_NETWORK 异常";
                    break;
                case 2:
                    p.textContent = "MEDIA_ERR_DECODE 异常";
                    break;
                case 3:
                    p.textContent = "MEDIA_ERR_DECODE 异常";
                    break;
                case 4:
                    p.textContent = "MEDIA_ERR_SRC_NOT_SUPPOTED 异常";
```

```
                    break;
                default:
                    p.textContent = "未知异常"
            }
        }
    }
    window.addEventListener("load",load,false);
</script>
</head>
<body>
<video controls = "controls" src="test_video.ogv" width="400px" height="230px">
    sorry，你的浏览器还不支持Html5 Audio and Video!
</video>
<p></p>
</body>
</html>
```

- test_video.ogv 是同一文件夹下的视频文件。
- doErrorEvent()方法是 onerror 事件的回调函数。
- addEventListener()方法监听 onerror 事件。

3.2.8 多媒体元素的播放状态

在 HTMLMediaElement 接口中，提供了一系列的属性和方法来获取播放器的播放状态信息。本节，我们将重点探讨与播放状态有关的属性和方法。这些属性和方法包括以下内容。

- currentTime 属性;
- duration 属性;
- paused 属性;
- defaultPlaybackRate 属性;
- playbackRate 属性;
- played 属性;
- seekable 属性;
- ended 属性;
- autoplay 属性;
- loop 属性;
- play()方法;
- pause()方法。

currentTime 属性是一个可读写的属性，用来获取或者设置多媒体资源的当前播放的时间。通常，使用 currentTime 属性可以用来定时播放。

对于 currentTime 属性的具体使用，读者可以参考下面的代码。在 Chrome 浏览器运行之后，打开开发人员工具，显示效果如图 3-30 所示。

HTML+Javascript 代码：test_currenttime.html。

```
<!DOCTYPE html>
<html>
<head>
<script>
    var video;
    var p;
    function load()
    {
        video = document.getElementsByTagName("video")[0];
        video.addEventListener("timeupdate",doTimeupdateEvent,false);
    }
    function doTimeupdateEvent(event)
    {
        if(video.currentTime < 1.2)
        {
            console.log("currentTime 的属性值:"+video.currentTime);
        }
        else if(video.currentTime >2.0)
        {
            video.currentTime = 0.0;
        }
    }
    window.addEventListener("load",load,false);
</script>
</head>
<body>
<video controls = "controls" src="test_video.ogv" width="400px" height="230px">
    sorry，你的浏览器还不支持 Html5 Audio and Video!
</video>
</body>
</html>
```

- test_video.ogv 是同一文件夹下的视频文件。
- currentTime 用来获取或者设置多媒体资源的当前播放的时间。
- doTimeupdateEvent()方法是 ontimeupdate 事件的回调函数。
- addEventListener()方法监听 ontimeupdate 事件。

Elements Resources Network Sources Timeline

```
currentTime的属性值:0.1846659928560257
currentTime的属性值:0.43233299255371094
currentTime的属性值:0.6876659989356995
currentTime的属性值:0.9383329749107361
currentTime的属性值:1.1890000104904175
currentTime的属性值:0
currentTime的属性值:0.20766599476337433
currentTime的属性值:0.48433300852775574
```

图 3-30　使用 currentTime 属性在 Chrome 浏览器中的显示效果

duration 属性是一个只读属性，用来获取多媒体资源播放的时间长度，单位为秒。duration 的属性值也是作为多媒体资源的元数据中的一部分，并且，它的初始值为 NaN(Not a Number，不是数字)。换句话说，在 onloadedmeta 事件触发之前，duration 属性的属性值为 NaN。

对于 duration 属性的具体使用，读者可以参考下面的代码，在 Chrome 浏览器运行之后，显示效果如图 3-31 所示。

HTML+Javascript 代码：test_duration.html。

```
<!DOCTYPE html>
<html>
<head>
<script>
    var video;
    var p;
    function load()
    {
        video = document.getElementsByTagName("video")[0];
        p = document.getElementsByTagName("p")[0];
        video.addEventListener("loadedmetadata",doLoadedmetadataEvent,false);
    }
    function doLoadedmetadataEvent(event)
    {
        p.innerHTML = "<h3>onloadedmetadata 事件触发后，</h3><h3>duration 的属性值为
"+video.duration+"</h3>";
    }
    window.addEventListener("load",load,false);
</script>
</head>
<body>
<video controls = "controls" src="test_video.ogv" width="400px" height="230px">
    sorry，你的浏览器还不支持Html5 Audio and Video!
```

```
</video>
<p></p>
</body>
</html>
```

- test_video.ogv 是同一文件夹下的视频文件。
- duration 属性用来获取多媒体资源播放的时间长度。
- doLoadedmetadataEvent()方法是 onloadedmetadata 事件的回调函数。
- addEventListener()方法监听了 onloadedmetadata 事件。

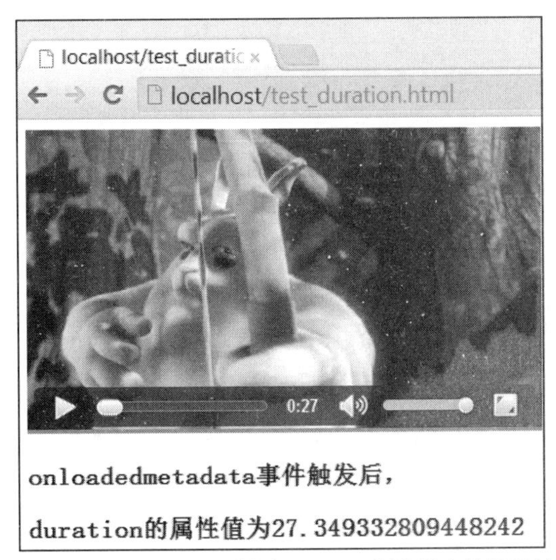

图 3-31　使用 duration 属性在 Chrome 浏览器中的显示效果

paused 属性用来获取当前多媒体资源的播放是否处于暂停状态。当 paused 属性的属性值由 false 变成 true 时，会触发 onpause 属性；当 paused 属性的属性值由 true 变成 false 时，会触发 onplay 事件。

对于 paused 属性的具体使用，读者可以参考下面的代码，在 Chrome 浏览器运行之后，显示效果如图 3-32 所示。

HTML+Javascript 代码:test_paused.html。

```
<!DOCTYPE html>
<html>
<head>
<script>
    var video;
    var p;
    function load()
    {
```

```
        video = document.getElementsByTagName("video")[0];
        p = document.getElementsByTagName("p");
        video.addEventListener("pause",doPauseEvent,false);
        video.addEventListener("play",doPlayEvent,false);
    }
    function doPauseEvent(event)
    {
        p[0].innerHTML = "<h3>onpause 事件触发时，paused 的属性值："+video.paused+"</h3>";
    }
    function doPlayEvent(event)
    {
        p[1].innerHTML = "<h3>onplay 事件触发时，paused 的属性值："+video.paused+"</h3>";
    }
    window.addEventListener("load",load,false);
</script>
</head>
<body>
<video controls = "controls" src="test_video.ogv" width="400px" height="230px">
    sorry，你的浏览器还不支持 Html5 Audio and Video!
</video>
<p></p>
<p></p>
</body>
</html>
```

图 3-32 使用 paused 属性在 Chrome 浏览器中的显示效果

- test_video.ogv 是同一文件夹下的视频文件。
- paused 属性用来获取当前多媒体资源的播放是否处于暂停状态。
- doPlayEvent()方法是 onplay 事件的回调函数。
- doPauseEvent()方法是 onpause 事件的回调函数。
- addEventListener()方法监听 onpause 和 onplay 事件。

defaultPlaybackRate 属性是一个可读写的属性，用来表示当前多媒体资源默认的播放速率。defaultPlaybackRate 属性的初始值为 1.0。根据 HTML5 规范，这个属性是面向客户端浏览器，对于开发人员来说，我们可以使用 playbackRate 属性。

playbackRate 属性也是一个可读写属性，用来表示当前多媒体资源默认的播放速率。playbackRata 属性的属性值是原来播放速率的倍数，默认值为 1.0。而且每次 playbackRate 属性的属性值发生改变，都会触发 onratechange 事件。

对于 playbackRate 属性的具体使用，读者可以参考下面的代码，在 Chrome 浏览器运行之后，显示效果如图 3-33 所示。

HTML+Javascript 代码:test_playbackrate.html。

```
<!DOCTYPE html>
<html>
<head>
<script>
    var video;
    var p;
    function load()
    {
        video = document.getElementsByTagName("video")[0];
        p = document.getElementsByTagName("p")[0s];
        video.addEventListener("ratechange",doRatechangeEvent,false);
        video.addEventListener("timeupdate",doTimeupdateEvent,false);
    }
    function doRatechangeEvent(event)
    {
        p.innerHTML = "<h3>onratechange 事件触发后，</h3><h3>playbackRate 的属性值:
"+video.playbackRate+"</h3>";
    }
    function doTimeupdateEvent(event)
    {
        if(video.currentTime > (video.duration/3.0))
        {
            video.playbackRate = 2.0 ;
            video.removeEventListener("timeupdate",doTimeupdateEvent,false)
```

```
        }
    }
    window.addEventListener("load",load,false);
</script>
</head>
<body>
<video controls = "controls" src="test_video.ogv" width="400px" height="230px">
    sorry，你的浏览器还不支持Html5 Audio and Video!
</video>
<p></p>
</body>
</html>
```

- test_video.ogv 是同一文件夹下的视频文件。
- playbackRate 属性用来表示当前多媒体资的播放速率。
- duration 属性用来获取多媒体资源播放的时间长度。
- currentTime 用来获取或者设置多媒体资源的当前播放的时间。
- doRatechangeEvent()方法是 onratechange 事件的回调函数。
- doTimeupdateEvent()方法是 ontimeupdate 事件的回调函数。
- addEventListener()方法监听了 ontimeupdate 和 onratechange 事件。

图 3-33　使用 playbackRate 属性在 Chrome 浏览器中的显示效果

played 属性用来返回浏览器对多媒体资源已经播放的时间范围。和 buffered 属性一样，它也是一个 Timeranges 对象。

对于 played 属性的具体使用，读者可以参考下面的代码，在 Chrome 浏览器运行之后，拖动进度条定时播放，显示效果如图 3-34 所示。

HTML+Javascript 代码：test_played.html。

```
<!DOCTYPE html>
<html>
<head>
<script>
    var video;
    var p;
    function load()
    {
        video = document.getElementsByTagName("video")[0];
        p = document.getElementsByTagName("p")[0];
        video.addEventListener("timeupdate",doTimeupdateEvent,false);
    }
    function printTimeranges(obj)
    {
        if(obj == null)
        {
            return "undefined";
        }
        else
        {
            var str = "";
            for(var i = 0;i<obj.length;i++)
            {
                str += "<h4>第"+(i+1)+"播放时间段</h4>";
                str += "<h4>开始时间: "+obj.start(i)+"</h4><h4>结束时间"+obj.end(i)+"
</h4>";
            }
            return str;
        }
    }
    function doTimeupdateEvent(event)
    {
        p.innerHTML = printTimeranges(video.played);
    }
    window.addEventListener("load",load,false);
</script>
</head>
<body>
<video controls = "controls" src="test_video.ogv" width="400px" height="230px">
```

```
    sorry，你的浏览器还不支持Html5 Audio and Video!
</video>
<p></p>
</body>
</html>
```

- test_video.ogv 是同一文件夹下的视频文件。
- printTimeranges()方法用来输出 Timeranges 对象的信息。
- played 属性用来返回浏览器对多媒体资源已经播放的时间范围。
- doTimeupdateEvent()方法是 ontimeupdate 事件的回调函数。
- addEventListener()方法监听了 ontimeupdate 事件。

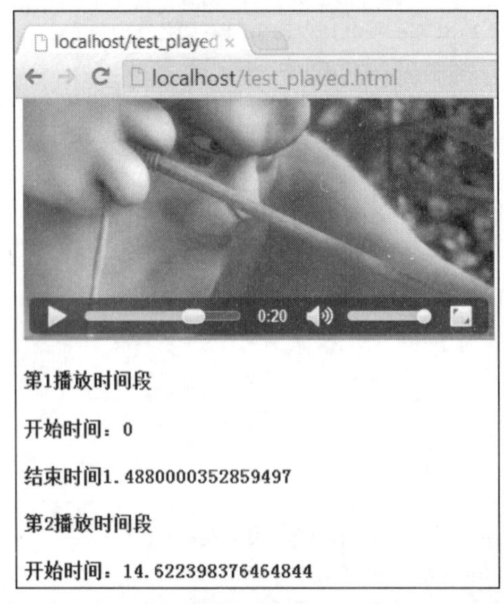

图 3-34　使用 played 属性在 Chrome 浏览器中的显示效果

seekable 属性用来返回浏览器对多媒体资源能够进行定时播放的时间范围，同理，它也是一个 TimeRanges 对象。具体使用和 buffered 属性和 played 属性一样，这里就不再赘述。

ended 属性是一个只读属性，用来获取当前多媒体资源的播放是否处于停止状态。当 ended 属性的属性值由 false 变成 true 时，会触发 onended 事件。

对于 ended 属性的具体使用，读者可以参考下面的代码，在 Chrome 浏览器运行之后，显示效果如图 3-35 所示。

HTML+Javascript 代码：test_ended.html。

```
<!DOCTYPE html>
<html>
```

```
    <head>
    <script>
        var video;
        var p;
        function load()
        {
            video = document.getElementsByTagName("video")[0];
            p = document.getElementsByTagName("p")[0];
            video.addEventListener("ended",doEndedEvent,false);
        }
        function doEndedEvent(event)
        {
            p.textContent = "<h3>onended 事件触发时，</h3><h3>ended 的属性值:"+video.ended+
"</h3>";
        }
        window.addEventListener("load",load,false);
    </script>
    </head>
    <body>
    <video controls = "controls" src="test_video.ogv" width="400px" height="230px">
        sorry，你的浏览器还不支持Html5 Audio and Video!
    </video>
    <p></p>
    </body>
    </html>
```

图 3-35　使用 ended 属性在 Chrome 浏览器中的显示效果

- test_video.ogv 是同一文件夹下的视频文件。
- ended 属性用来获取当前多媒体资源的播放是否处于停止状态。
- doEndedEvent()方法是 onended 事件的回调函数。
- addEventListener()方法监听了 onended 事件。

autoplay 属性用来指定浏览器是否进行自动播放。loop 属性用来指定浏览器是否进行循环播放。这两个属性和多媒体元素标签中的 autoplay 属性和 loop 属性是对应的。这里就不再赘述。

play()方法用于使浏览器对当前多媒体资源进行播放。当调用了 play()方法之后，paused 属性的属性值为 false。pause()方法用于使浏览器对当前多媒体资源暂停播放。当调用了 pause()方法之后，paused 属性的属性值为 true。对于 play()方法和 pause()方法的具体使用，读者可以参考下面的代码，在 Chrome 浏览器运行之后，显示效果如图 3-36 所示。

HTML+Javascript 代码：test_pause.html!。

```
<!DOCTYPE html>
<html>
<head>
<script>
   var video;
   var p;
   function load()
   {
      video = document.getElementsByTagName("video")[0];
      p = document.getElementsByTagName("p");
      setTimeout(myPlay,5000);
      setTimeout(myPause,8000);
   }
   function myPlay()
   {
      video.play();
      p[0].innerHTML = "<h3>调用 play()方法之后，paused 的属性值: "+video.paused+"</h3>";
   }
   function myPause()
   {
      video.pause();
      p[1].innerHTML = "<h3>调用 pause()方法之后，paused 的属性值: "+video.paused+ "</h3>";
   }
   window.addEventListener("load",load,false);
</script>
</head>
```

```
<body>
<video controls = "controls" src="test_video.ogv" width="400px" height="230px">
  sorry，你的浏览器还不支持Html5 Audio and Video!
</video>
<p></p>
<p></p>
</body>
</html>
```

- test_video.ogv 是同一文件夹下的视频文件。
- play()方法用于使浏览器对当前多媒体资源进行播放。
- pause()方法用于使浏览器对当前多媒体资源暂停播放。
- paused 属性用来获取当前多媒体资源的播放是否处于暂停状态。

图 3-36　使用 play()方法和 pause()方法在 Chrome 浏览器中的显示效果

3.2.9　多媒体元素的控制按钮

在 HTMLMedaiElement 接口中，也提供了几个播放器控制按钮的属性。本节，我们将重点探讨与播放器按钮有关的属性的具体使用，这些属性包括以下内容。

- controls 属性；
- volume 属性；
- defaultMuted 属性；
- muted 属性；
- controls 属性用来指定浏览器是否显示播放器的用户控制按钮。这个属性和多媒体元素标签中的 controls 属性是对应的。这里就不再赘述。

volume 属性是一个可读写属性，用来调节多媒体资源播放时音量的大小。volume 属性的属性值为 0.0 到 1.0 之间，初始值为 1.0。此外，每次 volume 属性的属性值发生改变时，都会触发 onvolumechange 事件。

对于 volume 属性的具体使用，读者可以参考下面的代码，在 Chrome 浏览器运行之后，显示效果如图 3-37 所示。

HTML+Javascript 代码:test_volume.html。

```
<!DOCTYPE html>
<html>
<head>
<script>
    var video;
    var p;
    function load()
    {
        video = document.getElementsByTagName("video")[0];
        p = document.getElementsByTagName("p")[0];
        video.volume = 0.5;
        video.addEventListener("volumechange",doVolumechangeEvent,false);
    }
    function doVolumechangeEvent(event)
    {
        p.innerHTML = "<h3>onvolumechange 事件触发后，</h3><h3>volume 的属性值: "+video.
volume+"</h3>";
    }

    window.addEventListener("load",load,false);
</script>
</head>
<body>
<video controls = "controls" src="test_video.ogv" width="400px" height="230px">
    sorry，你的浏览器还不支持Html5 Audio and Video!
</video>
<p></p>
</body>
</html>
```

- test_video.ogv 是同一文件夹下的视频文件。
- volume 属性用来调节多媒体资源播放时音量的大小。
- doVolumechangeEvent()方法是 onvolumechange 事件的回调函数。
- addEventListener()方法监听了 onvolulmechange 事件。

图 3-37　使用 volume 属性在 Chrome 浏览器中的显示效果

defaultMuted 属性是一个可读写的属性，用来表示当前多媒体资源播放时是否默认为静音。与 defaultPlaybackRate 属性一样，这个属性是面向客户端浏览器，对于开发人员来说，我们可以使用 muted 属性。

muted 属性也是一个可读写的属性，用来设置当前多媒体资源播放时是否静音。

对于 muted 属性的具体使用，读者可以参考下面的代码。

HTML+Javascript 代码：test_muted.html。

```
<!DOCTYPE html>
<html>
<head>
<script>
    var video;
    var p;
    function load()
    {
        video = document.getElementsByTagName("video")[0];
        video.muted = true;
    }
    window.addEventListener("load",load,false);
</script>
</head>
<body>
```

```
<video controls = "controls" src="test_video.ogv" width="400px" height="230px">
   sorry，你的浏览器还不支持Html5 Audio and Video!
</video>
</body>
</html>
```

- test_video.ogv 是同一文件夹下的视频文件。
- muted 属性用来设置当前多媒体资源播放时是否静音。

3.3 构建 Html5 Audio and Video 的开发实例

千里之行，始于足下。在前面的章节中，我们已经基本上探讨完了 Html5 Audio and Video 的使用。为了让读者可以快速上手构建自己的多媒体应用程序，本节，我们将以一个具体的实例，探讨 Html5 Audio and Video 在实际开发中的应用。

3.3.1 分析开发的需求

在前面讨论 controls 属性的时候，我们了解到不同的浏览器实现的播放器控制按钮的风格是不一样的。正是因为 HTML5 规范没有规定播放器控制按钮的风格，所以，我们也可以自己的 Web 程序设计自己的播放器风格。

本次开发实例中，我们将设计一个自定义风格的播放器，在这个播放器除了实现浏览器默认播放器的显示风格中的功能之外，还要实现一些高级的功能。具体如下所示。

- 实现播放和暂停按钮。
- 实现静音按钮。
- 实现音量调节滑动条。
- 实现播放进度控制条。
- 实现显示播放时间。
- 实现停止按钮。
- 实现缓冲进度控制条。
- 实现播放速率选择按钮。
- 实现全屏播放按钮。
- 实现关灯按钮。

在此次开发中，我们将使用到 Html5 Audio and Video 的基础内容，并结合 Jquery 脚本语言和 CSS3.0 样式进行设计。

3.3.2　搭建程序显示框架

根据我们的开发需求，在本次开发中，我们需要设计一个视频播放器。因此，在 Web 程序显示的主框架里面包含两个模块的内容。即视频内容显示模块和播放器控制按钮显示模块。

对于视频内容的显示模块，实际上就是多媒体元素标签的简单使用，读者可以参考下面的代码。在 Chrome 浏览器运行之后，显示效果如图 3-38 所示。

图 3-38　视频显示模块在 Chrome 浏览器中的显示效果

HTML 代码：test_video.html。

```
<!DOCTYPE html>
<html>
<head>
<title>Html5 Audio and Video</title>
<link rel="stylesheet" href="test_video.css"/>
<script
src="http://ajax.googleapis.com/ajax/libs/jquery/1.7.1/jquery.min.js"></script>
<script src="test_video.js"></script>
</head>
<body>
<header>
 <h1>Html5 Audio and Video</h1>
</header>
<section id="wrapper">
<div class="videoContainer">
<video id = "myVideo" src="test_video.ogv" controls = "controls">
   sorry，你的浏览器还不支持 Html5 Audio and Video!
</video>
</div>
```

```
</section>
<footer>
<span>designed by guoxiaocheng from hhu</span>
</footer>
</body>
</html>
```

- test_video.css 是同一文件夹下的 CSS 样式文件。
- test_video.js 是同一文件夹下的脚本文件。
- test_video.ogv 是同一文件夹下的视频文件。

在上面的代码中，我们实现了播放器的视频显示模块。下面，我们将构建播放器的底部控制按钮的显示模块。读者可以参考下面的代码。

HTML 代码:test_video.html。

```
<div class="caption">Html5 Audio and Video</div>
<div class="control">
<div class="topControl">
    <div class="progress">
        <span class="bufferBar"></span>
        <span class="timeBar"></span>
    </div>
    <div class="time">
        <span class="current"></span> /
        <span class="duration"></span>
    </div>
</div>
<div class="btmControl">
    <div class="btnPlay btn" title="Play/Pause video"></div>
    <div class="btnStop btn" title="Stop video"></div>
    <div class="spdText btn">Speed: </div>
    <div class="btnx1 btn text selected" title="Normal speed">x1</div>
    <div class="btnx3 btn text" title="Fast forward x3">x3</div>
    <div class="btnFS btn" title="Switch to full screen"></div>
    <div class="btnLight lighton btn" title="Turn on/off light"></div>
    <div class="volume" title="Set volume">
       <span class="volumeBar"></span>
    </div>
    <div class="sound sound2 btn" title="Mute/Unmute sound"></div>
</div>
</div>
<div class="loading"></div>
```

- progress 标记的 div 用来显示播放进度条。

- time 标记的 div 用来显示当前播放时间和视频资源的总播放时间。
- btnPlay 标记的 div 用来显示播放器的播放和暂停按钮。
- btnStop 标记的 div 用来显示播放器的停止按钮。
- btnx1 标记的 div 用来显示 1 倍速率播放按钮。
- btnx3 标记的 div 用来显示 3 倍速率播放按钮。
- btnFS 标记的 div 用来显示全屏播放按钮。
- btnLight 标记的 div 用来显示关灯按钮。
- volume 标记的 div 用来显示音量调剂滑动条。
- sound 标记的 div 用来显示静音按钮。

3.3.3　设计播放器控制栏样式

在进一步设计播放器的控制栏之前，我们先来设计一下播放器控制栏的主要样式。这里设计的只是一些通用的样式，对于具体按钮和滑动条的样式，我们会在后面的章节结合脚本控制一起来设计。

对于播放器控制栏的主要样式，读者可以参考下面的代码。在 Chrome 浏览器运行之后，显示效果如图 3-39 所示。

CSS 代码:test_video.css。

```
.videoContainer
{
width:600px;
height:350px;
position:relative;
overflow:hidden;
background:#000;
color:#ccc;
}
.caption
{
display:none;
position:absolute;
top:0;
left:0;
width:100%;
padding:10px;
color:#ccc;
font-size:20px;
font-weight:bold;
box-sizing: border-box;
```

```
-ms-box-sizing: border-box;
-webkit-box-sizing: border-box;
-moz-box-sizing: border-box;
background: #1F1F1F;
background:-moz-linear-gradient(top,#242424 50%,#1F1F1F 50%,#171717 100%);
background:-webkit-linear-gradient(top,#242424 50%,#1F1F1F 50%,#171717 100%);
background:-o-linear-gradient(top,#242424 50%,#1F1F1F 50%,#171717 100%);
}
.control
{
background:#333;
color:#ccc;
position:absolute;
bottom:0;
left:0;
width:100%;
z-index:5;
display:none;
}
.topControl
{
height:11px;
border-bottom:1px solid #404040;
padding:1px 5px;
background:#1F1F1F;
background:-moz-linear-gradient(top,#242424 50%,#1F1F1F 50%,#171717 100%);
background:-webkit-linear-gradient(top,#242424 50%,#1F1F1F 50%,#171717 100%);
background:-o-linear-gradient(top,#242424 50%,#1F1F1F 50%,#171717 100%);
}
.btmControl
{
clear:both;
background: #1F1F1F;
background:-moz-linear-gradient(top,#242424 50%,#1F1F1F 50%,#171717 100%);
background:-webkit-linear-gradient(top,#242424 50%,#1F1F1F 50%,#171717 100%);
background:-o-linear-gradient(top,#242424 50%,#1F1F1F 50%,#171717 100%);
}
.control div.btn
{
float:left;
width:34px;
height:30px;
padding:0 5px;
```

```
border-right:1px solid #404040;
cursor:pointer;
}
.control div.text
{
font-size:12px;
font-weight:bold;
line-height:30px;
text-align:center;
font-family:verdana;
width:20px;
border:none;
color:#777;
}
```

- videoContainer 对应的是整个播放器控制栏盒子的显示样式。
- caption 对应的是播放器顶部提示信息的盒子的显示样式。
- btn 对应的是播放器控制栏按钮的显示样式。
- text 对应的是播放器控制栏文本的显示样式。
- btmControl 对应的是除了进度条和播放时间之外的控制栏盒子的显示样式。

图 3-39　设计播放器控制栏后在 Chrome 浏览器中的显示效果

3.3.4　播放器的初始化

根据我们的开发需求，在多媒体资源缓冲的时候，我们需要使用一张加载中图片显示在视频显示区域上面，在首次加载缓冲完成之后，我们在视频显示区域上面显示一个播放按钮。播放器的初始化主要通过 onloadedmeatadata、oncanplay 和 oncanplaythrough 属性来完成。

对于开发播放器初始化，读者可以参考下面的代码。

Jquery 代码：test_video.js。

```
$(document).ready(function()
{
var video = $('#myVideo');
//关闭播放器默认风格
video[0].removeAttribute("controls");
$('.control').show().css({'bottom':-45});
$('.loading').fadeIn(500);
$('.caption').fadeIn(500);
//监听 onloadedmetadata 事件。
video.on('loadedmetadata', function()
{
    $('.caption').animate({'top':-45},300);
    //初始化播放时间显示。
    $('.current').text(timeFormat(0));
    $('.duration').text(timeFormat(video[0].duration));
    //在视频显示区域添加播放按钮。
    $('.videoContainer')
    .append('<div id="init"></div>')
    .hover(function()
    {
        $('.control').stop().animate({'bottom':0}, 500);
        $('.caption').stop().animate({'top':0}, 500);
    });
    $('#init').fadeIn(200);
});
//监听 oncanplay 事件。
video.on('canplay', function()
{
    $('.loading').fadeOut(100);
});
//监听 oncanplaytrough 事件。
var completeloaded = false;
video.on('canplaythrough', function()
{
    completeloaded = true;
});
//监听 onended 事件。
video.on('ended', function() {
    $('.btnPlay').removeClass('paused');
    video[0].pause();
});
```

```
    //监听 onwaiting 事件。
    video.on('waiting', function() {
        $('.loading').fadeIn(200);
    });
    //将时间格式化为 00:00
    var timeFormat = function(seconds)
    {
        var m = Math.floor(seconds/60)<10 ? "0"+Math.floor(seconds/60) : Math.floor
(seconds/60);
        var s = Math.floor(seconds-(m*60))<10 ? "0"+Math.floor(seconds-(m*60)) : Math.floor
(seconds-(m*60));
        return m+":"+s;
    };
    });
```

- video 是 video 标签对应的 DOM 对象。
- removeAttribute()方法用来移除 video 标签里的 contrlos 属性，关闭默认的播放器的默认风格吓显示。
- fadeIn()方法用来以淡入的动画效果来显示隐藏的 loading 和 caption 标记的 div 标签。
- fadeOut()方法用来以淡出的动画效果来显示隐藏的 loading 的 div 标签。
- animate() 方法用来执行 CSS 属性集的自定义动画。
- timeFormat()方法用来将播放时间格式化显示。
- init 标记的 div 标签用来在视频显示区域显示缓冲提示和播放按钮。
- completeloaded 用来表示浏览器是否加载完成多媒体资源。
- duration 属性用来获取多媒体资源播放的时间长度。
- onloadedmetadata 属性表示当浏览器对多媒体资源的元数据加载完毕之后触发的事件。
- oncanplay 属性表示在浏览器由于后续数据不足自动暂停播放，经过数据缓冲之后，可以恢复播放时触发的事件。
- onended 属性表示当浏览器播放完当前媒体数据时触发的事件。
- onseeking 属性表示浏览器正在定时搜索时触发的事件。
- oncanplaythrough 属性表示在浏览器由于后续不足自动暂停播放，经过数据缓冲之后，浏览器拥有足够的数据，可以持续播放时触发的事件。

在上面的代码中，我们创建了一个 init 标记的 div 标签来在视频显示区域上面，显示缓冲提示图片和播放按钮。现在我们为这个 init 标记的 div 标签设计一下 CSS 样式。

对于 init 标记的 div 标签的样式设计，读者可以参考下面的代码，在 Chrome 浏览器运行之后，显示效果如图 3-40 和图 3-41 所示。

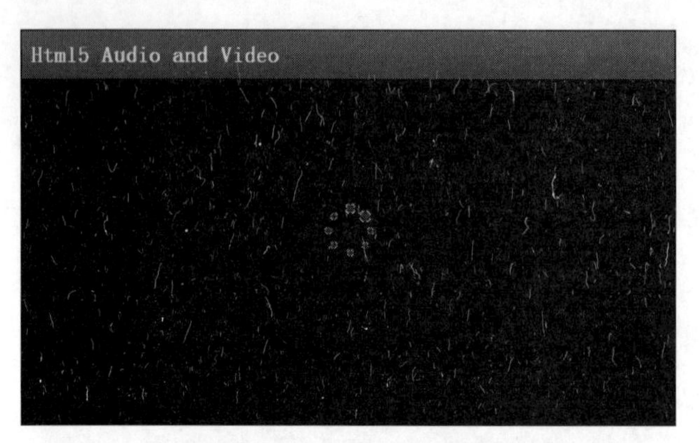

图 3-40　视频正在缓冲时在 Chrome 浏览器中的显示效果

图 3-41　视频缓冲完成时在 Chrome 浏览器中的显示效果

CSS 代码：test_video.css。

```
.loading, #init
{
position:absolute;
top:0;
left:0;
width:100%;
height:100%;
background:url(loading.gif) no-repeat 50% 50%;
z-index:2;
display:none;
}
#init
{
background:url(bigplay.png) no-repeat 50% 50% !important;
```

```
cursor:pointer;
}
```

- #init 对应的是整个 div 显示区域的显示样式。
- .loading 对应的是播放器缓冲时提示信息区域的显示样式。
- loading.gif 是同一文件夹下的图片文件，用来显示缓冲提示信息。
- bigplay.png 也是同一文件夹下的图片文件，用来显示播放按钮。

3.3.5　添加播放和暂停按钮

根据开发需求，我们需要设计播放和暂停按钮，这两个按钮的设计比较容易，主要通过 play()、pause() 方法以及 paused 属性来实现。在本次开发实例中，播放和暂停按钮包括以下两个内容。

- 播放器底部控制栏中的播放和暂停按钮。
- 视频显示区域的播放和暂停按钮。

对于播放和暂停按钮的事件监听，读者可以参考下面的代码。

Jquery 代码：test_video.js。

```
video.on('click', function()
{
playpause();
} );
$('.btnPlay').on('click', function()
{
playpause();
} );
var playpause = function()
{
if(video[0].paused || video[0].ended)
{
   $('.btnPlay').addClass('paused');
   video[0].play();
}
else
{
   $('.btnPlay').removeClass('paused');
   video[0].pause();
}
};
```

- video 是 video 标签对应的 DOM 对象。
- 上述代码分别监听了 btnPlay 和 video 的 onclick 事件。

- playpause()方法是 onclick 的回调函数。
- paused 属性用来获取当前多媒体资源的播放是否处于暂停状态。
- ended 属性用来获取当前多媒体资源的播放是否处于停止状态。
- play()方法用于使浏览器对当前多媒体资源进行播放。
- pause()方法用于使浏览器对当前多媒体资源暂停播放。

在上面的代码中，我们添加了视频底部控制栏的播放和暂停按钮，视频显示区域的播放和暂停按钮的事件监听。因此，我们可以点击相应的按钮完成播放器的播放和暂停操作。下面我们来设计一下播放器底部控制栏的播放和暂停按钮的样式。

对于播放器底部控制栏的播放和暂停按钮的样式设计，读者可以参考下面的代码，在 Chrome 浏览器运行之后，显示效果如图 3-42 和图 3-43 所示。

CSS 代码：test_video.css。

```
.control div.btnPlay
{
background:url(control.png) no-repeat 0 0;
border-left:1px solid #404040;
}
.control div.paused
{
background:url(control.png) no-repeat 0 -30px;
}
```

- .control div.btnPlay 表示播放按钮的 CSS 显示样式。
- .control div.paused 表示暂停按钮的 CSS 显示样式。
- control.png 是同一文件夹下的图片文件。

图 3-42　播放按钮在 Chrome 浏览器中的显示效果

图 3-43 暂停按钮在 Chrome 浏览器中的显示效果

3.3.6 添加播放时间和进度控制条

根据开发需求，我们需要设计播放时间和播放进度控制条。播放时间的动态显示比较容易，主要通过 currentTime 属性来实现。但是这个播放进度控制条有些复杂，它主要要完成以下几个功能。

- 显示视频资源的缓冲进度。
- 显示视频资源的播放进度。
- 用户可以拖拽进度条，实现定时播放。

对于播放器的进度控制条的设计，读者可以参考下面的代码。

Jquery 代码：test_video.js。

```
//监听 ontimeupdate 事件动态显示播放时间和进度控制条。
video.on('timeupdate', function()
{
var currentPos = video[0].currentTime;
var maxduration = video[0].duration;
var perc = 100 * currentPos / maxduration;
$('.timeBar').css('width',perc+'%');
$('.current').text(timeFormat(currentPos));
});
//显示缓冲进度
var startBuffer = function()
{
var currentBuffer = video[0].buffered.end(0);
var maxduration = video[0].duration;
var perc = 100 * currentBuffer / maxduration;
$('.bufferBar').css('width',perc+'%');
if(currentBuffer < maxduration)
```

```
{
    setTimeout(startBuffer, 500);
}
};
//显示播放进度，并监听 onmusedown 和 onmouseup 事件。
var timeDrag = false;
$('.progress').on('mousedown', function(e)
{
timeDrag = true;
updatebar(e.pageX);
});
$(document).on('mouseup', function(e)
{
if(timeDrag)
{
    timeDrag = false;
    updatebar(e.pageX);
}
});
$(document).on('mousemove', function(e)
{
if(timeDrag)
    {
    updatebar(e.pageX);
}
});
var updatebar = function(x)
{
var progress = $('.progress');
var maxduration = video[0].duration;
var position = x - progress.offset().left;
var percentage = 100 * position / progress.width();
if(percentage > 100)
{
    percentage = 100;
}
if(percentage < 0)
 {
    percentage = 0;
 }
$('.timeBar').css('width',percentage+'%');
video[0].currentTime = maxduration * percentage / 100;
};
```

- currentBuffer 表示已经缓冲的视频的时间。
- duration 属性用来获取多媒体资源播放的时间长度。
- timeFormat()方法用来格式化时间显示。
- startBuffer()方法用来显示缓冲进度。
- ontimeupdate 属性表示当播放位置变化时触发的事件，一般为 15～250ms。
- currentTime 用来获取或者设置多媒体资源的当前播放的时间。
- timeDrag 用来表示用户是否拖动了进度条进行定时播放。
- updatebar()方法用来更新播放进度条显示。

在上面的代码中，我们添加了播放器底部控制栏播放时间和进度控制条的动态显示。下面我们来设计这两个区域的样式。

对于播放器底部控制栏播放时间和进度控制条的样式设计，读者可以参考下面的代码，在 Chrome 浏览器运行之后，显示效果如图 3-44 所示。

CSS 代码：test_video.css。

```
.progress
{
width:85%;
height:10px;
position:relative;
float:left;
cursor:pointer;
background: #444;
background:-moz-linear-gradient(top,#666,#333);
background:-webkit-linear-gradient(top,#666,#333);
background:-o-linear-gradient(top,#666,#333);
box-shadow:0 2px 3px #333 inset;
-moz-box-shadow:0 2px 3px #333 inset;
-webkit-box-shadow:0 2px 3px #333 inset;
border-radius:10px;
-moz-border-radius:10px;
-webkit-border-radius:10px;
}
.progress span
{
height:100%;
position:absolute;
top:0;
left:0;
display:block;
```

```
border-radius:10px;
-moz-border-radius:10px;
-webkit-border-radius:10px;
}
.timeBar
{
z-index:10;
width:0;
background: #3FB7FC;
background:-moz-linear-gradient(top,#A0DCFF 50%,#3FB7FC 50%,#16A9FF 100%);
background:-webkit-linear-gradient(top,#A0DCFF 50%,#3FB7FC 50%,#16A9FF 100%);
background:-o-linear-gradient(top,#A0DCFF 50%,#3FB7FC 50%,#16A9FF 100%);
box-shadow:0 0 1px #fff;
-moz-box-shadow:0 0 1px #fff;
-webkit-box-shadow:0 0 1px #fff;
}
.bufferBar
{
z-index:5;
width:0;
background: #777;
background:-moz-linear-gradient(top,#999,#666);
background:-webkit-linear-gradient(top,#999,#666);
background:-o-linear-gradient(top,#999,#666);
box-shadow:2px 0 5px #333;
-moz-box-shadow:2px 0 5px #333;
-webkit-box-shadow:2px 0 5px #333;
}

.time
{
width:15%;
float:right;
text-align:center;
font-size:11px;
line-height:12px;
}
```

- .progress 表示整个进度条的 CSS 显示样式。
- .timeBar 表示播放进度的 CSS 显示样式。
- .bufferBar 表示缓冲进度的 CSS 显示样式。
- .time 表示播放时间的 CSS 显示样式。

图 3-44　时间显示和进度控制条在 Chrome 浏览器中的显示效果

3.3.7　添加静音按钮和音量调节滑动条

根据开发需求，我们需要设计静音按钮和音量调节滑动条。这两个按钮的实现比较简单，静音按钮通过 muted 属性来控制，音量调节滑动条使用 volume 属性来控制。

对于静音按钮和音量调节滑动条，读者可以参考下面的代码。

Jquery 代码：test_video.js。

```
//静音按钮
$('.sound').click(function()
{
video[0].muted = !video[0].muted;
$(this).toggleClass('muted');
if(video[0].muted)
{
    $('.volumeBar').css('width',0);
}
else
{
    $('.volumeBar').css('width', video[0].volume*100+'%');
}
});
//音量调节滑动条
var volumeDrag = false;
$('.volume').on('mousedown', function(e)
{
volumeDrag = true;
video[0].muted = false;
$('.sound').removeClass('muted');
```

```
updateVolume(e.pageX);
});
$(document).on('mouseup', function(e)
{
if(volumeDrag)
{
    volumeDrag = false;
    updateVolume(e.pageX);
}
});
$(document).on('mousemove', function(e)
{
if(volumeDrag)
{
    updateVolume(e.pageX);
}
});
var updateVolume = function(x, vol)
{
var volume = $('.volume');
var percentage;
if(vol)
{
    percentage = vol * 100;
}
else
{
    var position = x - volume.offset().left;
    percentage = 100 * position / volume.width();
}
if(percentage > 100)
{
    percentage = 100;
}
if(percentage < 0)
{
    percentage = 0;
}
$('.volumeBar').css('width',percentage+'%');
video[0].volume = percentage / 100;
if(video[0].volume == 0)
{
    $('.sound').removeClass('sound2').addClass('muted');
```

```
}
else if(video[0].volume > 0.5)
{
    $('.sound').removeClass('muted').addClass('sound2');
}
else
{
    $('.sound').removeClass('muted').removeClass('sound2');
}
};
```

- muted 属性用来设置当前多媒体资源播放时是否静音。
- volume 属性用来调节多媒体资源播放时音量的大小。
- volumeDrag 用来表示用户是否在调节音量。
- updateVolume()用来音量调节滑动条的显示。

在上面的代码中，我们添加了播放器底部控制栏静音按钮和音量调节滑动条显示。下面我们来设计这两个区域的样式。

对于播放器底部控制栏静音按钮和音量调节滑动条的样式设计，读者可以参考下面的代码，在 Chrome 浏览器运行之后，显示效果如图 3-45 所示。

CSS 代码：test_video.css。

```
.control div.sound
{
background:url(control.png) no-repeat -88px -30px;
border:none;
float:right;
}
.control div.sound2
{
background:url(control.png) no-repeat -88px -60px !important;
}
.control div.muted
{
background:url(control.png) no-repeat -88px 0 !important;
}
.volume
{
position:relative;
cursor:pointer;
width:70px;
height:10px;
```

```
float:right;
margin-top:10px;
margin-right:10px;
}
.volumeBar
{
display:block;
height:100%;
position:absolute;
top:0;
left:0;
background-color:#eee;
z-index:10;
}
```

- .control div.sound 表示非静音按钮的 CSS 显示样式。
- .control div.muted 和.control div.sound2 表示静音按钮的 CSS 显示样式。
- .volumeBar 表示音量调节滑动条的 CSS 显示样式。

图 3-45　静音按钮和音量调节滑动条在 Chrome 浏览器中的显示效果

3.3.8　添加播放速率选择按钮和停止按钮

根据开发需求，我们需要设计播放速率选择按钮和停止按钮。其中，播放速率选择按钮通过 playbackrate 属性来实现。停止按钮的设计稍微显得复杂些，因为在 Html5 Audio and Video 中，并没有直接的属性和方法来实现停止按钮。在本次开发实例中，我们通过调用 pause()方法暂停播放，并将进度控制条回到初始位置。

对于播放速率选择按钮和停止按钮的具体设计，读者可以参考下面的代码。

Jquery 代码：test_video.js。

```
//播放速率选择按钮
$('.btnx1').on('click', function()
{
fastfowrd(this, 1);
 });
$('.btnx3').on('click', function()
{
fastfowrd(this, 3);
});
var fastfowrd = function(obj, spd)
 {
$('.text').removeClass('selected');
$(obj).addClass('selected');
video[0].playbackRate = spd;
video[0].play();
};
//停止按钮
$('.btnStop').on('click', function()
{
$('.btnPlay').removeClass('paused');
updatebar($('.progress').offset().left);
video[0].pause();
});
```

- fastfowrd()方法用来更新速率选择按钮的显示。
- updatebar()方法用来更新进度控制条的显示。
- playbackRate 属性用来表示当前多媒体资的播放速率。
- play()方法用于使浏览器对当前多媒体资源进行播放。
- pause()方法用于使浏览器对当前多媒体资源暂停播放。

在上面的代码中，我们添加了播放器底部控制栏播放速率选择按钮和停止按钮显示。下面我们来设计这两个区域的样式。

对于播放器底部控制栏播放速率选择按钮和停止按钮的样式设计，读者可以参考下面的代码，在 Chrome 浏览器运行之后，显示效果如图 3-46 所示。

CSS 代码：test_video.css。

```
.control div.btnStop
{
background:url(control.png) no-repeat 0 -60px;
}
```

```
.control div.spdText
{
border:none;
font-size:14px;
line-height:30px;
font-style:italic;
}
.control div.selected
{
font-size:15px;
color:#ccc;
}
```

- .control div.btnStop 表示停止按钮的 CSS 显示样式。
- .control div.spdText 表示播放速率未选择时按钮的 CSS 显示样式。
- .control div.selected 表示当前速率被选择时按钮的 CSS 显示样式。

图 3-46　播放速率选择按钮和停止按钮在 Chrome 浏览器中的显示效果

3.3.9 添加全屏按钮和关灯按钮

根据开发需求，我们需要设计全屏按钮和关灯按钮。其中，全屏按钮在不同的浏览器的实现方法有所不同，在 Webkti 内核的浏览器，可以使用 webkitEnterFullscreen()方法，而对于 Gecko 内核浏览器，可以使用 mozRequestFullScreen()方法。而对于关灯按钮，我们主要通过创建一个覆盖层来实现。

对于全屏按钮和关灯按钮的具体设计，读者可以参考下面的代码。在 Chrome 浏览器运行之后，显示效果如图 3-47 所示。

Jquery 代码：test_video.js。

```
//全屏按钮。
$('.btnFS').on('click', function()
```

```
{
if($.isFunction(video[0].webkitEnterFullscreen))
{
   video[0].webkitEnterFullscreen();
}
else if ($.isFunction(video[0].mozRequestFullScreen))
{
   video[0].mozRequestFullScreen();
}
else
{
   alert('sorry,你的浏览器还不支持全屏播放。');
}
});
//关灯按钮。
$('.btnLight').click(function()
{
$(this).toggleClass('lighton');
if(!$(this).hasClass('lighton'))
{
   $('body').append('<div class="overlay"></div>');
   $('.overlay').css(
{
      'position':'absolute',
      'width':100+'%',
      'height':$(document).height(),
      'background':'#000',
      'opacity':0.9,
      'top':0,
      'left':0,
      'z-index':999
   });
   $('.videoContainer').css(
{
      'z-index':1000
   });
}
else
{
   $('.overlay').remove();
}
});
```

- webkitEnterFullscreen()方法用来在 Webkit 内核浏览器实现全屏播放。
- mozRequestFullScreen()方法用来在 Gecko 内核浏览器实现全屏播放。

对于播放器底部控制栏播放速率选择按钮和停止按钮的样式设计，读者可以参考下面的代码，在 Chrome 浏览器运行之后，显示效果如图 3-46 所示。

CSS 代码：test_video.css。

```
.control div.btnFS
{
background:url(control.png) no-repeat -44px 0;
float:right;
}
.control div.btnLight
{
background:url(control.png) no-repeat -44px -60px;
border-left:1px solid #404040;
float:right;
}
.control div.lighton
{
background:url(control.png) no-repeat -44px -30px !important;
}
```

- .control div.btnFS 表示全屏按钮的 CSS 显示样式。
- .control div.btnLight 表示开灯按钮的 CSS 显示样式。
- .control div.lighton 表示关灯按钮的 CSS 显示样式。

图 3-47　全屏按钮和关灯按钮 Chrome 浏览器中的显示效果

到此为止，我们便设计了一个非常酷、非常实用的播放器。

3.4　本章小结

在本章中，我们主要讨论了 HTML5 中一个非常普遍的特性——Html5 Audio and Video。

在第一节中，首先我们主要探讨了 HTML5 支持的视频容器和编解码器，并重点讨论了 Google 和 Apple 的编解码器之争。最后我们讨论了 Html5 Audio and Video 特性在桌面浏览器和移动设备浏览器的支持情况，得出目前浏览器对 Html5 Audio and Video 普通支持，但是开发人员在开发时要考虑用户的浏览器是否支持特定的视频容器和编解码的结论。

在第二节中，我们细致地探讨了两个多媒体元素标签及其子标签 source 的使用。最后我们详细地讨论了 HTMLMediaElement 接口的具体使用。

在第三节中，我们使用第二节探讨的内容，设计了一个自定义风格的播放器。在这个播放器中，除了浏览器默认播放器样式的播放、暂停、静音、音量调节和播放进度控制条功能之外，还设计了停止、播放速率选择、全屏播放、关灯以及缓冲进度控制条等功能，突出了 Html5 Audio and Video 在实际开发中的应用潜力。

第4章 璀璨的明珠——Html5 Web Canvas

在本章中，我们将探索Html5中一个很酷很炫的新特性——Html5 Web Canvas。Canvas是现在非常流行的一个元素，它不仅是Html5中的一个重要的特性，在Android、IOS等移动应用领域的开发中也经常看到它的身影。

1995年，Sun和Netscape公司第一次演示运行在Netscape上的Java程序时，用鼠标实时旋转三维分子模型，给世界留下了深刻的印象。而Canvas纳入Html5规范中在某种程度上来说是具有战略意义的，因为它使Web绘图成为可能。在Html5到来之前，先不谈三维分子模型，我们只是要在网页中显示一个弧形，这貌似是一个非常简单的问题。可恰恰相反，这反而是一项非常复杂的工作，因为几乎所有的Web设计语言都没有提供与二维绘图有关的API。

在Html5 Web Canvas中，自由的画布、灵活的画笔、丰富的内置函数，让Web开发人员可以轻松生成和展示各种动态图形、图像、图表、文字以及动画，使图形图像的处理变得简单起来，强大的HTML5 API使我们彻底告别了传统单一的图形图像Web处理。

本章，我们将主要讨论Html5 Web Canvas 2D绘图，首先探讨Html5 Web Canvas的历史和优缺点以及目前主流浏览器对Html5 Audio and Video的支持情况，随后探讨CanvasRenderingContext2D接口的具体使用，最后我们将构建一个图片浏览器实例，探讨Html5 Audio and Video在实际开发中的应用。

4.1 Html5 Web Canvas 概述

Html5 Web Canvas被很多的工程师认为是HTML5最伟大的改进之一，因为它可以让我们在不使用图片的情况下实现网页的图形设计。本节，我们将讨论Html5 Web Canvas的发展历程和优缺点，以及目前主流浏览器对Html5 Web Canvas的支持情况。

4.1.1　Html5 Web Canvas 的发展历程

在 Html5 Web Canvas 之前，如果想要在 Web 网页中绘制一些基本的图形，则主要依靠使用 Adobe 的 Flash 插件。此外，微软的 VML 矢量标记语言，因其表示方法简单、使用方便并且易于扩展等特点，曾一度被认为是拥有无穷生命力的下一代网络标记语言，但是据笔者了解，迄今为止，只有微软自家的 IE 浏览器对其提供了支持。在这种情况下，Html5 Web Canvas 的到来，为 Web 领域的绘图操作带来了新曙光。

Canvas 的概念，首先在 Apple 公司的 Web 超文本应用技术工作小组的一份草案中提出，因为 HTML 在 Safari 中的绘图能力也为 Mac OS X 桌面的 Dashboard 组件所使用，并且 Apple 公司希望有一种方式在 Dashboard 中支持脚本化的图形。所以，Canvas 最初是在 Apple 公司内部供仪表盘的构件和 Safari 浏览器等应用产品所使用。

但起初苹果公司并没有准备公开这项技术，它还打算申请知识版权，这在当时引起一些 Web 标准化追随者的关注。最后在多方努力下，苹果公司还是按照 W3C 的免版税专利权许可条款公开了这项专利。Firefox 和 Opera 等主流浏览器商也紧随 Safari 其后推出了支持 Canvas 的浏览器。

值得一提的是，Html5 Web Canvas 在 IE 中也获取了极大的支持，早在 Internet Explorer9 发布以前，Novell 公司生产的 XForms 处理器插件专门就是作为 Internet Explorer 支持 Canvas 的插件，后来国外还有人努力使用 VML 和 JavaScript 在 Internet Explorer 来支持 Canvas 功能，这些都极大地推动了 Canvas 在 Web 领域的发展。

据 W3C 的消息称，目前 Html5 Web Canvas 的标准化努力正在由一个 Web 浏览器厂商的非正式协会推进，并已经正式成为 HTML5 草案中的一个正式的标签。

4.1.2　Html5 Web Canvas 的优势和劣势

Canvas 是一个多领域的特性，那么 Canvas 能够作为一项振奋人心的新特性引入到 Html5 规范中，相比于我们之前探讨的 Flash、KML 以及 Javascript 处理图形图像，Html5 Web Canvas 又有哪些优势和劣势呢？在此笔者归纳如下。

优势：

- Html5 Web Canvas 相对来说，是一项非常底层的特性，内存资源消耗量相对比较低，处理速度快，这对动态图形图像的加载是非常有意义的。
- Html5 Web Canvas 提供了丰富 2D 绘图函数库，在动态图表、动画的生成等方面相对较简单。

劣势：

- Html5 Web Canvas 使用 Javascript 去操纵 Canvas 对象，代码相对来说比较冗长，需要开发人员投入很多的时间和精力。
- 使用 Html5 Web Canvas 绘制图形时，一旦绘制出来，它就会一直保持。如果需要移动它，我们不得不重绘所有的东西。重绘是相当费时的，而且性能依赖于电脑的速度。

- Html5 Web Canvas 没有定义任何的事件，因为 Canvas 内部都是一系列的像素，所以如果开发人员想让 Canvas 内部的图形接收事件，那基本上是不可能的。

Html Web Canvas 是 HTML5 规范中一个比较成熟的新特性，虽然其自身也存在一些劣势，但是它带给 Web 领域的惊喜是不言而喻的。

4.1.3 Html5 Web Canvas 的浏览器支持情况

从整个浏览器市场来看，在不同平台运作的几乎所有浏览器都对 Html5 Web Canvas 提供了不同程度的支持。

目前主流的桌面浏览器和移动设备浏览器对 Html5 Web Canvas 的支持情况如图 4-1 和图 4-2 所示。其中白色表示完全支持，浅灰色表示部分支持，深灰色表示不支持。

iOS Safari	Opera Mini	Android Browser	Opera Mobile	Chrome for Android	Firefox for Android
		2.1			
3.2		2.2			
4.0-4.1		2.3	10.0		
4.2-4.3		3.0	11.5		
5.0-5.1	5.0-7.0	4.0	12.0	18.0	14.0

图 4-1 移动设备浏览器对 Html5 Web Canvas 的支持情况

IE	Firefox	Chrome	Safari	Opera
	3.0			
	3.5	8.0		
	3.6	10.0		
	4.0	11.0		
	5.0	12.0		
	6.0	13.0		
	7.0	14.0		
	8.0	15.0		
	9.0	16.0		
	10.0	17.0		
6.0	11.0	18.0	4.0	
7.0	12.0	19.0	5.0	
8.0	13.0	20.0	5.1	11.6
9.0	14.0	21.0	6.0	12.0

图 4-2 桌面浏览器对 Html5 Web Canvas 的支持情况

从图 4-1 和图 4-2 中，可以看出，不管是桌面浏览器，还是在移动设备上的浏览器，对 Html5 Web Canvas 的支持情况还是比较理想的。

更值得一提的是，老版本的 IE，也在多方的努力下，提出了一系列的解决办法。如 Novell 公司开发的 XForms 处理器插件就是一个不错的选择，但是介于 Html5 是一种基于无插件的新标准，笔者建议可以使用 Javascript 的开源项目来解决这个问题，如 explorercanvas 就是一个比较成熟的项目，读者可以在 http://code.google.com/p/explorercanvas 进行下载，在自己的项目把 JS 文件加入进来即可。

具体使用读者可以参考下面的代码。

```
<!DOCTYPE HTML>
<html>
<head>
<!--[if IF]<script src="excanvas.js"></script>[end if]-->
</head>
</html>
```

- 在上面的代码中，使用“[if IF]…[end if]”命令判断是不是 IE，以免造成不必要的代码混乱。

虽然 Html5 Web Canvas 受到了很大的支持，但我们还是建议在使用 Html5 Web Canvas 时，对用户的浏览器的支持情况进行一个必要的检测，具体的检测方法将在下一节进行探讨。

4.2　Html5 Web Canvas 使用

在 Html5 Web Canvas 中，涵盖了 2D 绘图和 3D 绘图两项特性，Canvas 对 2D 绘图提供了直接的 API 支持，但是 3D 的 API 是 WebGL 提供的。WebGL 是更底层的技术，难于使用，两者有着很大的差异。本节主要讨论 Html5 Web Canvas 在 2D 绘图中的使用。

4.2.1　检测浏览器支持情况

虽然 Htm5 Web Canvas 的浏览器支持情况已经相当理想了，但是考虑到浏览器市场成分复杂，版本差异等问题，笔者还是强烈建议对用户的浏览器的支持情况进行必要的检测，具体可以参考下面的代码。

HTML+Javascript 代码：test_chrome_canvas1.html。

```
<!DOCTYPE html>
<html>
<head>
<script >
    var canvas = document.createElement("canvas");
    if(canvas&&canvas.getContext)
    {
        alert("你的浏览器支持Html5 Web Canvas!")
    }
    else
    {
        alert("sorry，你的浏览器不支持Html5 Web Canvas!")
    }
</script>
</head>
<body>
```

```
</body>
</html>
```

- mycanvas 是我们创建的一个 canvas 的 HTML 的节点。
- getContext()是 Canvas 的一个类函数，具体使用内容会在后面的章节作进一步探讨。

事实上，在 HTML5 的开发中，对其新特性的浏览器的支持情况很简单，只要使用 Javascript 脚本检测其特性函数就可以了，这一点在后面的章节中会得到印证。

此外，当用户的浏览器对 Html5 Web Canvas 不提供支持时，和新增的多媒体元素标签一样，canvas 标签会直接被忽视掉，并不会抛出任何异常。因此，我们也可以使用替代文本的方法检测用户的浏览器支持情况。

对于使用这种方式检测用户浏览器对 Html5 Web Canvas 的支持情况，读者可以参考下面的代码，在 Internet Explorer8 浏览器运行之后，显示效果如图 4-3 所示。

HTML 代码：test_chrome_canvas2.html。

```
<!DOCTYPE HTML>
<html>
<body>
<canvas id="mycanvas" width="300px" height="150px">
    这里是Canvas画布显示的内容，你的浏览器不支持Html5 Web Canvas!
</canvas>
</body>
</html>
```

- canvas 是 HTML5 中新引入的一个标签。

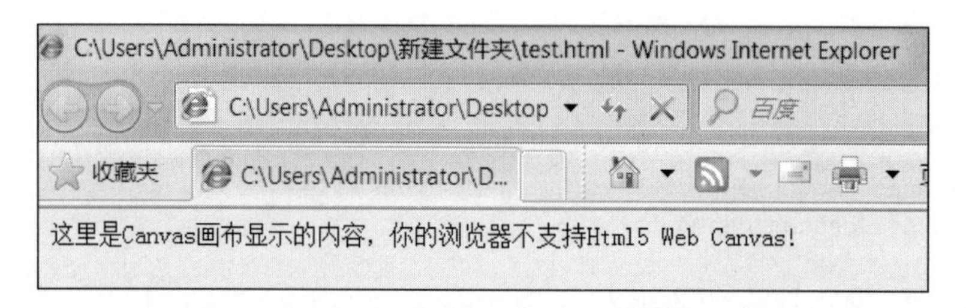

图 4-3　canvas 标签不支持时在 IE8 浏览器的显示效果

4.2.2　Canvas 接口的属性和方法

在 Htm5 Web Canvas 中，引入一个新的 HTML 标签——canvas 标签。使用 canvas 标签，我们用来在网页任何位置定义了一个画布。

对于 canvas 标签的具体使用，读者可以参考下面的代码。

HTML 代码：test_canvas.html。

```
<!DOCTYPE HTML>
<html>
<head>
</head>
<body>
<canvas id="mycanvas" width="300px" height="150px">
</canvas>
</body>
</html>
```

- width 属性表示定义画布的宽度。
- heigth 属性表示定义画布的高度。
- 在上述代码中，定义了一个宽带为 300 像素，高度为 150 像素的空白画布。

实际上，canvas 标签对应是一个 Canvas 的接口，根据最新的 W3C 的文档，它定义了一些属性和方法，主要内容如下。

- width 属性；
- height 属性；
- getContext()方法；
- toDataURL()方法。

width 属性和 height 属性已经司空见惯了，基本每一个 HTML 标签都有这两个属性，表示 Canvas 画布的宽度和高度。

但是要特别注意的是，对于一个画布来说，width 和 height 如果进行了重新设置，则原先所画的所有图形图像都会失效。

对于 width 属性和 height 属性的具体使用，读者可以参考下面的代码。

HTML+Javascript 代码：test_width.html。

```
<!DOCTYPE HTML>
<html>
<head>
<script>
    function load()
    {
        var mycanvas = document.getElementById("mycanvas");
        var context = mycanvas.getContext("2d");
        context.fillRect(0,0,50,50);
        mycanvas.setAttribute("width",250);
        context.fillRect(50,0,50,50);
        mycanvas.width = mycanvas.width;
```

```
        context.fillRect(100,0,50,50);
    }
    window.addEventListener("load",load,false);
</script>
</head>
<body>
<canvas id="mycanvas" width="300px" height="150px" >
    这里是Canvas画布显示的内容，你的浏览器不支持Html5 Web Canvas!
</canvas>
</body>
</html>
```

- mycanvas 是 canvas 标签对应的 DOM 对象。
- context 是指一个上下文对象，具体使用内容会在后面的章节作进一步探讨。
- fillRect()用来填充一个矩形，具体使用内容会在后面的章节作进一步探讨。
- setAttribute(“width”，250)重新设置 width 属性的值为 250 像素。
- mycanvas.width = mycanvas.width 也是重新设置属性值。

重新设置 Canvas 标签的 width 或者 height 的属性值之后，之前所有的图形图像都会被抹掉。如果我们将上述代码中两个重新设置 width 属性值的代码删除，就可以看出两者鲜明的对比。图 4-4 和图 4-5 分别表示重新设置 width 属性的属性值前后的在 Chrome 浏览器的显示效果。

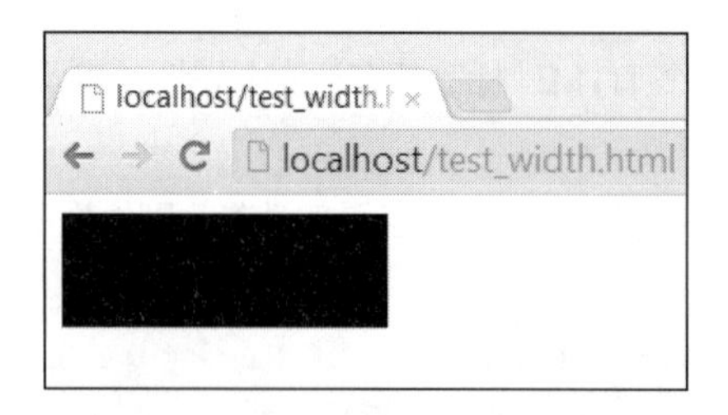

图 4-4　重新设置 width 属性值前的显示效果

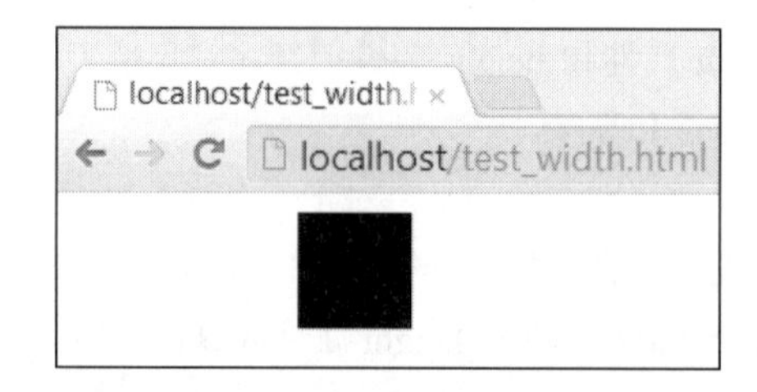

图 4-5　重新设置 width 属性值后的显示效果

getContent()方法用来返回一个上下文对象。这个方法接收一个 contextId 的参数。目前 contextId 只有 2d 和 3d 两个值，但是 contextId 为 3d 的支持情况并不广泛，如果指定的 contextId 不被浏览器所支持，则会返回 null。

对于 getContent()方法的具体使用内容，读者可以参考下面的代码。在 Chrome 浏览器运行之后，显示效果如图 4-6 所示。

HTML+Javascript 代码：test_getcontext.html。

```
<!DOCTYPE HTML>
<html>
```

```
    <head>
    <script>
        function load()
        {
            var p = document.getElementsByTagName("p")[0];
            var mycanvas = document.getElementById("mycanvas");
            var context2d = mycanvas.getContext("2d");
            var context3d = mycanvas.getContext("3d");
            p.innerHTML = "<h3>2d 返回的值: "+context2d+"</h3><h3>3d 返回的值:"+context3d+"
</h3>";
        }
        window.addEventListener("load",load,false);
    </script>
    </head>
    <body>
    <p></p>
    <canvas id="mycanvas" width="300px" height="150px" >
        这里是Canvas画布显示的内容，你的浏览器不支持Html5 Web Canvas!
    </canvas>
    </body>
    </html>
```

- mycanvas 是 canvas 标签对应的 DOM 对象。
- context2d 是 2d 时返回的上下文对象。
- context3d 是 3d 时返回的上下文对象。

图 4-6　使用 getContext()方法返回值结果在 Chrome 浏览器的显示效果

toDataURL()方法用来将 Canvas 绘图转换为普通图片。它接受一个图片 type 属性，type 属性的值可以是 image/png、image/jpeg、image/svg+xml 等图片 MIME 类型的一种，type 属性也可以为空。根据 HTML5 规范规定，在未指定图片的 type 属性时，默认返回 PNG 类型的图片。

特别指出，当指定 type 的类型是 image/jpeg 时，还可以有第二个参数，用来指定 JPEG 图像的质量等级，第二个参数的取值范围为 0～1。

对于 toDataURL()方法的具体使用，读者可以参考下面的代码。在 Chrome 浏览器运行之后，显示效果如图 4-7 所示。

HTML+Javascript 代码：test_todataurl.html。

```
<!DOCTYPE HTML>
<html>
<head>
<script>
    function load()
    {
        var mycanvas = document.getElementById("mycanvas");
        var context2d = mycanvas.getContext("2d");
        context2d.fillRect(0,0,150,150);
        var url = mycanvas.toDataURL("image/jpeg",0.5);
        var myimg = document.getElementById("myimg");
        myimg.src = url;
    }
    window.addEventListener("load",load,false);
</script>
</head>
<body>
<canvas id="mycanvas" width="150px" height="150px" >
    这里是Canvas画布显示的内容，你的浏览器不支持Html5 Web Canvas!
</canvas>
<img id ="myimg"/>
</body>
</html>
```

- getContent()方法用来返回一个 2D 上下文对象。
- fillRect()用来填充一个矩形，具体使用内容会在后面的章节作进一步探讨。
- toDataURL()方法用来将 canvas 绘图转换为图片。
- 在上面的代码中，第一个区域是 Canvas 绘图，第二个区域是普通图片。

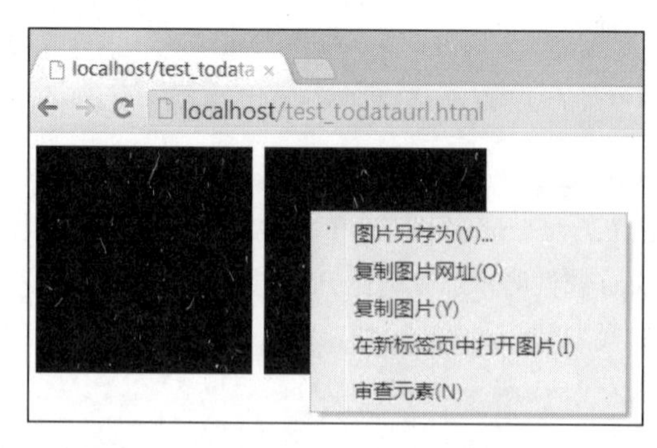

图 4-7　使用 toDataURL()方法在 Chorme 浏览器的显示效果

4.2.3　画笔风格的设置

在 Html5 Web Canvas 中，使用 CanvasRenderingContext2D 接口的属性和方法可以设置我们的画笔风格。CanvasRenderingContext2D 接口前面已经讨论过了，它可以通过 getContent()方法来获取。

在 CanvasRenderingContext2D 接口中，通过矩阵存储图像信息，其内部表现为笛卡儿坐标，即左上角的坐标为(0，0)，在一个平面中，向右则 x 坐标增加，向下则 y 坐标增加。如图 4-8 所示。

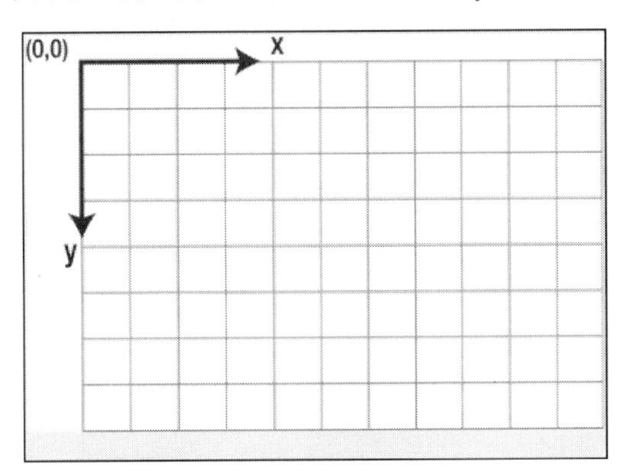

图 4-8　笛卡尔坐标系的表示

通常一个坐标系统中的单个单元相当于在屏幕上的 1 个像素，所以位置（24，30）位于坐标系中向右 24 像素、向下 30 像素的位置。也有一些场合坐标系统的单位可能等于 2 个像素，如高清显示器，不过一般的经验法则是：1 坐标单位等于 1 个屏幕像素。本节我们主要讨论与画笔风格设置有关的属性和方法。这些属性和方法主要有以下几个。

- fillStyle 属性；
- strokeStyle 属性；
- lineWidth 属性；
- lineCap 属性；
- lineJoin 属性；
- shadowBlur 属性；
- shadowColor 属性；
- shadowOffsetX 属性；
- shadowOffsetY 属性。

fillStyle 属性用来设置当前填充画笔的颜色或者风格，strokeStyle 属性用来设置当前描述形状的画笔的颜色或者风格。它们属性值可以是 CSS 中的颜色字符串，也可以是 CanvasGradient 或者 CanvasPattern 对象。

其中，CSS 中的颜色字符串我们并不陌生，概括起来，它有四种表示方法。

- 用颜色的英文名称直接表示。
- 用十六进制表示。
- 用 RGB 的整数值表示，范围为 0～255。
- 用 RGB 的百分比表示。

对于 fillStyle 属性和 strokeStyle 属性的具体使用方法，读者可以参考下面的代码，在 Chrome 浏览器运行之后，效果如图 4-9 所示。

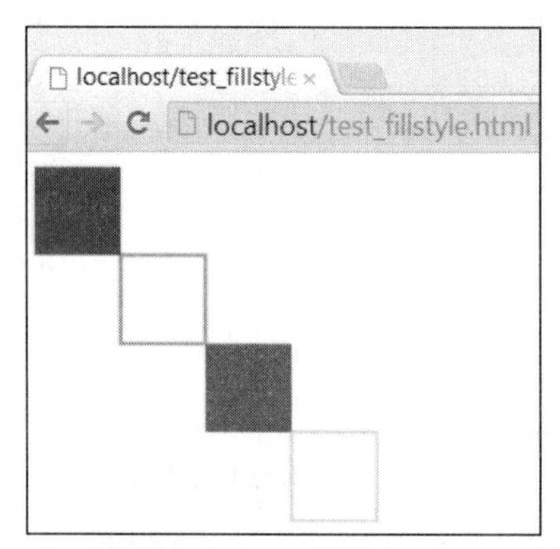

图 4-9　使用 fillStyle 属性和 strokeStyle 属性在 Chrome 浏览器的显示效果

HTML+Javascript 代码：test_fillstyle.html。

```
<canvas id="mycanvas" width="300px" height="300px" >
这里是 Canvas 画布显示的内容，你的浏览器不支持 Html5 Web Canvas!
</canvas>
<script>
var mycanvas = document.getElementById("mycanvas");
var context = mycanvas.getContext("2d");
context.fillStyle = "red";
context.fillRect(0, 0, 50, 50);
context.strokeStyle ="#0000ff";
context.strokeRect(50, 50, 50, 50);
context.fillStyle = "rgb(180, 40, 150)";
context.fillRect(100, 100, 50, 50);
context.strokeStyle = "rgb(20%, 100%, 60%)";
context.strokeRect(150, 150, 50, 50)
</script>
```

- getContent()方法用来返回一个 2D 上下文对象。
- fillStyle 属性用来设置当前填充画笔的颜色或者风格。

- strokeStyle 属性用来设置当前描述形状的画笔的颜色或者风格。
- fillRect()方法用来填充一个指定的矩形，具体使用在会后面的章节作进一步探讨。
- strokeRect()方法用来描绘一个指定矩形的形状，具体使用会在后面的章节作进一步探讨。

在上述代码中，分别用了 CSS 四种颜色的表示方法。读者应该注意的是，CSS 中的颜色表示方法都采用字符串形式，所以一定不要遗漏了双引号。

除了使用 CSS 的颜色表示方法来设置 fillStyle 和 strokeStyle 的属性值之外，还可以使用渐变类型的 CanvasGradient 对象。

在 CanvasGradient 对象中，只有一个 addColorStop()函数，用来在指定偏移量地方增加一个渐变颜色点，它接受两个参数值，分别是偏移量和颜色值。其中偏移量的取值范围是 0～1.0，超过范围会抛出 INDEX_SIZE_ERR 异常。颜色值是 CSS 颜色字符串的表示方法之一，如果不能解析，则会抛出 SYNTAX_ERR 异常。

细心的读者，肯定会发现 addColorStop()方法非常类似于 photoshop 软件的渐变处理。如图 4-10 所示。

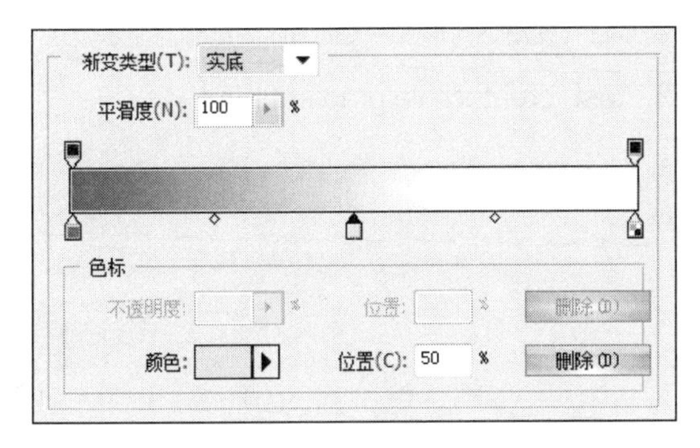

图 4-10　photoshop 软件的渐变设置界面

CanvasGradient 对象包括了线性渐变和纵向渐变两种渐变方式，建立这两种渐变方式的函数如下。

- createRadialGradient()方法；
- createLinearGradient()方法。

createRadialGradient()方法用来建立一个径向渐变，它接受 6 个参数值，前 3 个参数表示起始的圆，分别是原点坐标和半径，后 3 个参数表示终止的圆，分别是终点坐标和半径。如果 createRadialGradient()函数的参数值分别是 x0、y0、r0、x1、y1、r1、addStopColor()函数参数值分别是 w 和 color，则浏览器一个完整绘制过程包括以下步骤。

- 如果起始圆和终止圆位置和大小重叠，则不会绘制任何图形。
- X=(x1-x0)*w+x0，Y=(y1-y0)*w+y0，R=(r1-r0)*w+r0，则在以(X，Y)为原点、R 为半径的圆内的颜色都应该是 color。

对于 createRadialGradient()方法的具体使用方法，读者可以参考下面的代码。在 Chrome 浏览器运行之后，显示效果如图 4-11 所示。

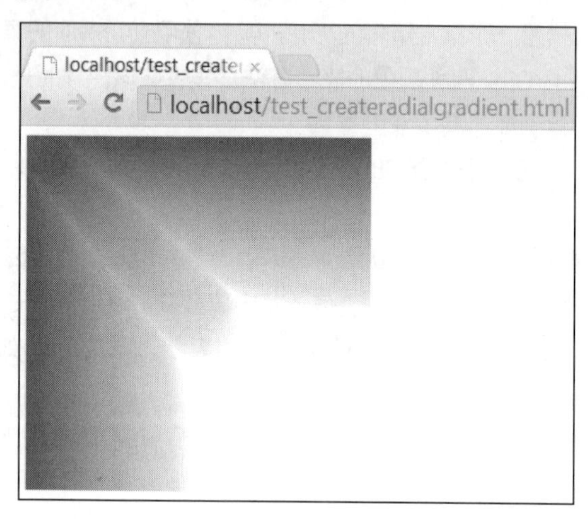

图 4-11　使用径向渐变在 Chrome 浏览器的显示效果

HTML+Javascript 代码：test_createradialgradient.html。

```
<!DOCTYPE HTML>
<html>
<head>
<script>
    function load()
    {
        var mycanvas = document.getElementById("mycanvas");
        var context = mycanvas.getContext("2d");
        var gradient = context.createRadialGradient(10,10,20,300,300,50);
        gradient.addColorStop(0,"green");
        gradient.addColorStop(0.5,"white");
        context.fillStyle = gradient;
        context.fillRect(0,0,300,300);
    }
    window.addEventListener("load",load,false);
</script>
</head>
<body>
<canvas id="mycanvas" width="300px" height="300px" >
    这里是 Canvas 画布显示的内容,你的浏览器不支持 Html5 Web Canvas!
</canvas>
</body>
</html>
```

- getContent()方法用来返回一个 2D 上下文对象。
- fillStyle 属性用来设置当前填充画笔的颜色或者风格。
- fillRect()方法用来填充一个指定的矩形，具体使用在会后面的章节作进一步探讨。
- gradient 表示建立的径向渐变的 CanvansGradient 对象。
- addColorStop()方法用来在指定偏移量地方增加一个渐变颜色点。

createLinearGradient()方法用来建立一个线性渐变，它接受 4 个参数值，分别是起点坐标和终点坐标。如果有一个参数值无效，则会抛出 NOT_SUPPORTED_ERR 异常。

对于 createLinearGradient()方法具体使用，读者可以参考下面的代码。在 Chrome 浏览器运行之后，显示效果如图 4-12 所示。

HTML+Javascript 代码：test_createlineargradient.html。

```
<!DOCTYPE HTML>
<html>
<head>
<script>
    function load()
    {
        var mycanvas = document.getElementById("mycanvas");
        var context = mycanvas.getContext("2d");
        var gradient = context.createLinearGradient(0,0,300,0);
        gradient.addColorStop(0,"green");
        gradient.addColorStop(0.5,"pink");
        gradient.addColorStop(1.0,"white");
        context.fillStyle = gradient;
        context.fillRect(0,0,300,150);
    }
    window.addEventListener("load",load,false);
</script>
</head>
<body>
<canvas id="mycanvas" width="300px" height="300px" >
    这里是Canvas画布显示的内容,你的浏览器不支持Html5 Web Canvas!
</canvas>
</body>
</html>
```

- getContent()方法用来返回一个 2D 上下文对象。
- fillStyle 属性用来设置当前填充画笔的颜色或者风格。
- fillRect()方法用来填充一个指定的矩形，具体使用在会后面的章节作进一步探讨。
- gradient 表示建立的线性渐变的 CanvansGradient 对象。

- addColorStop()方法用来在指定偏移量地方增加一个渐变颜色点。

图 4-12　使用 createLinearGradient()方法在 Chrome 浏览器的显示效果

此外，对于 fillStyle 和 strokeStyle 的属性值还可以是 CanvasPattern 对象，CanvasPattern 用指定的图形图像资源来建立一个 Canvas 对象。建立 CanvasPattern 对象要使用 createPattern()函数，该函数接受两个参数，一个是指定的图形图像资源，可以是 img、canvas、video 元素中的一个。如果指定的图形图像资源不支持，则会抛出 TYPE_MISMATCH_ERR 异常，如果指定的图形图像的编码未知或者没有图像数据，则会抛出 INVALID_STATE_ERR 异常，另一个参数是指定图像的重复方向，其取值范围如表 4-1 所示。

表 4-1　createPattern()函数第二个参数的取值

取　　值	说　　明
repeat	默认参数，如果为空，则为这个参数，表示横向和纵向两个方向重复
repeat-x	仅横向重复
repeat-y	仅纵向重复
no-repeat	不重复

对于 CanvasPattern 对象的具体使用，读者可以参考下面的代码。因为 Chrome 浏览器还不支持 CanvasPattern 接口，在 Opera 浏览器运行之后，显示效果如图 4-13 所示。

HTML+Javascript 代码：test_canvaspattern.html。

```
<!DOCTYPE HTML>
<html>
<head>
<script>
    function load()
    {
        var myimg = document.getElementById("myimg");
```

```
        var mycanvas = document.getElementById("mycanvas");
        var context = mycanvas.getContext("2d");
        try
        {
           var pattern = context.createPattern(myimg,"repeat-y");
        }
        catch(e)
        {
           alert("异常信息: "+e);
        }
        context.fillStyle = pattern;
        context.fillRect(0,0,200,300);
     }
     window.addEventListener("load",load,false);
  </script>
  </head>
  <body>
  <canvas id="mycanvas" width="200px" height="300px" >
     这里是Canvas画布显示的内容,你的浏览器不支持Html5 Web Canvas!
  </canvas>
  <img id="myimg" src="test_pic.jpg">
  </body>
  </html>
```

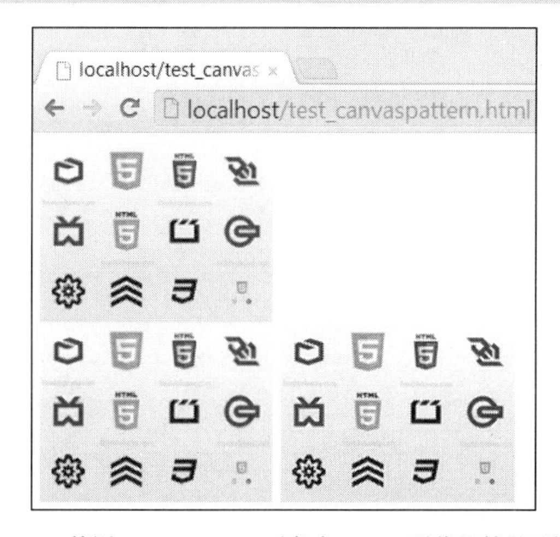

图 4-13　使用 CanvasPattern 对象在 Opera 浏览器的显示效果

- getContent()方法用来返回一个 2D 上下文对象。
- fillStyle 属性用来设置当前填充画笔的颜色或者风格。
- fillRect()方法用来填充一个指定的矩形，具体使用内容会在后面的章节作进一步探讨。

- pattern 表示建立的 CanvansPattern 对象。
- 在上面的代码中，我们将普通图片转换为 Canvas 绘图。

lineWidth 属性用来设置画笔的线段的线宽，也就是画笔的粗细程度。在 HTML5 规范中，线宽的严格定义是指指定路径的中心到两边的距离。默认情况下，lineWidth 属性的值为 1.0。

对于 lineWidth 属性的使用内容，读者可以参考下面的代码，在 Chrome 浏览器运行之后，显示效果如图 4-14 所示。

HTML+Javascript 代码：test_linewidth.html。

```
<!DOCTYPE HTML>
<html>
<head>
<script>
    function load()
    {
        var mycanvas = document.getElementById("mycanvas");
        var context = mycanvas.getContext("2d");
        context.strokeStyle = "red";
        //第一条线段
        context.beginPath();
        context.moveTo(10,10);
        context.lineTo(150,10);
        context.stroke();
        //第二条线段
        context.beginPath();
        context.moveTo(10,40);
        context.lineTo(150,40);
        context.lineWidth = 15;
        context.stroke();
        //第三条线段
        context.beginPath();
        context.moveTo(10,70);
        context.lineTo(150,70);
        context.lineWidth = 25;
        context.stroke();
    }
    window.addEventListener("load",load,false);
</script>
</head>
<body>
```

```
<canvas id="mycanvas" width="300px" height="300px" >
    这里是Canvas画布显示的内容,你的浏览器不支持Html5 Web Canvas!
</canvas>
</body>
</html>
```

- beginPath 用来开辟一条新的子路径，具体使用内容会在后面章节作进一步探讨。
- lineWidth 属性用来设置画笔的线段的线宽。
- moveTo()函数用来建立新的子路径后，定义路径的起点坐标，具体使用内容会在后面章节作进一步探讨。
- lineTo()方法用来画直线，具体使用内容会在后面章节会作进一步探讨。
- stroke()方法用来按照指定的路径进行绘制，具体使用内容会后面章节作进一步探讨。
- 在上面的代码中，我们画了 3 条线段，其中第一条使用的默认线宽，第二条设置的线宽为 15 个像素，第三条设置的线宽为 25 个像素。

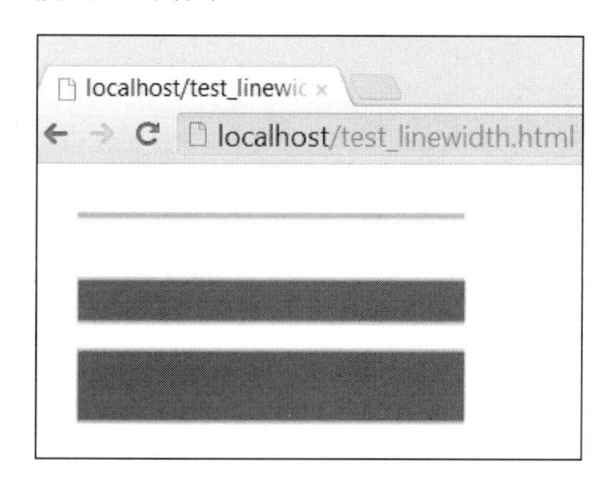

图 4-14　使用 lineWidth 属性在 Chrome 浏览器的显示效果

lineCap 属性用来设置画笔的线段样式，它的属性值有 3 个，分别对应着 Canvas 的 3 种线段的样式风格，如表 4-2 所示。

表 4-2　linCap 的属性值

属　性　值	说　　　明
butt	默认值，不作任何处理
round	每根线的头和尾增加一个半圆形
square	每根线的头和尾增加一个矩形，矩形的长度是线宽的一半，高度为线宽

对应 lineCap 属性的具体使用内容，读者可以参考下面的代码，在 Chrome 浏览器运行之后，显示效果如图 4-15 所示。

HTML+Javascript 代码：test_linecap.html。

```
<!DOCTYPE HTML>
<html>
<head>
<script>
    function load()
    {
        var mycanvas = document.getElementById("mycanvas");
        var context = mycanvas.getContext("2d");
        context.lineWidth = "20";
        context.strokeStyle = "#0FFC47";
        //第一条线段。
        context.beginPath();
        context.lineCap = "butt";
        context.moveTo(10,10);context.lineTo(150,10);
        context.stroke();
        //第二条线段。
        context.beginPath();
        context.lineCap = "round";
        context.moveTo(10,50);context.lineTo(150,50);
        context.stroke();
        //第三条线段。
        context.beginPath();
        context.lineCap = "square";
        context.moveTo(10,100);context.lineTo(150,100);
        context.stroke();
    }
    window.addEventListener("load",load,false);
</script>
</head>
<body>
<canvas id="mycanvas" width="200px" height="300px" >
    这里是Canvas画布显示的内容,你的浏览器不支持Html5 Web Canvas!
</canvas>
</body>
</html>
```

- beginPath()方法用来开辟一条新的子路径，具体使用内容会在后面章节作进一步探讨。
- lineCap 属性用来设置画笔的线段样式。
- moveTo()函数用来建立新的子路径后，定义路径的起点坐标，具体使用内容会在后面章节作进一步探讨。

- lineTo()方法用来画直线，具体使用内容会在后面章节作进一步探讨。
- stroke()方法用来按照指定的路径进行绘制，具体使用内容会在后面章节作进一步探讨。
- 在上面代码中，我们分别使用了 Canvas 的 3 种线段风格画了 3 条水平线段。

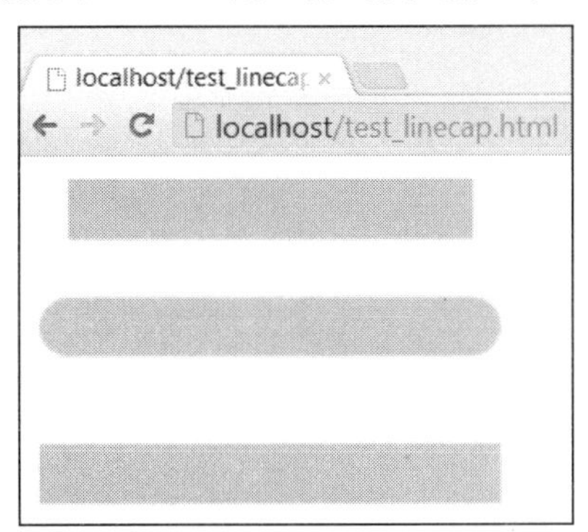

图 4-15　使用 lineCap 属性在 Chrome 浏览器的显示效果

lineJoin 属性用来设置线段连接的样式，它的属性值也是 3 个，分别对应着 3 种连接方式，如表 4-3 所示。

表 4-3　lineJoin 的属性值

属　性　值	说　　　明
miter	默认值，连接处为一个直角
round	连接处为一个圆角，圆角的半径等于线宽
bevel	连接处为一个斜角

对于 lineJoin 属性具体使用，读者可以参考下面的代码，在 Chrome 浏览器运行之后，显示效果如图 4-16 所示。

HTML+Javascript 代码：test_linejoin.html。

```
<!DOCTYPE HTML>
<html>
<head>
<script>
    function load()
    {
        var mycanvas = document.getElementById("mycanvas");
        var context = mycanvas.getContext("2d");
        context.lineWidth = 15;
        context.strokeStyle = "blue";
        //第一处线段连接
```

```
        context.beginPath();
        context.moveTo(10,10);
        context.lineTo(10,150);
        context.lineTo(60,150);
        context.lineJoin = "miter";
        context.stroke();
        //第二处线段连接
        context.beginPath();
        context.moveTo(70,60);
        context.lineTo(70,150);
        context.lineTo(120,150);
        context.lineJoin = "round";
        context.stroke();
        //第三处线段连接
        context.beginPath();
        context.moveTo(130,120);
        context.lineTo(130,150);
        context.lineTo(180,150);
        context.lineJoin = "bevel";
        context.stroke();
    }
    window.addEventListener("load",load,false);
</script>
</head>
<body>
<canvas id="mycanvas" width="200px" height="300px" >
    这里是Canvas画布显示的内容,你的浏览器不支持Html5 Web Canvas!
</canvas>
</body>
</html>
```

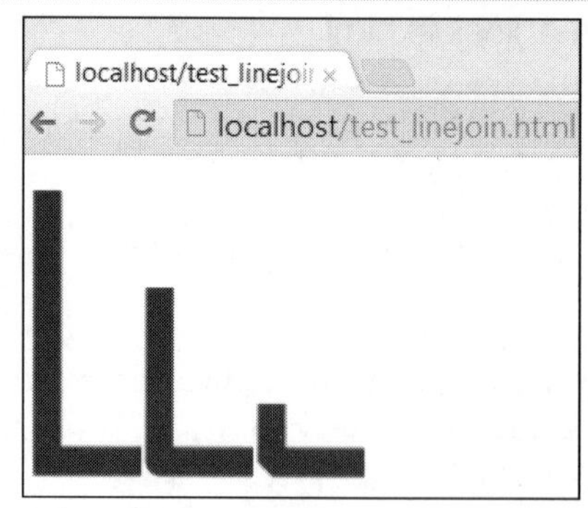

图 4-16　使用 lineJoin 属性在 Chrome 浏览器的显示效果

- beginPath()方法用来开辟一条新的子路径，具体使用内容会在后面章节作进一步探讨。
- lineJoin 属性用来设置线段连接的样式。
- moveTo()函数用来建立新的子路径后，定义路径的起点坐标，具体使用内容会在后面章节作进一步探讨。
- lineTo()方法用来画直线，具体使用内容会在后面章节作进一步探讨。
- stroke()方法用来按照指定的路径进行绘制，具体使用内容会在后面章节作进一步探讨。
- 在上述代码中，我们分别使用了 Canvas 的 3 种线段连接风格画了 3 个“L”型线段。

shadowBlur 属性用来设置图像模糊的程度，取值为大于 0 的任何值。为了达成更精确的控制，我们还可以使用 shadowOffsetX 属性和 shadowOffsetY 属性来分别设置横向和纵向的偏移量。shadowColor 属性用来设置图象阴影的颜色。

对于设置阴影的几个属性的使用内容，读者可以参考下面的代码，在 Chrome 浏览器运行之后，显示效果如图 4-17 所示。

HTML+Javascript 代码：test_shadow.html。

```
<!DOCTYPE HTML>
<html>
<head>
<script>
    function load()
    {
        var mycanvas = document.getElementById("mycanvas");
        var context = mycanvas.getContext("2d");
        context.lineWidth = 15;
        context.strokeStyle = "blue";
        context.shadowBlur = 4;
        context.shadowColor = 'rgba(255, 0, 0, 0.5)';
        context.shadowOffsetX = 5;
        context.shadowOffsetY = 5 ;
        //第一处线段连接
        context.beginPath();
        context.moveTo(10,10);
        context.lineTo(10,150);
        context.lineTo(60,150);
        context.lineJoin = "miter";
        context.stroke();
        //第二处线段连接
        context.beginPath();
        context.moveTo(70,60);
        context.lineTo(70,150);
```

```
            context.lineTo(120,150);
            context.lineJoin = "round";
            context.stroke();
            //第三处线段连接
            context.beginPath();
            context.moveTo(130,120);
            context.lineTo(130,150);
            context.lineTo(180,150);
            context.lineJoin = "bevel";
            context.stroke();
        }
        window.addEventListener("load",load,false);
    </script>
    </head>
    <body>
    <canvas id="mycanvas" width="200px" height="300px" >
        这里是 Canvas 画布显示的内容,你的浏览器不支持 Html5 Web Canvas!
    </canvas>
    </body>
    </html>
```

- beginPath()方法用来开辟一条新的子路径，具体使用内容会在后面章节作进一步探讨。
- moveTo()函数用来建立新的子路径后，定义路径的起点坐标，具体使用内容会在后面章节作进一步探讨。
- lineTo()方法用来画直线，具体使用内容会在后面章节作进一步探讨。
- stroke()方法用来按照指定的路径进行绘制，具体使用内容会在后面章节作进一步探讨。
- shadowBlur 属性用来设置图像模糊的程度。
- shadowOffsetX 属性和 shadowOffsetY 属性分别用来设置阴影横向和纵向的偏移量。
- shadowColor 属性则用来设置图像阴影的颜色。

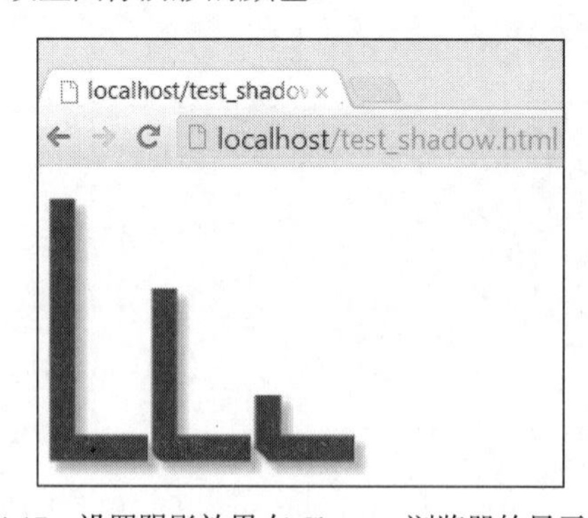

图 4-17　设置阴影效果在 Chrome 浏览器的显示效果

4.2.4　基本形状的绘制

在 CanvasRenderingContext2D 对象中，提供了一系列形状绘制的函数。本节我们主要讨论一些基本形状的绘制和填充操作。

在所有图形绘制中的最简单的是矩形的绘制，用来完成这两个功能的是一对双胞胎函数 strokeRect()方法和 fillRect()方法。这两个方法接受的参数是相同的，都是 4 个，分别是起点坐标、矩形的长与宽。但是应该注意的是，绘图时原点不能超出 canvas 元素尺寸范围，否则它将不会出现在屏幕上。也就是说，只有原点或者图形的某些部分处于画布元素范围内时才可见。对于这两个函数具体的使用内容，我们之前就已有相关的程序实例了，这里就不再赘述了。

在探讨其他图形绘制方法前，有必要先熟悉 Canvas 路径的概念。在 CanvasRenderingContext2D 对象中，都存在着一个唯一的路径，但是每个路径都可以存在 0 个或者多个子路径，每个子路径由一系列的点阵和一个子路径是否闭合的标志组成，显然少于两个点的子路径是不存在的。对于路径的操作有以下几个重要的函数。

- beginPath()函数；
- closePath()函数；
- fill()函数；
- stroke()函数；
- moveTo()函数；
- lineTo()函数；
- isPointInPath()函数；
- rect()函数；
- arcTo()函数；
- quadraticCurveTo()函数；
- bezierCurveTo()函数。

beginPath()函数之前已经接触过了，它的作用是重新开辟一个当前路径下的子路径。这个函数的作用听起来有点抽象，下面我们以一个具体的例子来说明。

HTML+Javascript 代码：test_begainpath.html。

```
<!DOCTYPE HTML>
<html>
<head>
<script>
    function load()
    {
```

```
        var mycanvas = document.getElementById("mycanvas");
        var context = mycanvas.getContext("2d");
        context.lineWidth = 15;
        //第一处线段
        context.beginPath();
        context.moveTo(10,10);
        context.lineTo(10,150);
        context.strokeStyle = "red";
        context.closePath();
        context.stroke();
        //第二处线段
        context.beginPath();
        context.moveTo(70,60);
        context.lineTo(70,150);
        context.strokeStyle = "yellow";
        context.stroke();
    }
    window.addEventListener("load",load,false);
</script>
</head>
<body>
<canvas id="mycanvas" width="200px" height="300px" >
    这里是Canvas画布显示的内容,你的浏览器不支持Html5 Web Canvas!
</canvas>
</body>
</html>
```

- beginPath()方法用来开辟一条新的子路径。
- lineWidth 属性用来设置画笔的线段的线宽。
- moveTo()函数用来建立新的子路径后，定义路径的起点坐标。
- lineTo()方法用来画直线。
- strokeStyle 属性用来设置当前描述形状的画笔的颜色或者风格。
- stroke()方法用来按照指定的路径进行绘制。

上面的代码很简单，显示效果是两条红色和黄色的垂直直线。在 Chrome 浏览运行之后，效果如图 4-18 所示。

在上面的代码中，如果将 begainPath()方法删除，即更改代码如下。在 Chrome 浏览器运行之后，显示效果如图 4-19 所示。

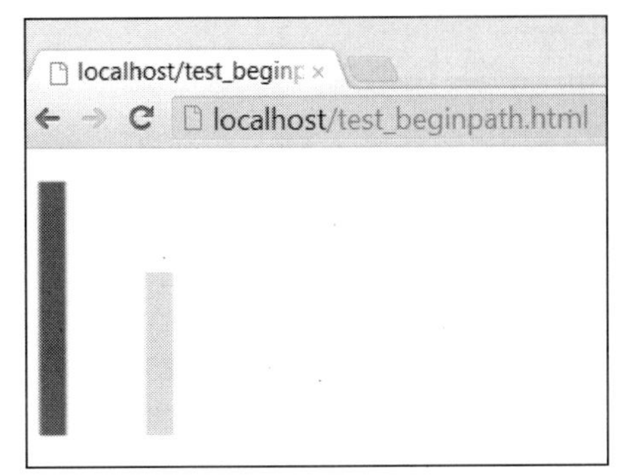

图 4-18 使用 begainPath()开辟新子路径之后在 Chrome 浏览器的显示效果

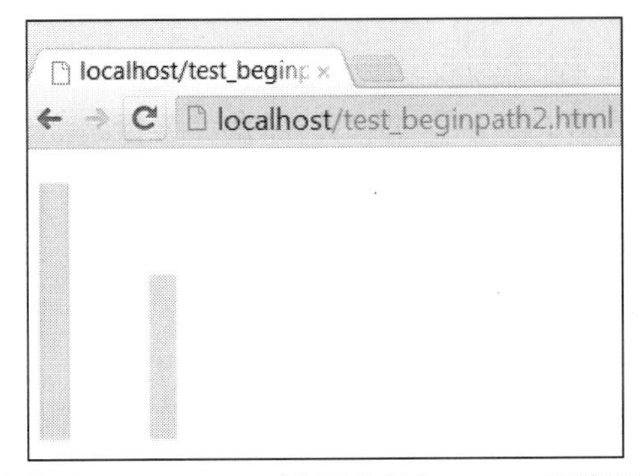

图 4-19 未使用 begainPath()开辟新子路径在 Chrome 浏览器的显示效果

HTML+Javascript 代码：test_beginpath2.html。

```
<!DOCTYPE HTML>
<html>
<head>
<script>
    function load()
    {
        var mycanvas = document.getElementById("mycanvas");
        var context = mycanvas.getContext("2d");
        context.lineWidth = 15;
        //第一处线段
        context.moveTo(10,10);
        context.lineTo(10,150);
        context.strokeStyle = "red";
        context.closePath();
        context.stroke();
        //第二处线段
        context.moveTo(70,60);
```

```
        context.lineTo(70,150);
        context.strokeStyle = "yellow";
        context.stroke();
    }
    window.addEventListener("load",load,false);
</script>
</head>
<body>
<canvas id="mycanvas" width="200px" height="300px" >
    这里是Canvas画布显示的内容,你的浏览器不支持Html5 Web Canvas!
</canvas>
</body>
</html>
```

- lineWidth 属性用来设置画笔的线段线宽。
- moveTo()函数用来建立新的子路径后，定义路径的起点坐标。
- lineTo()方法用来画直线。
- strokeStyle 属性用来设置当前描述形状的画笔的颜色或者风格。
- stroke()方法用来按照指定的路径进行绘制。
- 上述代码去掉了 beginPath()函数。

仔细观察图 4-19 的显示效果，发现第一个线段本来应该是红色的，但是现在却变成了红色上面加上了黄色，即混淆色了。这并不奇怪，因为我们在画第二条线段时，并没有开辟新的子路径，所以第二次 stroke()画了两次。细心的读者可能会问，画第一条线段时，去掉 beginPath()方法对显示效果是没有影响的。但这不一定是对的，因为浏览器之间存在差异，一般情况下，浏览器会默认在当前路径下开辟一个子路径。所以在实际开发中笔者还是建议，每加一个新的子路径都不要忘了写上 beginPath()函数。

closePath()函数则是用来闭合路径，这很简单，就是把起点和终点连接起来。对于 closePath()函数的具体使用，读者可以参考下面的代码，在 Chrome 浏览器运行之后，显示效果如图 4-20 所示。

HTML+Javascript 代码：test_closepath.html。

```
<!DOCTYPE HTML>
<html>
<head>
<script>
    function load()
    {
        var mycanvas = document.getElementById("mycanvas");
        var context = mycanvas.getContext("2d");
        context.lineWidth = 5;
        context.beginPath();
        context.moveTo(10,10);
```

```
        context.lineTo(75,150);
        context.lineTo(150,10);
        context.closePath();
        context.strokeStyle = "red";
        context.closePath();
        context.stroke();
    }
    window.addEventListener("load",load,false);
</script>
</head>
<body>
<canvas id="mycanvas" width="200px" height="300px" >
    这里是 Canvas 画布显示的内容,你的浏览器不支持 Html5 Web Canvas!
</canvas>
</body>
</html>
```

- lineWidth 属性用来设置画笔的线段的线宽。
- beginPath()方法用来开辟一条新的子路径。
- moveTo()函数用来建立新的子路径后，定义路径的起点坐标。
- lineTo()方法用来画直线。
- strokeStyle 属性用来设置当前描述形状的画笔的颜色或者风格。
- stroke()方法用来按照指定的路径进行绘制。
- closePath()函数用来闭合路径。
- 在上面的代码中，我们使用了两次 lineTo()方法画了两条直线，但是实际显示效果却是一个完整的三角形，这是因为我们使用了 closePath()方法进行了路径的闭合操作。

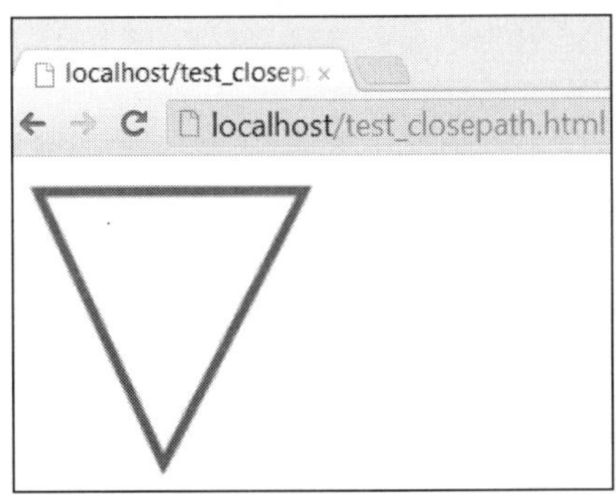

图 4-20　使用 closePath()函数在 Chrome 浏览器的显示效果

对于 stroke()函数，和 fill()函数我们已经见怪不怪了，stroke()函数使用定义的画笔风格对所有的子路径进行描绘，同理，fill()函数是对所有子路径包含的区域进行填充，未闭合的子路径按照闭合路径来填充。这两个函数的具体使用内容之前已经讨论论过了，这里就不再赘述了。

moveTo()函数和 lineTo()函数分别用来建立新的子路径后定义路径的起点坐标和绘制直线路径。它们的具体使用内容之前已经探讨过了，这里也不再赘述。

isPointInPath()函数用来判断指定的坐标是否在当前路径中，它接受两个参数，分别是横坐标和纵坐标。前面已经讨论过，在 Canvas 中绘制的图形都是一个整体，所有的事件也都是发生在这一个标签上，没有办法直接判断事件是发生在 canvas 中的某个图形上。

但是通过 isPointInPath()函数还是可以解决这个问题，具体处理方法如下。

- 通过路径来绘制图形，则每一个图形是一个路径，事件绑定在 canvas 标签上，获得事件发生的 x、y 坐标。
- 接着通过 isPointInPath（）来判断点（x，y）是否在路径内，
- 通过具体的判断，当事件触发时，对 canvas 中的内容进行重绘，每重回一个路径中的图形，用 isPointInPath（）判断一次，如果在路径内，则执行相应的操作。

这个事件处理过程还很麻烦，具体使用内容会在后面的章节作进一步的探讨。

rect()函数是通过路径的方法来画矩形的，和 fillRect()函数和 strokeRect()函数相比，接受的参数类型相同，实现的效果也相同，但是 rect()函数是更加底层的函数。事实上，它包含两个子路径，第一个子路径是矩形的四条边，第二个子路径只有一个点，即坐标起点。

对于 rect()函数的具体使用，读者可以参考下面的代码，在 Chrome 浏览器的显示效果如图 4-21 所示。

HTML+Javascript 代码：test_rect.html。

```
<!DOCTYPE HTML>
<html>
<head>
<script>
    function load()
    {
        var mycanvas = document.getElementById("mycanvas");
        var context = mycanvas.getContext("2d");
        context.lineWidth = 5;
        context.beginPath();
        context.rect(10,10,200,200);
        context.strokeStyle = "red";
        context.closePath();
        context.stroke();
    }
    window.addEventListener("load",load,false);
</script>
```

```
</head>
<body>
<canvas id="mycanvas" width="300px" height="300px" >
    这里是 Canvas 画布显示的内容,你的浏览器不支持 Html5 Web Canvas!
</canvas>
</body>
</html>
```

- beginPath()方法用来开辟一条新的子路径。
- lineWidth 属性用来设置画笔的线段的线宽。
- strokeStyle 属性用来设置当前描述形状的画笔的颜色或者风格。
- stroke()方法用来按照指定的路径进行绘制。
- rect()函数用来以路径的形式画矩形。
- closePath()函数用来闭合路径。

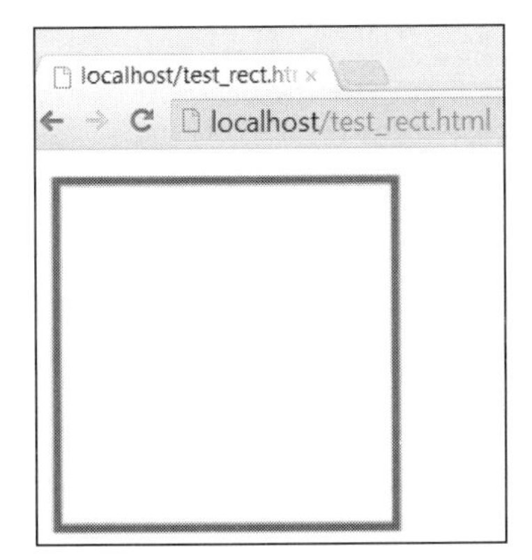

图 4-21　使用 rect()函数在 Chrome 浏览器的显示效果

arc()函数用来以路径的形式画圆弧。事实上，它包括了两个子路径，一个是子路径起点到圆弧路径的起点的直线子路径，另一个是指定角度和方向的圆弧子路径。它接受的参数有些复杂，如表 4-4 所示。

表 4-4　arc()函数的参数

参 数 值	取值类型	说　　明
x	数值	表示圆弧子路径的起始点横坐标
y	数值	表示圆弧子路径的起始点纵坐标
radius	数值	表示圆弧子路径的半径
startAngle	数值	表示圆弧子路径的起点角度，弧度制表示
endAngle	数值	表示圆弧子路径的终点角度，弧度制表示
anticlockwise	布尔值	表示圆弧的绘制方向，true 为顺时针，false 为逆时针

对于 arc()函数的具体使用内容，读者可以参考下面的代码，在 Chrome 浏览器运行之后，显示效果如图 4-22 所示。

HTML+Javascript 代码：test_arc.html。

```
<!DOCTYPE HTML>
<html>
<head>
<script>
    function load()
    {
        var mycanvas = document.getElementById("mycanvas");
        var context = mycanvas.getContext("2d");
        context.lineWidth = 5;
        //第一个圆弧。
        context.beginPath();
        context.moveTo(0,100)
        context.arc(100,100,80,2.15,3.14,true);
        context.strokeStyle = "red";
        context.stroke();
        //第二个圆弧。
        context.beginPath();
        context.arc(200,100,80,2.15,3.14,true)
        context.strokeStyle = "green";
        context.stroke();
    }
    window.addEventListener("load",load,false);
</script>
</head>
<body>
<canvas id="mycanvas" width="300px" height="300px" >
    这里是 Canvas 画布显示的内容,你的浏览器不支持 Html5 Web Canvas!
</canvas>
</body>
</html>
```

- moveTo()函数用来建立新的子路径后定义路径的起点坐标。
- lineTo()函数用来绘制直线路径。
- arc()函数用来以路径的形式画圆弧。
- lineWidth 属性用来设置画笔的线段的线宽。
- strokeStyle 属性用来设置当前描述形状的画笔的颜色或者风格。
- stroke()方法用来按照指定的路径进行绘制。

arcTo()函数也是用来画圆弧的，与 arc()函数不同的是，arcTo()函数用来绘制，在子路径的起点(x0，y0)到参数(x1，y1)连接形成的直线和参数(x1，y1)到参数(x2，y2)连接形成的直线所构成的指定半径的最短弧线。

对于 arcTo()函数的具体使用，读者可以参考下面的代码，在 Chrome 浏览器运行之后，效果如图 4-23 所示。

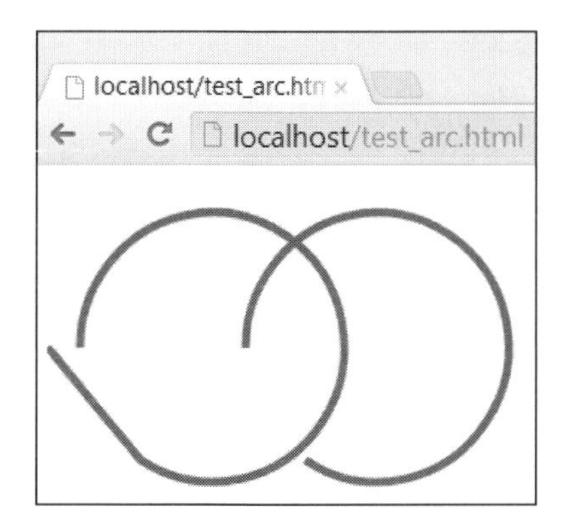

图 4-22　使用 arc()函数在 Chrome 浏览器的显示效果

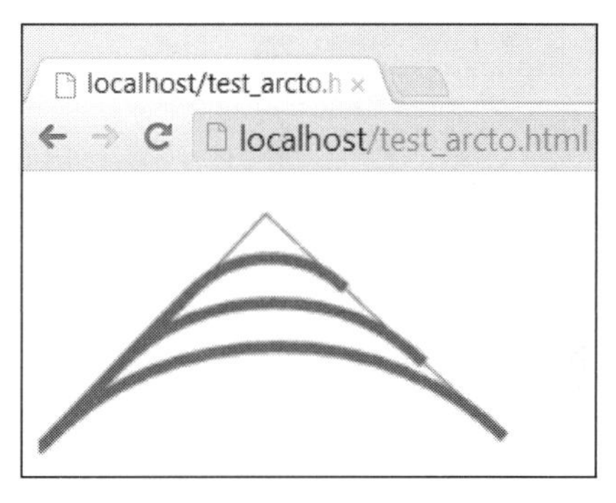

图 4-23　使用 arcTo()函数在 Chrome 浏览器的显示效果

HTML+Javascript 代码：test_arcto.html。

```
<!DOCTYPE HTML>
<html>
<head>
<script>
    function load()
    {
        var mycanvas = document.getElementById("mycanvas");
        var context = mycanvas.getContext("2d");
        //辅助直线。
        context.beginPath();
        context.moveTo(10,100);
        context.lineTo(100,10);
        context.lineTo(200,100)
        context.lineWidth = 1;
        context.strokeStyle = "green";
        context.stroke();
        context.beginPath();
        context.moveTo(10,100)
        //形成半径为 150 的最短圆弧。
        context.arcTo(100,10,200,100,150);
        context.moveTo(10,100)
```

```
            //形成半径为 100 的最短圆弧。
            context.arcTo(100,10,200,100,100);
            context.moveTo(10,100)
            //形成半径为 50 的最短圆弧。
            context.arcTo(100,10,200,100,50);
            context.lineWidth = 5;
            context.strokeStyle = "red";
            context.stroke();
        }
        window.addEventListener("load",load,false);
    </script>
    </head>
    <body>
    <canvas id="mycanvas" width="300px" height="300px" >
        这里是 Canvas 画布显示的内容,你的浏览器不支持 Html5 Web Canvas!
    </canvas>
    </body>
    </html>
```

- beginPath()方法用来开辟一条新的子路径。
- moveTo()函数用来建立新的子路径后定义路径的起点坐标。
- lineTo()函数用来绘制直线路径。
- arcTo()用来画出两条直线间指定半径的最短圆弧。
- lineWidth 属性用来设置画笔的线段的线宽
- strokeStyle 属性用来设置当前描述形状的画笔的颜色或者风格。
- stroke()方法用来按照指定的路径进行绘制。

从图 4-23 的显示效果中，可以很清楚地看到，arcTo()函数和 arc()函数一样，也包括两条子路径，即路径起点到圆弧子路径起始点之间的直线和圆弧子路径。

quadraticCurveTo()函数和 bezierCurveTo()函数分别用来绘制二次贝塞尔曲线和三次贝塞尔曲线。贝塞尔曲线是应用于二维图形应用程序的数学曲线。一般的矢量图形软件通过它来精确画出曲线，贝兹曲线由线段与节点组成，节点是可拖动的支点，线段像可伸缩的皮筋，我们在绘图工具上看到的钢笔工具就是用来做这种矢量曲线的。图 4-24 所示为 photoshop 软件的钢笔工具。

quadraticCurveTo()接受 4 个参数，分别是控制点坐标 cp1x 和 cp1y，终点坐标 x 和 y。对于一个二次贝塞尔曲线来说，起点坐标就是子路径的起点坐标，终点坐标就是参数 x 和 y。其中控制坐标 cp1x 和 cp1y 用来控制圆弧的弧度和半径。而对于 bezierCurveTo()函数来说，它接受 6 个参数，因为它对应的三次贝塞尔曲线，相比二次贝塞尔曲线来说，多了一对控制点坐标。

对于这两个函数的具体使用，以二次贝塞尔曲线为例，读者可以参考下面的代码，在 Chrome 浏览器运行之后，显示效果如图 4-25 所示。

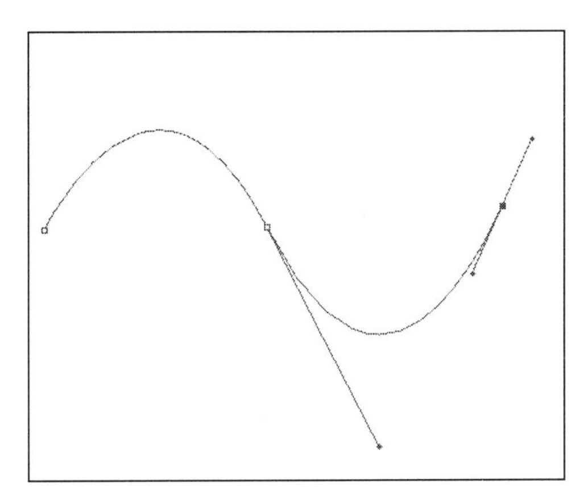

图 4-24 应用贝塞尔曲线的 photoshop 钢笔工具

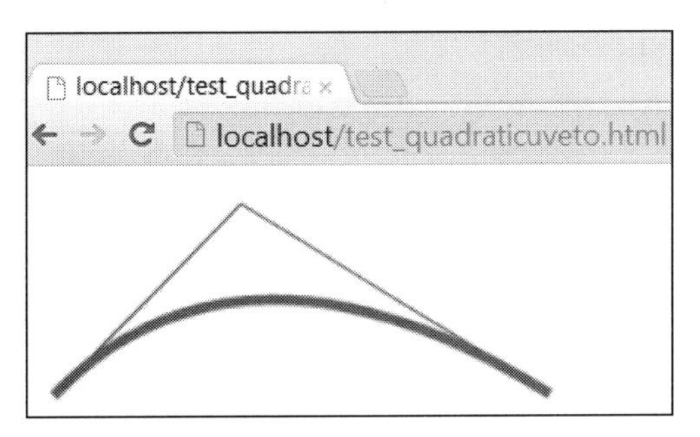

图 4-25 使用 quadraticCurveTo ()函数在 Chrome 浏览器的显示效果

HTML+Javascript 代码：test_quadraticuveto.html。

```
<canvas id="mycanvas" width="300px" height="300px" >
这里是mycanvas画布显示的内容，你的浏览器不支持Html5 Web mycanvas!
</canvas>
<script type="text/javascript">
var mycanvas = document.getElementById("mycanvas");
var context = mycanvas.getContext("2d");
//辅助直线。
context.beginPath();
context.moveTo(10,100);
context.lineTo(100,10);
context.lineTo(250,100);
context.lineWidth = 1;
context.strokeStyle = "blue";
context.stroke();
```

```
context.beginPath();
context.moveTo(10,100);
//绘制二次贝塞尔曲线。
context.quadraticCurveTo(100,10,250,100);
context.lineWidth = 5;
context.strokeStyle = "red";
context.stroke();
</script>
```

- beginPath()方法用来开辟一条新的子路径。
- moveTo()函数用来建立新的子路径后定义路径的起点坐标。
- lineTo()函数用来绘制直线路径。
- quadraticCurveTo ()用来画出二次贝塞尔曲线。
- lineWidth 属性用来设置画笔的线段的线宽。
- strokeStyle 属性用来设置当前描述形状的画笔的颜色或者风格。
- stroke()方法用来按照指定的路径进行绘制。
- 在上述代码中，为了观察效果，特意将控制点也画出来。

4.2.5 图形图像的处理

在 CanvasRenderingContext2D 中，除了提供了一系列的图形绘制函数，也提供了一系列的图形图像的处理函数，涵盖了 Canvas 的平移、合成、放缩、旋转、错切、裁剪等操作。本节我们将深入学习这些方法和属性的使用内容。

- restore()方法；
- save()方法；
- globalAlpha 属性；
- globalCompositeOperation 属性；
- rotate()方法；
- scale()方法；
- tranlate()方法；
- clearRect()方法。

restore()方法用来恢复 Canvas 之前保存的状态。调用这个方法的目的是防止调用 save()方法后对 Canvas 执行的操作对后续的绘制有影响。

save()方法用来保存 Canvas 的状态。调用 save()方法之后，可以调用 Canvas 的平移、放缩、旋转、错切、裁剪等操作。一般来说，save()方法和 restore()方法要配对使用，但是也有例外。

rotate()方法接受一个角度参数，让绘图按照给定的角度进行顺时针旋转，应该注意的是，rotate()方法旋转的中心始终是画笔的初始位置，初始位置是左上角坐标的原点。

对于 rotate()方法的具体使用，读者可以参考下面的代码，在 Chrome 浏览器的显示效果如图 4-26 所示。

HTML+Javascript 代码：test_rotato.html。

```
<!DOCTYPE HTML>
<html>
<head>
<script>
    function load()
    {
        var mycanvas = document.getElementById("mycanvas");
        var context = mycanvas.getContext("2d");
        context.translate(75,75);
        for (var i=1;i<6;i++)
        {
            context.save();
            context.fillStyle = 'rgb('+(51*i)+','+(255-51*i)+',255)';
            for (var j=0;j<i*6;j++)
            {
                context.rotate(Math.PI*2/(i*6));
                context.beginPath();
                context.arc(0,i*12.5,5,0,Math.PI*2,true);
                context.fill();
            }
            context.restore();
        }
    }
    window.addEventListener("load",load,false);
</script>
</head>
<body>
<canvas id="mycanvas" width="300px" height="300px" >
    这里是 Canvas 画布显示的内容,你的浏览器不支持 Html5 Web Canvas!
</canvas>
</body>
</html>
```

- rotate()函数用来使 Canvas 画布按照指定的角度进行顺时针旋转。
- fillStyle 属性用来设置当前填充画笔的颜色或者风格。
- fill()函数用来对所有子路径包含的区域进行填充。
- save()方法用来保存 Canvas 的状态。

- restore()方法用来恢复 Canvas 之前保存的状态。
- translate()函数用来移动 Canvas 的原点，具体使用内容会在后面的章节作进一步的探讨。

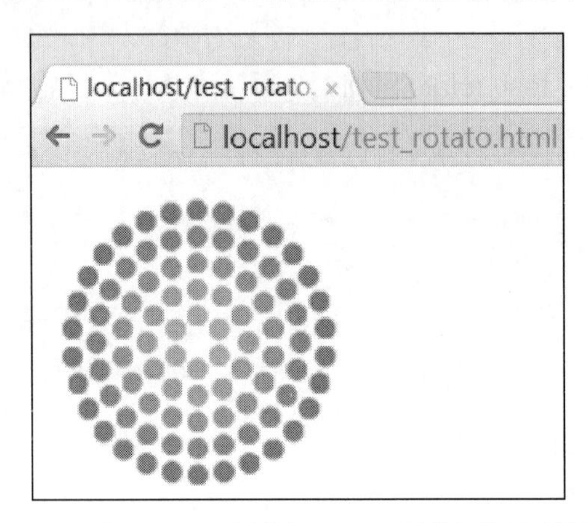

图 4-26　使用 rotato()方法在 Chrome 浏览器的显示效果

有些读者可能会对 save()和 restore()方法表示疑惑，这是因为大多数时候，用和不用这两个方法所实现的效果是一样的。但是在执行平移、放缩、旋转、错切、裁剪等一些复杂的操作的时候，save()和 restore()操作执行的时机不同，就能造成绘制的图形不同。例如上面的代码，如果我们试着改变一下 save()和 restore()方法执行的时间，即把 restore()在每画一个圈就执行一次，就可以看到不同的显示效果。改动的 Javascript 代码如下，程序运行结果如图 4-27 所示。

HTML+Javascript 代码：test_restore.html。

```
<!DOCTYPE HTML>
<html>
<head>
<script>
    function load()
    {
        var mycanvas = document.getElementById("mycanvas");
        var context = mycanvas.getContext("2d");
        context.translate(75,75);
        for (var i=1;i<6;i++)
        {
            context.save();
            context.fillStyle = 'rgb('+(51*i)+','+(255-51*i)+',255)';
            for (var j=0;j<i*6;j++)
            {
                context.rotate(Math.PI*2/(i*6));
                context.beginPath();
```

```
                context.arc(0,i*12.5,5,0,Math.PI*2,true);
                context.fill();
                context.restore();
            }
        }
    }
    window.addEventListener("load",load,false);
</script>
</head>
<body>
<canvas id="mycanvas" width="300px" height="300px" >
    这里是 Canvas 画布显示的内容,你的浏览器不支持 Html5 Web Canvas!
</canvas>
</body>
</html>
```

- fillStyle 属性用来设置当前填充画笔的颜色或者风格。
- fill()函数用来对所有子路径包含的区域进行填充。
- save()方法用来保存 Canvas 的状态。
- restore()方法用来恢复 Canvas 之前保存的状态。
- translate()函数用来移动 Canvas 的原点，具体使用内容会在后面的章节作进一步的探讨。
- rotate()表示按照指定的角度进行顺时针旋转，具体使用会在后面的章节作进一步的探讨。
- 上述代码中，我们将 restore()方法放在了 for 内循环里面。

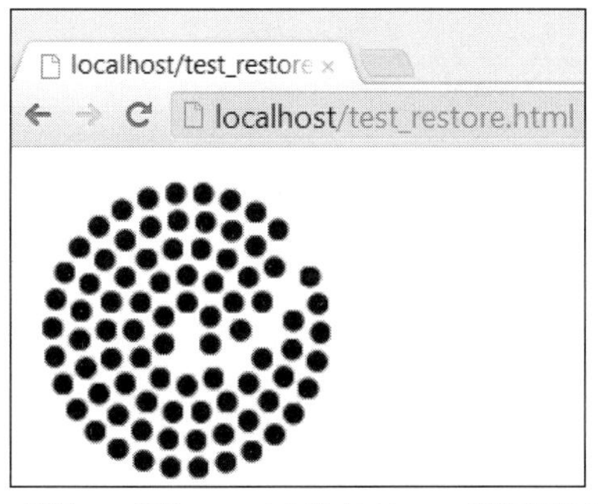

图 4-27　使用 save()和 restore()方法在 Chrome 浏览器的显示效果

从图 4-27 中可以看到很明显的区别，一是颜色只是黑色了，二是少画了几个圆圈。现在我们结合上面具体的程序回个头来看看 sava()方法和 restore()方法的作用，简单来说，它们的作用就是保存和恢复 Canvas 的状态，这个 Canvas 状态无非就是 Canvas 的变换矩阵、裁剪区域和画笔的设置状态等。在上面改动 restore()方法的程序中，我们每执行完一个 for 内循环，就调用了 restore()方法，即回到了 save()时的状态，这个时候的画笔颜色还没进行设置，当然是默认的黑色了，读者可以将 context.fill()方法和 save()方法的位置进行调换，即在设置颜色后调用 save()方法，颜色效果和之前是一样的。少画几个圆圈是因为在 for 内循环中，调用了 restore()方法回到了 save()之前的保持的状态，相当于少执行一次 for 内循环，读者可以将 for 内循环的控制条件加 1，效果和之前就完全一样了。

globalAlpha 属性用来设置图像的透明度。它的取值范围为 0～1.0。具体使用内容可以参考下面的代码，在 Chrome 浏览器的运行效果如图 4-28 所示。

HTML+Javascript 代码：test_globalalpha.html。

```
<!DOCTYPE HTML>
<html>
<head>
<script>
    function load()
    {
        var mycanvas = document.getElementById("mycanvas");
        var context = mycanvas.getContext("2d");
        context.translate(75,75);
        for (var i=1;i<6;i++)
        {
            context.save();
            context.fillStyle = 'rgb('+(51*i)+','+(255-51*i)+',255)';
            for (var j=0;j<i*6;j++)
            {
                context.rotate(Math.PI*2/(i*6));
                context.beginPath();
                context.globalAlpha = 0.1*i;
                context.arc(0,i*12.5,5,0,Math.PI*2,true);
                context.fill();
            }
            context.restore();
        }
    }
    window.addEventListener("load",load,false);
</script>
</head>
<body>
<canvas id="mycanvas" width="300px" height="300px" >
    这里是 Canvas 画布显示的内容,你的浏览器不支持 Html5 Web Canvas!
</canvas>
```

```
</body>
</html>
```

- globalAlpha 属性用来设置图像的透明度。
- fillStyle 属性用来设置当前填充画笔的颜色或者风格。
- fill()函数用来对所有子路径包含的区域进行填充。
- save()方法用来保存 Canvas 的状态。
- restore()方法用来恢复 Canvas 之前保存的状态。
- translate()函数用来移动 Canvas 的原点，具体使用内容会在后面的章节作进一步的探讨。
- rotate()表示按照指定的角度进行顺时针旋转，具体使用内容会在后面的章节作进一步的探讨。

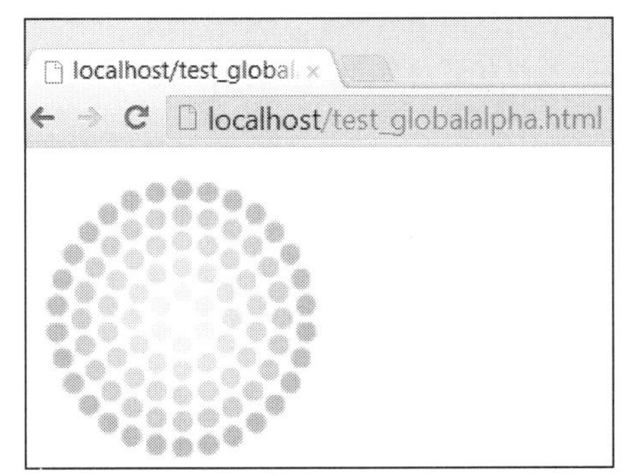

图 4-28　使用 globalAlpha 属性在 Chrome 浏览器的显示效果

globalCompositeOperation 属性用来设置图像的重叠方式。默认的情况下，后画的图形是覆盖在原先的图形之上的，通过合理的设置，globalAlpha 属性和 globalCompostiteOperation 属性可以很好地完成 Canvas 图像的合成操作。其中 globalCompositeOperation 的属性值如表 4-5 所示。

表 4-5　globalCompostiteOperation 的属性值

属　性　值	说　　　　明
source-over	这是默认设置，新图形出现在原有的内容之上
destination-over	新图形出现在原有的内容之下
source-atop	只保留原有的内容，新图形和原有内容的重叠部分覆盖在原有的内容之上
destination-atop	只保留新图形的内容，新图形和原有内容的重叠部分覆盖在新图形的内容之上
source-in	新图形出现在原有的内容之上，并且只保留新图形和原有内容的重叠部分
destination-in	新图形出现在原有的内容之下，并且只保留新图形和原有内容的重叠部分
source-out	新图形出现在原有的内容之上，并且只保留新图形和原有内容的不重叠部分
destination-out	新图形出现在原有的内容之下，并且只保留新图形和原有内容的不重叠部分

续表

属 性 值	说 明
lighter	保留所有的内容，新图形与原有内容的重叠部分的颜色作减色处理
darker	保留所有的内容，新图形与原有内容的重叠部分的颜色作加色处理
copy	只保留新图形
xor	保留所有的内容，新图形和原有内容的重叠部分的颜色变成透明

globalCompstiteOperation 属性的使用方法很简单，但是其属性值很多，读者可以使用一定的技巧进行记忆，如 source 一定是新图形出现在原有内容之上，而 destination 则一定是新图形出现在原有的内容之下。

对于 globalCompstiteOperation 属性的具体使用，读者可以参考下面的代码，在 Chrome 浏览器运行之后，显示效果如图 4-29 所示。

HTML+Javascript 代码：test_globalcompstiteoperation.html。

```
<!DOCTYPE HTML>
<html>
<head>
<script>
    function load()
    {
        var mycanvas = document.getElementById("mycanvas");
        var context = mycanvas.getContext("2d");
        context.fillStyle ="green";
        context.fillRect(10,10,100,100);
        context.beginPath();
        context.moveTo(130,100);
        context.globalCompositeOperation = "source-over";
        context.arc(100,100,50,0,6.28,false);
        context.lineWidth = 5;
        context.fillStyle = "red";
        context.fill();
    }
    window.addEventListener("load",load,false);
</script>
</head>
<body>
<canvas id="mycanvas" width="300px" height="300px" >
    这里是Canvas画布显示的内容,你的浏览器不支持Html5 Web Canvas!
</canvas>
</body>
</html>
```

- globalCompostionOperation 用来设置图形重叠的方式。
- arc()函数用来以路径的形式画圆弧。
- lineWidth 属性用来设置画笔的线段的线宽。
- fillStyle 属性用来设置当前填充画笔的颜色或者风格。
- fill()函数用来对所有子路径包含的区域进行填充。

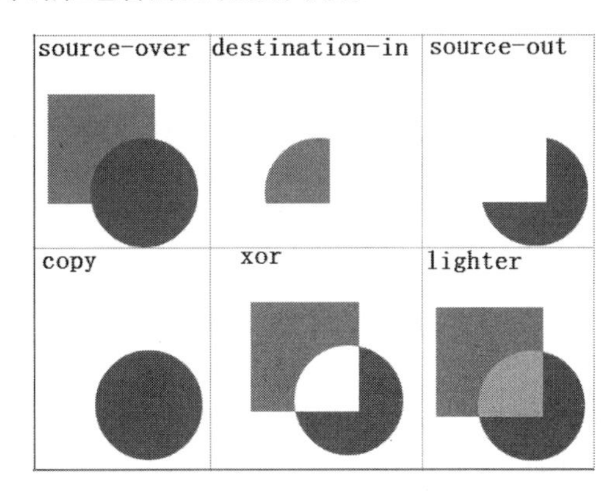

图 4-29　使用 globalCompisiteOperation 属性在 Chrome 浏览器的显示效果

scale()方法用来让 Canvas 图像按照指定的倍数进行缩放。它接受两个参数，分别表示横向和纵向的缩放倍数，默认情况下，它们的值都是 1.0，参数值大于 1.0 表示放大，参数值小于 1.0 表示缩小。同样以上面的程序为例，加入 scale()方法之后的代码如下。在 Chrome 浏览器的显示效果如图 4-30 所示。

HTML+Javascript 代码：test_scale.html。

```
<!DOCTYPE HTML>
<html>
<head>
<script>
    function load()
    {
        var mycanvas = document.getElementById("mycanvas");
        var context = mycanvas.getContext("2d");
        context.scale(1.5,1);
        context.translate(75,75);
        for (var i=1;i<6;i++)
        {
            context.save();
            context.fillStyle = 'rgb('+(51*i)+','+(255-51*i)+',255)';
            for (var j=0;j<i*6;j++)
            {
                context.rotate(Math.PI*2/(i*6));
```

```
                context.beginPath();
                context.arc(0,i*12.5,5,0,Math.PI*2,true);
                context.fill();
            }
            context.restore();
        }
    }
    window.addEventListener("load",load,false);
</script>
</head>
<body>
<canvas id="mycanvas" width="300px" height="300px" >
    这里是Canvas画布显示的内容,你的浏览器不支持Html5 Web Canvas!
</canvas>
</body>
</html>
```

- save()方法用来保存 Canvas 的状态。
- restore()方法用来恢复 Canvas 之前保存的状态。
- scale()方法用来让 Canvas 图像按照指定的倍数进行缩放。
- rotate()函数用来使 Canvas 画布按照指定的角度进行顺时针旋转。
- translate()函数用来移动 Canvas 的原点，具体使用内容会在后面的章节作进一步的探讨。
- 在上面的代码中，我们使用 scale()方法横向放大了 1.5 倍。

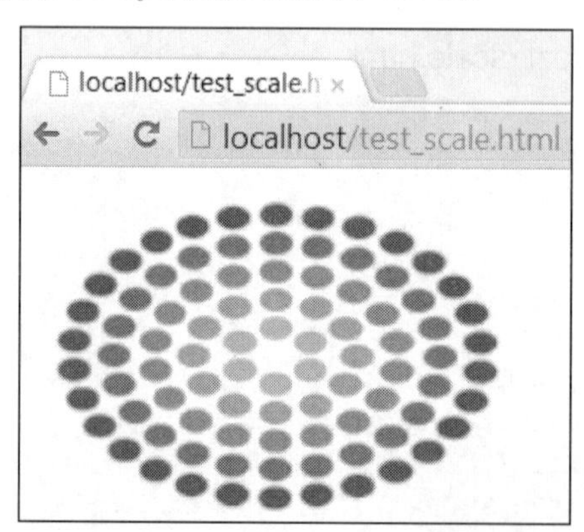

图 4-30　使用 scale()方法在 chrome 浏览器的显示效果

translate()方法用来将 Canvas 的原点按照指定的偏移量进行偏移。它接受横向和纵向的偏移量的值。在前面我们已经探讨过，对于默认的 Canvas 来说，它的初始原点是(0，0)，即画布左上角。

对于 translate()方法的具体使用内容，读者可以参考下面的代码，在 Chrome 浏览器运行之后，显示效果如图 4-31 所示。

HTML+Javascript 代码：test_translate.html。

```
<!DOCTYPE HTML>
<html>
<head>
<script>
    function load()
    {
        var mycanvas = document.getElementById("mycanvas");
        var context = mycanvas.getContext("2d");
        context.fillRect(0,0,300,300);
        for(var i=0;i<3;i++)
        {
            for(var j = 0 ; j<3 ;j++)
            {
                context.save();
                context.strokeStyle = "yellow";
                context.translate(j*100+50,i*100+50);
                drawpic(context,20*(j+2)/(j+1),-8*(i+3)/(i+1),10);
                context.restore();
            }
        }
        function drawpic(context,R,r,O)
        {
            var x1 = R-O;
            var y1 = 0;
            var i = 1;
            context.beginPath();
            context.moveTo(x1,y1);
            do
            {
                if(i>2000)
                {
                    return;
                }
                var  x2  =  (R+r)*Math.cos(i*Math.PI/72)  -  (r+O)*Math.cos(((R+r)/r)*
(i*Math.PI/72));
                var  y2  =  (R+r)*Math.sin(i*Math.PI/72)  -  (r+O)*Math.sin(((R+r)/r)*
(i*Math.PI/72));
                context.lineTo(x2,y2);
                x1 = x2;
                y1 = y2;
```

```
                i++;
            }
            while (x2 != R-O && y2 != 0 );
            context.stroke();
        }
    }
    window.addEventListener("load",load,false);
</script>
</head>
<body>
<canvas id="mycanvas" width="300px" height="300px" >
    这里是 Canvas 画布显示的内容,你的浏览器不支持 Html5 Web Canvas!
</canvas>
</body>
</html>
```

- save()方法用来保存 Canvas 的状态。
- restore()方法用来恢复 Canvas 之前保存的状态。
- fill()函数用来对所有子路径包含的区域进行填充。
- lineTo()方法用来画直线。
- strokeStyle 属性用来设置当前描述形状的画笔的颜色或者风格。
- stroke()方法用来按照指定的路径进行绘制。
- tranlate()方法用来移动 Canvas 的原点。
- drawpic()是自定义的绘图函数。

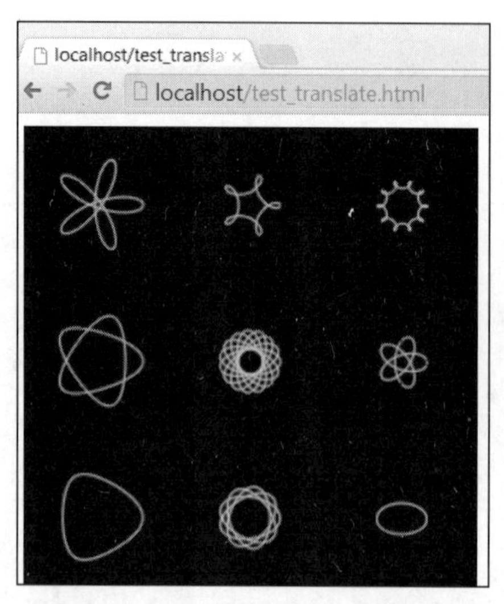

图 4-31　使用 tranlate()方法在 Chrome 浏览器的显示效果

clearRect()方法用来将指定的矩形内的像素全部清空，它接受 4 个参数，分别是起点坐标和矩形的长与宽。clearRect()方法是非常有用的，特别是在高级的 Canvas 动画和 HTML5 游戏开发中，其效果就是通过反复绘制和清除 Canvas 片段达成的。

对于 clearRect()方法的具体使用内容，读者可以参考下面的代码，在 Chrome 浏览器运行之后，显示效果如图 4-32 所示。

```
<!DOCTYPE HTML>
<html>
<head>
<script>
    function load()
    {
        var mycanvas = document.getElementById("mycanvas");
        var context = mycanvas.getContext("2d");
        context.translate(75,75);
        for (var i=1;i<6;i++)
        {
            context.save();
            context.fillStyle = 'rgb('+(51*i)+','+(255-51*i)+',255)';
            for (var j=0;j<i*6;j++)
            {
                context.rotate(Math.PI*2/(i*6));
                context.beginPath();
                context.arc(0,i*12.5,5,0,Math.PI*2,true);
                context.fill();
            }
            context.restore();
        }
        context.clearRect(0,0,100,100);
    }
    window.addEventListener("load",load,false);
</script>
</head>
<body>
<canvas id="mycanvas" width="300px" height="300px" >
    这里是 Canvas 画布显示的内容,你的浏览器不支持 Html5 Web Canvas!
</canvas>
</body>
</html>
```

- save()方法用来保存 Canvas 的状态。
- clearRect()用来清除指定矩形区域内的所有内容。

- translate()函数用来移动 Canvas 的原点。
- rotate()函数用来使 Canvas 画布按照指定的角度进行顺时针旋转。
- restore()方法用来恢复 Canvas 之前保存的状态。

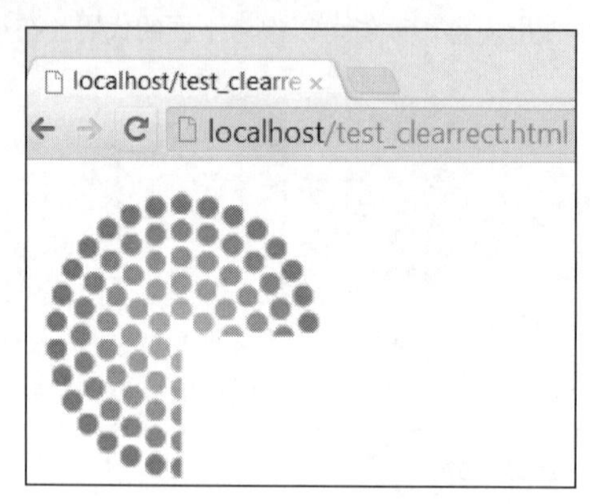

图 4-32 使用 clearRect()方法在 Chrome 浏览器的显示效果

4.2.6 Canvas 文本的处理

在 CanvasRenderingContext2D 中，还提供了对 Canvas 文本的绘制和样式处理的属性和方法。这些属性和方法可以让我们很方便地在 Html5 Web Canvas 中附上文本说明。本节，我们将具体探讨这些属性和方法的使用。

- fillText()方法；
- strokeText()方法；
- font 属性；
- textAlign 属性；
- textBaseline 属性；
- measureText()方法。

fillText()方法用来绘制填充的 Canvas 文本。strokeText()方法则是对 Canvas 文本进行描边操作。这两个方法接受的参数相同，如表 4-6 所示。

表 4-6 fillText()方法和 strokeText()方法

参 数	要 求	说 明
text	必选	要绘制的 Canvas 的文本内容
x	必选	绘制 Canvas 文本的 x 坐标
y	必选	绘制 Canvas 文本的 y 坐标
maxWidth	可选	Canvas 文本显示的最大宽度

对于 fillText()方法和 strokeText()方法的具体使用内容，读者可以参考下面的代码，在 Chrome 浏览器运行之后，显示效果如图 4-33 所示。

图 4-33　使用 strokeText()和 fillText()方法在 Chrome 浏览器的显示效果

HTML+Javascript 代码：test_filltext.html。

```
<!DOCTYPE HTML>
<html>
<head>
<script>
    function load()
    {
        var mycanvas = document.getElementById("mycanvas");
        var context = mycanvas.getContext("2d");
        context.scale(3.0,3.0);
        context.strokeStyle = "red";
        context.strokeText("Html5 Web Canvas",10,10);
        context.fillStyle = "green";
        context.fillText("Html5 Web Canvas",10,30);
    }
    window.addEventListener("load",load,false);
</script>
</head>
<body>
<canvas id="mycanvas" width="300px" height="300px" >
    这里是 Canvas 画布显示的内容,你的浏览器不支持 Html5 Web Canvas!
</canvas>
</body>
</html>
```

- fillStyle 属性用来设置当前填充画笔的颜色或者风格。
- strokeStyle 属性用来设置当前描述形状的画笔的颜色或者风格。
- scale()方法用来让 Canvas 图像按照指定的倍数进行缩放。
- strokeText()方法用来将 Canvas 文本描边。

- fillText()方法用来填充 Canvas 文本。

font 属性用来设置 Canvas 文本的字体风格。包括字体的类型、字体的加粗以及字体的大小，属性值和 CSS 的字体设置是相同的，但遗憾的是，目前很多主流浏览器对中文文本的支持情况还很不成熟。所以这里我们只考虑英文字体，字体的加粗设置使用 bold 和 nomal，字体的大小以像素为单位。常见的 CSS 英文字体类型如表 4-7 所示。

表 4-7　常见的 CSS 英文字体

字　体	说　　明
Arial	Arial 是一套随同多套微软应用软件所分发的无衬线体 TrueType 字型
Helvetica	Helvetica 是一种广泛使用的西文无衬线字体，是瑞士图形设计师 Max Miedinger 于 1957 年设计的
Tahoma	Tahoma 是一个十分常见的无衬线字体，字体结构和 Verdana 很相似，其字符间距较小，而且对 Unicode 字集的支持范围较广
Verdana	Verdana 是一套无衬线字体，由于它在小字上仍有结构清晰端整、阅读辨识容易等高品质的表现，因而在 1996 年推出后即迅速成为许多领域所爱使用的标准字型之一
Lucida Grande	Lucida Grande 是一种西文无衬线体字体，属于人文主义体。它是苹果公司 Mac OS X 操作系统的默认字体
Times New Roman	Times New Roman 可能是最常见且广为人知的衬线字体之一，由于其中规中矩、四平八稳的经典外观，所以常被选为标准字体之一
Georgia	Georgia 是一种衬线字体，为著名字型设计师马修·卡特（Matthew Carter）于 1993 年为微软所设计的作品，具有在小字下仍能清晰 辨识的特性，可读性十分优良

除了表 4-7 所定义的特定的字体类型之外，在 Html5 Web Canvas 中还定义了 5 种通用的字体样式。如表 4-8 所示。

表 4-8　Html5 Web Canvas 的通用字体样式

通用字体	说　　明
Serif	这些字体成比例，而且有上下短线
Sans-serif	这些字体是成比例的，而且没有上下短线
Monospace	这字体不成比例的，但每个字符的宽度是完全相同的
Cursive	这些字体试图模仿人的手写体。主要由曲线和 Serif 字体中没有的笔划装饰组成
Fantasy	这些字体无法用任何特征来定义，认为是奇怪的字体

对于 font 属性的具体使用，读者可以参考下面的代码，在 Chrome 浏览器运行的显示效果如图 4-34 所示。

HTML+Javascript 代码：test_font.html。

```
< !DOCTYPE HTML>
<html>
```

```
<head>
<script>
    function load()
    {
        var mycanvas = document.getElementById("mycanvas");
        var context = mycanvas.getContext("2d");
        context.fillStyle = "blue";
        context.font = "italic bold 25px Fantasy";
        context.fillText("Html5 Web Canvas",10,20);
        context.font = "italic bold 25px Cursive";
        context.fillText("Html5 Web Canvas",10,50);
        context.font = "italic bold 25px Serif";
        context.fillText("Html5 Web Canvas",10,80);
    }
    window.addEventListener("load",load,false);
</script>
</head>
<body>
<canvas id="mycanvas" width="400px" height="400px" >
    这里是Canvas画布显示的内容,你的浏览器不支持Html5 Web Canvas!
</canvas>
</body>
</html>
```

- fillStyle 属性用来设置当前填充画笔的颜色或者风格。
- fillText()方法用来填充 Canvas 文本。
- font 用来设置 Canvas 文本字体的字体类型、字体粗细、字体大小等风格特征。
- 上述代码中，我们分别设置了三种字体风格。

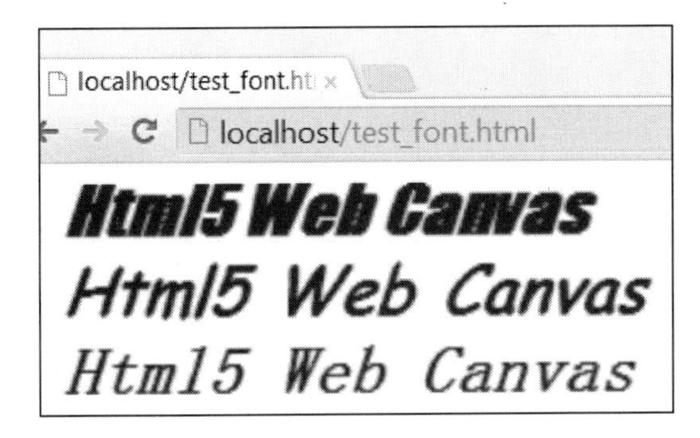

图 4-34　使用 font 属性在 Chrome 浏览器的显示效果

textAlign 属性用来设置 Canvas 文本的水平对齐方式，其属性的取值如表 4-9 所示。

表 4-9 textAlign 的属性值

属 性 值	说 明
start	默认值，与文本区域的起点对齐
end	与文本区域的终点对齐
left	水平居左对齐
right	水平居右对齐
center	水平居中对齐

textBaseline 属性用来设置 Canvas 文本的竖直对齐方式，其属性的取值如表 4-10 所示。

表 4-10 TextBaseline 的属性值

属 性 值	说 明
alphabetic	默认值，相对于 alphabetic 基线对齐
top	垂直居上对齐
bottom	垂直居下对齐
middle	垂直居中对齐
hanging	相对于 hanging 基线对齐
ideographic	相对于 ideographic 基线对齐

对于水平对齐和垂直对齐属性的设置，读者应该注意这里指的对齐方式是指文本所占的一个矩形区域而言，而不是整个 Canvas 画布区域。

对于 textAlign 属性和 textBaseline 属性的具体使用内容，读者可以参考下面的代码。在 Chrome 浏览器运行之后，显示效果如图 4-35 所示。

HTML+Javascript 代码：test_textaligh.html。

```
<!DOCTYPE HTML>
<html>
<head>
<script>
   function load()
   {
      var mycanvas = document.getElementById("mycanvas");
      var context = mycanvas.getContext("2d");
      context.fillStyle = "green";
      context.font = "italic normal 20px Cursive";
      context.save();
      context.textAlign = "left";
      context.fillText("Html5 Web Canvas",10,20);
```

```
        context.textAlign = "center";
        context.fillText("Html5 Web Canvas",10,60);
        context.textAlign = "end";
        context.fillText("Html5 Web Canvas",10,100);
        context.restore();
        context.textBaseline = "bottom";
        context.fillText("Html5 Web Canvas",10,140);
        context.textBaseline = "top";
        context.fillText("Html5 Web Canvas",10,180);
        context.textBaseline = "middle";
        context.fillText("Html5 Web Canvas",10,220);
    }
    window.addEventListener("load",load,false);
</script>
</head>
<body>
<canvas id="mycanvas" width="400px" height="400px" >
    这里是Canvas画布显示的内容,你的浏览器不支持Html5 Web Canvas!
</canvas>
</body>
</html>
```

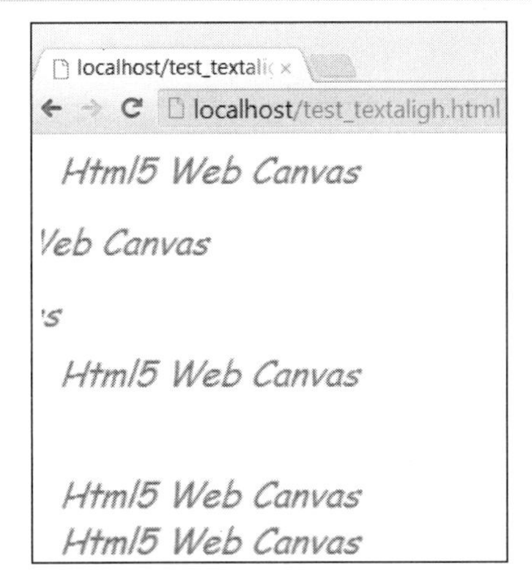

图 4-35　使用 textAlign 属性和 textBaseline 属性在 Chrome 浏览器的显示效果

- fillStyle 属性用来设置当前填充画笔的颜色或者风格。
- fillText()方法用来填充 Canvas 文本。
- font 用来设置 Canvas 文本字体的字体类型、字体粗细、字体大小等风格特征。
- save()方法用来保存画笔风格的状态，这里将保存画笔颜色、文本字体和默认的对齐方式等。

- restore()方法用来恢复画笔风格的状态。
- textAlign 属性用来设置 Canvas 文本的水平对齐方式
- textBaseline 属性用来设置 Canvas 文本的垂直对齐方式。
- 在上面的代码中，前三个 Canvas 文本的水平对齐方式分别为 left 、center 和 end，后三个 Canvas 文本的垂直对齐方式分别为 bottom、top 和 middle。

measureText()方法目前使用的场合并不多，笔者也一直认为这个方法的功能还有很多提升潜力，因为现在的 measureText()方法还不具有实际的功能。目前 measureText()方法接受一个 text 文本参数，返回的是一个 TextMetrics 对象，这个对象现在只有一个 width 属性。

对于 measureText()方法的具体使用内容，读者可以参考下面的代码，在 Chrome 浏览器运行之后，显示效果如图 4-36 所示。

图 4-36　使用 measureText()方法在 Chrome 浏览器的显示效果

HTML+Javascript 代码：test_measuretext.html。

```
<!DOCTYPE HTML>
<html>
<head>
<script>
    function load()
    {
        var mycanvas = document.getElementById("mycanvas");
        var context = mycanvas.getContext("2d");
        var textMetrics = context.measureText("Html5 Web Canvas!")
        alert(textMetrics.width);
    }
    window.addEventListener("load",load,false);
</script>
</head>
<body>
<canvas id="mycanvas" width="400px" height="400px" >
    这里是Canvas画布显示的内容,你的浏览器不支持Html5 Web Canvas!
</canvas>
</body>
</html>
```

- textMetrics 是 measureText()方法的 TextMetrics 对象。

4.2.7 Canvas 图片的处理

在 Html5 Web Canvas 中，为了支持对图片的处理，提供了一系列的函数和属性，使得我们在 Canvas 中可以很方便地完成对图片的处理操作。本节我们将深入探讨这些属性和方法的使用。

- drawImage()方法；
- createImageData()方法；
- getImageData()方法；
- putImageData()方法。

drawImage()方法的作用和我们前面探讨的使用 CanvansPattern 设置画笔风格有点类似，都是用来将图片引入到 Canvas 画布中，但是 drawImage()方法不仅可以让图片更加容易控制，而且可以不加限制地引入 HTMLImageElement、HTMLCanvasElement 和 HTMLVideoElement 中的任一个对象。它接受的参数有三种形式。

- drawImage(image，dx，dy)。
- drawImage(image，dx，dy，dw，dh)。
- drawImage(image，sx，sy，sw，sh，dx，dy，dw，dh)。

dx、dy 表示在图片在 Canvas 画布中的起始坐标。dw、dh 表示图片在 Canvas 画布显示像素大小。sx、sy 表示在原图片的引入的起始坐标，默认为（0，0）。图 4-37 形象地表示了这种关系。

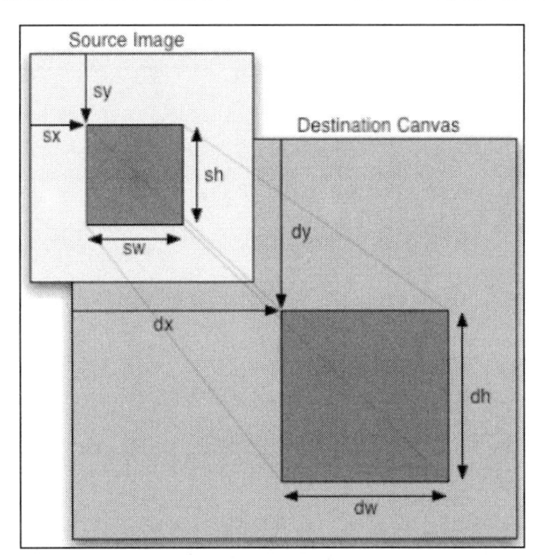

图 4-37　drawImage()方法接受的参数的具体含义

很显然，在使用 drawImage()方法之前，我们还有必要获得 HTMLImageElement、HTMLCanvasElement 和 HTMLVideoElement 中的任一个对象。

对于 drawImage()方法的具体使用内容，读者可以参考下面的代码，在 Chrome 浏览器运行之后，显示效果如图 4-38 所示。

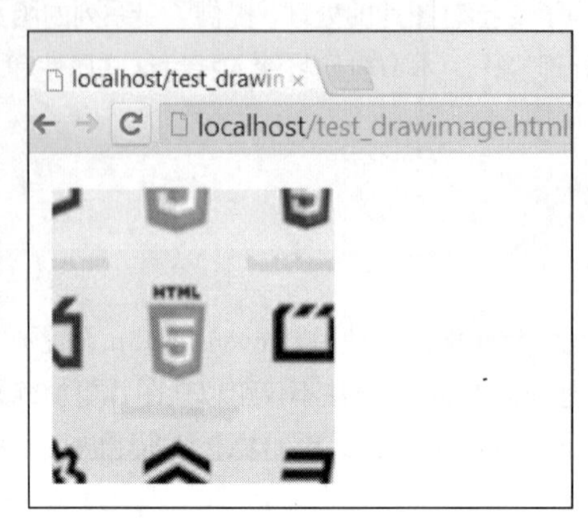

图 4-38　使用 drawImage ()方法在 Chrome 浏览器的显示效果

HTML+Javascript 代码：test_drawimage.html。

```
<!DOCTYPE HTML>
<html>
<head>
<script>
    function load()
    {
        var image = new Image();
        var mycanvas = document.getElementById("mycanvas");
        var context = mycanvas.getContext("2d");
        image.onload = function()
        {
            context.drawImage(image,25,25,110,100,10,10,150,150);
        }
            image.src = "test_pic.jpg";
    }
    window.addEventListener("load",load,false);
</script>
</head>
<body>
<canvas id="mycanvas" width="400px" height="400px" >
    这里是Canvas画布显示的内容,你的浏览器不支持Html5 Web Canvas!
</canvas>
</body>
</html>
```

- image 是创建的一个 HTMLImageElement 对象。
- drawImage()方法将图片引入 Canvas 的画布中。

createImageData()函数用来创建一个空的 ImageData 对象，这个对象保存了图像的像素值，像素存储从左到右、从上到下，按行存储，每个像素中都包含了 RGB 值和一个 alpha 值，取值范围都是 0～255。在 ImageData 对象中，提供了 width、height 和 data 三个属性供我们访问，其中 data 属性事实上是一个 CanvasPixelArray 对象，理论上，它存储了“width*height*4”个像素值。

在 createImageData()方法中，接受的参数有两种形式，一种是像素宽度和高度，另一种是具有宽和高像素值的 ImageData 对象。

getImageData()方法用来获取指定 Canvas 矩形区域的 ImageData 对象。它接受 4 个参数，分别是指定矩形区域的起点坐标、长和宽。

putImageData()方法用来将指定的 ImageData 对象绘制在 Canvas 画布中。它接受的参数有些复杂，具体内容如表 4-11 所示。

表 4-11　putImageData()方法的参数

参数	要求	说　　明
imagedata	必选	一个 ImageData 对象，如果不符合要求，则会抛出 TYPE_MISS_MATCH 异常
dx	必选	目标 Canvas 区域的起点的横坐标
dy	必选	目标 Canvas 区域的起点的纵坐标
sx	可选	ImageData 对应的图像中的起点的横坐标
sy	可选	ImageData 对应的图像中的起点的纵坐标
sw	可选	ImageData 对应的图像中的宽度
sh	可选	ImageData 对应的图像中的高度

上面探讨的三个方法在 Canvas 的像素级别的操作中非常重要，通过一定的像素的算法，基本可以实现所有的图片处理操作，但应该注意在 Chrome 浏览器运行时，应先上传到服务器，否则会出于安全考虑，抛出 SECURITY_ERR 异常。

对于 createImageData()方法、getImageData()方法和 putImageData()方法的具体使用内容，读者可以参考下面的代码。在 Opera 浏览器运行之后，显示效果如图 4-39 所示。

HTML+Javascript 代码：test_createimagedata.html。

```
<!DOCTYPE HTML>
<html>
<head>
<script>
    function load()
```

```
{
    var image = new Image();
    var mycanvas = document.getElementById("mycanvas");
    var context = mycanvas.getContext("2d");
    image.src = "test_pic.jpg";
    image.onload = function()
    {
        context.drawImage(image,10,10);
        //图片发色操作。
        var imagedata = context.getImageData(10,10,150,150);
        for(var i= 0;i<imagedata.data.length;i+=4)
        {
            imagedata.data[i+0]=255-imagedata.data[i+0];
            imagedata.data[i+1]=255-imagedata.data[i+1];
            imagedata.data[i+2]=255-imagedata.data[i+2];
            imagedata.data[i+3]=imagedata.data[i+3];
        }
        context.putImageData(imagedata,160,10);
        //调节透明度为 40%。
        imagedata = context.getImageData(10,10,150,150);
        for(var i= 0;i<imagedata.data.length;i+=4)
        {
            imagedata.data[i+0]=imagedata.data[i+0];
            imagedata.data[i+1]=imagedata.data[i+1];
            imagedata.data[i+2]=imagedata.data[i+2];
            imagedata.data[i+3]=imagedata.data[i+3]*0.4;
        }
        context.putImageData(imagedata,10,160);
        //图片灰度化操作。
        imagedata = context.getImageData(10,10,150,150);
        for(var i= 0;i<imagedata.data.length;i+=4)
        {
          var temp=imagedata.data[i+0]+imagedata.data[i+1]+imagedata.data[i+2];
            imagedata.data[i+0]=temp/3;
            imagedata.data[i+1]=temp/3;
            imagedata.data[i+2]=temp/3;
            imagedata.data[i+3]=imagedata.data[i+3];
        }
        context.putImageData(imagedata,160,160);
    }
}
window.addEventListener("load",load,false);
```

```
</script>
</head>
<body>
<canvas id="mycanvas" width="400px" height="400px" >
   这里是Canvas画布显示的内容,你的浏览器不支持Html5 Web Canvas!
</canvas>
</body>
</html>
```

- imagedata 是通过 getImageData()方法取得的 ImageData 对象。
- imagedata.data 是存储着图片的像素。
- 在上述代码中，分别实现的是图片反色操作、调节图片透明度和图片灰度化操作。在每个操作的 for 循环中，image.data[i+0]表示红色 R，image.data[i+1]表示绿色 G，image.data[i+2]表示蓝色 B, image.data[i+3]表示透明度 Alpha。

图 4-39　图片像素级处理在 Opera 浏览器的显示效果

4.3　构建 Html5 Web Canvas 的开发实例

Html5 Web Canvas 的绘图功能已经非常强大了，在 Web 领域的矢量绘图和位图绘制的优势都已经初显。为了让读者可以尽快上手 Html5 Web Canvas 应用程序，本节，我们将以一个图片浏览器的实例，探讨 Html5 Web Canvas 在实际开发中的使用。

4.3.1 分析开发需求

Html5 Web Canvas 的主要功能是图片处理，在本次开发实例中，我们将创建一个图片浏览器。（本次开发实例来自互联网，并非笔者原创）

在这个图片浏览器要实现图片的浏览功能，具体如下。

- 在网页显示的底部，我们将设计一个导航栏，用来显示所有图片的缩略图功能。
- 在底部导航栏的两侧分别设置两个按钮，用来进行翻页更换一批图片功能。
- 鼠标点击导航栏中任意一张图片的缩略图，都会实现图片放大显示功能。
- 鼠标滑过导航栏中任意一张图片的缩略图，都会实现图片缩略图显示功能。
- 实现自动隐藏底部导航栏的功能。

在此次开发中，我们将使用到 Html5 Web Canvas 的基础内容，并结合 Jquery 脚本语言和 CSS3.0 样式进行设计。

4.3.2 程序主框架的搭建

根据开发需求，在本次开发中，我们需要设计一个图片浏览器程序。本节，我们将重点探讨程序主框架的搭建。

对于程序主框架的具体设计，读者可以参考下面的代码。

HTML 代码：test_canvas.html。

```
<!DOCTYPE HTML>
 <html>
 <head>
  <title>Html Web Canvas 图片浏览器</title>
  <link rel="stylesheet" href="test_canvas.css"/>
  <script type="text/javascript" src="test_canvas.js"></script>
 </head>
 <body>
  <canvas id="canvas"></canvas>
 </body>
 </html>
```

- canvas 是 HTML5 中新增加的标签。
- test.css 是同一文件夹下的 CSS 样式设计文件。
- test.js 是同一文件夹下的 Javascript 脚本文件。

在上面的 HTML 代码中，我们定义了一个 Canvas 画布。下面我们简单地设计一下样式。

对于 test_canvas.css 文件中的 CSS 代码，读者可以参考下面的代码。

CSS 代码：test_canvas.css。

```
body
{
background: black;
color: white;
font: 24pt Baskerville, Times, Times New Roman, serif;
padding: 0;
margin: 0;
overflow: hidden;
}
```

- body 表示 body 标签对应的 CSS 样式设计。

对于 test_canvas.js 文件的 Javascript 脚本的主框架，读者可以参考下面的代码。

Javascript 代码：test_canvas.js。

```
function test()
{
this.load = function()
{


}
}
window.onload = function()
{
var t = new test()
t.load();
}
```

- test 是图片浏览器程序的主类。后面章节的图片浏览器程序脚本代码都会写在这个类里面。
- load()函数是 test 类的主要函数。

4.3.3　底部导航栏缩略图

这个图片的浏览器的关键在于底部导航栏，因此，我们先来设计底部导航栏。根据程序的开发需求，底部导航栏的功能可以分为两个部分。

- 底部导航栏中间区域显示图片的缩略图
- 底部导航栏的两侧分别设置两个翻页按钮。

本节，我们主要实现在底部导航栏中见区域显示图片的缩略图。但是要实现这个功能之前，要使用 drawImage()方法来将图片转换成 Canvas 来处理。

对于将图片转换为 Canvas 函数的设计，读者可以参考下面的代码。

Javascript 代码：test_canvas.js。

```
const PAINT_INTERVAL = 20;
const PAINT_SLOW_INTERVAL = 20000;
const IDLE_TIME_OUT = 3000;
var imageLocations =
[
'1.jpg',
'2.jpg',
'3.jpg'
];
function loadImages()
{
    var total = imageLocations.length;
    var imageCounter = 0;
    var onLoad = function(err, msg)
{
       if (err)
    {
            console.log(msg);
        }
        imageCounter++;
        if (imageCounter == total)
      {
            loadedImages = true;
        }
    }
    for (var i = 0; i < imageLocations.length; i++)
{
        var img = new Image();
        img.onload = function()
    {
        onLoad(false);
    };
        img.onerror = function()
    {
        onLoad(true, e);
    };
        img.src = imageLocations[i];
        images[i] = img;
    }
}
function paintImage(index)
```

```
    {
    if (!loadedImages)
    {
        return;
    }
        var image = images[index];
        var screen_h = canvas.height;
        var screen_w = canvas.width;
        var ratio = getScaleRatio({width:image.width, height:image.height},{width:screen_w,
height:screen_h});
    var img_h = image.height * ratio;
       var img_w = image.width * ratio;
       context.drawImage(image, (screen_w - img_w)/2, (screen_h - img_h)/2, img_w, img_h);
    }
```

- PAINT_INTERVAL 表示绘制的循环间隔。
- IDLE_TIME_OUT 表示空闲超时时间。
- imageLocations 是一个数组，用来表示图片。所有的图片文件都保存在同一文件夹下。
- imageCounte 用来给图片计数。
- loadImage()函数用来加载图片。
- paintImage()函数用来绘制图片。
- drawImage()方法用来将图片引入到 Canvas 画布中。

在上面的代码中，我们实现了将图片文件转换成 Canvas，下面我们需要将这些图片文件的缩略图在底部导航栏的中间区域显示出来。

对于底部导航栏中间区域显示缩略图函数设计，读者可以参考下面的代码，在 Chrome 浏览器运行之后，显示效果如图 4-40 所示。

Javascript 代码：test_canvas.js。

```
const HL_OFFSET = 3;
const THUMBNAIL_LENGTH = NAVPANEL_HEIGHT - NAVBUTTON_YOFFSET*2;
const MIN_THUMBNAIL_LENGTH = 10;
var currentImage = 0;
var firstImageIndex = 0;
var thumbNailCount = 0;
var maxThumbNailCount = 0;
function paintThumbNails(inThumbIndex)
{
    if (!loadedImages)
 {
     return;
```

```
    }
    if(inThumbIndex != null)
    {
        inThumbIndex -= firstImageIndex;
    }
    else
    {
        inThumbIndex = -1;
    }
    var thumbnail_length = rButtonRect.x - lButtonRect.x - lButtonRect.width;
    maxThumbNailCount = Math.ceil(thumbnail_length / THUMBNAIL_LENGTH);
    var offset = (thumbnail_length - THUMBNAIL_LENGTH * maxThumbNailCount)/
(maxThumbNailCount + 1);
    if (offset < MIN_THUMBNAIL_LENGTH)
    {
        maxThumbNailCount = Math.ceil(thumbnail_length/ (THUMBNAIL_LENGTH +
MIN_THUMBNAIL LENGTH));
        offset = (thumbnail_length - THUMBNAIL_LENGTH * maxThumbNailCount)/
(maxThumbNailCount + 1);
    }
    thumbNailCount = maxThumbNailCount > imageCount - firstImageIndex?imageCount -
firstImageIndex: maxThumbNailCount;
    imageRects = new Array(thumbNailCount);
    for (var i = 0; i < thumbNailCount; i++)
    {
        image = images[i+firstImageIndex];
        context.save();
        var x = lButtonRect.x + lButtonRect.width + (offset+THUMBNAIL_LENGTH)*i;
        srcRect = getSlicingSrcRect({width:image.width, height:image.height},{width:
THUMBNAIL_LENGTH, height: THUMBNAIL_LENGTH});
        imageRects[i] =
        {
            image:image,
            rect:
        {
            x:x+offset,
            y:inThumbIndex == i? navRect.y+NAVBUTTON_YOFFSET-HL_OFFSET: navRect.y+
NAVBUTTON_YOFFSET,
            height: THUMBNAIL_LENGTH,
            width: THUMBNAIL_LENGTH
            }
        }
```

```
            context.translate(x, navRect.y);
            context.drawImage(image, srcRect.x, srcRect.y, srcRect.width, srcRect.height,
offset,imageRects[i].rect.y - navRect.y,THUMBNAIL_LENGTH, THUMBNAIL_LENGTH);
            context.restore();
        }
    }
```

- THUMBNAIL_LENGTH 表示缩略图显示的高度。
- MIN_THUMBNAIL_LENGTH 表示最小缩略图的间隔。
- currentImage 表示当前图片的序号。
- firstImageIndex 表示当前缩略图中第一张图片序号。
- thumbNailCount 表示当前显示的缩略图数目。
- maxThumbNailCount 表示能够显示地缩略图的最大数目。
- paintThumbNails()函数用来在导航栏中间区域绘制缩略图。
- thumbnail_length 表示导航栏中显示缩略图的长度。
- translate()函数用来移动 Canvas 的原点。
- drawImage()方法用来将图片引入到 Canvas 画布中。
- save()方法用来保存 Canvas 的状态。
- restore()方法用来恢复 Canvas 之前保存的状态。

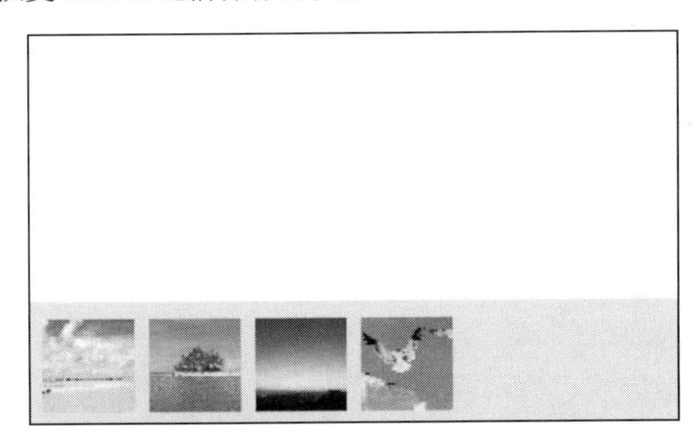

图 4-40　底部导航栏缩略图在 Chrome 浏览器的显示效果

4.3.4　底部导航栏翻页按钮

根据开发需求，我们还需要在底部导航栏的两侧分别设置两个翻页按钮。这主要通过使用 Html5 Web Canvas 填充一个三角形来完成。

对于底部导航栏的左侧按钮函数的设计，读者可以参考下面的代码，在 Chrome 浏览器运行之后，显示效果如图 4-41 所示。

Javascript 代码：test_canvas.js。

```
    const NAVBUTTON_XOFFSET = 5;
    const NAVBUTTON_YOFFSET = 8;
    const NAVBUTTON_WIDTH = 20;
    const NAVBUTTON_ARROW_XOFFSET = 5;
    const NAVBUTTON_ARROW_YOFFSET = 15;
    const NAVBUTTON_COLOR = 'rgb(255, 255, 255)';
    function paintLeftButton(navRect, color)
    {
    lButtonRect =
    {
        x: navRect.x + NAVBUTTON_XOFFSET,
        y: navRect.y + NAVBUTTON_YOFFSET,
        width: NAVBUTTON_WIDTH,
        height: navRect.height - NAVBUTTON_YOFFSET * 2
    }
    context.save();
    context.fillStyle = color;
    context.fillRect(lButtonRect.x, lButtonRect.y, lButtonRect.width, lButtonRect.height);
    context.save();
    context.fillStyle = NAVBUTTON_COLOR;
    context.beginPath();
    context.moveTo(lButtonRect.x + NAVBUTTON_ARROW_XOFFSET, lButtonRect.y + lButtonRect.
height/2);
    context.lineTo(lButtonRect.x+lButtonRect.width-NAVBUTTON_ARROW_XOFFSET,lButtonRect.
y + NAVBUTTON_ARROW_YOFFSET);
    context.lineTo(lButtonRect.x+lButtonRect.width-NAVBUTTON_ARROW_XOFFSET,lButtonRect.
y + lButtonRect.height - NAVBUTTON_ARROW_YOFFSET);
    context.lineTo(lButtonRect.x + NAVBUTTON_ARROW_XOFFSET, lButtonRect.y + lButtonRect.
height/2);
    context.closePath();
    context.fill();
    context.restore();
    }
```

- paintLeftButton()函数是自定义用来画左侧按钮的函数。
- NAVBUTTON_XOFFSET 是按钮距离左右两侧的偏移量，
- NAVBUTTON_YOFFSET 是按钮距离底部的偏移量。
- NAVBUTTON_WIDTH 是按钮的长度。
- NAVBUTTON_ARROW_XOFFSET 是按钮箭头距离左右两侧的偏移量。
- NAVBUTTON_ARROW_YOFFSET 是按钮箭头距离上下两侧的偏移量。

- NAVBUTTON_COLOR 是指按钮箭头的颜色。
- lButtonRect 是一个类，定义绘制矩形区域的四个参数。
- fillStyle 属性用来设置画笔的颜色风格。
- begainPath()方法用来在当前路径开辟一个新的子路径。
- moveTo()方法用来绘制图形路径的第一个点。
- lineTo()方法用来绘制直线。
- closePath()方法用来闭合路径。
- fill()方法用来填充指定的路径包含的区域。
- save()方法用来保存 Canvas 的状态。
- restore()方法用来恢复 Canvas 之前保存的状态。

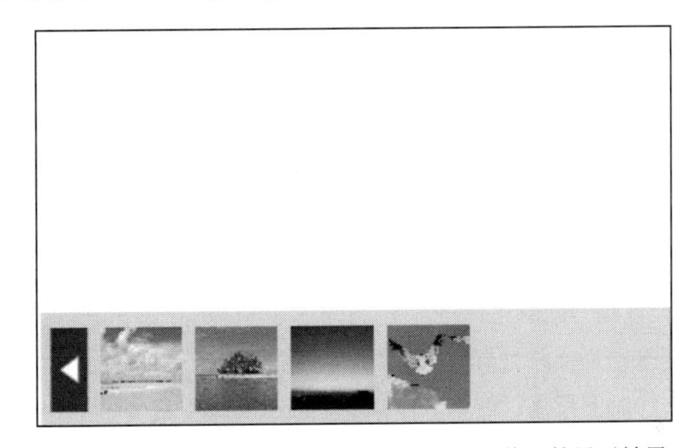

图 4-41 底部导航栏左侧按钮在 Chrome 浏览器的显示效果

在上面的代码中，我们定义了一个绘制底部导航栏左侧按钮的函数，同理，我们也可以定义一个函数来绘制右侧按钮。

对于底部导航栏的右侧按钮函数的设计，读者可以参考下面的代码。

Javascript 代码：test_canvas.js。

```
function paintRightButton(navRect, color)
{
rButtonRect =
{
    x: navRect.x + navRect.width - NAVBUTTON_XOFFSET - lButtonRect.width,
    y: lButtonRect.y,
    width: lButtonRect.width,
    height: lButtonRect.height
}
context.save();
```

```
    context.fillStyle = color;
    context.fillRect(rButtonRect.x,rButtonRect.y,rButtonRect.width, rButtonRect.height);
    context.save();
    context.fillStyle = NAVBUTTON_COLOR;
    context.beginPath();
    context.moveTo(rButtonRect.x+NAVBUTTON_ARROW_XOFFSET,rButtonRect.y+ NAVBUTTON_ARROW_
YOFFSET);
    context.lineTo(rButtonRect.x+rButtonRect.width-NAVBUTTON_ARROW_XOFFSET,
rButtonRect.y + rButtonRect.height/2);
    context.lineTo(rButtonRect.x + NAVBUTTON_ARROW_XOFFSET, rButtonRect.y + rButtonRect.
height - NAVBUTTON_ARROW_YOFFSET);
    context.lineTo(rButtonRect.x + NAVBUTTON_ARROW_XOFFSET, rButtonRect.y + NAVBUTTON_
ARROW_YOFFSET);
    context.closePath();
    context.fill();
    context.restore();
    }
```

- paintRightButton()函数是自定义用来画左侧按钮的函数。它接受两个参数，navRect 是导航栏所在的矩形区域，color 是导航栏矩形区域的颜色。
- rButtonRect 是一个类，定义绘制矩形区域的四个参数。
- fillStyle 属性用来设置画笔的颜色风格。
- begainPath()方法用来在当前路径开辟一个新的子路径。
- moveTo()方法用来绘制图形路径的第一个点。
- lineTo()方法用来绘制直线。
- closePath()方法用来闭合路径。
- fill()方法用来填充指定的路径包含的区域。
- save()方法用来保存 Canvas 的状态。
- restore()方法用来恢复 Canvas 之前保存的状态。

在上面的代码中，我们已经把底部导航栏的翻页按钮基本显示设计好了。但是对于翻页按钮来说，还需要绑定到 onclick 事件上。

对于翻页按钮的鼠标点击事件处理，读者可以参考下面的代码。

Javascript 代码：test_canvas.js。

```
var lastMousePos;
this.load = function()
{
canvas.onmousemove = onMouseMove;
}
```

```
    function onMouseMove(event)
    {
    lastMousePos = {x:event.clientX, y:event.clientY};
        paint();
    }
    function pointIsInRect(point, rect)
    {
        return (rect.x < point.x && point.x < rect.x + rect.width && rect.y < point.y &&
point.y < rect.y + rect.height);
    }
    function paint()
    {
    context.clearRect(0, 0, canvas.width, canvas.height);
    var paintInfo = {inLeftBtn:false, inRightBtn:false}
    if (lastMousePos && navRect && lButtonRect && rButtonRect)
    {
    if (pointIsInRect(lastMousePos, navRect))
    {
    paintInfo.inLeftBtn = pointIsInRect(lastMousePos, lButtonRect);
    paintInfo.inRightBtn = pointIsInRect(lastMousePos, rButtonRect);
    }
    }
       paintNavigator(paintInfo);
    }
```

- lastMousePos 用来保存用户的鼠标位置。
- onMouseMove()函数用来实时更新用户的鼠标位置。
- pointInRect()函数用来检测用户的鼠标是否在指定的矩形区域。
- paint()函数是 Canvas 画布绘制的主函数。
- clearRect()函数用来情况指定矩形区域的内容。
- paintinfo 对象用来判断鼠标是否在两个按钮所在的矩形区域内。
- paintNavigator()函数用来绘制导航栏。

至此，底部导航栏基本上就设计好了，现在我们来写一个函数来绘制底部导航栏。

对于绘制底部导航栏的函数，读者可以参考下面的代码。在 Chrome 浏览器运行之后，显示效果如图 4-42 所示。

Javascript 代码：test_canvas.js。

```
    const NAVBUTTON_BACKGROUND = 'rgb(40, 40, 40)';
    const NAVBUTTON_HL_COLOR = 'rgb(100, 100, 100)';
    function paintNavigator(paintInfo)
```

```
    {
    navRect =
    {
       x: canvas.width * (1-NAVPANEL_XRATIO)/2,
       y: canvas.height - NAVPANEL_HEIGHT,
       width: canvas.width * NAVPANEL_XRATIO,
       height: NAVPANEL_HEIGHT
    };
    context.save();
    context.fillStyle = NAVPANEL_COLOR;
    context.fillRect(navRect.x, navRect.y, navRect.width, navRect.height);
    context.restore();
    paintLeftButton(navRect,  paintInfo  &&  paintInfo.inLeftBtn?  NAVBUTTON_HL_COLOR:
NAVBUTTON_BACKGROUND);
    paintRightButton(navRect,  paintInfo  &&  paintInfo.inRightBtn?  NAVBUTTON_HL_COLOR:
NAVBUTTON_BACKGROUND);

    }
```

- NAVBUTTON_BACKGROUND 用来表示鼠标不响应时按钮所在矩形区域的背景颜色。
- NAVBUTTON_HL_COLOR 用来表示鼠标响应时按钮所在矩形区域的背景颜色。
- navRect 用来表示导航栏所在的矩形区域。
- fillStyle 属性用来设置画笔的颜色风格。
- fillRect()函数用来填充导航栏所在的矩形区域。
- paintLeftButton()函数用来绘制左侧翻页按钮。
- paintRightButton()函数用来绘制右侧翻页按钮。
- paintThumbNails()函数用来绘制缩略图。

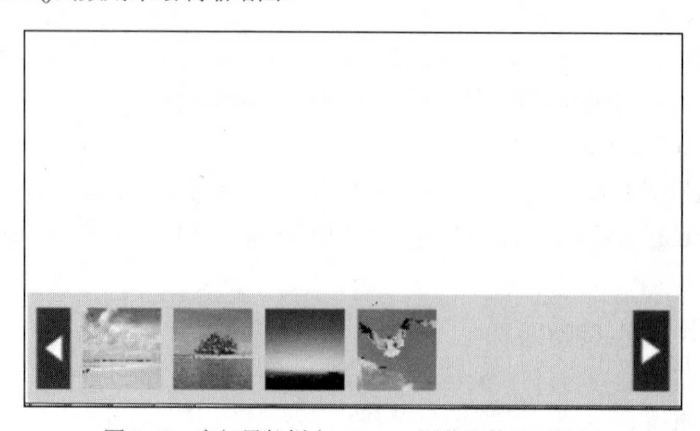

图 4-42　底部导航栏在 Chrome 浏览器的显示效果

4.3.5　点击放大图片和翻页功能

根据开发需求，我们需要实现点击对应的缩略图实现图片的放大显示。同时我们还需要点击左右两边的翻页按钮，实现缩略图的翻页功能。

对于实现点击放大图片的功能和翻页功能设计，读者可以参考下面的代码，在 Chrome 浏览器运行之后，显示效果如图 4-43 所示。

图 4-43　实现点击放大图片和翻页功能在 Chrome 浏览器的显示效果

Javascript 代码：test_canvas.js。

```
this.load = function()
{
canvas.onclick = onMouseClick;
canvas.onmousemove = onMouseMove;
}
function onMouseClick(event)
 {
   point = {x: event.clientX, y:event.clientY};
   lastMousePos = point;
if (pointIsInRect(point, lButtonRect))
{
       nextPane(true);
   }
else if (pointIsInRect(point, rButtonRect))
{
       nextPane(false);
   }
else
{
       var selectedIndex = findSelectImageIndex(point);
```

```
        if (selectedIndex != -1)
        {
            selectImage(selectedIndex);
        }
    }
        updateIdleTime();
}
function findSelectImageIndex(point)
{
    for(var i = 0; i < imageRects.length; i++)
    {
        if (pointIsInRect(point, imageRects[i].rect))
        {
        return i + firstImageIndex;
        }
    }
    return -1;
}
function selectImage(index)
{
    currentImage = index;
    paint();
}
function nextPane(previous)
{
    if (previous)
    {
        firstImageIndex = firstImageIndex - maxThumbNailCount < 0? 0 : firstImageIndex
- maxThumbNailCount;
    }
else
    {
        firstImageIndex = firstImageIndex + maxThumbNailCount*2 - 1 > imageCount -
1?(imageCount - maxThumbNailCount > 0? imageCount - maxThumbNailCount: 0) : firstImageIndex
+ maxThumbNailCount;
    }
    currentImage = (firstImageIndex <= currentImage &&
currentImage <= firstImageIndex + maxThumbNailCount)? currentImage : firstImageIndex;
     paint();
}
```

- paint()是绘制 Canvas 的主函数。
- onMouseClick()函数用来处理鼠标点击事件。

- findSelectImageIndex()函数用来返回点击的缩略图的序号，没有点击则返回-1。
- selectImage()函数用来将点击的缩略图放大显示。
- nextPane()函数用来将实现缩略图的翻页。

4.3.6　缩略图预览显示

根据开发需求，我们还需要实现在用户鼠标滑过时实现缩略图的预览显示功能。

对于缩略图预览显示功能的设计，读者可以参考下面的代码。在 Chrome 浏览器运行之后，显示效果如图 4-44 所示。

Javascript 代码：test_canvas.js。

```
const ARROW_HEIGHT = 10;
const BORDER_WRAPPER = 2;
function paintHighLightImage(srcRect, imageRect)
{
var ratio = imageRect.image.width == srcRect.width?
THUMBNAIL_LENGTH/imageRect.image.width:THUMBNAIL_LENGTH/imageRect.image.height;
ratio *= 1.5;
var destRect =
{
x:imageRect.rect.x + imageRect.rect.width/2 - imageRect.image.width*ratio/2,
        y:navRect.y - ARROW_HEIGHT - BORDER_WRAPPER - imageRect.image.height*ratio,
        width: imageRect.image.width * ratio,
        height: imageRect.image.height * ratio
}
   var wrapperRect =
{
         x: destRect.x - BORDER_WRAPPER,
         y: destRect.y - BORDER_WRAPPER,
         width: destRect.width + BORDER_WRAPPER * 2,
         height: destRect.height + BORDER_WRAPPER * 2
}
   var arrowWidth = ARROW_HEIGHT * Math.tan(30/180*Math.PI);
   context.save();
   context.fillStyle = 'white';
   context.translate(wrapperRect.x, wrapperRect.y);
   context.beginPath();
   context.moveTo(0, 0);
   context.lineTo(wrapperRect.width, 0);
   context.lineTo(wrapperRect.width, wrapperRect.height);
   context.lineTo(wrapperRect.width/2 + arrowWidth, wrapperRect.height);
   context.lineTo(wrapperRect.width/2, wrapperRect.height+ARROW_HEIGHT);
```

```
        context.lineTo(wrapperRect.width/2 - arrowWidth, wrapperRect.height);
        context.lineTo(0, wrapperRect.height);
        context.lineTo(0, 0);
        context.closePath();
        context.fill();
        context.drawImage(imageRect.image, BORDER_WRAPPER, BORDER_WRAPPER,destRect.width,
destRect.height);
        context.restore();
    }
```

- ARROW_HEIGHT 表示预览框下方三角形的高度。
- BORDER_WRAPPER 表示预览框边缘的厚度。
- paintHighLightImage()函数用来显示缩略图预览。
- beginPath()方法用来开辟一条新的子路径。
- fillStyle 属性用来设置当前填充画笔的颜色或者风格。
- lineTo()方法用来画直线。
- fill()函数用来对所有子路径包含的区域进行填充。
- save()方法用来保存 Canvas 的状态。
- restore()方法用来恢复 Canvas 之前保存的状态。
- translate()函数用来移动 Canvas 的原点。
- closePath()函数用来闭合路径。
- fill()函数用来填充指定的区域。

图 4-44　缩略图预览在 Chrome 浏览器的显示效果

4.3.7　自动隐藏导航栏

根据开发需求，我们还需要实现底部导航栏的自动隐藏功能，这主要通过一定的时间重绘 Canvas 来实现。对于底部导航栏的自动隐藏功能的设计，读者可以参考下面的代码。在 Chrome 浏览器运行之后，显示效果如图 4-45 所示。

图 4-45　自动隐藏底部导航栏在 Chrome 浏览器的显示效果

Javascript 代码：test_canvas.js。

```
function paint()
{
   context.clearRect(0, 0, canvas.width, canvas.height);
   paintImage(currentImage);
   var paintInfo = {inLeftBtn:false, inRightBtn:false, inThumbIndex: null}
if (lastMousePos && navRect && lButtonRect && rButtonRect)
{
   if (pointIsInRect(lastMousePos, navRect))
   {
      paintInfo.inLeftBtn = pointIsInRect(lastMousePos, lButtonRect);
      paintInfo.inRightBtn = pointIsInRect(lastMousePos, rButtonRect);
      if (!paintInfo.inLeftBtn && !paintInfo.inRightBtn)
      {
         var index = findSelectImageIndex(lastMousePos);
         if (index != -1)
         {
            paintInfo.inThumbIndex = index;
            }
         }
      }
   }
   if(idleTime && getTime() - idleTime <= IDLE_TIME_OUT)
{
      paintNavigator(paintInfo);
   }
}
```

- paint()函数是绘制 Canvas 的主函数。
- IDLE_TIME_OUT 表示空闲超时时间。
- getTime()函数用来获取当前停留时间。
- paintNavigator()函数用来绘制底部导航栏。

至此，我们就将开发需求中所分析的功能全部实现了。虽然代码较长，但我们还是设计了一个非常酷、非常实用的图片浏览器程序。当然，读者在此基础上，还可以继续开发下去，例如，加入 Html5 Web Canvas 的像素级的操作，实现图片的旋转、编辑和删除等操作等。

4.4 本章小结

在本章，我们主要讨论了 HTML5 中一个非常重要的特性——Html5 Web Canvas。

在第一节中，我们首先主要探讨了 Canvas 的发展史和 Html5 Web Canvas 的优缺点，随后讨论了 Html5 Web Canvas 特性在桌面浏览器和移动设备浏览器的支持情况，得出目前浏览器对 Html5 Web Canvas 支持比较理想的结论。

在第二节中，我们首先讨论了 Canvas 接口的使用，接着细致地探讨了 Canvas 中的画笔风格设置、基本形状绘制、图形图像处理以及 Canvas 文本与图片的处理 API。

在第三节中，我们使用第二节探讨的内容，设计了一个图片浏览器。在这个图片浏览器中，我们实现底部导航、缩略图显示、放大图显示以及预览图显示等多项功能，以具体实例展现了 Html5 Web Canvas 在实际开发中的应用。

第 5 章 寻她千百度——Html5 Web Geolocation

本章，我们将探讨 HTML5 中另一个非常期待的特性——Html5 Web Geolocation，它也被称为 HTML5 地理位置信息服务。这个新特性是 HTML5 中新增加的。

2011 年，Google 推出其社交产品 Google Plus，在 24 天之内，便创下了 2000 万人次使用的创举，这直接威胁了在社交网络领域长期处于霸主地位的 Fackbook。虽然 Google Plus 在图片分享、状态更新、社交交友和社交游戏等方面都很有建树，但更加重要的是，Google+拥有强大的地理位置信息服务功能。

地理位置信息服务（LBS）是互联网中的一个新兴领域，Web 领域的企业巨头和后起之秀都在竞相抢占这个有着美好前景的市场。因此，在 HTML5 之前，基于地理位置信息服务（LBS）的浏览器插件就已经层出不穷。

Html5 Web Geolocation 使得基于地理位置信息服务（LBS）实现方式更加简单。使用 Html5 Web Geolocation 新特性，我们可以轻松地结合 Google Maps、Yahoo!Local 和 Microsoft Virtual Earth 等地图服务的开发平台，开发出独特的地理位置信息服务（LBS）的 Web 应用程序。

本章，我们主要探讨 Html5 Web Geolocation 的地理位置信息服务，首先将讨论 Html5 Web Geolocation 获取地理位置信息的来源和 Html5 Web Geolocation 的用户隐私保护机制，接着会探讨目前主流浏览器对 Html5 Web Geolocation 新特性的支持情况，随后将探讨单次定位请求和持续定位请求的具体使用，接着简要探讨 Google Maps API 的基本使用。最后我们将结合 Google Maps 的开发平台，构建一个地理位置信息服务的实例，探讨 Html5 Web Geolocation 在实际开发中的应用。

5.1 Html5 Web Geolocation 概述

在 Html5 Web Geolocation 中，我们可以很轻松地获取用户的地理位置信息，从而开发出基于地理位置信息服务的 Web 应用程序。本节，我们将探讨与 Html5 Web Geolocation 有关的地理位置信息概念，随后我们将重点讨论 Html5 Web Geolocation 获取地理位置信息的来源以及 Html5 Web Geolcation 的用户隐私保护机制，最后我们将探讨目前主流浏览器对 Html5 Web Geolocation 新特性的支持情况。

5.1.1 地理位置信息

一般情况下，地理位置信息就是指用户在地球上的位置，由经度和纬度构成。地球上的每个位置点都有自己的经纬度坐标。

其中，纬度变化规律以赤道为分界线，向南、北两极递增，赤道以北称北纬，用 N 表示，赤道以南称南纬，用 S 表示。因此，纬度的取值范围为 0～90。经度变化规律以本初子午线为分界线，分别向东、向西递增，本初子午线以东称东经，用 E 表示，本初子午线以西称西经，用 W 表示。因此，经度的取值范围为 0～180。

通常，在 Web 领域中，地理位置的经纬度信息有以下两种表示方式。

- 十进制表示方式（DD）；
- 六十进制表示方式（DMS）。

十进制表示方式，也就是使用小数点来表示，这种表示方式比较常见。目前大部分基于地理位置信息服务（LBS）的 Web 应用程序，经纬度信息都是使用十进制表示方式。如图 5-1 所示。

Hello，来自南京的朋友，您当前所在地的经度为 32.0617，纬度为 118.7778。

图 5-1 经纬度信息的十进制表示方式

六十进制方式，实际上就是使用度、分、秒的格式，它和时间的表示方式类似，在 GPS 全球定位中被广泛使用。如图 5-2 所示。

Hello，来自南京的朋友，您当前所在地的经度为 32°1′36″，纬度为 118°44′25″。

图 5-2 经纬度信息的六十进制表示方式

在 Html5 Web Geolocation 中，除了可以获取用户地理位置的经度和纬度坐标信息之外，还可以获取用户位置信息准确度。这个准确度主要取决 Html5 Web Geolocation 获取用户位置信息的来源，具体会在下一节作进一步探讨。

此外，在 Html5 Web Geolocation 中，用户的地理位置信息不仅包括经度和纬度坐标，还涵盖了用户地理位置的海拔高度、移动方向和移动速度等内容。但是这些信息的获取需要用户的底层硬件设备支持。

5.1.2　位置信息的来源

在 Html5 Web Geolocation 中，并没有指定用户的底层设备来获取用户的位置信息。换句话说，Html5 Web Geolocation 只是负责检索用户位置信息，获取用户位置信息的具体方式完全由用户的硬件实现。当然，获取用户的地理位置信息的方式有很多种。本节我们主要讲述以下三种方式。

- 通过 IP 地址获取地理位置信息。
- 通过 GPS 获取地理位置信息。
- 通过 WIFI 获取地理位置信息

在桌面浏览器中，通过 IP 地址获取地理位置信息是获取用户位置信息的唯一方式。但是这种方式获取的数据是很不准确的。众所周知，IP 地址和用户的地理位置之间存在一定的关系。具体来说，IP 地址段是根据地域来分配的，但这种地域分配并不精确。在国内，一般只能精确到地级市。

在 Html5 Web Geolocation 的通过 IP 地址获取用户的地理位置信息中，浏览器会自动查询用户的 IP 地址，然后检索 IP 地址数据库，从而获取用户的地理位置信息。表 5-1，对通过 IP 地址获取用户的地理位置信息方式的优缺点进行了归纳。

表 5-1　通过 IP 地址地理定位数据的优缺点

优　　点	缺　　点
对用户的设备没有要求，任何场合都可以用	不精确，一般只精确到城市级
在服务器端处理	运算代价太大

通过 IP 地址获取用户的地理位置信息，并不是一项新的技术。虽然获取的数据存在一定的误差，但是它在所有的方式中应用最为广泛，从我们熟知的 QQ 应用程序到站点统计，到处都有其身影。特别是在广告宣传方面，有地域的针对性投放显得非常必要。同一个广告位，可以根据不同地域投放不同广告，不仅可以提高用户体验，还能充分利用广告位资源，实现精准投放。图 5-3 表示爱房网通过用户的 IP 地址获取用户的地理位置信息提供的广告信息。

通过 GPS 获取地理位置信息，是一种比较普通的方式。通过 GPS 获取地理位置信息的方式，也相对比较精确，但是它的获取时间比较长。

GPS（Global Positioning System，全球定位系统），它的前身是美军研究的为陆、海、空三大领域提供实时、 全天候和全球性的导航服务，并用于情报收集、核爆监测和应急通信等一些军事目的的全球定位系统。它通过 24 颗 GPS 导航卫星工作，可以覆盖全球 98%的地理区域，并且提供非常准确的用户定位服务。表 5-2，对通过 GPS 获取用户的地理位置信息方式的优缺点进行了归纳。

图 5-3　爱房网通过 IP 地址获取用户的位置信息提供的广告

表 5-2　通过 GPS 地理定位数据的优缺点

优　　点	缺　　点
定位精确，误差小	定位等待时间长
覆盖区域广泛	需要具有 GPS 终端的设备
服务完全免费	室内效果不好

通过 GPS 获取用户的地理位置信息，在移动互联网中使用非常广泛，在行驶导航、车辆防盗、紧急呼救等方面都有其应用。但是因为 GPS 的定位过程需要比较长的时间，所以，在 Html5 Web Geolocation 中使用并不多。

通过 WIFI 获取地理位置信息，是一项数据信息精确度高、定位时间短的新兴技术。个人电脑、笔记本电脑、PDA、平板电脑、智能手机或无线射频识别(RFID)标签等 WIFI 设备通过无线路由器发出的 802.11 无线电信号，会自动检索 WIFI 热点的 MAC 地址，而任何一个 MAC 地址在全球是唯一的，返回服务器之后，就可以查询到用户的地理位置信息。表 5-3，对通过 WiFi 获取用户的地理位置信息方式的优缺点进行了归纳。

表 5-3　通过 WiFi 地理定位数据的优缺点

优　　点	缺　　点
不受地形的影响，适于室内使用	国内 WiFi 信号不普遍，服务范围受限制
精确度高	对设备有一定的要求

通过 WIFI 获取用户的地理位置信息，比 GPS 方式更加优越，特别是在地形复杂、人口密集和恶劣天气的情况下，有着不可取代的优势。

5.1.3　Html5 Web Geolocation 用户隐私保护机制

通过 Html5 Web Geolocation 新特性，我们可以构建丰富多彩的地理位置信息服务的 Web 程序。但是，某些时候，用户并不想在 Web 程序中共享自己的地理位置信息，这就涉及了 Html5 Web Geolocation 的用户隐私问题。

事实上，我们并不需要考虑这个问题，因为在 Html5 Web Geolocation 中，提供了一套完善的用户隐私保护机制，在未得到用户的许可下，浏览器根本不可能获取用户的地理位置信息。对于 Html5 Web Geolocation 的逻辑架构，如图 5-4 所示。

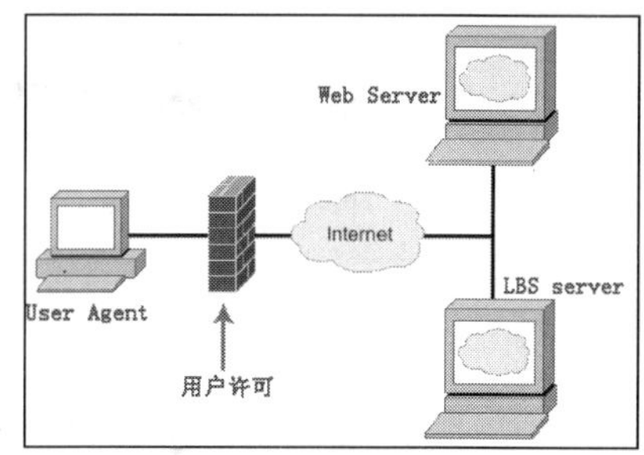

图 5-4　Html5 Web Geolocation 的逻辑架构

从图 5-4 中，可以看出，当用户打开 Html5 Web Geolocation 的 Web 程序时，浏览器并不能立即进行用户的地理位置信息的获取。

只有通过用户的许可，浏览器才能将底层设备检索用户的位置信息返回给服务器。这个用户的许可，就像我们是在客户端和服务器之间的一道防火墙，监控和保护着用户的地理位置隐私信息。通常，这个许可过程，浏览器会弹出对话框来询问用户。图 5-5 和图 5-6 分别表示了在 Chrome 浏览器和 FireFox 浏览器中询问用户请求的显示效果。

图 5-5　Html5 Web Geolocation 程序在 Chrome 浏览器请求获取地理位置信息

图 5-6　Html5 Web Geolocation 程序在 FireFox 浏览器请求获取地理位置信息

当服务器接受从用户底层设备中获取到的地理位置数据之后，服务器就会将相应的数据发送给受信任的 LBS 服务器，返回具体的位置信息之后，再将信息发送给客户端浏览器。

此外，有些 Web 程序会将获取到的用户地理位置信息数据进行存储和重传操作。但是建议读者在处理过程中，不要随意公布用户的地理位置信息。

5.1.4 Html5 Web Geolocation 的浏览器支持情况

Html5 Web Geolocation 的位置信息服务吸引了大部分浏览器制造商的眼球。目前主流的桌面浏览器和移动设备浏览器对 Html5 Web Geolocation 的支持情况如图 5-7 和图 5-8 所示。其中白色表示完全支持，深灰色表示不支持。

iOS Safari	Opera Mini	Android Browser	Opera Mobile	Chrome for Android	Firefox for Android
		2.1			
3.2		2.2			
4.0-4.1		2.3	10.0		
4.2-4.3		3.0	11.5		
5.0-5.1	5.0-7.0	4.0	12.0	18.0	14.0

图 5-7 移动设备浏览器对 Html5 Web Geolocation 的支持情况

IE	Firefox	Chrome	Safari	Opera
	3.0			
	3.5	8.0		
	3.6	10.0		
	4.0	11.0		
	5.0	12.0		
	6.0	13.0		
	7.0	14.0		
	8.0	15.0		
	9.0	16.0		
	10.0	17.0		
6.0	11.0	18.0	4.0	
7.0	12.0	19.0	5.0	
8.0	13.0	20.0	5.1	11.6
9.0	14.0	21.0	6.0	12.0

图 5-8 桌面浏览器对 Html5 Web Geolocation 的支持情况

从图 5-7 和图 5-8 中可以看出，不管是桌面浏览器，还是在移动设备上的浏览器，对 Html5 Web Geolocation 的支持情况还是相当可观的。

此外，对于低版本不支持 Html5 Web Geolocation 的浏览器，我们也可以使用一些开源项目，进行浏览器的扩展，使其对 Html5 Web Geolocation 提供支持。其中，Gear 就是一个相当不错的扩展插件。

5.2 Html5 Web Geolocation 的使用

在 Html5 Web Geolocation 中，实现地理位置信息服务有两种方式——单次请求和重复更新。本节，我们将细致地探讨 Html5 Web Geolocation 中这两种方式的具体使用内容。

5.2.1 检测浏览器支持情况

虽然对 Htm5 Web Canvas 的浏览器支持情况已经相当可观了，但是考虑到浏览器市场成分复杂、版本差异等问题，笔者还是强烈建议对用户的浏览器的支持情况进行必要的检测。

对于检测用户浏览器对 Html5 Web Geolocation 的支持情况，读者可以参考下面的代码。

HTML+Javascript 代码：test_chrome_geolocation.html。

```
<!DOCTYPE html>
<html>
<head>
<script type = "text/javascript">
if(navigator.geolocation)
{
   alert("你的浏览器支持 html5 WEb Geolocation!");
}
else
{
   alert("sorry,你的浏览器还不支持 html5 Web Geolocation!");
}
</script>
</head>
<body>
</body>
</html>
```

navigator.geolocation 是 Html5 Web Geolocation 中的一个特性函数。

在 IE7 浏览器中运行上面的代码，显示效果如图 5-9 所示。

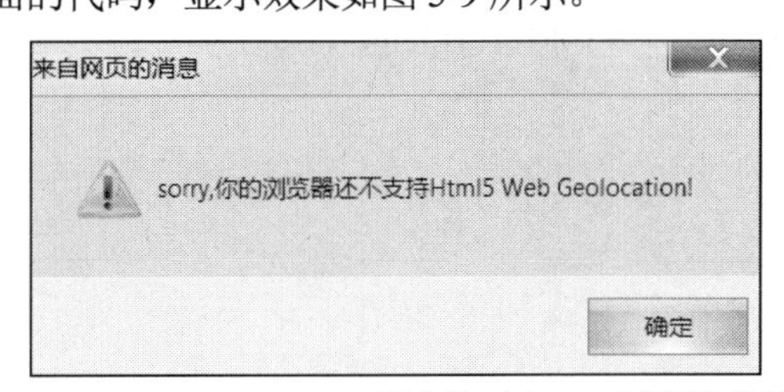

图 5-9　Html5 Web Geolocation 不支持时在 IE7 浏览器的显示效果

实际上，在 Html5 的开发中，对其新特性的浏览器的支持情况很简单，只要使用 Javascript 脚本检测其特性对象或者函数就可以了，这一点在后面的章节中会得到印证。

5.2.2　单次请求方式的基本方法

在 Html5 Web Geolocation 中，不管是单次请求方式还是重复更新方式，都要使用 Geolocation 对象。这个对象可以通过 NavigatorGeolocation 接口中的 geolocation 属性来获取，而 Navigator 接口继承实现了 NavigatorGeolocation 接口的属性。它们之间的具体关系如下面的代码所示。

```
interface NavigatorGeolocation{
readonly attribute Geolocation geolocation;
```

```
};
Navigator implements NavigatorGeolocation;
```

因此，如果我们要获取 Geolocation 对象，可以直接使用 Navigator 对象的 geolocation 属性来获取。

在 Geolocation 接口中，提供了一系列单次请求和重复更新的方法。本节，我们将重点探讨单次请求地理位置信息的方法的具体使用。这些方法包括如下内容。

- getCurrentPosition()方法；
- positionCallback()方法；
- positionErrorCallback()方法。

getCurrentPositon()方法用来获取用户设备当前的地理位置信息。它的具体定义格式如下面的代码所示。

```
Void getCurrentPosition(PositionCallback successCallback,optional PositionErrorCallback errorCallback,optional PositionOptions options);
```

从上面的代码中可以看出，getCurrentPosition()方法接受三个参数，其中 successCallback 是必选的，表示当单次请求用户地理位置信息成功之后执行的回调函数。errorCallback 是可选的，表示单次请求用户地理位置信息失败之后执行的回调函数。第三个参数比较复杂，会在后面的章节作单独探讨。

对于 getCurrentPosition()方法的具体使用，读者可以参考下面的代码，在 Chrome 浏览器运行之后，显示效果如图 5-10 所示。

HTML+Javascript 代码：test_getcurrentposition.html。

```
<!DOCTYPE html>
<html>
<head>
<script>
    var p;
    function load()
    {
        p = document.getElementsByTagName("p")[0];
        if(navigator.geolocation)
        {
            navigator.geolocation.getCurrentPosition(success_callback,error_callback);
        }
        else
        {
            alert("sorry,你的浏览器还不支持 html5 Web Geolocation!");
        }
    }
    function success_callback()
```

```
    {
        p.textContent = "获取用户的位置信息成功！"
    }
    function error_callback()
    {
        p.textContent = "获取用户的位置信息失败！"
    }
    window.addEventListener("load",load,false);
</script>
</head>
<body>
<p></p>
</body>
</html>
```

- getCurrentPositon()方法用来获取用户设备当前的地理位置信息。
- success_callback()方法表示获取用户的地理位置信息成功之后执行的回调。
- error_callback()方法表示获取用户的地理位置信息失败之后执行的回调。

图 5-10　使用 getCurrentPosition()方法在 Chrome 浏览器的显示效果

getCurrentPosition()方法的第三个参数 options 也是一个可选参数，这个参数用来设置一些额外信息。实际上，它是一个 PositionOptions 对象。在 PositionOptions 对象中，有以下三个属性。

- enableHighAccuracy 属性；
- timeout 属性；
- maximumAge 属性。

enableHighAccuracy 属性是一个布尔值，初始值为 false，用来指定浏览器是否启用高精度模式。也就是说，当设置 enableHighAccuracy 属性的属性值为 ture 时，用户的底层设备将花费更多的时间和资源来获取准确度更加高的用户地理位置信息。这个属性在桌面浏览器上的作用不明显，但是在移动设备的浏览器上却有重要的意义。

对于 enableHighAccuracy 属性的具体使用内容，读者可以参考下面的代码。

Javascript 代码：test_enablehighaccuracy.html。

```
<!DOCTYPE html>
<html>
<head>
<script>
    var p;
    function load()
    {
        p = document.getElementsByTagName("p")[0];
        if(navigator.geolocation)
        {
            navigator.geolocation.getCurrentPosition(success_callback,error_callback,
            {enableHighAccuracy:true});
        }
        else
        {
            alert("sorry,你的浏览器还不支持 html5 Web Geolocation!");
        }
    }
    function success_callback()
    {
        p.textContent = "获取用户的位置信息成功! "
    }
    function error_callback()
    {
        p.textContent = "获取用户的位置信息失败! "
    }
    window.addEventListener("load",load,false);
</script>
</head>
<body>
<p></p>
</body>
</html>
```

- getCurrentPositon()方法用来获取用户设备当前的地理位置信息。
- success_callback()方法表示获取用户的地理位置信息成功之后执行的回调。
- error_callback()方法表示获取用户的地理位置信息失败之后执行的回调。
- enableHighAccuracy 属性用来指定浏览器是否启用高精度模式。
- 在上面代码中，可以看出，在使用 getCurrentPosition()方法的第三个参数时，采用的是 JSON 数据格式。

timeout 属性用来指定获取用户的地理位置信息的最长时间，单位为 ms（毫秒）。换句话说，timeout

属性用来设置一个限定时间，如果浏览器在这个限定的时间内没有获取到用户的地理位置信息，就会调用 errorCallback 回调函数。timeout 属性的属性值初始为无穷大，当设置成为无效值，会当作 0ms 来处理。

此外，timeout 属性规定的时间是从浏览器获取用户的许可之后才开始计算的，并不包括询问用户的许可的时间。

对于 timeout 属性的具体使用方法，读者可以参考下面的代码。

HTML+Javascript 代码：test_timeout.html。

```
<!DOCTYPE html>
<html>
<head>
<script>
    var p;
    function load()
    {
        p = document.getElementsByTagName("p")[0];
        if(navigator.geolocation)
        {
            navigator.geolocation.getCurrentPosition(success_callback,error_callback,
            {enableHighAccuracy:true,timeout:30000});
        }
        else
        {
            alert("sorry,你的浏览器还不支持 html5 Web Geolocation!");
        }
    }
    function success_callback()
    {
        p.textContent = "获取用户的位置信息成功！"
    }
    function error_callback()
    {
        p.textContent = "获取用户的位置信息失败！"
    }
    window.addEventListener("load",load,false);
</script>
</head>
<body>
<p></p>
</body>
</html>
```

- getCurrentPositon()方法用来获取用户设备当前的地理位置信息。
- success_callback()方法表示获取用户的地理位置信息成功之后执行的回调。
- error_callback()方法表示获取用户的地理位置信息失败之后执行的回调。
- enableHighAccuracy 属性用来指定浏览器是否启用高精度模式。
- timeout 属性用来指定获取用户的地理位置信息的最长时间。
- 在上面的代码中，如果浏览器在 30s 内没有获取到用户的地理位置信息，就会调用 error_callback()方法

maximumAge 属性用来指定浏览器重新获取用户地理位置信息的时间间隔，单位为 ms。换句话说，当浏览器每次获取用户的地理位置信息成功之后，都会将该地理位置信息缓存。如果获取用户的地理位置信息的间隔在 maximumAge 属性规定的时间范围内，浏览器将会直接从缓存中加载用户的地理位置信息数据。由此可见，maximumAge 属性对于单次请求获取用户的地理位置信息，意义并不大。

此外，maximumAge 属性的初始值为 0ms, 当设置成为无效值，会当作 0 ms 来处理。

对于 maximumAge 属性的具体使用，读者可以参考下面的代码。

HTML+Javascript 代码：test_maximumage.html。

```
<!DOCTYPE html>
<html>
<head>
<script>
    var p;
    function load()
    {
        p = document.getElementsByTagName("p")[0];
        if(navigator.geolocation)
        {
            navigator.geolocation.getCurrentPosition(success_callback,error_callback,
            {enableHighAccuracy:true,timeout:30000,maximumAge:60000});
        }
        else
        {
            alert("sorry,你的浏览器还不支持 html5 Web Geolocation!");
        }
    }
    function success_callback()
    {
        p.textContent = "获取用户的位置信息成功！"
    }
    function error_callback()
    {
```

```
        p.textContent = "获取用户的位置信息失败! "
    }
    window.addEventListener("load",load,false);
</script>
</head>
<body>
<p></p>
</body>
</html>
```

- getCurrentPositon()方法用来获取用户设备当前的地理位置信息。
- success_callback()方法表示获取用户的地理位置信息成功之后执行的回调。
- error_callback()方法表示获取用户的地理位置信息失败之后执行的回调。
- enableHighAccuracy 属性用来指定浏览器是否启用高精度模式。
- timeout 属性用来指定获取用户的地理位置信息的最长时间。
- maximumAge 属性用来指定浏览器重新获取用户地理位置信息的时间间隔。
- 在上面的代码中，如果浏览器在 60s 内刷新页面重新获取用户的地理位置信息，浏览器将会直接从缓存中加载用户的地理位置信息数据。

5.2.3　单次请求成功之后的回调方法

positionCallback()方法表示获取用户的地理位置信息成功之后的回调函数。它的具体定义格式如下面的代码所示。

```
callback PositionCallback = void (Position position);
```

从上面的代码中可以看出，positionCallback()方法接受一个 position 参数。而这个参数是 Position 对象。Position 对象保存了获取的用户地理位置的全部信息和获取时间。在 Position 对象中，有以下属性。

- coords 属性；
- timestamp 属性。

coords 属性实际上是一个 Coordinates 对象，在 Coodinates 对象中，保存了获取到的用户的地理位置信息。Coordinates 对象中的属性如下所示。

- latitude 属性；
- longitude 属性；
- accuracy 属性；
- altitude 属性；
- altitudeAccuracy 属性；
- heading 属性；

- speed 属性。

latitude 属性和 longitude 属性分别返回用户地理位置信息的经度和纬度，而且 latitude 属性和 longitude 属性的属性值都是采用十进制的表示方法。

对于 latitude 属性和 longitude 属性的具体使用，读者可以参考下面的代码，在 Chrome 浏览器运行之后，显示效果如图 5-11 所示。

HTML+Javascript 代码：test_latitude.html。

```
<!DOCTYPE html>
<html>
<head>
<script>
    var p;
    function load()
    {
        p = document.getElementsByTagName("p")[0];
        if(navigator.geolocation)
        {
          navigator.geolocation.getCurrentPosition(success_callback,error_callback);
        }
        else
        {
           alert("sorry,你的浏览器还不支持 html5 Web Geolocation!");
        }
    }
    function success_callback(position)
    {
        var latitude = position.coords.latitude;
        var longitude = position.coords.longitude;
        p.innerHTML = "<h2>您的位置坐标为: </h2>经度:"+latitude+"<br><br>纬度:"+longitude;
    }
    function error_callback()
    {
        p.textContent = "获取用户的位置信息失败! "
    }
    window.addEventListener("load",load,false);
</script>
</head>
<body>
<p></p>
</body>
</html>
```

- getCurrentPositon()方法用来获取用户设备当前的地理位置信息。
- success_callback()方法表示获取用户的地理位置信息成功之后执行的回调。
- error_callback()方法表示获取用户的地理位置信息失败之后执行的回调。
- latitude 属性和 longitude 属性分别返回用户地理位置信息的经度和纬度。

图 5-11　使用 latitude 属性和 longitude 属性在 Chrome 浏览器的显示效果

- 在上面的代码中，获取了用户地理位置的经度和纬度信息。

accuracy 属性用来表示获取到的经度和纬度信息的准确度。accuracy 属性的属性值单位为 m（米），表示误差范围。

对于 accuracy 属性的具体使用，读者可以参考下面的代码。在 Chrome 浏览器运行之后，显示效果如图 5-12 所示。

HTML+Javascript 代码：test_accuracy.html。

```
<!DOCTYPE html>
<html>
<head>
<script>
   var p;
   function load()
   {
      p = document.getElementsByTagName("p")[0];
      if(navigator.geolocation)
      {
        navigator.geolocation.getCurrentPosition(success_callback,error_callback);
      }
      else
      {
         alert("sorry,你的浏览器还不支持 html5 Web Geolocation!");
      }
   }
   function success_callback(position)
   {
      var latitude = position.coords.latitude;
      var longitude = position.coords.longitude;
      var accuracy = position.coords.accuracy;
      p.innerHTML = "<h2>您的位置坐标为: </h2>经度:"+latitude+"<br><br>纬度:"+longitude+
      "<br><br>准确度:"+accuracy;
```

```
    }
    function error_callback()
    {
        p.textContent = "获取用户的位置信息失败！"
    }
    window.addEventListener("load",load,false);
</script>
</head>
<body>
<p></p>
</body>
</html>
```

- getCurrentPositon()方法用来获取用户设备当前的地理位置信息。
- success_callback()方法表示获取用户的地理位置信息成功之后执行的回调。
- error_callback()方法表示获取用户的地理位置信息失败之后执行的回调。
- latitude属性和longitude属性分别返回用户地理位置信息的经度和纬度。
- accuracy 属性用来表示获取到的经度和纬度信息的准确度。

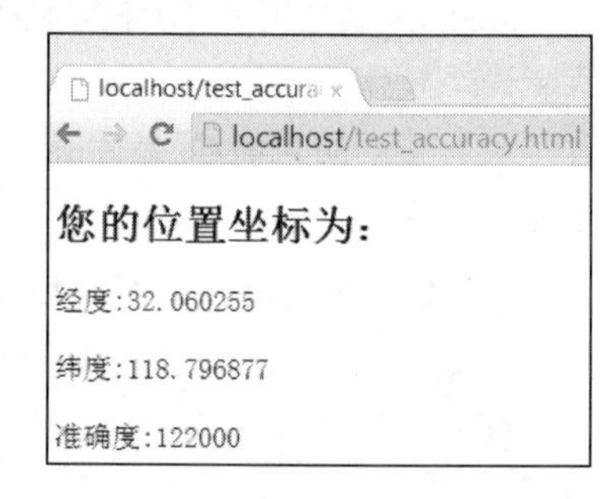

图 5-12　使用 accuracy 属性在 Chrome 浏览器的显示效果

从图 5-11 中可以看出，在桌面浏览器中通过 IP 地址方式获取用户的地理位置信息，误差非常大。在笔者的所在地误差达到 120 多公里。

altitude 属性用来表示用户的地理位置的海拔高度。altitude 属性的属性值为 m（米）。如果用户的底层设备不支持检测用户的地理位置的海拔高度，该 altitude 属性的属性值为 null。

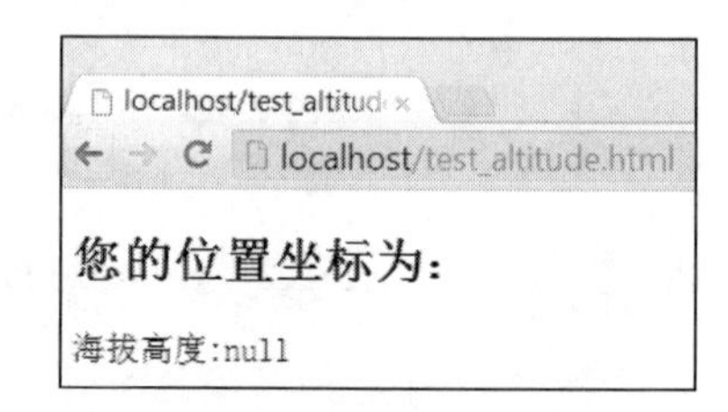

图 5-13　使用 altitude 属性在 Chrome 浏览器的显示效果

对于 altitude 属性的具体使用，读者可以参考下面的代码，在 Chrome 浏览器运行之后，显示效果如图 5-13 所示。

HTML+Javascript 代码：test_altitude.html。

```
<!DOCTYPE html>
<html>
<head>
<script>
    var p;
    function load()
    {
```

```
        p = document.getElementsByTagName("p")[0];
        if(navigator.geolocation)
        {
          navigator.geolocation.getCurrentPosition(success_callback,error_callback);
        }
        else
        {
           alert("sorry,你的浏览器还不支持 html5 Web Geolocation!");
        }
    }
    function success_callback(position)
    {
        var altitude = position.coords.altitude;
        p.innerHTML = "<h2>您的位置坐标为: </h2>海拔高度:"+altitude;
    }
    function error_callback()
    {
        p.textContent = "获取用户的位置信息失败! "
    }
    window.addEventListener("load",load,false);
</script>
</head>
<body>
<p></p>
</body>
</html>
```

- getCurrentPositon()方法用来获取用户设备当前的地理位置信息。
- success_callback()方法表示获取用户的地理位置信息成功之后执行的回调。
- error_callback()方法表示获取用户的地理位置信息失败之后执行的回调。
- altitude 属性用来表示用户的地理位置的海拔高度。

altitudeAccuracy 属性用来表示获取到的用户地理位置信息的海拔高度的精确度。和 accuracy 属性一样，altitudeAccuracy 属性的属性值的单位为 m（米）。如果用户的底层设备不支持检测用户的地理位置的海拔高度，则 altitudeAccuracy 属性的属性值为 null。

对于 latitudeAccuray 属性的具体使用，读者可以参考下面的代码。

HTML+Javascript 代码：test_altitudeaccuracy.html。

```
<!DOCTYPE html>
<html>
<head>
<script>
    var p;
    function load()
```

```
    {
        p = document.getElementsByTagName("p")[0];
        if(navigator.geolocation)
        {
            navigator.geolocation.getCurrentPosition(success_callback,error_callback);
        }
        else
        {
            alert("sorry,你的浏览器还不支持 html5 Web Geolocation!");
        }
    }
    function success_callback(position)
    {
        var altitude = position.coords.altitude;
        var altitudeAccuracy = position.coords.altitudeAccuracy;
        p.innerHTML = "<h2>您的位置坐标为: </h2>海拔高度:"+altitude+
        "<br><br>海拔高度的准确度: "+altitudeAccuracy;;
    }
    function error_callback()
    {
        p.textContent = "获取用户的位置信息失败! "
    }
    window.addEventListener("load",load,false);
</script>
</head>
<body>
<p></p>
</body>
</html>
```

- altitude 属性用来表示用户的地理位置的海拔高度。
- altitudeAccuracy 属性用来表示获取到的用户地理位置信息的海拔高度的精确度。
- 在上面的代码中，如果在桌面浏览器运行之后，altitueAccuracy 属性的属性值为 null。

heading 属性用来表示用户设备移动的方向。heading 属性的属性值以北极为基准，顺时针递增。因此，heading 属性的属性值的取值范围为 0～360 度。

此外，如果用户的底层设备不支持检测用户设备的移动方向，则 heading 属性的属性值为 null。如果用户的设备根本就没有移动，则 heading 属性的属性值为 NaN（Not a Number,不是数字）。

对于 heading 属性的具体使用，读者可以参考下面的代码。

HTML+Javascript 代码：test_heading.html。

```
<!DOCTYPE html>
<html>
<head>
<script>
    var p;
    function load()
    {
        p = document.getElementsByTagName("p")[0];
        if(navigator.geolocation)
        {
          navigator.geolocation.getCurrentPosition(success_callback,error_callback);
        }
        else
        {
          alert("sorry,你的浏览器还不支持 html5 Web Geolocation!");
        }
    }
    function success_callback(position)
    {
        var heading = position.coords.heading;
        p.innerHTML = "<h2>您的移动方向为: </h2>"+heading;
    }
    function error_callback()
    {
        p.textContent = "获取用户的位置信息失败！"
    }
    window.addEventListener("load",load,false);
</script>
</head>
<body>
<p></p>
</body>
</html>
```

- heading 属性用来表示用户设备移动的方向。
- 在上面的代码中，如果在桌面浏览器运行之后，heading 属性的属性值为 null。

speed 属性用来表示用户设备的移动速度。它的单位为 m/s（米/秒）。如果用户的底层设备不支持检测用户设备的移动方向，则 speed 属性的属性值为 null。

对于 speed 属性的具体使用，读者可以参考下面的代码。

HTML+Javascript 代码：test_speed.html。

```
<!DOCTYPE html>
<html>
<head>
<script>
    var p;
    function load()
    {
        p = document.getElementsByTagName("p")[0];
        if(navigator.geolocation)
        {
           navigator.geolocation.getCurrentPosition(success_callback,error_callback);
        }
        else
        {
            alert("sorry,你的浏览器还不支持 html5 Web Geolocation!");
        }
    }
    function success_callback(position)
    {
        var speed = position.coords.speed;
        p.innerHTML = "<h2>您的移动速度为: </h2>:"+speed;
    }
    function error_callback()
    {
        p.textContent = "获取用户的位置信息失败! "
    }
    window.addEventListener("load",load,false);
</script>
</head>
<body>
<p></p>
</body>
</html>
```

- speed 属性用来表示用户设备的移动速度。
- 在上面的代码中，如果在桌面浏览器运行之后，speed 属性的属性值为 null。

timestamp 属性用来表示浏览器获取用户地理位置信息的 UNIX 时间戳。这个 UNIX 时间戳可以转换为标准的北京时间。

对于 timestamp 属性的具体使用，读者可以参考下面的代码，在 Chrome 浏览器运行之后，显示效果如图 5-14 所示。

HTML+Javascript 代码：test_timestamp.html。

```
<!DOCTYPE html>
<html>
<head>
<script>
    var p;
    function load()
    {
        p = document.getElementsByTagName("p")[0];
        if(navigator.geolocation)
        {
            navigator.geolocation.getCurrentPosition(success_callback,error_callback);
        }
        else
        {
            alert("sorry,你的浏览器还不支持 html5 Web Geolocation!");
        }
    }
    function success_callback(position)
    {
        var timestamp = position.timestamp;
        var unixTimestamp = new Date(timestamp * 1000);
        commonTime = unixTimestamp.toLocaleString();
        p.innerHTML = "<h2>获取用户的地理位置信息时间</h2>"+"Unix 时间戳:"+timestamp+"
<br><br>北京时间:"+commonTime;
    }
    function error_callback()
    {
        p.textContent = "获取用户的位置信息失败！"
    }
    window.addEventListener("load",load,false);
</script>
</head>
<body>
<p></p>
</body>
</html>
```

- timestamp 属性用来表示浏览器获取用户地理位置信息的 UNIX 时间戳。
- commonTime 表示将 UNIX 时间戳转换后的北京时间。

图 5-14　使用 timestamp 属性在 Chrome 浏览器的显示效果

5.2.4　单次请求失败之后的回调方法

positionErrorCallback()方法表示获取用户的地理位置信息失败之后的回调函数。它的具体定义格式如下面的代码所示。

```
callback PositionErrorCallback = void (PositionError positionError);
```

从上面的代码中可以看出，positionErrorCallback()方法接受一个 positionError 参数，而这个参数是 PositionError 对象。PositionError 对象保存了获取的用户地理位置的过程中的异常信息，在 PositionError 对象中，有以下常量和属性。

- PERMISSION_DENIED 常量；
- POSITION_UNAVAILABLE 常量；
- TIMEOUT 常量；
- code 属性；
- messaga 属性。

code 属性用来表示浏览器在获取用户地理位置信息过程的异常类型。code 属性的属性值就是 PositionError 对象中的三个常量。

当 code 属性的属性值为 PERMISSION_DENIED 常量时，也可以使用数字 1 表示，表示浏览器没有获取用户的许可，即用户不同意使用 Html5 Web Geolocation 跟踪地理位置信息。

对于 PERMISSON_DENIED 常量的使用，读者可以参考下面的代码，在 Chrome 浏览器运行之后，拒绝获取位置信息，显示效果如图 5-15 所示。

HTML+Javascript 代码：test_permission_denied.html。

```
<!DOCTYPE html>
<html>
<head>
<script>
    var p;
```

```
    function load()
    {
        p = document.getElementsByTagName("p")[0];
        if(navigator.geolocation)
        {
          navigator.geolocation.getCurrentPosition(success_callback,error_callback);
        }
        else
        {
            alert("sorry,你的浏览器还不支持 html5 Web Geolocation!");
        }
    }
    function success_callback(position)
    {
        p.textContent = "获取用户的位置信息成功! "
    }
    function error_callback(positionError)
    {
        var code = positionError.code;
        switch(code)
        {
            case 1:
                p.textContent = "浏览器没有得到用户的许可! ";
                break;
            default:
                p.textContent = "发生未知异常! "
        }
    }
    window.addEventListener("load",load,false);
</script>
</head>
<body>
<p></p>
</body>
</html>
```

- getCurrentPositon()方法用来获取用户设备当前的地理位置信息。
- success_callback()方法表示获取用户的地理位置信息成功之后执行的回调。
- error_callback()方法表示获取用户的地理位置信息失败之后执行的回调。
- code 属性用来表示浏览器在获取用户地理位置信息过程的异常类型。

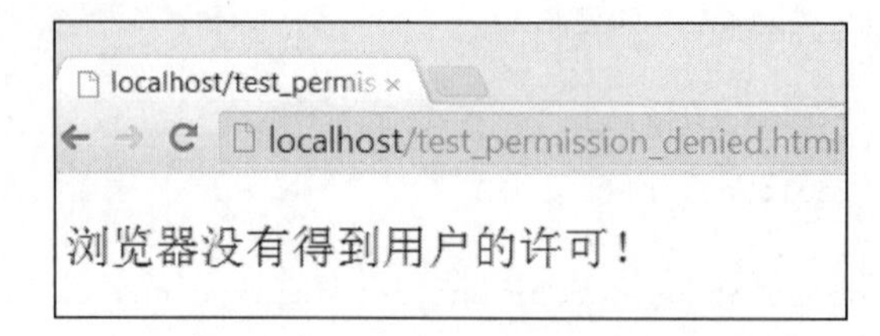

图 5-15　使用 PERMISSION_DENIED 常量在 Chrome 浏览器的显示效果

当 code 属性的属性值为 POSITION_UNAVAILABLE 常量时，也可以使用数字 2 表示，表示浏览器在获取用户地理位置信息进程中，用户的底层设备没有检测到用户的信息。这个异常在一般情况下很少遇见。

对于 POSITION_UNAVAILABLE 常量的使用，读者可以参考下面的代码。

HTML+Javascript 代码：test_position_unavailable.html。

```
<!DOCTYPE html>
<html>
<head>
<script>
    var p;
    function load()
    {
        p = document.getElementsByTagName("p")[0];
        if(navigator.geolocation)
        {
           navigator.geolocation.getCurrentPosition(success_callback,error_callback);
        }
        else
        {
            alert("sorry,你的浏览器还不支持 html5 Web Geolocation!");
        }
    }
    function success_callback(position)
    {
        p.textContent = "获取用户的位置信息成功! "
    }
    function error_callback(positionError)
    {
        var code = positionError.code;
        switch(code)
        {
            case 1:
```

```
                p.textContent = "浏览器没有得到用户的许可！";
                break;
            case 2:
                p.textContent = "位置信息不可用！"
                break;
            default:
                p.textContent = "发生未知异常！"
        }
    }
    window.addEventListener("load",load,false);
</script>
</head>
<body>
<p></p>
</body>
</html>
```

- getCurrentPositon()方法用来获取用户设备当前的地理位置信息。
- success_callback()方法表示获取用户的地理位置信息成功之后执行的回调。
- error_callback()方法表示获取用户的地理位置信息失败之后执行的回调。
- code 属性用来表示浏览器在获取用户地理位置信息过程的异常类型。

当 code 属性的属性值为 TIMEOUT 常量时，也可以使用数字 2 表示，表示在设置了 timeout 属性的情况下，浏览器没有在指定的时间内获取到用户的地理位置信息。

对于 TIMEOUT 常量的使用，读者可以参考下面的代码。在 Chrome 浏览器运行之后，显示效果如图 5-16 所示。

图 5-16　使用 TIMEOUT 常量在 Chrome 浏览器的显示效果

HTML+Javascript 代码：test_timeout.html。

```
<!DOCTYPE html>
<html>
<head>
<script>
    var p;
    function load()
```

```
    {
        p = document.getElementsByTagName("p")[0];
        if(navigator.geolocation)
        {
            navigator.geolocation.getCurrentPosition(success_callback,error_callback,,
            {timeout:0});
        }
        else
        {
            alert("sorry,你的浏览器还不支持 html5 Web Geolocation!");
        }
    }
    function success_callback(position)
    {
        p.textContent = "获取用户的位置信息成功！"
    }
    function error_callback(positionError)
    {
        var code = positionError.code;
        switch(code)
        {
            case 1:
                p.textContent = "浏览器没有得到用户的许可！";
                break;
            case 2:
                p.textContent = "发生内部异常！"
                break;
            case 3:
                p.textContent = "获取用户地理位置信息超时！"
                break;
            default:
                p.textContent = "发生未知异常！"
        }
    }
    window.addEventListener("load",load,false);
</script>
</head>
<body>
<p></p>
</body>
</html>
```

- timeout 属性用来指定获取用户的地理位置信息的最长时间。

- code 属性用来表示浏览器在获取用户地理位置信息过程的异常类型。
- 在上面的代码中，我们设置 timeout 属性的属性值为 0s，即肯定会发生超时异常。

message 属性用来返回浏览器在获取用户在地理位置信息过程中的详细异常信息。一般情况下，这个属性不会直接使用，而是用于开发人员调试 Html5 Web Geolocation 的 Web 程序，相当于 Chrome 浏览器的开发人员工具和 FireFox 的 Web 控制台。

对于 message 属性的具体使用，读者可以参考下面的代码，在 Chrome 浏览器运行之后，显示效果如图 5-17 所示。

```
<!DOCTYPE html>
<html>
<head>
<script>
    var p;
    function load()
    {
        p = document.getElementsByTagName("p")[0];
        if(navigator.geolocation)
        {
            navigator.geolocation.getCurrentPosition(success_callback,error_callback,
            {timeout:0});
        }
        else
        {
            alert("sorry,你的浏览器还不支持 html5 Web Geolocation!");
        }
    }
    function success_callback(position)
    {
        p.textContent = "获取用户的位置信息成功！"
    }
    function error_callback(positionError)
    {
        var message = positionError.message;
        p.textContent = "异常信息"+message;
    }
    window.addEventListener("load",load,false);
</script>
</head>
<body>
<p></p>
</body>
```

```
</html>
```

- getCurrentPositon()方法用来获取用户设备当前的地理位置信息。
- success_callback()方法表示获取用户的地理位置信息成功之后执行的回调。
- error_callback()方法表示获取用户的地理位置信息失败之后执行的回调。
- timeout 属性用来指定获取用户的地理位置信息的最长时间。
- message 属性用来返回浏览器在获取用户在地理位置信息过程中的详细异常信息。
- 在上面的代码中，我们设置 timeout 属性的属性值为 0s，即肯定会发生超时异常。

图 5-17　使用 message 属性在 Chrome 浏览器的显示效果

5.2.5　重复更新方式的基本方法

重复更新方式和单次请求方式类似。不同的是，在重复更新方式中，当浏览器获取到用户的地理位置信息之后，会继续监视用户的地理位置信息。当用户的地理位置信息一旦发生改变，就会重新进行获取。因此，重复更新方式主要应用在移动设备的浏览器上。

在重复更新方式中，主要有以下两个方法。

- watchPosition()方法；
- clearWatch()方法。

watchPosition()方法用来获取和监视用户设备当前的地理位置信息。它的具体定义格式如下面的代码所示。

```
void watchPosition(PositionCallback successCallback,optional PositionErrorCallback errorCallback,optional PositionOptions options);
```

从上面的代码中可以看出，wathcPostion()方法的参数和 getCurrentPosition()方法的参数完全相同，因此这里不再赘述。

此外，watchPosition()方法返回的是一个特定标志的 watchID。

对于 watchPostion()方法的具体使用，读者可以参考下面的代码。在 Chrome 浏览器运行之后，显示效果如图 5-18 所示。

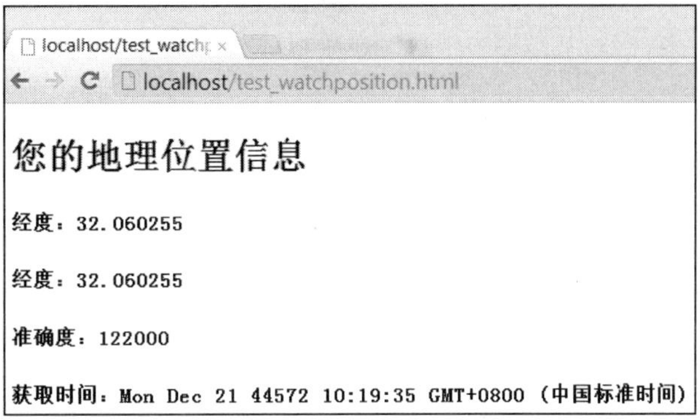

localhost/test_watchposition.html

您的地理位置信息

经度：32.060255

经度：32.060255

准确度：122000

获取时间：Mon Dec 21 44572 10:19:35 GMT+0800 (中国标准时间)

图 5-18　使用 watchPosition()方法在 Chrome 浏览器的显示效果

HTML+Javascript 代码：test_watchposition.html。

```
<!DOCTYPE html>
<html>
<head>
<script>
    var p;
    function load()
    {
        p = document.getElementsByTagName("p")[0];
        if(navigator.geolocation)
        {
            var watchId = navigator. geolocation.watchPosition(success_callback,
error_callback);
        }
        else
        {
            alert("sorry,你的浏览器还不支持 html5 Web Geolocation!");
        }
    }
    function success_callback(position)
    {
        var str = "<h2>您的地理位置信息</h2>";
        var latitude = position.coords.latitude;
        str += "<h5>经度: "+latitude+"</h5>";
        var longitude = position.coords.latitude;
        str += "<h5>经度: "+longitude+"</h5>";
        var accuracy = position.coords.accuracy;
        str += "<h5>准确度: "+accuracy+"</h5>";
        var timestamp = position.timestamp;
```

```
            var unixTimestamp = new Date(timestamp * 1000);
            var commonTime = unixTimestamp.toLocaleString();
            str += "<h5>获取时间: "+commonTime+"</h5>";
            p.innerHTML = str;
        }
        function error_callback(positionError)
        {
            var code = positionError.code;
            switch(code)
            {
                case 1:
                    p.textContent = "浏览器没有得到用户的许可! ";
                    break;
                case 2:
                    p.textContent = "位置信息不可用! "
                    break;
                case 3:
                    p.textContent = "获取用户地理位置信息超时! "
                    break;
                default:
                    p.textContent = "发生未知异常! "
            }
        }
        window.addEventListener("load",load,false);
    </script>
    </head>
    <body>
    <p></p>
    </body>
    </html>
```

- watchPosition()方法用来获取和监视用户设备当前的地理位置信息。
- success_callback()方法表示获取用户的地理位置信息成功之后执行的回调。
- error_callback()方法表示获取用户的地理位置信息失败之后执行的回调。
- code 属性用来表示浏览器在获取用户地理位置信息过程的异常类型。
- 在移动设备的浏览器运行上面的代码，如果移动的设备的地理位置发生变化，相关的信息将会立即更新。

clearWatch()方法用来终止浏览器监视用户地理位置信息的变化。clearWatch()方法接受一个参数，这个参数就是 watchPosition()方法返回的特定标志的 watchID。

对于 clearWatch()方法的使用，读者可以参考下面的代码。

HTML+Javascript 代码：test_clearwatch.html。

```
<!DOCTYPE html>
<html>
<head>
<script>
    var p;
    function load()
    {
        p = document.getElementsByTagName("p")[0];
        if(navigator.geolocation)
        {
            var watchId = navigator.geolocation. watchPosition(success_callback,
            error_callback);
            setTimeout("stop_watch("+watchId+")",3600000);
        }
        else
        {
            alert("sorry,你的浏览器还不支持 html5 Web Geolocation!");
        }
    }
    function stop_watch(watchId)
    {
        navigator.geolocation.clearWatch(watchId);
    }
    function success_callback(position)
    {
        var str = "<h2>您的地理位置信息</h2>";
        var latitude = position.coords.latitude;
        str += "<h5>经度: "+latitude+"</h5>";
        var longitude = position.coords.latitude;
        str += "<h5>经度: "+longitude+"</h5>";
        var accuracy = position.coords.accuracy;
        str += "<h5>准确度: "+accuracy+"</h5>";
        var timestamp = position.timestamp;
        var unixTimestamp = new Date(timestamp * 1000);
        var commonTime = unixTimestamp.toLocaleString();
        str += "<h5>获取时间: "+commonTime+"</h5>";
        p.innerHTML = str;
    }
    function error_callback(positionError)
    {
        var code = positionError.code;
        switch(code)
```

```
        {
            case 1:
                p.textContent = "浏览器没有得到用户的许可! ";
                break;
            case 2:
                p.textContent = "位置信息不可用! "
                break;
            case 3:
                p.textContent = "获取用户地理位置信息超时! "
                break;
            default:
                p.textContent = "发生未知异常! "
        }
    }
    window.addEventListener("load",load,false);
</script>
</head>
<body>
<p></p>
</body>
</html>
```

- watchPosition()方法用来获取和监视用户设备当前的地理位置信息。
- success_callback()方法表示获取用户的地理位置信息成功之后执行的回调。
- error_callback()方法表示获取用户的地理位置信息失败之后执行的回调。
- clearWatch()方法用来终止浏览器监视用户地理位置信息的变化。
- timeout()方法表示在指定的时间执行特定的函数。
- 在上面的代码中，浏览器在监控用户的位置信息一个小时后，就自动解除对用户地理位置信息的监控。

5.3 Google Maps 的基本使用

通常情况下，Html5 Web Geolocation 会结合 Google Maps、Yahoo!Local 和 Microsoft Virtual Earth 等地图服务的开发平台来使用。以 Google Maps 为例，本节，我们将重点探讨 Google Maps API 的基本使用内容。

5.3.1 引入 Google Maps API

在 Google Maps Javascript API 中，提供了两个版本，其中以 Google Maps JavaScript API V3 对 HTML5 的兼容性较好。此外在第三版中，可以不需要申请 Google key 就可以使用，但是为了更好地管理自己的

Web 程序，也可以考虑申请一个 Google key，申请地址为 https://code.google.com/apis/console。具体申请方法不再作进一步探讨。

实际上，Google Maps 提供了三种方式的 API。即普通地图 API、静态地图 API 和可使用 GPS 设备的地图 API。本书主要讨论普通地图 API。

在使用 Google Maps 之前，我们应该在自己的 Web 程序引入 Google Maps API。具体引入方式，读者可以参考下面的代码。在 Chrome 浏览器运行之后，显示效果如图 5-19 所示。

图 5-19　导入 Google Maps API 在 Chrome 浏览器的显示效果

HTML+Javascript 代码：test_googlemaps.html。

```
<!DOCTYPE html>
<html>
  <head>
<script src="http://maps.google.com/maps/api/js?&sensor=false">
</script>
    <script>
    function load()
    {
        var map_div = document.getElementById("map_div");
        if(typeof(google.maps.Map))
        {
            map_div.textContent = "导入Google Maps API 成功! ";
        }
        else
        {
            map_div.textContent = "导入Google Maps API 失败! ";
        }
      }
    window.addEventListener("load",load,false);
    </script>
  </head>
  <body>
    <div id="map_div" style="width:650px; height:450px"></div>
  </body>
</html>
```

- sensor=false 表示不使用 Google Maps 的传感器确定用户的默认位置。
- map_div 用来显示地图，这里用来输出导入状态信息。
- google.maps.Map 是 Google Maps API 中的一个对象。

5.3.2 初始化地图显示

导入 Google Maps API 之后，我们就可以对地图进行初始化显示，实际上这就是实例化 Map 类。在 Google MapsAPI 中提供了以下两种方式初始化地图显示。

- 设置 MapOptions 类属性方式；
- 调用 Map 类方法的方式。

设置 MapOptions 类属性方式是一种比较常用初始化地图显示的方式。首先我们来讨论一下 Map 类的构造方法的格式。

```
Map(mapDiv:Node, opts?:MapOptions)
```

从上面的代码中，可以看出，Map()构造方法接受两个参数，其中一个参数是必选的，表示 div 标签对应的 DOM 节点。而另一个参数是可选的，它是 MapOptions 对象。

设置 MapOptions 属性方式就是使用 Map()构造方法的第二个参数 MapOptions 对地图进行初始化显示。在 MapOptions 对象中,提供了一系列的属性。比较常见的属性有以下几个。

- center 属性；
- mapTypeId 属性；
- zoom 属性。

center 属性用来设置地图显示的中心坐标。center 属性的属性值为一个 LatLng 类的实例。在 LatLng 对象的构造方法中，我们只用传人经度和纬度的坐标值就可以实现对 LatLng 实例化。

mapTypeId 属性用来设置地图显示的类型。mapTypeId 属性的属性值是 MapTypeId 类中定义的常量，具体如表 5-4 所示。

表 5-4 mapTypeId 属性的属性值

属性值	说明
HYBRID	表示显示地名的卫星地图
ROADMAP	表示普通的地图
SATELLITE	表示卫星地图
TERRAIN	表示显示地形的普通地图

zoom 属性用来设置地图的缩放级别，取值范围为 0～17 的整数。

在初始化地图显示的使用，上面的属性都必选设置，否则地图无法正常显示。

对于 center 属性、mapTypeId 属性和 zoom 属性的具体使用，读者可以参考下面的代码。在 Chrome 浏览器运行之后，显示效果如图 5-20 所示。

图 5-20　使用 center、mapTypeId 和 zoom 属性在 Chrome 浏览器的显示效果

HTML+Javascript 代码：test_map1.html。

```
<!DOCTYPE html>
<html>
  <head>
<script src="http://maps.google.com/maps/api/js?&sensor=false">
</script>
    <script>
    var map_div;
    function load()
    {
        map_div = document.getElementById("map_div");
        if(typeof(google.maps.Map))
        {
            if(navigator.geolocation)
            {
                avigator.geolocation.getCurrentPosition(success_callback,error_
                callback);
            }
            else
            {
                map_div.textContent = "sorry,你的浏览器还不支持Html5 Web Geolocation!";
            }
        }
```

```
        else
        {
            map_div.textContent = "导入Google Maps API 失败！";
        }
    }
    function success_callback(position)
    {
        var latitude = position.coords.latitude;
        var longitude = position.coords.longitude;
        var myOptions =
        {
            center:new google.maps.LatLng(latitude,longitude),
            zoom:9,
            mapTypeId: google.maps.MapTypeId.ROADMAP
        }
        var map = new google.maps.Map(map_div,myOptions);
    }
    function error_callback(positionError)
    {
        alert("获取用户地理位置信息发生异常"+positionError.message);
    }
    window.addEventListener("load",load,false);
    </script>
  </head>
  <body>
<div id="map_div" style="width:400px; height:300px"></div>
  </body>
</html>
```

- getCurrentPositon()方法用来获取用户设备当前的地理位置信息。
- success_callback()方法表示获取用户的地理位置信息成功之后执行的回调。
- error_callback()方法表示获取用户的地理位置信息失败之后执行的回调。
- latitude 属性和 longitude 属性分别返回用户地理位置信息的经度和纬度。
- center 属性用来设置地图显示的中心坐标。
- zoom 属性用来设置地图的缩放级别。
- mapTypeId 属性用来设置地图显示的类型。
- 在上面的代码中，我们将用户的所在地设置为地图的中心坐标。

采用调用 Map 类方法的方式，在实例化 Map 类的时候，在构造方法中并不传入第二个可选参数 MapOptions 对象，而是直接调用 Map 的类方法进行设置。在 Map 类中，比较常见的方法有以下三个。

- setCenter()方法；

- setZoom()方法；
- setMapTypeId()方法。

setCenter()方法用来设置地图显示的中心坐标。它接受一个参数，参数的值为 LatLng 类的实例。

setZoom()方法用来设置地图显示的缩放等级。它接受一个参数，参数的取值范围为 0～17 的整数。

setMapTypeId()方法用来设置地图显示的类型。它接受一个参数，参数的值为 MapTypeId 类中的常量。

对于 setCenter()、setZoom()和 setMapTypeId()方法的具体使用，读者可以参考下面的代码。在 Chrome 浏览器运行之后，显示效果如图 5-21 所示。

图 5-21 使用 setCenter()、setMapTypeId()和 setZoom()方法在 Chrome 浏览器的显示效果

HTML+Javascript 代码：test_map2.html。

```
<!DOCTYPE html>
<html>
  <head>
<script src="http://maps.google.com/maps/api/js?&sensor=false">
</script>
    <script>
    function load()
    {
        var map_div = document.getElementById("map_div");
        if(typeof(google.maps.Map))
        {
            if(navigator.geolocation)
```

```
            {
                navigator.geolocation.getCurrentPosition(success_callback,error_
                callback);
            }
            else
            {
                map_div.textContent = "sorry,你的浏览器还不支持Html5 Web Geolocation!";
            }
        }
        else
        {
            map_div.textContent = "导入Google Maps API失败！";
        }
    }
    function success_callback(position)
    {
        var latitude = position.coords.latitude;
        var longitude = position.coords.longitude;
        var map = new google.maps.Map(map_div);
        map.setCenter(new google.maps.LatLng(latitude,longitude));
        map.setZoom(9);
        map.setMapTypeId(google.maps.MapTypeId.HYBRID);
    }
    function error_callback(positionError)
    {
        alert("获取用户地理位置信息发生异常"+positionError.message);
    }
    window.addEventListener("load",load,false);
</script>
</head>
<body>
    <div id="map_div" style="width:400px; height:300px"></div>
</body>
</html>
```

- latitude 属性和 longitude 属性分别返回用户地理位置信息的经度和纬度。
- setCenter()方法用来设置地图显示的中心坐标。
- setZoom()方法用来设置地图显示的缩放等级。
- setMapTypeId()方法用来设置地图显示的类型。
- 在上面的代码中，我们将用户的所在地设置为地图的中心坐标。

5.3.3　添加地图地标显示

在 Google Maps API 中，提供了一个 Marker 类来实现在地图上添加地标显示。和初始化地图显示的 Map 类一样，在 Google Maps API 中提供了以下两种方式来添加地图的地标显示。

- 设置 MarkerOptions 类属性方式；
- 调用 Marker 类属性的方式。

设置 MarkerOptions 类属性方式是一种比较常用初始化地图显示的方式。首先我们来讨论一下 Marker 类的构造方法的格式。

```
Marker(opts?:MarkerOptions)
```

从上面的代码中，可以看出，Marker()构造方法只接受一个可选参数，它就是 MarkerOptions 对象。在 MarkerOptions 对象中，提供了一系列的属性。比较常见的属性有以下几个。

- map 属性；
- position 属性；
- title 属性。

map 属性用来将特定的地图地标添加到地图中并显示出来。position 属性用来设置地标的坐标位置，这是 MarkerOptions 对象中的唯一一个必选值。title 属性用来设置地标的提示文本。

对于 map 属性、position 属性和 titile 属性的具体使用方法，读者可以参考下面的代码。在 Chrome 浏览器运行之后，显示效果如图 5-22 所示。

HTML+Javascript 代码：test_map.html。

```
<!DOCTYPE html>
<html>
  <head>
<script src="http://maps.google.com/maps/api/js?&sensor=false">
</script>
    <script>
    function load()
    {
        var map_div = document.getElementById("map_div");
        if(typeof(google.maps.Map))
        {
            if(navigator.geolocation)
            {
                navigator.geolocation.getCurrentPosition(success_callback,error_
                callback);
            }
            else
```

```
            {
                map_div.textContent = "sorry,你的浏览器还不支持Html5 Web Geolocation!";
            }
        }
        else
        {
            map_div.textContent = "导入Google Maps API失败! ";
        }
    }
    function success_callback(position)
    {
        var latitude = position.coords.latitude;
        var longitude = position.coords.longitude;
        var map = new google.maps.Map(map_div);
        map.setCenter(new google.maps.LatLng(latitude,longitude));
        map.setZoom(10);
        map.setMapTypeId(google.maps.MapTypeId.TERRAIN);
        var markerOptions =
        {
            map:map,
            title:"我的位置",
            position:new google.maps.LatLng(latitude,longitude)
        }
        var marker = new google.maps.Marker(markerOptions);
    }
    function error_callback(positionError)
    {
        alert("获取用户地理位置信息发生异常"+positionError.message);
    }
    window.addEventListener("load",load,false);
    </script>
  </head>
  <body>
    <div id="map_div" style="width:400px; height:300px"></div>
  </body>
</html>
```

- google.maps.Marker 是 Google Maps API 中的一个对象。
- map 属性用来将特定的地图地标添加到地图中并显示出来。
- position 属性用来设置地标的坐标位置。

- title 属性用来设置地标的提示文本。
- 在上面的代码中，会将用户所在的地理位置以地标的形式标注出来。

图 5-22　使用 map 属性、position 属性和 title 属性在 Chrome 浏览器的显示效果

采用调用 Marker 类方法的方式，在实例化 Marker 类的时候，在构造方法中并不传入第二个可选参数 MarkerOptions 对象，而是直接调用 Marker 的类方法进行设置。在 Marker 类中，比较常见的方法有以下三个。

- setMap()方法；
- setTitle()方法；
- setPosition()方法。

setMap()方法用来将特定的 Marker 地标实例加载到地图中并显示出来。setPosition()方法用来设置地标的坐标位置，这是 MarkerOptions 对象中的唯一一个必选值。setTitle（）方法用来设置地标的提示文本。

对于 setMap()、setPosition()和 setTitle()方法的具体使用内容，读者可以参考下面的代码。在 Chrome 浏览器运行之后，显示效果如图 5-23 所示。

HTML+Javascript 代码：test_marker2.html。

```
<!DOCTYPE html>
<html>
  <head>
<script src="http://maps.google.com/maps/api/js?&sensor=false">
```

```
</script>
    <script>
    function load()
    {
        var map_div = document.getElementById("map_div");
        if(typeof(google.maps.Map))
        {
            if(navigator.geolocation)
            {
                navigator.geolocation.getCurrentPosition(success_callback,error_
                callback);
            }
            else
            {
                map_div.textContent = "sorry,你的浏览器还不支持Html5 Web Geolocation!";
            }
        }
        else
        {
            map_div.textContent = "导入Google Maps API 失败! ";
        }
    }
    function success_callback(position)
    {
        var latitude = position.coords.latitude;
        var longitude = position.coords.longitude;
        var map = new google.maps.Map(map_div);
        map.setCenter(new google.maps.LatLng(latitude,longitude));
        map.setZoom(14);
        map.setMapTypeId(google.maps.MapTypeId. ROADMAP);
        var marker = new google.maps.Marker();
        marker.setPosition(new google.maps.LatLng(latitude,longitude));
        marker.setTitle("我还是在这里");
        marker.setMap(map);
    }
    function error_callback(positionError)
    {
        alert("获取用户地理位置信息发生异常"+positionError.message);
    }
    window.addEventListener("load",load,false);
    </script>
  </head>
  <body>
```

```
    <div id="map_div" style="width:400px; height:300px"></div>
  </body>
</html>
```

- google.maps.Marker 是 Google Maps API 中的一个对象。
- setMap()方法用来将特定的地图地标添加到地图中并显示出来。
- setPosition()方法用来设置地标的坐标位置。
- setTitle()方法用来设置地标的提示文本。
- 在上面的代码中，会将用户所在的地理位置以地标的形式标注出来。

图 5-23　使用 setMap()方法、setPosition()方法和 setTitle()方法在 Chrome 浏览器的显示效果

5.3.4　添加地图信息窗口显示

在 Google Maps API 中，提供了一个 InfoWindow 类来实现在地图上信息窗口显示。在 InfoWindow 类中提供了一系列的属性和方法，本节，我们将重点探讨使用 InfoWindow 类在地图上添加信息窗口显示。

首先我们来讨论一下 Marker 类的构造方法的格式。

```
InfoWindow(opts?:InfoWindowOptions)
```

从上面的代码中，可以看出，InfoWindow()构造方法只接受一个可选参数，它是 InfoWindowOptions 对象。在 InfoWindow 和 InfoWindowOptions 对象中，提供了一系列的属性。比较常见的属性有以下几个。

- open()方法；

- position 属性；
- content 属性。

open()方法是 InfoWindow 类的类方法，用来将特定地图信息显示窗口添加到地图中并显示出来。

position 属性用来设置地图信息窗口的坐标位置，这是 InfoWindowOptions 对象中的必选值。

content 属性用来设置地图信息窗口显示的内容，content 属性的属性值既可以是普通的文本字符串，也可以是 HTML 代码，还可以直接是 DOM 节点。

对于 open()方法、postion 属性和 content 属性的具体使用内容，读者可以参考下面的代码。在 Chrome 浏览器运行之后，显示效果如图 5-24 所示。

图 5-24　使用 open()方法、position 属性和 content 属性在 Chrome 浏览器的显示效果

HTML+Javascript 代码：test_infowindow.html。

```
<!DOCTYPE html>
<html>
  <head>
<script  src="http://maps.google.com/maps/api/js?&sensor=false">
</script>
   <script>
   function load()
   {
      var map_div = document.getElementById("map_div");
      if(typeof(google.maps.Map))
```

```
        {
            if(navigator.geolocation)
            {
                navigator.geolocation.getCurrentPosition(success_callback,error_
                callback);
            }
            else
            {
                map_div.textContent = "sorry,你的浏览器还不支持Html5 Web Geolocation!";
            }
        }
        else
        {
            map_div.textContent = "导入Google Maps API 失败! ";
        }
    }
    function success_callback(position)
    {
        var latitude = position.coords.latitude;
        var longitude = position.coords.longitude;
        var map = new google.maps.Map(map_div);
        map.setCenter(new google.maps.LatLng(latitude,longitude));
        map.setZoom(14);
        map.setMapTypeId(google.maps.MapTypeId.ROADMAP);
        var infowindowOptions =
        {
            content:"我在这里!",
            position:new google.maps.LatLng(latitude,longitude)
        }
        var infos = new google.maps.InfoWindow(infowindowOptions);
        infos.open(map);
    }
    function error_callback(positionError)
    {
        alert("获取用户地理位置信息发生异常"+positionError.message);
    }
    window.addEventListener("load",load,false);
    </script>
  </head>
  <body>
    <div id="map_div" style="width:400px; height:300px"></div>
  </body>
</html>
```

- google.maps.InfoWindow 是 Google Maps API 中的一个对象。
- open()方法用来将特定地图信息显示窗口添加到地图中并显示出来。
- position 属性用来设置地图信息窗口的坐标位置。
- content 属性用来设置地图信息窗口显示的内容。
- 在上面的代码中，我们在用户所在的地理位置显示一个信息窗口。

5.4 构建 Html5 Web Geolocation 开发实例

学习编程真正行之有效的方法莫过于实践。为了让读者可以快速上手 Html5 Web Geolocation，本节，我们将以一个具体的开发实例，来探讨 Html5 Web Geolocation 在实际开发中的应用。

5.4.1 分析开发的需求

在已经进入了 web2.0 高速发展的互联网时代的今天，基于地理位置信息服务（LBS）的 Web 程序也层出不穷，而 Html5 Web Geolocation 特性只是一个工具，它只是提供了获取用户的地理位置信息的功能，真正的地理位置信息服务还需要开发人员结合其他技术去设计。

在本次开发实例中，我们将构建一个预报用户所在地的天气情况的简单 Web 程序。在这个程序中，我们需要实现以下功能。

- 使用 Html5 Web Geolocation 实现获取用户的地理位置信息的功能。
- 使用 Google Maps API 实现在 Google 地图上定位用户的地理位置的功能。
- 实现提供用户所在地的天气预报的功能。

在此次开发实例中，我们将使用到前面探讨的 Html5 Web Geolocation 和 Google Maps API 的基础内容，并结合 Javascript 脚本语言和简单的 CSS 样式进行设计。

5.4.2 搭建程序主框架

根据开发需求，在本次开发实例中，我们需要实现三个方面的功能。现在我们来搭建程序的主框架，建立 geolocation.html，geolocation.css 和 geolocation.js 三个文件，分别对应着 HTML 代码、CSS 样式设计和 Javascript 脚本文件。

对于 geolocation.html 文件的 HTML 设计，读者可以参考下面的代码。

HTML 代码：test_geolocation.html。

```
<!DOCTYPE html>
<html>
<head>
<title>Html5 Web Geolocation</title>
```

```
<link rel="stylesheet" href="test_geolocation.css"/>
<script src="test_geolocation.js"></script>
<script src="http://maps.google.com/maps/api/js?&sensor=false">
</script>
</head>
<body>
<section id="wrapper">
<header>
    <h1>Html5 Web Geolocation</h1>
</header>
<article></article>
<footer>
    designed by <em>guoxiaocheng</em> from hhu.
</footer>
</section>
</body>
</html>
```

- geolocation.css 是同一文件夹下的 CSS 样式文件。
- geolocation.js 是同一文件夹下的 Javascript 脚本文件。
- article 标签里用来显示地图的信息。
- 在上面的代码中，还引入了 Google Maps API。

在上面的 HTML 代码中，我们定义了程序的基本的显示模块，下面我们简单设计一下 CSS 样式。对于 CSS 样式的具体设计，读者可以参考下面的代码。在 Chrome 浏览器运行之后，显示效果如图 5-25 所示。

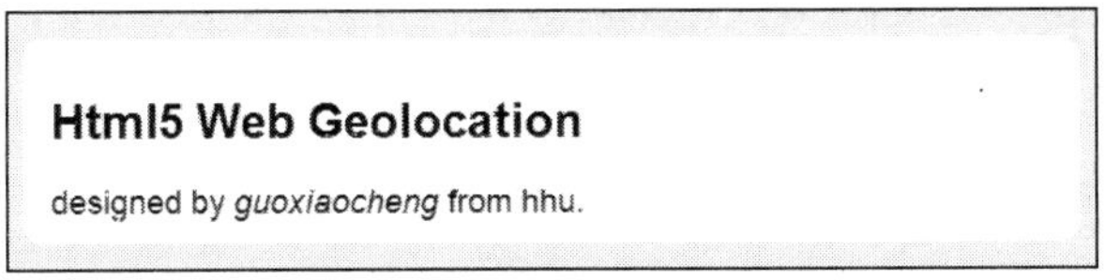

图 5-25　程序主框架在 Chrome 浏览器的显示效果

CSS 代码：test_geolocation.css。

```
body
{
    font: normal 16px/20px Helvetica, sans-serif;
    background: rgb(237, 237, 236);
    margin: 0;
    margin-top: 40px;
```

```
    padding: 0;
}
section, header, footer
{
display: block;
}
footer
{
margin-top:20px;
}
#wrapper
{
width: 520px;
margin: 0 auto;
background: #FFFFFF;
-moz-border-radius: 10px;
-webkit-border-radius: 10px;
border-top: 1px solid #fff;
    padding-bottom: 10px;
padding-left:15px;
}
h1
{
    padding-top: 10px;
}
```

- body 表示 body 标签对应的 CSS 样式设计。
- header 对应的 header 标签的 CSS 样式设计。
- footer 对应的 footer 标签的 CSS 样式设计。
- section 对应的 section 标签的 CSS 样式设计。

5.4.3　获取用户的地理位置信息

根据开发需求，我们需要使用 Html5 Web Geolocation 获取用户的地理位置信息。在本次开发实例中，我们只要获取到用户的经度和纬度信息就可以了。

对于获取用户的地理位置信息的具体设计，读者可以参考下面的代码，在 Chrome 浏览器运行之后，显示效果如图 5-26 所示。

Javascript 代码：test_geolocation.js。

```
var p;
function load()
{
```

```
var article = document.getElementsByTagName("article")[0];
p = document.createElement("p");
article.appendChild(p);
getGeolocation();
}
function getGeolocation()
{
if(navigator.geolocation)
{
    navigator.geolocation.getCurrentPosition(success_callback,error_callback);
}
else
{
    p.textContent = "sorry,你的浏览器还不支持Html5 Web Geolocation!"
}
}

function success_callback(position)
{
var str = "<h2>位置信息</h2>";
var latitude = position.coords.latitude;
str += "<h5>经度:"+latitude+"</h5>"
var longitude = position.coords.longitude;
str += "<h5>纬度:"+longitude+"</h5>"
p.innerHTML = str;
}
function error_callback(positionError)
{
var code = positionError.code;
    switch(code)
    {
        case 1:
            p.textContent = "浏览器没有得到用户的许可! ";
            break;
        case 2:
            p.textContent = "位置信息不可用! "
            break;
        case 3:
            p.textContent = "获取用户地理位置信息超时! "
            break;
        default:
            p.textContent = "发生未知异常! "
    }
```

```
}
window.addEventListener("load",load,false);
```

- getGeolocation（）方法是获取用户的地理位置信息的主函数。
- getCurrentPositon()方法用来获取用户设备当前的地理位置信息。
- success_callback()方法表示获取用户的地理位置信息成功之后执行的回调。
- error_callback()方法表示获取用户的地理位置信息失败之后执行的回调。
- latitude 属性和 longitude 属性分别返回用户地理位置信息的经度和纬度。
- code 属性用来表示浏览器在获取用户地理位置信息过程的异常类型。
- addEventListener()方法注册监听了 onload 事件。

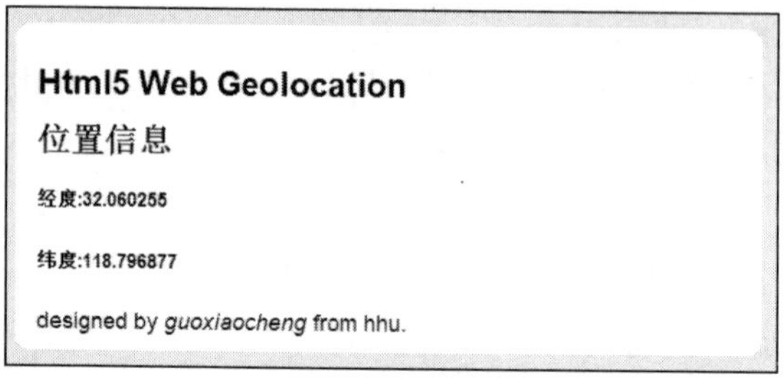

Html5 Web Geolocation

位置信息

经度:32.060255

纬度:118.796877

designed by *guoxiaocheng* from hhu.

图 5-26　获取用户的地理位置信息在 Chrome 浏览器的显示效果

5.4.4　在 Google 地图上显示用户的地理位置

根据开发需求，我们需要使用 Google Maps API 在 Google 地图上显示用户的地理位置。在本次开发实例中，当加载完地图之后，我们将地图的中心坐标设置为用户的地理位置，并且用一个地图地标标记出来。

对于在 Google 地图上显示用户的地理位置的具体设计，读者可以参考下面的代码，在 Chrome 浏览器运行之后，显示效果如图 5-27 所示。

Javascript 代码：test_geolocation.html。

```
var p;
var map_article;
function load()
{
var article = document.getElementsByTagName("article")[0];
map_article = article;
p = document.createElement("p");
article.appendChild(p);
getGeolocation();
}
function getGeolocation()
```

```
{
if(navigator.geolocation)
{
   navigator.geolocation.getCurrentPosition(success_callback,error_callback);
}
else
{
   p.textContent = "sorry,你的浏览器还不支持Html5 Web Geolocation!"
}
}
function displayMaps(latitude,longitude)
{
var map_div = document.createElement("div");
map_div.id = "map_div";
map_div.style.width = "500px";
map_div.style.height = "400px";
map_article.appendChild(map_div);
if(typeof(google.maps.Map))
{
   var mapOptions =
   {
      center:new google.maps.LatLng(latitude,longitude),
      zoom:17,
      mapTypeId: google.maps.MapTypeId.ROADMAP
   }
   var map = new google.maps.Map(map_div,mapOptions);
   var markerOptions =
   {
      position:new google.maps.LatLng(latitude,longitude),
      title:"您的位置",
      map:map
   }
   var marker = new google.maps.Marker(markerOptions);
}
else
{
   p.textContent = "导入Google Maps API 失败! ";
}
}
function success_callback(position)
{
var latitude = position.coords.latitude;
var longitude = position.coords.longitude;
displayMaps(latitude,longitude);
}
```

```
function error_callback(positionError)
{
var code = positionError.code;
    switch(code)
    {
        case 1:
            p.textContent = "浏览器没有得到用户的许可！";
            break;
        case 2:
            p.textContent = "位置信息不可用！"
            break;
        case 3:
            p.textContent = "获取用户地理位置信息超时！"
            break;
        default:
            p.textContent = "发生未知异常！"
    }
}
window.addEventListener("load",load,false);
```

图 5-27　在 Google 地图上显示用户的地理位置在 Chrome 浏览器的显示效果

- disPlayMaps()方法是在 Goolge 地图上显示用户的地理位置的主函数。
- google.maps.Marker 是 Google Maps API 中的一个对象。
- map 属性用来将特定的地图地标添加到地图中并显示出来。
- position 属性用来设置地标的坐标位置。
- title 属性用来设置地标的提示文本。
- google.maps.Map 是 Google Maps API 中的一个对象。
- center 属性用来设置地图显示的中心坐标。
- zoom 属性用来设置地图的缩放级别。
- mapTypeId 属性用来设置地图显示的类型。
- addEventListener()方法监听了 onload 事件。

5.4.5　显示用户所在地的天气

根据开发需求，我们还需要在程序中实现显示用户所在地的天气情况的功能。一般情况下，实现这个功能有两种选择。

- 使用 Google Weather API 方式。
- 使用 Google Maps API 方式。

使用 Google Weather API 方式，提供了强大的天气预报的功能。只要指定下面的任何一种的数据的地理位置信息，就可以查询到详细的天气预报信息。

- 邮政编码;
- 城市名称;
- 经纬度坐标。

邮政编码方式只支持美国地区，在中国国内不适用，在此，不作进一步讨论。

城市名称方式很简单，只要在 URL 地址传入城市的名称即可。例如，在浏览器中输入下面的 URL 地址会返回南京的天气情况。

```
http://www.google.com/ig/api?weather=Nanjing
```

经纬度坐标方式和城市名称方式类似，只要在 URL 地址传入经纬度坐标即可。例如，在浏览器中输入下面的 URL 地址会返回笔者所在地的天气情况。

```
http://www.google.com/ig/api?hl=zh-cn&weather=,,,32000000,118800003
```

读者应该注意的是，在 URL 地址中传入的经纬度坐标必须是以十进制表示方式，而且还必须去除小数点。通过 Google Weather API 返回的是指定地理位置的当前天气情况和四天之后的天气预报。如图 5-28 所示。

```
▼<xml_api_reply version="1">
  ▼<weather module_id="0" tab_id="0" mobile_row="0" mobile_zipped="1" row="0" section="0">
    ▶<forecast_information>...</forecast_information>
    ▼<current_conditions>
       <condition data="大雨"/>
       <temp_f data="79"/>
       <temp_c data="26"/>
       <humidity data="湿度： 78%"/>
       <icon data="/ig/images/weather/cn_heavyrain.gif"/>
       <wind_condition data="风向： 东北、风速：10 米/秒"/>
     </current_conditions>
    ▼<forecast_conditions>
       <day_of_week data="周三"/>
       <low data="24"/>
       <high data="28"/>
       <icon data="/ig/images/weather/cn_heavyrain.gif"/>
       <condition data="雨"/>
     </forecast_conditions>
```

图 5-28　Google Weather API 返回的天气预报数据

从图 5-28 中可以看出，Google Weather API 返回的天气数据以 XML 格式化数据表示。但是目前浏览器对 XML 的数据解析处理上存在很大的差异。更为严重的是，我们在使用 Javascript 脚本解析 Google Weather API 时，会面临一个跨域访问问题。因此，我们采用 Google Maps API 来显示用户所在地的天气情况。

使用 Google Maps API 方式获取指定地理位置的天气情况是 Google 地图最近新增加的功能。在使用 Google Maps API 的天气预报功能之前，我们应该先在程序中引入 weather 库。

在程序中引入 weather 库的具体方法，读者可以参考下面的代码。

```
<script type="text/javascript"
src="http://maps.google.com/maps/api/js?libraries=weather&sensor=false">
</script>
```

引入 Google Maps API 的 weather 成功之后，我们就可以实现显示用户所在地的天气的功能。读者可以参考下面的代码，在 Chrome 浏览器运行之后，显示效果如图 5-29 所示。

Javascript 代码：test_geolocation.js。

```
var p;
var map_article;
function load()
{
var article = document.getElementsByTagName("article")[0];
map_article = article;
p = document.createElement("p");
article.appendChild(p);
getGeolocation();
}
```

```
function getGeolocation()
{
if(navigator.geolocation)
{
   navigator.geolocation.getCurrentPosition(success_callback,error_callback);
}
else
{
   p.textContent = "sorry,你的浏览器还不支持Html5 Web Geolocation!"
}
}
function displayMaps(latitude,longitude)
{
var map_div = document.createElement("div");
map_div.id = "map_div";
map_div.style.width = "500px";
map_div.style.height = "300px";
map_article.appendChild(map_div);
if(typeof(google.maps.Map))
{

   var mapOptions =
   {
      center:new google.maps.LatLng(latitude,longitude),
      zoom:7,
      mapTypeId: google.maps.MapTypeId.ROADMAP
   }
   var map = new google.maps.Map(map_div,mapOptions);


   showWeather(map);
   var markerOptions =
   {
      position:new google.maps.LatLng(latitude,longitude),
      title:"您的位置",
      map:map
   }
   var marker = new google.maps.Marker(markerOptions);
}
else
{
   p.textContent = "导入Google Maps API失败! ";
}
```

```
}

function showWeather(map)
{
if(typeof(google.maps.weather.WeatherLayer))
{
    var weather = new google.maps.weather.WeatherLayer();
    weather.setMap(map);
}
else
{
    p.textContent = "导入Google Maps API 的weather库失败！"
}
}
function success_callback(position)
{
var latitude = position.coords.latitude;
var longitude = position.coords.longitude;
displayMaps(latitude,longitude);
}
function error_callback(positionError)
{
var code = positionError.code;
    switch(code)
    {
        case 1:
            p.textContent = "浏览器没有得到用户的许可！";
            break;
        case 2:
            p.textContent = "位置信息不可用！"
            break;
        case 3:
            p.textContent = "获取用户地理位置信息超时！"
            break;
        default:
            p.textContent = "发生未知异常！"
    }
}
window.addEventListener("load",load,false);
```

- showWeather()方法是在显示用户所在地的天气信息的主函数。
- google.maps.WeatherLayer 是 Google Maps API 中 weather 库的一个对象。

- map 属性用来将特定的地图地标添加到地图中并显示出来。
- position 属性用来设置地标的坐标位置。
- title 属性用来设置地标的提示文本。
- google.maps.Map 是 Google Maps API 中的一个对象。
- center 属性用来设置地图显示的中心坐标。
- zoom 属性用来设置地图的缩放级别。
- mapTypeId 属性用来设置地图显示的类型。
- addEventListener()方法监听了 onload 事件。

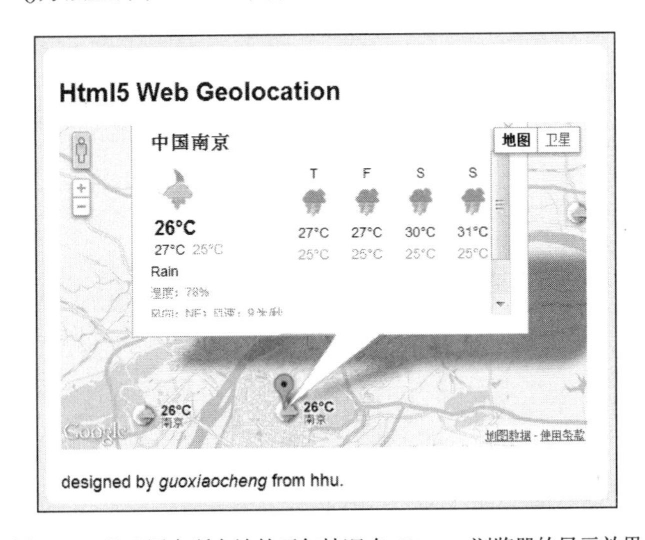

图 5-29　显示用户所在地的天气情况在 Chrome 浏览器的显示效果

在上面的代码中，我们使用的是 Google Maps API 的默认天气显示风格。当然我们也可以定制自己的天气显示风格。对于定制自己的天气显示风格，读者可以参考下面的代码，在 Chrome 浏览器运行之后，显示效果如图 5-30 所示。

Javascript 代码：test_geolocation.js。

```
var p;
var map_article;
function load()
{
var article = document.getElementsByTagName("article")[0];
map_article = article;
p = document.createElement("p");
article.appendChild(p);
getGeolocation();
```

```
}
function getGeolocation()
{
if(navigator.geolocation)
{
    navigator.geolocation.getCurrentPosition(success_callback,error_callback);
}
else
{
    p.textContent = "sorry,你的浏览器还不支持Html5 Web Geolocation!"
}
}
function displayMaps(latitude,longitude)
{
var map_div = document.createElement("div");
map_div.id = "map_div";
map_div.style.width = "500px";
map_div.style.height = "300px";
map_article.appendChild(map_div);
if(typeof(google.maps.Map))
{
    var mapOptions =
    {
        center:new google.maps.LatLng(latitude,longitude),
        zoom:11,
        mapTypeId: google.maps.MapTypeId.ROADMAP
    }
    var map = new google.maps.Map(map_div,mapOptions);
    showWeather(map);
    var markerOptions =
    {
        position:new google.maps.LatLng(latitude,longitude),
        title:"您的位置",
        map:map
    }
    var marker = new google.maps.Marker(markerOptions);
}
else
{
    p.textContent = "导入Google Maps API失败! ";
}
}
```

```
function showWeather(map)
{
if(typeof(google.maps.weather.WeatherLayer))
{
    var weather = new google.maps.weather.WeatherLayer();
    weather.setMap(map);
    google.maps.event.addListener(weather,"click",doWeatherEvent);
}
else
{
    p.textContent = "导入Google Maps API的weather库失败！"
}
}

function doWeatherEvent(event)
{
var location = event.featureDetails.location;
var description = event.featureDetails.current.description;
var high = event.featureDetails.current.high;
var low = event.featureDetails.current.low;
var str = "<h4>您的当前位置: "+location+"</h4>";
str += "<h5>天气: "+description+"</h5>";
str += "<h5>温度:"+low+"~"+high+"</h5>";
event.infoWindowHtml = str;
}
function success_callback(position)
{
var latitude = position.coords.latitude;
var longitude = position.coords.longitude;
displayMaps(latitude,longitude);
}
function error_callback(positionError)
{
var code = positionError.code;
    switch(code)
    {
        case 1:
            p.textContent = "浏览器没有得到用户的许可！";
            break;
        case 2:
            p.textContent = "位置信息不可用！"
            break;
```

```
        case 3:
            p.textContent = "获取用户地理位置信息超时！"
            break;
        default:
            p.textContent = "发生未知异常！"
    }
}
window.addEventListener("load",load,false);
```

- showWeather()方法是显示用户所在地的天气信息的主函数。
- doWeatherEvent()方法用来处理天气浮层的 onclick 事件。
- location 用来表示用户的地理位置。
- description 用来表示用户所在地当天的天气情况。
- low 和 high 分别用来表示用户所在地的最低和最高气温。
- addEventListener()方法监听了 onload 事件。

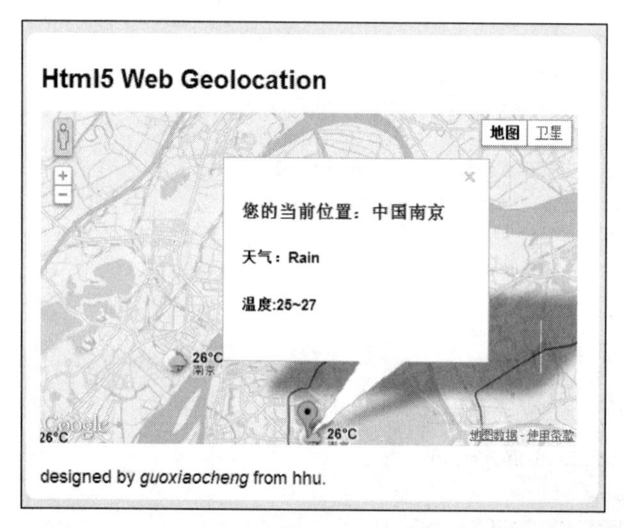

图 5-30　定制自己的天气显示风格在 Chrome 浏览器的显示效果

在上面的代码中，只是提供了一种定制自己的天气显示风格的方法。因为本书篇幅有限，读者可以自行为信息窗口的 HTML 代码添加 CSS 样式。

至此，我们就完成了程序开发需求的所有功能。在这一百行左右的代码中，我们使用了 Html5 Web Geolocation 新特性，结合 Google Maps API 接口，完整地向读者展示了基于 Html5 Web Geolocation 地理位置服务程序开发过程。

5.5　本章小结

本章中，我们主要讨论了 HTML5 中一个新特性——Html5 Web Geolocation。

在第一节中，我们首先主要探讨了 Html5 Web Geolocation 获取地理位置信息的来源和 Html5 Web Geolocation 的用户隐私保护机制，随后讨论了 Html5 Web Geolocation 特性在桌面浏览器和移动设备浏览器的支持情况，得出目前浏览器对 Html5 Web Geolocation 支持比较好的结论。

在第二节中，我们细致地讨论了在 Html5 Web Geolocation 中，单次定位请求和持续定位请求的具体使用。

在第三节中，我们简要探讨了 Google Maps API 的基本使用，主要包括对 google 地图的初始化、在地图上添加地标显示操作以及在地图上添加信息窗口显示操作。

在第四节中，我们使用 Html5 Web Geolocation 新特性，结合 Google Maps API 开发了一个基于地理位置服务（LBS）程序，实现了获取用户的地理位置信息、在 Google 地图上定位用户的地理位置和提供用户所在地的天气预报三大功能，展现了 Html5 Web Geolocation 在实际开发中的应用。

第 6 章　多管共齐下——Html5 Web Workers

本章，我们将探讨 Html5 中有关多线程运行的新特性——Html5 Web Workers。这是一个引入到 HTML5 规范中的全新特性。

在 HTML5 之前，在使用 HTML 与 JavaScript 创建出来的 Web 程序中，所有的脚本处理都是在单线程内执行的。因此，如果脚本执行的时间比较长，程序的用户界面就会处于长时间没有响应的状态。最恶劣的是，当时间达到一定程度的话，浏览器还会跳出一个提示脚本运行时间过长的警告框，使用户不得不中断正在执行的脚本处理。

为了解决这个问题，在 Html5 规范中，引入了 Html5 Web Workers 新特性。Html5 Web Workers 使用了一种多线程的机制，它允许 Web 程序并发执行多个 Javascript 脚本，彼此之间相互独立，只是由浏览器的 Javascript 引擎负责调度管理，使得开发人员的 Web 程序多线程编程成为可能。

在本章中，我们将主要讨论 Html5 Web Workers，首先对 Html5 Web Workers 的特点和工作原理进行介绍，接着会探讨目前主流浏览器对 Html5 Web Workers 新特性的支持情况。随后，我们会细致地探讨 Html5 Web Workers 的专用线程和共享线程的具体使用。最后我们将通过一个具体的开发实例，探讨 Html5 Web Workers 在实际开发中的应用。

6.1　Html5 Web Workers 的概述

在 HTML5 之前，Web 程序的脚本语言通过单线程方式进行工作，这不仅大大削弱了脚本语言的执行效率，而且有时会影响用户界面的正常显示。而 Html5 Web Workers 特性的优势就在于它让 Web 程序具有后台处理能力。本节，我们首先会讨论进程和线程的概念，接下来会探讨 Html5 Web Workers 的特点和工作原理，最后将讨论目前主流浏览器对 Html5 Web Workers 新特性的支持情况。

6.1.1 进程和线程

进程最初定义在 Windows、Unix 等多用户、多任务操作系统环境下用于表示应用程序在内存环境中基本执行单元的概念。以 Windows 操作系统为例，进程是 Windows 操作系统环境中的基本成分、是系统资源分配的基本单位。Windows 操作系统中完成的几乎所有用户管理和资源分配等工作都是通过操作系统对应用程序进程的控制来实现的，如图 6-1 所示。

360Comput...	Admin...	00	1,040 K	360硬件...
360rp.exe	Admin...	00	1,668 K	360杀毒...
360Safe.exe	Admin...	00	7,580 K	360安全...
360sd.exe	Admin...	00	644 K	360杀毒...
360tray.exe	Admin...	00	10,668 K	360安全...
AppleMobi...	SYSTEM	00	916 K	Mobile...
armsvc.exe	SYSTEM	00	156 K	Adobe ...
atieclxx.exe	SYSTEM	00	608 K	AMD Ex...
atiesrxx.exe	SYSTEM	00	160 K	AMD Ex...
audiodg.exe	LOCAL...	00	14,616 K	Window...
ComputerZ...	Admin...	00	1,520 K	360硬件...
ComputerZ...	Admin...	00	712 K	360硬件...
csrss.exe	SYSTEM	00	924 K	Client...
csrss.exe	SYSTEM	00	1,824 K	Client...
dwm.exe	Admin...	02	15,432 K	桌面窗...
explorer.exe	Admin...	04	27,532 K	Window...

图 6-1 Windows 操作系统的应用程序的进程

线程需要操作系统的支持，不是所有类型的计算机都支持多线程应用程序。多线程是指程序设计语言将线程支持与语言运行环境结合在一起，提供了多任务并发执行的能力。这就好比一个人在处理家务的过程中，将衣服放到洗衣机中自动洗涤后将大米放在电饭锅里，然后开始做菜。等菜做好了、饭熟了的同时，衣服也洗好了。

进程和线程都是由操作系统所体会的程序运行的基本单元，系统利用该基本单元实现系统对应用的并发性。但这是两个不同的概念，笔者对它们之间的主要区别归纳如下。

- 线程划分尺度小于进程。换句话说，一个程序至少有一个进程，一个进程至少有一个线程，这就是程序、进程、线程三级机制。
- 进程在程序执行过程中，拥有自己独立的内存空间。而对于线程来说，多个线程之间对内存的使用一般是共享的。
- 每个独立的线程都有一个程序运行的入口、顺序执行序列和程序的出口。但是线程不能够独立执行，必须依存在应用程序中，由应用程序提供多个线程执行控制。
- 多线程应用程序表示有多个执行部分可以同时并发执行，但操作系统并没有将多个线程看做多个独立的应用，来实现进程的调度和管理以及资源分配。

进程和线程的概念并不复杂，搞清楚这两者的关系将使我们更好地理解 Html5 Web Workers 的多线程编程。

6.1.2 Html5 Web Workers 的特点

在 Html5 Web Workers 中，最重要的是提供对 Javascript 脚本的多线程执行的支持。目前的 Html5 Web Workers 还很不成熟，其工作原理、性能都还有极大地改变和提升余地，但是其理想性能是值得认可的。在 Html5 草案中，对 Html5 Web Workers 的特征就进行了明确的规范。

- 能够长时间运行。
- 理想的启动性能。

- 理想的内存消耗。

这三大特征简洁地概括了 Html5 Web Worker 的优势特性。用我们自己的话来说，Html5 Web Workers 可以让我们开发人员编写能够长时间运行而不被用户所中断的后台程序，去执行事务或者算术逻辑，并同时保证页面对用户的及时响应。

尽管 Html5 Web Workers 功能强大，但也不是无所不能，它也存在在一些弊端。例如，在 Html5 Web Workers 中，不能直接访问 Web 页面，也不能操作 DOM。而且虽然 Html5 Web Workers 不会因大量的脚本运行而导致浏览器停止响应，但还是需要消耗一定的 CPU 周期和内存，从而导致用户的整个操作系统运行缓慢。

6.1.3 Html5 Web Workers 的工作原理

传统上意义上的多线程可以解释为轻量级进程，它和进程一样拥有独立的执行控制的能力，一般情况下由操作系统负责调度。

而在 HTML5 中的多线程是这样一种机制，它允许在 Web 程序中并发执行多个 JavaScript 脚本，每个脚本执行流都称为一个线程，彼此间互相独立，并且有浏览器中的 JavaScript 引擎负责统一调度和管理。

Html5 Web Workers 包含了两种线程模式，即专用线程（dedicated worker）和共享线程（shared worker）。专用线程是与创建它的脚本连接在一起，它可以与其他的 worker 或是浏览器组件通信，但是他不能与 DOM 通信。其处理模型和流程如下所示。

- 创建一个独立并行的处理环境，并且在这个环境中并行执行下面的步骤。
- 在线程的隐式端口中启用端口消息队列。
- 建立事件循环，等待一直到事件循环列表中出现新的任务。
- 首先运行事件循环列表中的最先进入的任务，但是用户代理可以选择运行任何一个任务。
- 如果事件循环列表拥有存储 mutex 互斥信号量，那么释放它。
- 当运行完一个任务后，从事件循环列表中删除它。
- 如果事件循环列表中还有任务，那么继续前面的步骤执行这些任务。
- 如果活动超时后，清空工作线程的全局作用域列表。
- 释放工作线程的端口列表中的所有端口。

共享线程和专用线程一样，不能访问 DOM，并且对窗体属性的访问也受到限制。一般情况下，共享线程只能与其他来自同一个域的共享线程通信。共享线程的处理模型处理模型如下所示。

- 创建一个独立的并行处理环境，并且在这个环境里面异步的运行下面的步骤。
- 找出最合适的应用程序缓存。
- 尝试从它提供的 URL 里面使用 synchronous 标志和 force same-origin 标志获取脚本资源。

- 新脚本创建的时候会按照下面的步骤：
- 创建这个脚本的执行环境。
- 使用脚本的执行环境解析脚本资源。
- 设置脚本的全局变量为工作线程全局变量。
- 设置脚本编码为 UTF-8 编码。
- 启动线程监视器，关闭独立线程。
- 对于挂起线程，启动线程监视器监视挂起线程的状态，即时在并行环境中更改它们的状态。
- 跳入脚本初始点，并且启动运行。

当然，因为 Html5 Web Workers 的草案还在不断更新，这些处理模型也是处于不断完善和发展中的。对于 Html5 Web Workers 的具体处理过程，在后来的章节我们还会作进一步探讨。

6.1.4　Html5 Web Workers 的浏览器支持情况

Html5 Web Workers 是一项非常实用的新特性。各大主流浏览器制造商对 Html5 Web Workers 都非常看好，都在不断优化自身的 Javascript 管理引擎，竞相争抢 Web 程序多线程执行的新高地。

目前主流的桌面浏览器和移动设备浏览器对 Html5 Web Workers 的支持情况如图 6-2 和图 6-3 所示。其中白色表示完全支持，深灰色表示不支持。

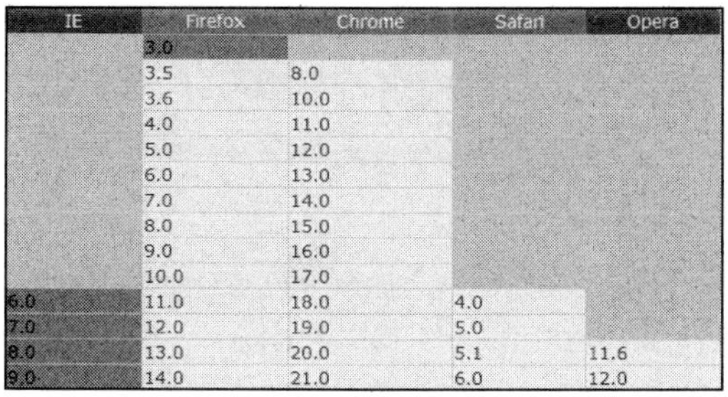

IE	Firefox	Chrome	Safari	Opera
	3.0			
	3.5	8.0		
	3.6	10.0		
	4.0	11.0		
	5.0	12.0		
	6.0	13.0		
	7.0	14.0		
	8.0	15.0		
	9.0	16.0		
	10.0	17.0		
6.0	11.0	18.0	4.0	
7.0	12.0	19.0	5.0	
8.0	13.0	20.0	5.1	11.6
9.0	14.0	21.0	6.0	12.0

图 6-2　桌面浏览器对 Html5 Web Workers 的支持情况

iOS Safari	Opera Mini	Android Browser	Opera Mobile	Chrome for Android	Firefox for Android
		2.1			
3.2		2.2			
4.0-4.1		2.3	10.0		
4.2-4.3		3.0	11.5		
5.0-5.1	5.0-7.0	4.0	12.0	18.0	14.0

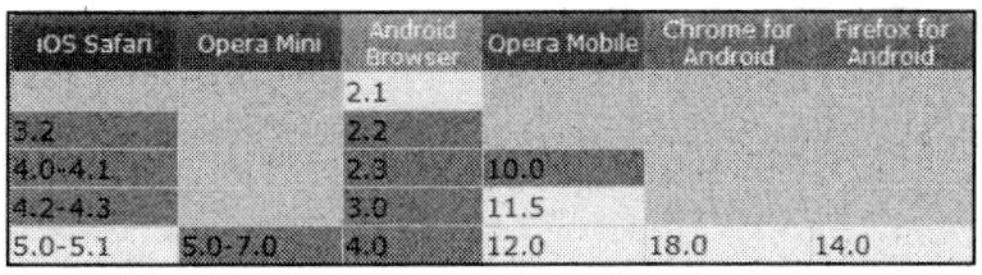

图 6-3　移动设备浏览器对 Html5 Web Worker 的支持情况

从图 6-2 和图 6-3 中可以看出，不管是桌面浏览器，还是在移动设备上的浏览器，对 Html5 Web Workers 新特性的支持情况还是比较理想的。

当然，由于 Html5 Web Workers 的规范还在不断发展，各大主流浏览器对 Html5 Web Workers 的具体实现还存在一定的差异。例如在 Opera 浏览器中，如果我们在线程中调用 close()方法，那么就代表着一切都结束了。换句话说，在调用 close()方法之后，如果你仍然试图使用 worker 中的某些属性、事件、或方法，就会抛出异常，但其他浏览器则不会出现这种情况。这些浏览器之间的差异，我们将在后面的章节中进一步探讨。

6.2　Html5 Web Workers 的使用

在 Html5 Web Workers 中，包含了两种线程处理模式——专用线程和共享线程。本节，我们将细致地探讨 Html5 Web Workers 中这两种线程的具体使用方法。

6.2.1　浏览器支持情况检测

因为各浏览器对 Html5 Web Workers 的支持情况不尽相同，所以在使用 Html5 Web Workers 之前，检测用户的浏览器的支持情况就显得非常有必要。

对于检测用户浏览器对 Html5 Web Workers 中 DedicatedWorker 专用线程支持情况，读者可以参考下面的代码。

HTML+Javascript 代码：test_chrome_dedictedworker.html。

```
<!DOCTYPE html>
<html>
<head>
    <script >
        if(typeof(Worker))
        {
            alert("你的浏览器支持 Html5 Web Workers 的专用线程!");
        }
        else
        {
            alert("sorry,你的浏览器还不支持 Html5 Web Workers 的专用线程!");
        }
</script>
</head>
<body>
</body>
</html>
```

- Worker 对象是 Html5 Web Workers 中专用线程接口的构造函数。
- typeof()函数是 Javascript 中一个测试类型的函数。

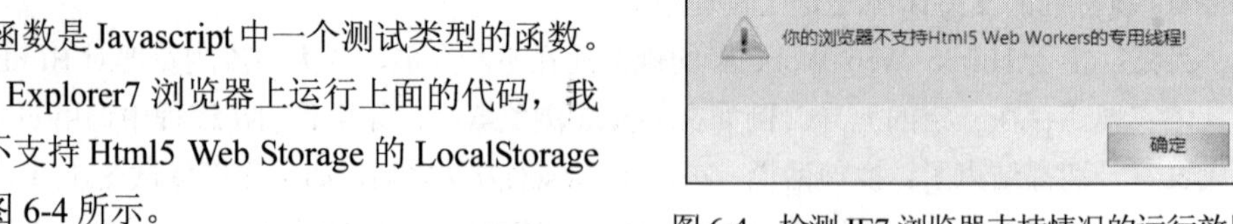

图 6-4　检测 IE7 浏览器支持情况的运行效果

在 Internet Explorer7 浏览器上运行上面的代码，我们发现 IE7 并不支持 Html5 Web Storage 的 LocalStorage 本地存储，如图 6-4 所示。

同理，我们也可以检测用户的浏览器对 Html5 Web Workers 中 SharedWorker 共享线程的支持情况。读者可以参考下面的代码。

HTML+Javascript 代码：test_chrome_sharedworker.html。

```
<!DOCTYPE html>
<html>
<head>
    <script >
        if(typeof(SharedWorker))
        {
            alert("你的浏览器不支持Html5 Web Workers的专用线程!");
        }
        else
        {
            alert("sorry,你的浏览器还不支持Html5 Web Workers的专用线程!");
        }
</script>
</head>
<body>
</body>
</html>
```

- SharedWorker 对象是 Html5 Web Workers 中共享线程接口的构造函数。

事实上，大部分浏览器在支持 LocalStorage 本地存储的情况下，都对 SessionStroage 本地提供了支持。因此，在检测用户的浏览器的支持情况时，我们只要检测其中一个就可以了。

6.2.2　在主线程建立专用线程

使用专用线程（DedicatedWorker）时，我们首先要在主线程建立专用线程（DedicatedWorker），用来控制专用线程的调度和数据传送。在主线程建立专用线程（DedicatedWorker）要使用 DedicatedWorker 接口。

读者应该注意的是，这里的专用线程 DeticatedWorker 是相对于共享线程 SharedWorker 来说的。专用线程的浏览器支持情况比共享线程好得多。因此， DeticatedWorker 接口也简称为 Worker 接口。

Worker 接口继承实现了 AbstractWorker 接口，提供了一系列的在主线程中创建和控制专用线程的属性和方法。本节，我们将具体探讨 Worker 接口的属性和方法的具体使用。这些属性和方法包括如下内容。

- Worker()方法；
- onmessage 属性；
- onerror 属性；
- postMessage()方法；
- terminate()方法。

Worker()方法是 DedicatedWorker 接口的构造方法。Worker()方法用来在主线程中创建一个专用线程。它接受一个指向特定的 JavaScript 文件资源的 URL 参数，这也是创建专用线程时 Worker 构造函数所需要的唯一参数。

对于 Worker()方法的具体使用，读者可以参考下面的代码。

主线程 HTML+Javascript 代码：test_worker.html。

```
<!DOCTYPE html>
<html>
<head>
    <script>
    function load()
    {
        if(typeof(Worker))
        {
            var worker = new Worker("work.js");
        }
        else
        {
            alert("sorry,你的浏览器还不支持Html5 Web Workers!");
        }
    }
    window.addEventListener("load",load,false);
    </script>
</head>
<body>
</body>
</html>
```

- work.js 是在同一文件夹下的 Javascript 脚本文件。
- worker 表示一个专用的线程的实例。
- addEventListener()方法注册监听了 onload 事件。
- load()方法是 onload 事件的回调函数。

在主线程中，调用 Worker 接口的构造方法 Worker()之后，就会在浏览器后台隐式实例化一个 PortMessage 对象。这个 PortMessage 对象定义了消息端口的属性和方法，支持在两个消息端口之间信息数据的传输。传输的数据包括普通文体、二进制数据块和 JSON、XML 格式化的数据。对于 MessagePort 对象，后面的章节会作进一步探讨。

onmessage 属性用来表示当专用线程消息端口向主线程消息端口开始传输消息数据时触发事件。在 onmessage 事件的回调函数中，可以传入一个 MessageEvent 接口的参数。在 MessageEvent 接口中，有一个 data 属性，用来表示专用线程消息端口传送给主线程消息端口的消息数据。

对于 onmessage 属性的具体使用，读者可以参考下面的代码。在 Chrome 浏览器运行之后，显示效果如图 6-5 所示。

主线程 HTML+Javascript 代码：test_worker_onmessage.html。

```
<!DOCTYPE html>
<html>
```

```
<head>
    <script>
    function load()
    {
        if(typeof(Worker))
        {
            var worker = new Worker("test_worker_onmessage.js");
            worker.addEventListener("message",doMessageEvent,false)
        }
        else
        {
            alert("sorry,你的浏览器还不支持Html5 Web Workers!");
        }
    }
    function doMessageEvent(event)
    {
        document.write("传回的数据: <h2>"+event.data+"</h2>");
    }
    window.addEventListener("load",load,false);
    </script>
</head>
<body>
</body>
</html>
```

- test_worker_onmessage.js 是在同一文件夹下的 Javascript 脚本文件。
- worker 表示一个专用的线程的实例。
- doMessageEvent()方法是 onmessage 事件的回调函数。
- addEventListener()函数监听了 onmessage 事件。
- data 属性用来表示专用线程消息端口传送给主线程消息端口的消息数据。

子线程 Javascript 代码：test_worker_onmessage.js。

```
postMessage("Html5 web Workers! ");
```

- postMessage()方法用来在子线程的消息端口向主线程的消息端口传输消息数据，具体使用内容会在后面的章节作进一步探讨。

在上面的代码中，我们在主线程中，建立了一个专用的子线程，并且监听了主线程的消息端口的 onmessage 事件。现在我们建立专用子线程脚本文件 worker.js，在子线程的消息端口中向主线程的消息端口中传输消息数据。

图 6-5　使用 onmessage 属性在 Safari 浏览器运行的显示效果

读者应该注意，在 Htm5 Web Worker 的 Web 程序中，不能直接在本地运行，一定要上传到服务器，这样 Chrome 浏览器才能正常执行，否则会抛出 SECURITY_ERR 异常，如图 6-6 所示。

```
<script type="text/javascript">
function load()
{
        if(typeof(window.Worker))
        {
                var worker = new Worker("test_worker_onmessage.js");
Uncaught Error: SECURITY_ERR: DOM Exception 18
                worker.addEventListener("message",doMessageEvent,false)
        }
        else
        {
                alert("sorry,你的浏览器还不支持Html5 Web Workers!");
        }
}
```

图 6-6　在 Chrome 浏览器运行本地 Html5 Web Worker 抛出异常

onerror 属性是 Worker 接口 AbstractWorker 接口中继承过来的属性，用来表示在执行当前专用子线程过程中出现异常时触发的事件。在 onerror 属性的回调函数中，可以传入一个 ErrorEvent 接口的参数。在 ErrorEvent 接口中，有以下属性表示具体的异常信息。

- message 属性；
- lineno 属性；
- filename 属性。

message 属性的属性值是文本字符串，用来表示在子线程执行过程中产生的具体异常信息。

对于 message 属性的具体使用，读者可参考下面的代码。在 Chrome 浏览器运行之后，显示效果如图 6-7 所示。

主线程 HTML+Javascript 代码：test_worker_message.html

```
<!DOCTYPE html>
<html>
<head>
    <script type="text/javascript">
    function load()
    {
        if(typeof(Worker))
        {
            var worker = new Worker("test_worker_message.js");
            worker.addEventListener("message",doMessageEvent,false);
            worker.addEventListener("error",doErrorEvent,false);
        }
        else
        {
            alert("sorry,你的浏览器还不支持 Html5 Web Workers!");
        }
    }
```

```
    function doErrorEvent(event)
    {
        document.write("<h2>异常信息:</h2>"+event.message);
    }
    function doMessageEvent(event)
    {
        document.write("传回的数据: <h2>"+event.data+"</h2>");
    }
    window.addEventListener("load",load,false);
    </script>
</head>
<body>
</body>
</html>
```

- test_worker_message.js 是在同一文件夹下的 Javascript 脚本文件。
- worker 表示一个专用线程的实例。
- doMessageEvent()方法 onerror 事件触发后的动作。
- doMessageEvent()方法是 onmessage 事件的回调函数。
- addEventListener()函数注册监听了 onerror 和 onmessage 事件。
- message 属性用来表示在子线程执行过程中产生的具体异常信息。

子线程 Javascript 代码：test_worker_message.js。

```
postMessage("Html5 web Workers! "+m);
```

- postMessage()方法用来在子线程的消息端口向主线程的消息端口传输消息数据，具体使用内容会在后面的章节作进一步探讨。
- 在上面的代码中，m 变量未定义，预期会抛出 variable is not defined 异常。

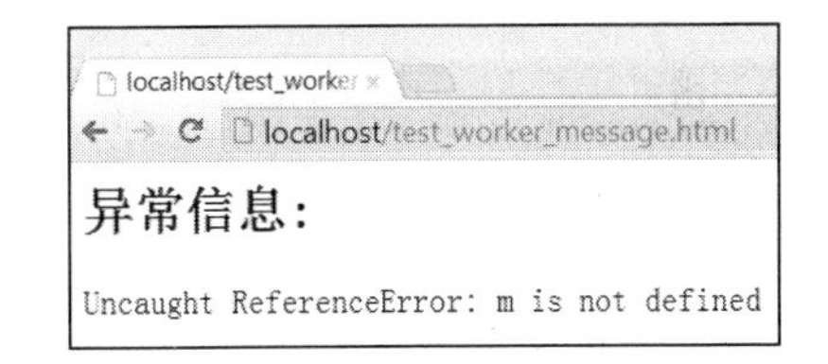

图 6-7　使用 message 属性在 Chrome 浏览器的显示效果

lineno 属性的属性值为数字类型，用来表示在子线程执行过程中产生异常的具体行号位置。

对于 lineno 属性的具体使用内容，读者可以参考下面的代码，其中子线程的 Javascript 脚本代码和 test_worker_message 相同。在 Chrome 浏览器运行之后，显示效果如图 6-8 所示。

主线程 HTML+Javascript 代码：test_worker_lineno.html。

```
<!DOCTYPE html>
<html>
<head>
    <script type="text/javascript">
```

```
    function load()
    {
        if(typeof(Worker))
        {
            var worker = new Worker("test_worker_message.js");
            worker.addEventListener("message",doMessageEvent,false);
            worker.addEventListener("error",doErrorEvent,false);
        }
        else
        {
            alert("sorry,你的浏览器还不支持Html5 Web Workers!");
        }
    }
    function doErrorEvent(event)
    {
        document.write("<h3>异常发生在子线程的第"+event.lineno+"行</h3>");
    }
    function doMessageEvent(event)
    {
        document.write("传回的数据: <h2>"+event.data+"</h2>");
    }
    window.addEventListener("load",load,false);
    </script>
</head>
<body>
</body>
</html>
```

- test_worker_message.js 是在同一文件夹下的 Javascript 脚本文件。
- worker 表示一个专用线程的实例。
- doMessageEvent()方法 onerror 事件触发后的动作。
- doMessageEvent()方法是 onmessage 事件的回调函数。
- addEventListener() 函数注册监听了 onerror 和 onmessage 事件。
- lineno 属性用来表示在子线程执行过程中产生异常的具体行号位置。

图 6-8 使用 lineno 属性在 Chrome 浏览器的显示效果

filename 属性用来表示在子线程执行过程中产生异常的 Javascript 脚本文件的绝对路径。

对于 filename 属性的具体使用内容，读者可以参考下面的代码，其中子线程的 Javascript 脚本代码和 test_ worker_message 相同。在 Chrome 浏览器运行之后，显示效果如图 6-9 所示。

主线程 HTML+Javascript 代码：test_worker_filename.html。

```
<!DOCTYPE html>
<html>
<head>
```

```
    <script type="text/javascript">
    function load()
    {
        if(typeof(Worker))
        {
            var worker = new Worker("test_worker_message.js");
            worker.addEventListener("message",doMessageEvent,false);
            worker.addEventListener("error",doErrorEvent,false);
        }
        else
        {
            alert("sorry,你的浏览器还不支持Html5 Web Workers!");
        }
    }
    function doErrorEvent(event)
    {
        document.write("<h3>异常发生在第"+event.lineno+"行</h3>");
    }
    function doMessageEvent(event)
    {
        document.write("传回的数据: <h2>"+event.data+"</h2>");
    }
    window.addEventListener("load",load,false);
    </script>
</head>
<body>
</body>
</html>
```

- test_worker_message.js 是在同一文件夹下的 Javascript 脚本文件。
- doMessageEvent()方法 onerror 事件触发后的动作。
- doMessageEvent()方法是 onmessage 事件的回调函数。
- addEventListener()函数注册监听了 onerror 和 onmessage 事件。

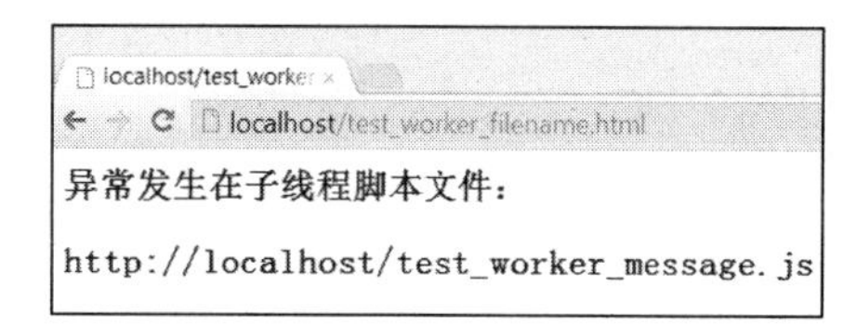

图 6-9　使用 filename 属性在 Chrome 浏览器的显示效果

- filename 属性用来表示在子线程执行过程中产生异常的 Javascript 脚本文件的绝对路径。

postMessage()方法用来在主线程的消息端口向专用子线程的消息端口传输消息数据。postMessage()方法接受一个表示消息数据的参数。由于专用子线程使用的是隐式的 MessagePort 对象，因此，传输的消息数据可以是普通文本、二进制数据块和 JSON、XML 格式化的数据的任何一种。

对于 postMessage()方法的具体使用内容，读者可以参考下面的代码。在 Chrome 浏览器运行之后，显示效果如图 6-10 所示。

主线程 HTML+Javascript 代码：test_worker_postMessage.html。

```
<!DOCTYPE html>
<html>
<head>
    <script type="text/javascript">
    function load()
    {
        if(typeof(Worker))
        {
            var worker = new Worker("test_worker_postMessage.js");
            worker.postMessage(
            {
                book:"HTML5",
                author:"guoxiaocheng",
                email:"hhutwguoxiaocheng@126.com"
            });
            worker.addEventListener("message",doMessageEvent,false);
        }
        else
        {
            alert("sorry,你的浏览器还不支持Html5 Web Workers!");
        }
    }
    function doMessageEvent(event)
    {
        document.write("<h2>子线程传回的数据: </h2>"+event.data);
    }
    window.addEventListener("load",load,false);
    </script>
</head>
<body>
</body>
</html>
```

- test_worker_postMessage.js 是在同一文件夹下的 Javascript 脚本文件。
- doMessageEvent()方法是 onmessage 事件的回调函数。
- addEventListener()函数注册监听了 onmessage 事件。
- postMessage()方法用来在主线程的消息端口向专用子线程的消息端口传输消息数据。
- 在上面的代码中，主线程消息端口使用了 postMessage()方法向专用子线程端口传输了 JSON

格式化数据。

子线程 Javascript 代码：test_worker_postMessage.js。

```
onmessage = function (event)
{
   var book =  event.data.book;
   var author =  event.data.author;
   var email = event.data.email;
   postMessage("书名:"+book+"<br><br>作者: "+author+"<br><br>邮箱:"+email);
}
```

- onmessage 属性用来表示当主线程消息端口向专用线程消息端口开始传输消息数据时触发事件。具体使用内容会在后面的章节作进一步探讨。
- postMessage()方法用来在专用子线程的消息端口向主线程的消息端口传输消息数据。具体使用内容会在后面的章节作进一步探讨。
- 在上面的代码中，专用子线程消息端口接受来自主线程消息端口的消息数据后，进行解析，并重新发给主线程消息端口。

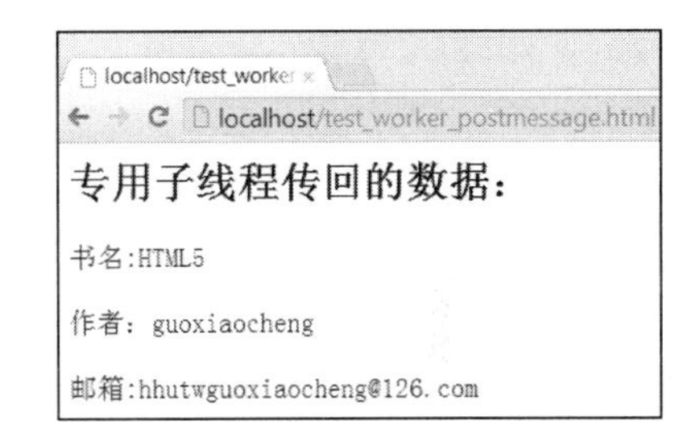

图 6-10　使用 postMessage()方法在 Chrome 浏览器的显示效果

terminate()方法用来在主线程中终止一个专用子线程的执行。在 Html5 Web Worker 的专用子线程中，子线程并不会自行终止执行。因此，开发人员需要在特定的时刻通过 terminate()方法来终止专用子线程的执行，从而收回其所占的浏览器资源。

此外，terminate()方法也可以用来强制终止一个耗时长的专用子线程。但读者应该注意，任何一个专用子线程一旦被调用了 terminate()函数之后，相应的属性和方法就不能再使用。

对于 terminate()方法的具体使用，读者可以参考下面的代码，在 Chrome 浏览器运行之后，显示效果如图 6-11 所示。

主线程 HTML+Javascript 代码：test_worker_terminate.html。

```
<!DOCTYPE HTML>
<html>
<head>
   <script>
      function load()
      {
         var worker = new Worker('test_worker_terminate.js');
         var result = document.getElementById('result');
         worker.addEventListener("error",doErrorEvent,false);
         worker.addEventListener('message',doMessageEvent,false)
```

```
        }
        function doMessageEvent(event)
        {
            if(event.data>10)
            {
                worker.terminate();
            }
            result.textContent = event.data;
        }
        function doErrorEvent(event)
        {
            document.write("异常信息:"+event.message);
        }
        window.addEventListener("load",load,false);
    </script>
</head>
<body>
    <h2>找到最大的素数: <output id="result"></output></h2>
</body>
</html>
```

- result 是取得的 output 标签对应的 DOM 节点。
- test_worker_terminate.js 是在同一文件夹下的 Javascript 脚本文件。
- doMessageEvent()函数用来定义 onmessage 事件触发后的动作。
- doErrorEvent()函数用来定义 onerror 事件触发后的动作。
- addEventListener()函数分别监听了 onmessage 和 onerror 事件。
- terminate()方法用来在主线程中终止一个专用子线程的执行。
- 在上面的代码中，当子线程消息端口传回来的消息数据大于 10，就会调用 terminate()方法终止专用子线程的继续执行。

子线程 Javascript 代码：test_worker_terminate.js。

```
var n = 1;
search: while (true) {
    n++;
    for (var i = 2; i <= Math.sqrt(n); i += 1)
    {
        if (n % i == 0)
        continue search;
    }
    postMessage(n);
}
```

- postMessage()方法用来在专用子线程的消息端口向主线程的消息端口传输消息数据。具体使用内容会在后面的章节作进一步探讨。
- 在上面的代码中，在子线程执行了一个使用循环寻找素数的算法。

图 6-11　使用 terminate()方法在 Chrome 浏览器的显示效果

6.2.3　在主线程建立共享线程

在 Html5 Web Workers 中，也提供一个 SharedWorker 接口，用来用来控制共享子线程的调度和数据传送。和 Worker 接口一样，SharedWorker 接口也实现了 AbstractWorker 接口的属性和方法，提供了一系列的在主线程中创建和控制共享线程的属性和方法。本节，我们将具体探讨 SharedWorker 接口的属性和方法的具体使用。这些属性和方法包括如下内容。

- SharedWorker()方法；
- port 属性；
- onerror 属性。

SharedWorker()方法是 SharedWorker 接口的构造方法。SharedWorker()方法用来在主线程中建立一个共享子线程。它可以接受两个参数，其中，一个参数是必选的，表示指向特定的 JavaScript 文件资源的 URL；另一个参数是可选的，表示创建的共享线程的标识名称。

对于 SharedWorker()方法的具体使用，读者可以参考下面的代码。

主线程 HTML+Javascript 代码：test_sharedworker.html。

```
<!DOCTYPE html>
<html>
<head>
    <script type="text/javascript">
    function load()
    {
        if(typeof(SharedWorker))
        {
            var sharedworker = new SharedWorker("shardwork.js","mysharedWorker");
        }
        else
        {
            alert("sorry,你的浏览器还不支持Html5 Web Workers!");
        }
    }
    window.addEventListener("load",load,false);
    </script>
```

```
</head>
<body>
</body>
</html>
```

- sharedworker.js 为在同一文件夹下的 Javascript 脚本文件。
- mysharedworker 表示创建的共享线程的标识名称。
- sharedworker 表示创建的共享线程的实例。

在主线程中，调用了 Worker()方法会隐式实例化一个 PortMessage 对象。同样，在主线程中，调用了 SharedWorker()方法之后，也会实例化一个 PortMessage 对象。不同的是，在共享线程中，这个实例化对象，我们可以通过实例化后的 SharedWorker 对象的属性进行访问，具体内容会在后面的章节作进一步探讨。

port 属性表示主线程中的消息端口。实际上，它就是实例化之后的 PortMessage 对象。在 PortMessage 接口中，实现了 Transferable 接口的属性和方法，有以下方法和属性。

- onmessage 属性；
- postMessage()方法；
- start()方法；
- close()方法。

onmessage 属性表示当共享子线程消息端口向主线程消息端口开始传输消息数据时触发事件。在 onmessage 事件的回调函数中，可以传入一个 MessageEvent 接口的参数。在 MessageEvent 接口中，有一个 data 属性，用来表示专用线程消息端口传送给主线程消息端口的消息数据。

对于 onmessage 属性的具体使用，读者可以参考下面的代码。在 Chrome 浏览器运行之后，显示效果如图 6-12 所示。

主线程 HTML+Javascript 代码：test_sharedworker_onmessage.html

```
<!DOCTYPE html>
<html>
<head>
    <script type="text/javascript">
    function load()
    {
        if(typeof(SharedWorker))
        {
            var sharedworker = new SharedWorker("test_sharework_onmessage.js","mysharedWorker");
            sharedworker.port.onmessage = function(event)
            {
                document.write("<h2>共享子线程传回的数据:</h2>"+event.data);
            }
```

```
        }
        else
        {
            alert("sorry,你的浏览器还不支持Html5 Web Workers!");
        }
    }
    window.addEventListener("load",load,false);
    </script>
</head>
<body>
</body>
</html>
```

- test_sharedworker_onmessage.js 是同一文件夹下的 Javascript 脚本文件。
- port 属性表示主线程中的消息端口。
- onmessage 属性表示当共享子线程消息端口向主线程消息端口开始传输消息数据时触发事件。
- data 属性用来表示专用线程消息端口传送给主线程消息端口的消息数据。
- 在上面的代码中，在主线程中创建了共享子线程，并且注册监听了 onmessage 事件。

子线程 Javascript 代码：test_sharedworker_onmessage.js。

```
onconnect = function(event)
{
    var port = event.ports[0];
    port.postMessage("Html5 Web Worker!");
}
```

- onconect 属性表示当共享子线程与主线程建立建立连接时触发的事件，具体使用内容会在后面的章节作进一步探讨。
- port 表示共享子线程的一个消息端口。具体使用内容会在后面的章节作进一步探讨。
- postMessage()方法用来在共享子线程的消息端口向主线程的消息端口传输消息数据。具体使用内容会在后面的章节作进一步探讨。

start()方法用来初始化主线程的消息端口。如果我们要使用 addEventListener()方法监听 onmessage 事件，就必选在之前调用 start()方法。

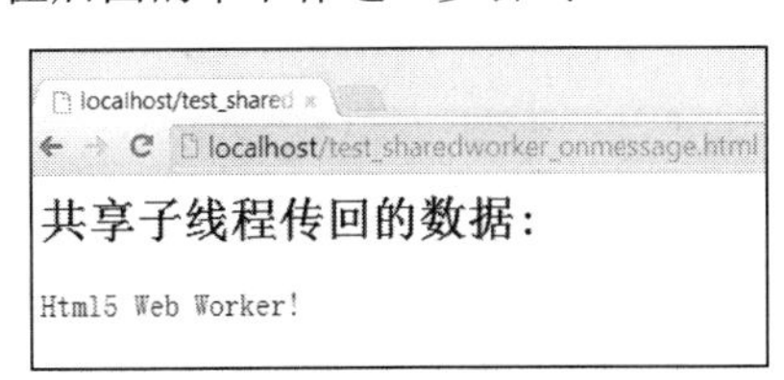

图 6-12　使用 onmessage 属性在 Chrome 浏览器的显示效果

对于 start()方法的具体使用内容，读者可以参考下面的代码，其中子线程和 test_sharedworker_ onmessage.js 代码相同。在 Chrome 浏览器运行之后，显示效果和图 6-12 相同。

主线程 HTML+Javascript 代码：test_sharedworker_start.html。

```
<!DOCTYPE html>
<html>
<head>
    <script type="text/javascript">
    function load()
    {
        if(typeof(SharedWorker))
        {
            var sharedworker = new SharedWorker("test_sharedworker_onmessage.js","mysharedWorker");
            sharedworker.port.start();
            sharedworker.port.addEventListener("message",doMessageEvent,false)
        }
        else
        {
            alert("sorry,你的浏览器还不支持Html5 Web Workers!");
        }
    }
    function doMessageEvent(event)
    {
        document.write("<h2>共享线程传回的数据</h2>"+event.data);
    }
    window.addEventListener("load",load,false);
    </script>
</head>
<body>
</body>
</html>
```

- test_sharedworker_onmessage.js 是同一文件夹下的 Javascript 脚本文件。
- start()方法用来初始化主线程的消息端口。
- port 属性表示主线程中的消息端口。
- onmessage 属性表示当共享子线程消息端口向主线程消息端口开始传输消息数据时触发事件。
- data 属性用来表示专用线程消息端口传送给主线程消息端口的消息数据。
- doMessageEvent()方法是 onmessage 事件的回调函数。
- addEventListener()方法注册监听了 onmessage 事件。

postMessage()方法用来在主线程的消息端口向专用子线程的消息端口传输消息数据。和 Worker 接口的 postMessage()方法一样，postMessage()方法接受一个表示消息数据的参数，传输的消息数据可以是普通文体、二进制数据块和 JSON、XML 格式化的数据的任何一种。

对于 postMessage()方法的具体使用，读者可以参考下面的代码，在 Chrome 浏览器运行之后，显示效果如图 6-13 所示。

主线程 HTML+Javascript 代码：test_sharedworker_postMessage.html。

```
<!DOCTYPE html>
<html>
<head>
    <script type="text/javascript">
    function load()
    {
        if(typeof(SharedWorker))
        {
            var sharedworker = new SharedWorker("test_sharedworker_postmessage.js","mysharedWorker");
            sharedworker.port.start();
            sharedworker.port.postMessage(
            {
                book:"HTML5",
                author:"guoxiaocheng",
                email:"hhutwguoxiaocheng@126.com"
            });
            sharedworker.port.addEventListener("message",doMessageEvent,false)
        }
        else
        {
            alert("sorry,你的浏览器还不支持 Html5 Web Workers!");
        }
    }
    function doMessageEvent(event)
    {
        document.write("<h2>共享线程传回的数据</h2>"+event.data);
    }
    window.addEventListener("load",load,false);
    </script>
</head>
<body>
</body>
</html>
```

- test_sharedworker_postmessage.js 是同一文件夹下的 Javascript 脚本文件。
- postMessage()方法用来在主线程的消息端口向专用子线程的消息端口传输消息数据。
- start()方法用来初始化主线程的消息端口。
- doMessageEvent()方法是 onmessage 事件的回调函数。
- addEventListener()方法监听了 onmessage 事件。

子线程 Javascript 代码：test_sharedworker_postmessage.js。

```
onmessage = function (event)
{
    var book =  event.data.book;
    var author =  event.data.author;
    var email = event.data.email;
    postMessage("书名:"+book+"<br><br>作者: "+author+"<br><br>邮箱:"+email);
}
```

- onconbect 属性表示当共享子线程与主线程建立建立连接时触发的事件。具体使用内容会在后面的章节作进一步探讨。
- port 表示共享子线程的一个消息端口。具体使用内容会在后面的章节作进一步探讨。
- onmessage 表示当主线程消息端口向专用线程消息端口开始传输消息数据时触发事件。具体使用内容会在后面的章节作进一步探讨。
- postMessage()方法用来在共享子线程的消息端口向主线程的消息端口传输消息数据。具体使用内容会在后面的章节作进一步探讨。

图 6-13　使用 postmessage 属性在 Chrome 浏览器的显示效果

close()方法和 Worker 接口的 terminate()方法的作用一样，都是用来在主线程终止子线程的执行。这里就不再赘述。

onerror 属性是从 AbstractWork 接口中继承过来的属性，在专用线程接口 DedicateWorker 中已经讨论过它的具体使用了，这里就不再赘述。

6.2.4　通用子线程接口的方法和属性

在 Html5 Web Workers 中，提供了一个通用子线程控制接口——WorkerGlobalScope 接口。在这个接口的控制下，每个子线程都可以在主线程的调度下进行一定算术逻辑运算。WorkerGlobalScope 接口继承实现了 WorkerUtils 接口的属性和方法。

本节，我们将重点探讨 WorkerGlobalScope 接口的属性和方法的使用。这些属性和方法包括如下内容。

- self 属性；
- location 属性；
- close()方法；
- onerror 属性；
- onoffline 属性；

- ononlie 属性；
- importScripts()方法；
- navigator 属性。

self 属性是一个只读属性，用来表示 WorkerGlobalScope 接口本身。在子线程中可以使用 self 属性调用 WorkerGlobalScope 接口的所有属性和方法。

对于 self 属性的具体使用，以专用线程为例，读者可以参考下面的代码。在 Chrome 浏览器运行之后，显示效果如图 6-14 所示。

主线程 HTML+Javascript 代码：test_ self.html。

```
<!DOCTYPE html>
<html>
<head>
    <script type="text/javascript">
    function load()
    {
        if(typeof(Worker))
        {
            var worker = new Worker("test_ self.js");
            worker.addEventListener("message",doMessageEvent,false);
            worker.addEventListener("error",doErrorEvent,false);
        }
        else
        {
            alert("sorry,你的浏览器还不支持Html5 Web Workers!")
        }
    }
    function doMessageEvent(event)
    {
        document.write("<h2>专用线程传回的数据</h2>"+event.data);
    }
    function doErrorEvent(event)
    {
        document.write("<h2>异常信息</h2>"+event.message);
    }
    window.addEventListener("load",load,false);
    </script>
</head>
<body>
</body>
</html>
```

- test_self.js 是在同一文件夹下的 Javascript 脚本文件。

- doMessageEvent()方法是 onmessage 事件的回调函数。
- doErrorEvent()方法是 onerror 事件的回调函数。
- addEventListener()方法监听了 onmessage 和 onerror 事件。
- 在上面的代码中，如果子线程有消息数据传输到主线程的消息端口，主线程就将消息数据输出。

子线程 Javascript 代码：test_ self.js。

```
self.postMessage(""+self);
```

- postMessage()方法用来在专用子线程的消息端口向主线程的消息端口传输消息数据。具体使用内容会在后面的章节作进一步探讨。
- self 属性表示 WorkerGlobalScope 本身。

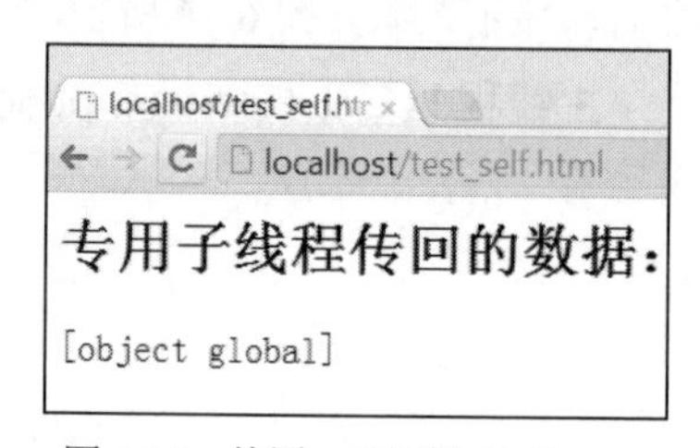

图 6-14　使用 self 属性在 Chrome 浏览器的显示效果

location 属性用来返回一个 WorkerLocation 对象。在 WorkerLocation 对象中，提供了一系列的属性来表示子线程中对应 Javascript 脚本文件的信息。常用的属性有以下几个。

- href 属性；
- protocol 属性；
- host 属性。

href 属性用来表示子线程对应 Javascript 脚本文件的绝对路径。对于 href 属性的具体使用，以共享线程为例，读者可以参考下面的代码。在 Chrome 浏览器运行之后，显示效果如图 6-15 所示。

主线程：test_href.html。

```
<!DOCTYPE html>
<html>
<head>
    <script type="text/javascript">
    function load()
    {
        if(typeof(SharedWorker))
        {
            var sharedworker = new SharedWorker("test_ href.js","mysharedworker");
            sharedworker.port.onmessage = function(event)
            {
                document.write("<h2>共享子线程传回的数据:</h2>"+event.data);
            }
        }
        else
        {
            alert("sorry,你的浏览器还不支持Html5 Web Workers!");
```

```
        }
    }
    window.addEventListener("load",load,false);
    </script>
</head>
<body>
</body>
</html>
```

- test_href.js 是在同一文件夹下的 Javascript 脚本文件。
- mysharedworker 表示创建的共享线程的标识名称。
- sharedworker 表示创建的共享线程的实例。
- 在上面的代码中，我们注册监听了 onmessage 事件，当共享子线程消息端口传送过来消息数据时，将消息数据显示出来。

子线程 Javascript 代码：test_ href.js。

```
self.onconnect = function(event)
{
    var port = event.ports[0];
    port.postMessage(self.location.href);
}
```

- href 属性用来表示子线程对应 Javascript 脚本文件的绝对路径。
- port 表示共享子线程的一个消息端口。
- self 属性表示 WorkerGlobalScope 本身。
- postMessage()方法用来在共享子线程的消息端口向主线程的消息端口传输消息数据。具体使用内容会在后面的章节作进一步探讨。
- protocol 属性用来表示脚本文件传送的协议。

图 6-15　使用 href 属性在 Chrome 浏览器的显示效果

对于 protocol 属性的具体使用，以专用线程为例，读者可以参考下面的代码。在 Chrome 浏览器运行之后，显示效果如图 6-16 所示。

主线程 HTML+Javascript 代码：test_protocol.html。

```
<!DOCTYPE html>
<html>
<head>
    <script type="text/javascript">
    function load()
```

```
    {
        if(typeof(Worker))
        {
            var worker = new Worker("test _protocol.js");
            worker.addEventListener("message",doMessageEvent,false)
        }
        else
        {
            alert("sorry,你的浏览器还不支持Html5 Web Workers!");
        }
    }
    function doMessageEvent(event)
    {
        document.write("<h2>专用子线程传回的数据</h2>"+event.data);
    }
    window.addEventListener("load",load,false);
    </script>
</head>
<body>
</body>
</html>
```

- test_ protocol.js 是在同一文件夹下的 Javascript 脚本文件。
- doMessageEvent()方法是 onmessage 事件的回调函数。
- addEventListener()方法注册监听了 onmessage 事件。
- 在上面的代码中，我们注册监听了 onmessage 事件，如果子线程有消息数据传输到主线程的消息端口，主线程就将消息数据输出。

子线程 Javascript 代码：test_ protocol.js。

```
self.postMessage(self.location.protocol)
```

- postMessage()方法用来在专用子线程的消息端口向主线程的消息端口传输消息数据。具体使用内容会在后面的章节作进一步探讨。
- protocol 属性用来表示脚本文件传送的协议。
- self 属性表示 WorkerGlobalScope 本身。
- host 属性用来表示脚本文件所在的服务器的主机名称。

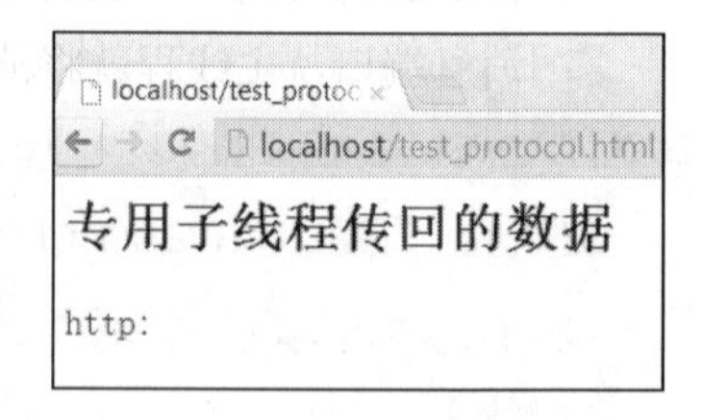

图 6-16　使用 protocol 属性在 Chrome 浏览器的显示效果

对于 host 属性的具体使用，以专用线程为例，读者可以参考下面的代码。在 Chrome 浏览器运行之后，显示效果如图 6-17 所示。

主线程 HTML+Javascript 代码：test_host.html。

```
<!DOCTYPE html>
<html>
<head>
    <script type="text/javascript">
    function load()
    {
        if(typeof(Worker))
        {
            var worker = new Worker("test_ host.js");
            worker.addEventListener("message",doMessageEvent,false)
        }
        else
        {
            alert("sorry,你的浏览器还不支持Html5 Web Workers!");
        }
    }
    function doMessageEvent(event)
    {
        document.write("<h2>专用子线程传回的数据</h2>"+event.data);
    }
    window.addEventListener("load",load,false);
    </script>
</head>
<body>
</body>
</html>
```

- test_ host.js 是在同一文件夹下的 Javascript 脚本文件。
- doMessageEvent()方法是 onmessage 事件的回调函数。
- addEventListener()方法注册监听了 onmessage 事件。
- 在上面的代码中，我们注册监听了 onmessage 事件，如果子线程有消息数据传输到主线程的消息端口，主线程就将消息数据输出。

子线程 Javascript 代码:test_host.js。

```
self.postMessage(self.location.host);
```

- postMessage()方法用来在专用子线程的消息端口向主线程的消息端口传输消息数据。具体使用会在后面的章节作进一步探讨。
- host 属性用来表示脚本文件所在的服务器的主机名称。
- self 属性表示 WorkerGlobalScope 本身。

close()方法用来在子线程中终止子线程的执行。对于 close()方法，目前主流浏览器对它的实现差异很大。例如：

图 6-17　使用 host 属性在 Chrome 浏览器的显示效果

- 在 Opera 浏览器中，在调用 close()方法之后，如果再试图使用 WorkerGlobalScope 接口中的某些属性、事件、或方法，就会抛出一个 INTERNAL ERROR 异常。但是在其他浏览器中就不会出现这种情况。
- 在 Opera 和 FireFox 浏览器中，当我们在子线程中调用了 close()方法之后，再次使用 postMessage()方法给主线程传递消息数据时，不会再触发主线程的 onmessage 事件回调，但是其他浏览器则可以。

对于 close()方法的具体使用，读者可以参考下面的代码。在 Chrome 浏览器、FireFox 浏览器、Opera 浏览器和 Safari 浏览器运行之后，显示效果分别如图 6-18、图 6-19、图 6-20 和图 6-21 所示。

主线程 HTML+Javascript 代码：test_close.html。

```
<!DOCTYPE html>
<html>
<head>
    <script type="text/javascript">
    function load()
    {
        if(typeof(Worker))
        {
            var worker = new Worker("test_ close.js");
            worker.addEventListener("message",doMessageEvent,false);
            worker.addEventListener("error",doErrorEvent,false);
        }
        else
        {
            alert("sorry,你的浏览器还不支持Html5 Web Workers!")
        }
    }
    function doMessageEvent(event)
    {
        document.write(event.data);
    }
    function doErrorEvent(event)
    {
        document.write(event.message);
    }
    window.addEventListener("load",load,false);
```

```
    </script>
</head>
<body>
</body>
</html>
```

- test_ close.js 是在同一文件夹下的 Javascript 脚本文件。
- doMessageEvent()方法是 onmessage 事件的回调函数。
- doErrorEvent()方法是 onerror 事件的回调函数。
- addEventListener()方法监听了 onmessage 和 onerror 事件。
- 在上面的代码中，如果子线程有消息数据传输到主线程的消息端口，主线程就将消息数据输出。

子线程 Javascript 代码：test_ close.js。

```
self.postMessage("<h3>调用 close()方法之前，href 的属性值：</h3>"+self.location.href);
self.close();
self.postMessage("<h3>调用 close()方法之后，href 的属性值：</h3>"+self.location.href);
```

- postMessage()方法用来在专用子线程的消息端口向主线程的消息端口传输消息数据。具体使用内容会在后面的章节作进一步探讨。
- close()方法用来在子线程中终止子线程的执行。
- self 属性表示 WorkerGlobalScope 本身。

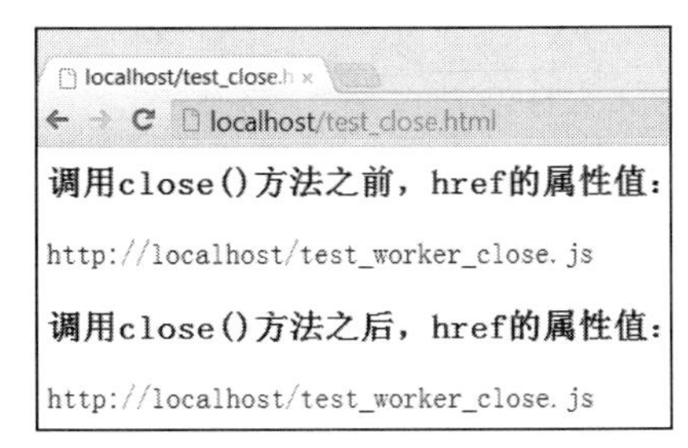

图 6-18　使用 close()方法在 Chrome 浏览器的显示效果

图 6-19　使用 close()方法在 FireFox 浏览器的显示效果

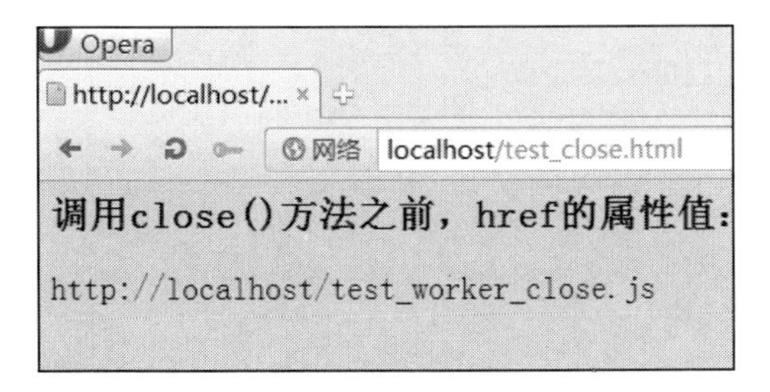

图 6-20　使用 close()方法在 Opera 浏览器的显示效果

图 6-21　使用 close()方法在 Safari 浏览器的显示效果

onerror 属性和主线程中的 onerror 属性的作用和使用方法都一样，这里就不再赘述。

importScript()方法是从父接口 WorkerUtils 接口中继承过来的，用来在子线程总导入 Javascript 脚本资源，它接受一个或者多个表示脚本资源绝对路径的 URL 参数，多个脚本资源使用逗号隔开。

此外，这里的脚本导入是支持跨域操作的。而且在脚本导入过程中，出现任何异常，浏览器都会抛出一个 SYNTAX_ERR 异常。

对于 importScript()方法的具体使用，读者可以参考下面的代码。在 Chrome 浏览器运行之后，显示效果如图 6-22 所示。

主线程 HTML+Javascript 代码：test_importScript.html。

```
<!DOCTYPE html>
<html>
<head>
    <script type="text/javascript">
    function load()
    {
        if(typeof(Worker))
        {
            var worker = new Worker("test_ importscript.js");
            worker.postMessage(30);
            worker.addEventListener("message",doMessageEvent,false);
            worker.addEventListener("error",doErrorEvent,false);
        }
        else
        {
            alert("sorry,你的浏览器还不支持Html5 Web Workers!")
        }
    }
    function doMessageEvent(event)
    {
        document.write("<h2>计算结果</h2>"+event.data+"<br>");
    }
    function doErrorEvent(event)
    {
        document.write(event.message);
    }
    window.addEventListener("load",load,false);
    </script>
</head>
<body>
</body>
</html>
```

- test_ importscript.js 是在同一文件夹下的 Javascript 脚本文件。
- doMessageEvent()方法是 onmessage 事件的回调函数。

- doErrorEvent()方法是 onerror 事件的回调函数。
- addEventListener()方法监听了 onmessage 和 onerror 事件。

子线程 Javascript 代码：test_ importscript.js。

```
importScripts("fibonacci.js")
self.onmessage =function(event)
{
    var n = parseInt(event.data, 10);
    self.postMessage(fibonacci(n));
}
```

- importScripts()方法用来导入 Javascript 脚本资源。
- fibonacci.js 是同一文件夹下的 Javascript 脚本文件。
- postMessage()方法用来在专用子线程的消息端口向主线程的消息端口传输消息数据。具体使用内容会在后面的章节作进一步探讨。
- parseInt()是将数据转换为整数。
- fibonacci()方法是计算 fibonacci 数列的主函数。

Javascript 代码：fibonacci.js。

```
var fibonacci =function(n)
{
    if(n==0)
    {
        return 0;
    }
    else if(n==1)
    {
        return 1;
    }
    else
    {
        return fibonacci(n-1)+fibonacci(n-2);
    }
}
```

- 在上述代码中，我们使用了典型的递归算法来求 Fiboncci 数列。

图 6-22　使用 importScripts()方法在 Chrome 浏览器的显示效果

计算 Fibonacci 数列的程序，如果在不使用 Html5 Web Worker 的情况下，直接在主线程调用 fibonacci 函数，浏览器会弹出警告框声明脚本执行时间过长。如图 6-23 所示

navigator 属性是一个 Navigator 接口，它的作用和我们的 window.navigator 作用大同小异，都是用来测试和浏览器

有关的信息，Navigator 接口本身没有定义任何属性和方法，但是它实现了 NavigatorID 接口和 NavigatorOnline 接口的属性和方法。这些属性和方法包括如下内容。

- onLine 属性；
- appName 属性；
- appVersion 属性；
- platform 属性；
- userAgent 属性。

onLine 属性是一个布尔值，用来表示用户的网络连接是否可用。appName 属性表示浏览器的所属名称，受历史影响的原因，一般来说只有两个值，Netscape 和 Microsoft Internet Explorer。appVersion 属性表示浏览器具体的名称和版本号。platform 属性用来表示用户所使用的操作系统平台。userAgent 属性也是用来表示浏览器具体的名称和版本号。

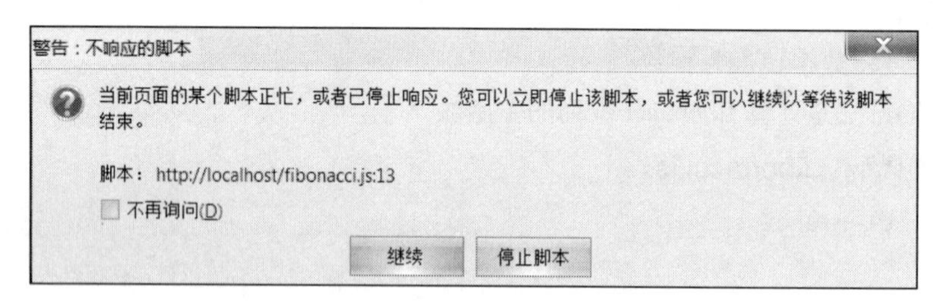

图 6-23　FireFox 浏览器弹出脚本执行时间长的警告框的显示效果

对于 navigator 属性的具体使用，读者可以参考下面的代码。在 Chrome 浏览器运行之后，显示效果如图 6-24 所示。

主线程 HTML+Javascript 代码：test_navigator.html。

```
<!DOCTYPE html>
<html>
<head>
    <script >
    function load()
    {
        if(typeof(Worker))
        {
            var worker =new Worker('test_ navigator.js');
            worker.addEventListener('message',doMessageEvent,false);
        }
        else
        {
            alert("sorry,你的浏览器还不支持Html5 Web Workers!");
        }
```

```
    }
    function doMessageEvent(event)
    {
        document.write(event.data);
    }
    window.addEventListener("load",load,false);
    </script>
</head>
<body>
</body>
</html>
```

- test_ navigator.js 是在同一文件夹下的 Javascript 脚本文件。
- doMessageEvent()方法是 onmessage 事件的回调函数。
- addEventListener()方法注册监听了 onmessage 事件。

子线程 Javascript 代码：test_ navigator.js。

```
var str = "<h3>appName</h3>"+self.navigator.appName;
str += "<h3>appVersion</h3>"+self.navigator.appVersion;
str += "<h3>platform</h3>"+self.navigator.platform;
str += "<h3>userAgent</h3>"+self.navigator.userAgent;
str += "<h3>onLine</h3>"+self.navigator.onLine;
self.postMessage(str);
```

- postMessage()方法用来在专用子线程的消息端口向主线程的消息端口传输消息数据。具体使用内容会在后面的章节作进一步探讨。
- navigator 属性用来测试和浏览器有关的信息。

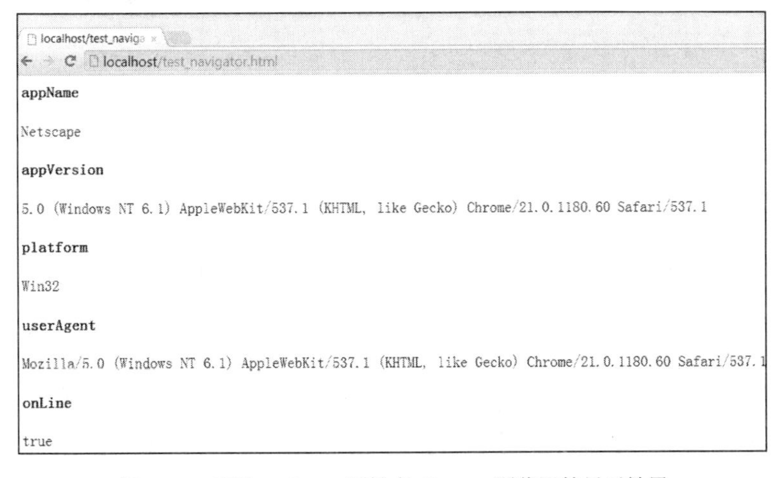

图 6-24　使用 navigator 属性在 Chrome 浏览器的显示效果

6.2.5 专用子线程接口的方法和属性

在 Html5 Web Workers 中，除了提供了通用的子线程处理接口，也提供了针对专用子线程的处理接口 DedicatedWorkerGlobalScope。本节我们将重点探讨 DedicatedWorkerGlobalScope 接口的属性和方法。这些属性和方法包括如下内容。

- postMessage()方法；
- onmessage 属性。

postMessage()方法，我们在前面已经使用了很多次，而且它的作用和在主线程的 postMessage()方法一样，都是用来从一个消息端口向另一个消息端口传输消息数据。这些消息数据既可以是普通的文本数据，也可以是高级的 JSON 结构化的数据。唯一不同的是，这里的 postMessage()方法可以接受两个参数，其中一个参数是必选的，和主线程的 postMessage()方法的参数相同。而另一个参数则是可选的，表示转移序列，但是目前还没有实际的意义。这里也就不作进一步探讨。

onmessage 属性用来表示当主线程消息端口向专用线程消息端口开始传输消息数据时触发事件，和 Worker 接口的 onmessage 属性类似。

在 onmessage 事件的回调函数中，可以传入一个 MessageEvent 接口的参数。在 MessageEvent 接口中，有一个 data 属性，用来表示专用线程消息端口传送给主线程消息端口的消息数据。

对于 onmessage 属性的具体使用内容，读者可以参考下面的代码。在 Chrome 浏览器运行之后，显示效果如图 6-25 所示。

主线程:test_worker_onmessage2.html

```
<!DOCTYPE html>
<html>
<head>
    <script type="text/javascript">
    var worker;
    function load()
    {
        if(typeof(Worker))
        {
            worker = new Worker("test_worker_onmessage2.js");
            worker.addEventListener("message",doMessageEvent,false);
            worker.addEventListener("error",doErrorEvent,false);
        }
        else
        {
            alert("sorry,你的浏览器还不支持Html5 Web Workers!")
        }
    }
    function doMessageEvent(event)
    {
```

```
        document.write(event.data+"<br>");
        worker.postMessage("你好吗？");
    }
    function doErrorEvent(event)
    {
        document.write("异常信息："+event.message);

    }
    window.addEventListener("load",load,false);
    </script>
</head>
<body>
</body>
</html>
```

- test_worker_onmessage2.js 是在同一文件夹下的 Javascript 脚本文件。
- doMessageEvent()方法是 onmessage 事件的回调函数。
- doErrorEvent()方法是 onerror 事件的回调函数。
- addEventListener()方法监听了 onmessage 和 onerror 事件。
- 在上面的代码中，如果子线程有消息数据传输到主线程的消息端口，主线程就将消息数据输出。

子线程：test_worker_onmessage2.js。

```
self.postMessage("端口连接已经建立！");
self.onmessage = function(event)
{
    if(event.data == "你好吗？")
    {
        self.postMessage("我很好！");
        self.close();
    }
}
```

- postMessage()方法用来在专用子线程的消息端口向主线程的消息端口传输消息数据。
- onmessage 属性用来表示当主线程消息端口向专用线程消息端口开始传输消息数据时触发事件。

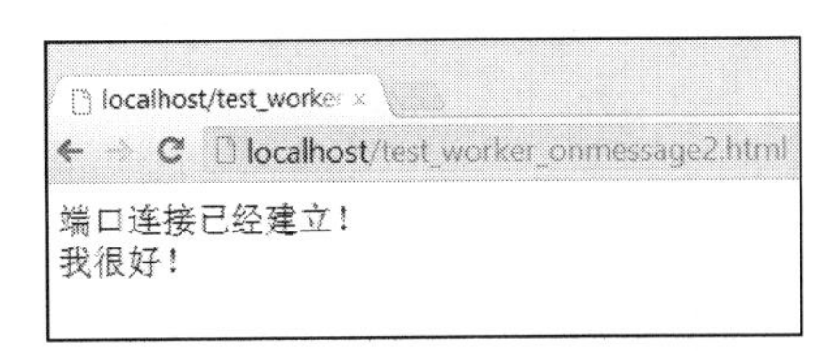

图 6-25　使用 onmessage 属性在 Chrome 浏览器的显示效果

6.2.6　共享子线程接口的方法和属性

与专用子线程的接口 DedicatedWorkerGlobalScope 对应，在 Html5 Web Workers 中，也提供了一个在共享子线程中处理的 SharedWorkerGlobalScope 接口。本节我们将重点探讨 SharedWorkerGlobal Scoper 接口的属性和方法的使用，这些属性和方法包括如下内容。

- name 属性

- applicationCache 属性
- onconnect 属性

name 属性用来表示共享线程的标识名称。前面我们讨论过，在创建共享子线程中的构造方法中，需要接受两个参数，一个是共享线程对应的脚本文件，另一个就是共享线程的标识名称。

对于 name 属性的具体使用，读者可以参考下面的代码。在 Chrome 浏览器运行之后，显示效果如图 6-26 所示。

主线程 HTML+Javascript 代码:test_sharedwoker_name.html。

```
<!DOCTYPE html>
<html>
<head>
    <script>
    function load()
    {
        if(typeof(Worker))
        {
            var sharedworker = new SharedWorker("test_sharedworker_name.js","mySharedWorker");
            sharedworker.port.start();
            sharedworker.port.addEventListener("message",doMessageEvent,false);
            sharedworker.addEventListener("error",doErrorEvent,false);
    }
    else
    {
        alert("sorry,你的浏览器还不支持Html5 Web Workers!")
    }

    }
    function doErrorEvent(event)
    {
        document.write("异常信息: "+event.message);
    }
    function doMessageEvent(event)
    {
        document.write("<h2>共享子线程传回的数据: </h2>"+event.data);
    }
    window.addEventListener("load",load,false);
    </script>
</head>
<body>
</body>
</html>
```

- test_sharedworker_name.js 为在同一文件夹下的 Javascript 脚本文件。
- mysharedworker 表示创建的共享线程的标识名称。

- sharedworker 表示创建的共享线程的实例。
- port 属性表示主线程中的消息端口。
- 在上面的代码中，在主线程中创建了共享子线程，并且注册监听了 onmessage 事件。

子线程 Javascript 代码:test_sharedworker_name.js。

```
self.onconnect = function(event)
{
    var port = event.ports[0];
    port.postMessage(self.name);
}
```

- port 表示共享子线程的一个消息端口。
- self 属性表示 WorkerGlobalScope 本身。
- postMessage()方法用来在共享子线程的消息端口向主线程的消息端口传输消息数据。

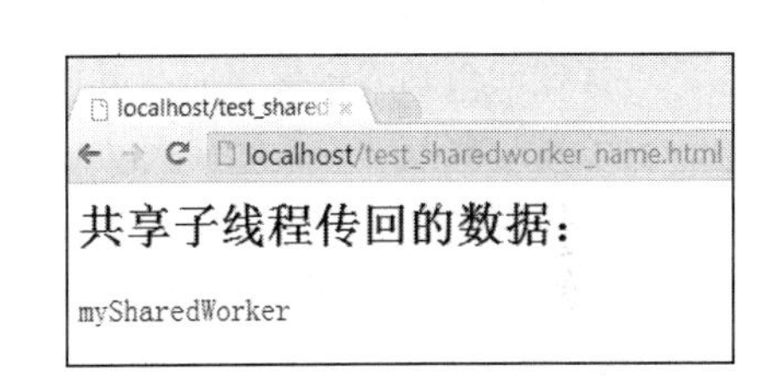

图 6-26　使用 name 属性在 Chrome 浏览器的显示效果

applicationCache 属性是一个 ApplicationCache 对象，每一个共享子线程都有着自己的缓存主机，但是这个属性使用并不是很多。这里就不再作进一步讨论。

onconnect 属性我们前面已经使用了很多次了，它用来表示在共享子线程的消息端口和主线程的消息端口建立连接后触发的事件。

6.3　构建 Html5 Web Workers 的开发实例

理想启动性能、理想的内存消耗、实际运行时间，Html5 Web Workers 给我们开发人员带来的便利不言而喻。为了让读者快速上手 Html5 Web Workers，本节，我们将以一个具体的开发实例，探讨 Html5 Web Worker 新特性在实际开发中的应用。

6.3.1　分析开发需求

Html5 Web Workers 的优势在于后台执行大量脚本计算能力。通过并行处理技术把脚本执行单独作为一个子线程来处理，从而使脚本执行对用户界面的影响降到最低。在本次开发实例中，我们将设计一个计算高校 GPA 的 Web 程序。

GPA 也称为绩点，或者是加权平均学分。一般来说，各大高校根据自己的情况都有自己独特的算法，各有各的风格，显然，以不同的算法算出来的绩点可能也是大相径庭。

以笔者所在的学校为例，绩点是学校综合评价学生学习质量的重要指标，是学生评定奖学金、评优、申请主辅修、学士学位、免试推荐研究生等重要依据之一。但是学校的教务系统只负责公布具体的百分制成绩，从不公布绩点。因此，借此机会，我们设计一个计算高校 GPA 的 Web 程序。

对于笔者所在学校的 GPA 计算算法主要如下。

- 学校开设的所有课程无一例外都是百分制，精度值为 0.5 分，即不允许出现 80.3 分、85.4 分这样的成绩。
- 每个课程的百分制成绩都对应一个课程绩点，具体的对应关系是 90～100 分对应课程绩点为 5.0，85～89.5 分对应课程绩点为 4.5，80～84.5 分对应课程绩点为 4.0，75～79.5 分对应课程绩点为 3.5，70～74.5 分对应课程绩点为 3.0，65～69.5 分对应课程绩点为 2.5，60～64.5 分对应课程绩点为 2.0，0～59.5 分表示不及格，对应课程绩点为 0。
- 计算学生绩点时，首先将课程的学分和学生所得的百分制成绩相乘的结果，然后分别将各个课程的得到的乘积相加，得到的结果再除以课程总学分。具体的公式：绩点 = Σ（课程学分*课程绩点）/Σ课程学分。

总体来看，笔者所在学校的绩点算法并不是很复杂。但是如果用户的课程数大于 20，暂且不谈人工算来累不累，如果不使用我们本章探讨的 Html5 Web Workers 多线程处理的话，直接调用 Javascript 脚本计算，浏览器是肯定会弹出脚本长时间未运行的警告框的。

在此次开发实例中，我们将采用 Html5 Web Worker 专用线程的内容，并且结合 CSS3.0 进行简单的样式设计，以实现这一功能。

6.3.2 表单数据收集页面

根据开发需求，在本次开发实例中，我们要使用 Html5 Web Workers 的专用线程来处理 GPA 计算。本节，我们将探讨程序表单的数据收集。

在用户的显示界面，我们需要通过一个表单来收集用户的数据。在这个表单中，我们需要收集用户的以下数据。

- 用户的姓名。
- 用户每个课程的课程名称。
- 用户每个课程的课程学分。
- 用户在每个课程所得的分数。

此外，因为用户的课程数不确定，所以我们要通过 DOM 节点来动态增加数据收集表单的项目。对于表单数据收集模块的设计，读者可以参考下面的代码。

HTML 代码：test_workers.html。

```
<!DOCTYPE HTML>
 <html>
 <head>
   <title> Html5 Web Workers </title>
```

```
    <script type = "text/javascript" src="test_worker.js"></script>
    <link rel = "stylesheet" href = "test_worker.css"/>
  </head>
  <body>
    <header>
       <h1>绩点计算程序</h1>
    </header>
    <section>
    <form class = "form" method = "post" action = "#" id = "myform">
       <p>
          <label>你的姓名:
             <input id = "user_name" type = "text" required = "required" />
          </label>
       </p>
       <table id = "mytable">
          <tr>
             <td>课程名称</td>
             <td>课程学分</td>
             <td>你的分数</td>
          </tr>
          <tr id="mytr">
             <td>
                <input type="text" requried="requried">
             </td>
             <td>
                <input type="number" min="1.0" step ="0.5" value ="2.5" max="5.0"
                requried="requried">
             </td>
             <td>
                <input type="number" min="0" step ="0.5" value="85" max="100"
                requried="requried">
             </td>
          </tr>
       </table>
       <p>
          <input name = "submit" type="button" value="立即计算" />
          <input name = "addsubject" type="button" value="增加课程"/>
       </p>
    </form>
    <section>
    <footer>
       Designed by <em>guoxiaocheng </em>from hhu.
    </footer>
  </body>
 </html>
```

- test_worker.js 是同一文件夹下的 Javascript 脚本文件。

- test_worker.css 是同一文件夹下的 CSS 样式文件。
- 在上面的代码中，我们定义两个表单按钮。其中，一个用来提交表单，另一个用来动态增加用户的课程数。

在上面的 HTML 代码中，我们定义了一个用来收集用户的数据表单，在表单中，定义了 4 个输入类型的控件，user_name 用来给用户输入姓名，其他 3 个分别是课程名称、课程学分和用户在该课程所取得的成绩。其中，课程学分和学生成绩使用了数字类型输入控件，并设置了相应的范围。下面我们使用 CSS3.0 进行简单的样式设计。

对于 CSS 样式设计，读者可以参考下面的代码。在 Chrome 浏览器运行之后，显示效果如图 6-27 所示。

CSS 代码：test_workers.css。

```
.form
{
   padding: 30px;
   width:540px;
   border:1px solid #bbb;
   -moz-box-shadow: 0 0 10px #bbb;
   -webkit-box-shadow: 0 0 10px #bbb;
   box-shadow: 0 0 10px #bbb;
   font-weight:bold;
}
.form input
{
   font-family: "Helvetica Neue", Helvetica, Arial, sans-serif;
   background-color:#fff;
   border:1px solid #ccc;
   font-size:20px;
   width:180px;
   min-height:25px;
   display:block;
   margin-bottom:16px;
   margin-top:8px;
   -webkit-border-radius:5px;
   -moz-border-radius:5px;
   border-radius:5px;
   -webkit-transition:all 0.5s ease-in-out;
   -moz-transition: all 0.5s ease-in-out;
   transition: all 0.5s ease-in-out;
}
.form input:focus
{
   -webkit-box-shadow:0 0 25px #ffff00;
   -moz-box-shadow:0 0 25px #ffff00;
```

```
        box-shadow:0 0 25px #ffff00;
        -webkit-transform: scale(1.05);
        -moz-transform: scale(1.05);
        transform: scale(1.05);
    }
    input[type=button]
    {
        display: inline-block;
        padding:5px 10px 6px 10px;
        border:1px solid #888;
        border-radius: 5px;
        -moz-border-radius: 5px;
        -moz-box-shadow: 0 0 3px #888;
        -webkit-box-shadow: 0 0 3px #888;
        box-shadow: 0 0 3px #888;
        opacity:1.0;
        text-shadow: 1px 1px #fff;
    }
    input[type=button]:hover
    {
        color: #516527;
        cursor: pointer;
    }
```

- form 对应的是表单整体的 CSS 样式设计。
- form.input 对应的是表单输入类型控件的 CSS 样式设计。
- form.input.focus 对应的是表单输入类型控件获得焦点时的 CSS 样式设计。
- input[type="button"]对应的是表单按钮的 CSS 样式设计。
- input[type="button"]:hover 对应的是表单按钮被鼠标滑过时的 CSS 样式设计。

图 6-27　表单数据收集页面在 Chrome 浏览器的显示效果

6.3.3　动态增加课程项目

根据我们的开发需求，因为用户的课程数目不确定，所以我们要使用 DOM 节点实现动态增加用户的课程项目的功能。

对于动态增加用户的课程项目的具体设计内容，读者可以参考下面的代码。在 Chrome 浏览器运行之后，显示效果如图 6-28 所示。

主线程 Javascript 代码：test_workers.js。

```
function load()
{
    var form = document.getElementsByTagName("form")[0];
    form.addsubject.addEventListener("click",addSubject,false);
}
function addSubject()
{
    var mytable = document.getElementById("mytable");
    var mytr = document.getElementById("mytr");
    var newtr = mytr.cloneNode(true);
    mytable.appendChild(newtr)
    n++;
}
window.addEventListener("load",load,false);
```

- load()方法是 onload 事件的回调函数。
- addSubject()方法是 onclick 事件的回调函数。
- cloneNode()方法用来克隆 DOM 节点。
- appendChild()方法用来添加 DOM 节点。
- addEventListener() 方法监听了 window 的 onload 事件。
- addEventListener()方法监听了表单增加课程按钮的 onclick 事件。
- 在上面的代码中，当用户点击了增加课程按钮之后，就会调用 addSubject()方法，从而复制出一个 DOM 节点来增加用户的课程项目。

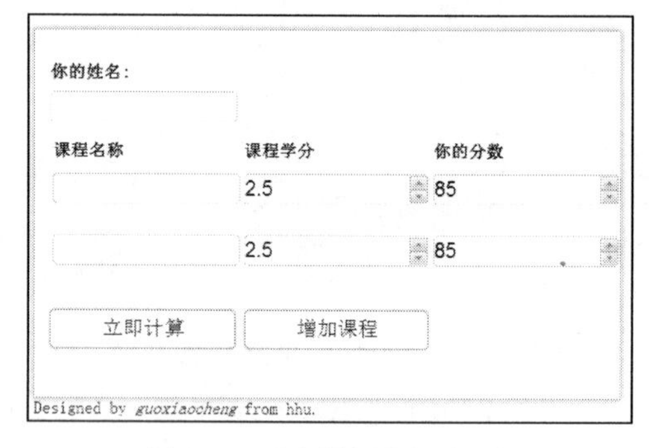

图 6-28　动态增加课程项目在 Chrome 浏览器的显示效果

6.3.4　程序的主线程

根据开发需求，我们需要在主线程中将收集到的用户数据，传输给子线程中进行运算处理。本节我们主要探讨 Html5 Web Workers 主线程的设计。

在 Html5 Web Workers 的主线程中，我们需要实现以下几项功能。

- 收集用户在表单填写的数据。
- 创建一个专用子线程来进行 GPA 计算。
- 实现对专用子线程的控制管理。
- 将表单数据传输给专用子线程的消息端口。
- 接收从专用子线程消息端口传回的计算结果消息数据，并显示给用户。

对于 Html5 Web Workers 主线程的具体设计，读者可以参考下面的代码。

主线程 Javascript 代码：test_workers.js。

```
var n = 1;
var user_name;
var score = new Array();
function load()
{
    var form = document.getElementsByTagName("form")[0];
    form.submit.addEventListener("click",getNode,false);
    form.addsubject.addEventListener("click",addSubject,false);
}
function addSubject()
{
    var mytable = document.getElementById("mytable");
    var mytr = document.getElementById("mytr");
    var newtr = mytr.cloneNode(true);
    mytable.appendChild(newtr)
    n++;
}
function getNode()
{


    for(var i=0;i<n;i++)
    {
        score[i] = new Array();
        for(var j=0;j<3;j++)
        {
            score[i][j] =document.getElementsByTagName("tr")[i+1].getElementsByTagName
          ("input")[j].value;
        }
    }
    user_name = document.getElementById("user_name").value;
    postWorker();
}
function postWorker()
{
    var worker = new Worker("gpa.js");
    worker.postMessage ({user_name:user_name,number:n,score:score});
    function doMessageEvent(event)
    {
        document.write(event.data);
    }
    function doErrorEvent(event)
    {
        document.write("异常信息:"+event.message);
    }
```

```
    worker.addEventListener("message",doMessageEvent,false);
    worker.addEventListener("error",doErrorEvent,false);
}
window.addEventListener("load",load,false);
```

- 变量 n 用来表示用户的课程数目。
- 变量 user_name 用来表示用户的姓名。
- 变量 score 用来表示用户的课程的课程名称、课程学分和用户在该课程所得的分数。
- addEventListener()方法监听了立即计算按钮的 onclick 事件。
- getNode()方法是 onclick 事件的回调函数。
- postWorker()方法用来创建和控制多线程的操作。
- gpa.js 表示同一文件夹下的 Javascript 脚本文件。
- worker 表示创建的专用线程的实例。
- doMessageEvent()方法是 onmessage 事件的回调函数。
- doErrorEvent()方法是 onerror 事件的回调函数。
- addEventListener()方法监听了 worker 的 onmessage 和 onerror 事件。
- postMessage()方法用来在主线程的消息端口向专用子线程的消息端口传输消息数据。
- 在上述代码中，我们使用 JOSN 格式化数据格式将用户的数据传输给子线程的消息端口。

6.3.5 程序的子线程

根据我们的开发需求，我们需要在一个 Html5 Web Workers 的专用子线程实现 GPA 的具体计算。本节我们将主要探讨 Html5 Web Workers 子线程的设计。

在 Html5 Web Workers 的主线程中，我们需要实现以下几项功能。

- 收集从主线程消息端口传输过来的消息数据，并将它们的部分类型进行转换，以便进行数学运算。
- 编写一个函数将学生的每个课程的百分制成绩转换为课程绩点。对于具有课程百分制成绩 59.5 分以下的，标记为挂科，停止为其计算绩点。
- 应用公式：绩点 = Σ（课程学分*课程绩点）/Σ课程学分，并进行具体的计算。
- 验证计算结果，形成用户的成绩单。
- 将计算结果通过消息数据通过子线程的消息端口传输给主线程的消息端口。

对于 Html5 Web Workers 子线程的具体设计，读者可以参考下面的代码。在 Chrome 浏览器上运行，输入数据和计算结果分别如图 6-29 和图 6-30 所示。

子线程 Javascript 文件：gpa.js。

```
var jidian = 0;
var guake = false;
```

```
var total = 0 ;
var user_name;
var score;
var n;
onmessage = function (event)
{
   score = event.data.score;        //分数数组。
   n = event.data.number;           //科目总数。
   user_name = event.data.user_name;
   calculate();
}
function calculate()
{
   for(var i=0;i<n;i++)
      {
         jidian += parseFloat(score[i][1])*getSingleJidian(parseFloat(score[i][2]));
         total += parseFloat(score[i][1]);
      }
   if(total!=0)
   {
      if(guake == false)
      {
         jidian = jidian/total;
         postBack();
      }
      else
      {
         postMessage(user_name+"你挂科了，要努力了！");
         close();
      }

   }
}
function getSingleJidian(s)
{
   if(s<=100&&s>=90)
   {
      return 5.0;
   }
   else if(s>=85&&s<90)
   {
      return 4.5;
   }
   else if(s>=80&&s<85)
   {
      return 4.0;
   }
```

```
    else if(s>=75&&s<80)
    {
       return 3.5;
    }
    else if(s>=70&&s<75)
    {
       return 3.0;
    }
    else if(s>=65&&s<70)
    {
       return 2.5;
    }
    else if(s>=60&&s<65)
    {
          return 2.0;
    }
    else if(s<60)
    {
       guake = true;
       return 0;
    }
    else
    {
       postMessage("你输入的成绩有误！");
       close();
    }
}
function postBack()
{
    var str ="<center><h1>成绩单</h1><br>"
    str +="<h2>"+user_name+"，你的本学期绩点为"+jidian+"，继续努力！</h2>"
    str +="<table width='50%' cellspacing='0' cellpadding='0' border='1px'>"
    str += "<tr><td>科目</td><td>学分</td><td>成绩</td><tr>";
    for(var i=0;i<n;i++)
    {
       str += "<tr><td>"+score[i][0]+"</td><td>"+score[i][1]+"</td><td>"+score[i][2]
       +"</td><tr>";
    }
    postMessage(str);
    close();
}
```

- 变量 jidian 表示学生的绩点。
- 变量 guake 表示学生是否有课程不及格，即低于 59.5 分。
- 变量 total 表示学生所修的课程总学分。
- 变量 n 用来表示课程的总数目。

- 变量 user_name 用来表示学生的姓名。
- 变量 score 是一个二维数组，用来保存学生每个课程的课程名称、课程学分和学生成绩。
- calculate()方法是计算学生绩点的主函数。
- parseFloat()方法用来将字符串转换为浮点数。
- getSingJidian()方法用来将学生的每个课程的百分制成绩转换为课程绩点。
- postMessage()函数用来在子线程消息端口向主线程消息端口传送用户的数据，这里的数据为普通文本数据。
- postWorker()函数用来形成用户的成绩单后，在子线程消息端口向主线程消息端口传送用户的数据。
- str 表示要发回给主线程消息端口的消息数据。
- close()方法表示关闭子线程执行。

成绩单

学霸甲，你的本学期绩点为4.092592592592593，继续努力！

科目	学分	成绩
Java程序设计	3	88
计算机组成原理	4	80
算法与数据结构	3	83
计算方法	2.5	79.5
体育III	1	97

图 6-29　输入数据页面在 Chrome 浏览器的显示效果　　图 6-30　用户的成绩单在 Chrome 浏览器的显示效果

至此，我们就已经完成了程序开发需求的所有功能。在这短短两百行左右的代码中，我们使用 Html5 Web Worker 的专用线程新特性，实现了计算高校 GPA 的计算功能，展示了 Html5 Web Workers 在实际开发中的应用。

6.4　本 章 小 结

在本章中，我们主要讨论了 HTML5 中一个新特性——Html5 Web Workers。

在第一节中，我们首先主要讨论了进程和线程的概念、Html5 Web Workers 的特点和工作原理，然后讨论了 Html5 Web Workers 新特性在桌面浏览器和移动设备浏览器的支持情况，得出目前浏览器对 Html5 Web Workers 支持比较理想的结论。

在第二节中，我们细致地讨论了 Html5 Web Workers 专用线程和共享线程的创建、控制和具体应用。

在第三节中，我们使用 Html5 Web Workers 专用线程新特性，设计了一个计算的高校 GPA 的 Web 程序实例，展示了 Html5 Web Workers 在实际开发中的应用。

第 7 章 突起的异军——Html5 Web Socket

本章，我们将探讨 HTML5 标准中一个新特性——Html5 Web Socket。这个新特性在所有的 HTML5 标准中饱受争议，受关注度也是最高的。

在 HTML5 之前，基本上都是使用同步传送技术，客户端首先向服务端发送一个 HTTP 请求，服务器端识别请求后，返回响应。但是对于更新速度较快的 Web 程序来说，不仅需要用户不断地进行刷新操作，而且 Web 信息也已经失去了时效性。

当然 Ajax 异步通信也是一个不错的选择。但是与 Ajax 不同的是，Ajax 技术需要客户端发起请求，服务器端接受请求，才能进行单向的信息传送，而 Html5 Web Socket 可以在给定的时间范围内的任意时刻在服务器和客户端之间彼此相互传送信息。此外 Html5 Web Socket 还可以进行跨域通信。

在本章中，我们将探讨 Html5 Web Socket 新特性，开始我们会讨论服务器推送技术和 Html5 Web Socket 的实现原理，随后我们探讨目前桌面浏览器和移动设备浏览器对 Html5 Web Socket 新特性的支持情况。接着我们将重点探讨 Html5 Web Socket 的服务器编程和客户端编程 API。最后，我们会以一个多人聊天的 Web 程序实例，探讨 Html5 Web Socket 新特性在实际开发中的应用。

7.1 Html5 Web Socket 的概述

Html5 Web Socket 定义了一个基于服务器端和客户端之间的全双工的异步信息通道，该通信方式取代了传统的单个 TCP 套接字，使用了 ws 或 wss 协议，可用于任意的客户端和服务器程序。本节，我们重点探讨传统的服务器推送技术和 Html5 Web Socket 的总体概述。

7.1.1 服务器推送技术简介

服务器推送技术(Server Push)是近年来在 Web 领域中最热门的一个流行术语之一，它的别名叫

Comet(彗星)。Ajax 技术和 Html5 Web Socket 技术都是其内容之一。

随着 Web 领域的发展以及 Web 本身跨平台、免客户端维护、跨越防火墙、扩展性好等优势，使越来越多的应用程序都不可抗拒地从原有的 C/S 模式转变成为 B/S 模式。但是基于浏览器的应用，有一个致命的缺陷，就是浏览器中的页面内容每次都需要经过用户手动刷新才能从服务器端获得最新的数据，这样产生的延迟将带给用户非常糟糕的体验。而在 C/S 结构中，这是不可能发生的，因为客户端和服务器之间通常存在着持久的连接，这个连接可以双向传递各种数据。为了解决这个问题，服务器推送技术应用而生。

在传统的 Web 系统中，客户端和服务器端要进行通信，通常要进行三个过程段。第一个过程段，浏览器客户端向服务端发送一个 HTTP 请求；第二个过程段，服务器端接收请求，进行请求的识别和解析；第三个过程段，服务器端根据请求信息，作出相应的响应。具体如图 7-1 所示。这种方式在时间上很滞后，很难满足很多实时性要求比较高的 Web 应用，尤其是以下几个方面。

- 监控系统：摄像头程序、仪器仪表程序等。
- 即时通信系统：聊天程序、邮件程序等。
- 即时报价系统：后台数据库经常变化的程序等。

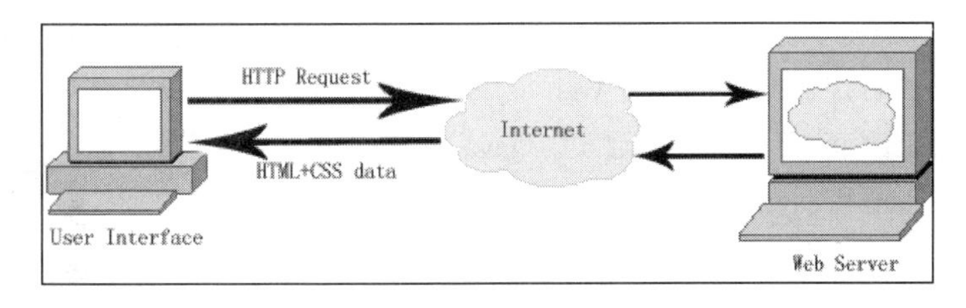

图 7-1　传统的客户端和服务器端之间的通信过程

上面的几个应用领域都有较高的实时性需求，采用服务器推送技术通常有三种解决方案。

- 基于客户端套接口的服务器推送技术。
- 基于 HTTP 长连接的服务器推送技术。
- Html5 Web Socket 技术。

下面的章节将会对基于客户端套接口和 HTTP 长连接的服务器推送技术作一个深入探讨。

7.1.2　基于客户端套接口的服务器推送技术

基于客户端套接口的服务器推送技术的原理是在浏览器客户端安装一定的插件，然后通过套接口进行消息数据的传送。这种技术应用比较成熟的是下面两种插件。

- Flash XMLSocket 套接口；
- Java Applet 套接口。

Flash XML Socket 套接口是 Adobe 公司旗下的产品，因为客户端的 Flash 程序可以保持与服务器之间的开放连接，无需经过客户端发送请求，服务器就可以即时传送消息数据，所以只要用户安装了 Adobe Flash 播放器插件，开发人员就可以使用 Flash XMLSocket 提供的 XMLSocket 类，使用 Javascript 脚本直接调用 Flash 程序。简单来说，XMLSocket 类充当了 Javascript 脚本和 Flash 程序之间的桥梁。

对于 Flash XMLSocket 套接口的具体实现方法是：首先要在 HTML 页面中内嵌入一个使用了 XMLSocket 类的 Flash 程序，然后通过 JavaScript 脚本调用此 Flash 程序提供的 XMLSocket 类接口与服务器端的套接口进行通信，最后将从服务器端收到 XML 格式的消息数据显示出来。

虽然 Flash XMLSocket 套接口提供了一种很好的客户端和服务器端的通信方式，在很多 Web 的互动游戏、聊天室中都有其应用，但是这种方式有着诸多的缺陷和不足，主要表现在以下几个方面。

- 必须强制用户安装 Adobe Falsh 插件。
- 因为是使用套接口，需要设置一个通信端口，防火墙、代理服务器也可能对非 HTTP 通道端口进行限制。
- 出于安全方面的考虑，向与 XMLSocket 对象通信的服务器守护程序分配的端口号必须大于等于 1024。小于 1024 的端口被禁用。

Java Applet 套接口是通过在客户端编写 Java Applet 程序实现。相信大家如果学过 Java 语言程序设计，就肯定不会对 Java Applet 小程序陌生。这个曾经的 SUN 公司的杀手锏产品，现在已被历史淹没了，但我们却不能否定 Java Applet 给 Web 领域留下的设计理念。在 Java Applet 套接口中，通过 java.net.Socket、java.net.DatagramSocket 和 java.net.MulticastSocket 三个类建立与服务器端的套接口连接，从而实现服务器推送技术。因为 Java Applet 早就被淘汰了，这里也就不再过多探讨了。

7.1.3 基于 HTTP 长连接的服务器推送技术

在传统的 Web 程序中，客户端浏览器的作用非常单一，就是同步实现发送 HTTP 请求和解析服务器返回的数据消息并按照一定的风格样式进行显示。自 Ajax 技术诞生后，基于 HTTP 长连接的服务器推送技术也随之兴起，浏览器也开始可以向服务器发送异步请求信息。作为基于 HTTP 长连接的服务器推送技术的典型应用，它实际上在客户端提供了一个 Ajax 引擎，使开发人员可以通过脚本 JavaScript 调用 XMLHttpRequest 对象发出 HTTP 请求，服务器作出响应之后，返回 XML 数据，开发人员再通过响应处理函数根据服务器返回的信息对 HTML 页面的显示进行更新。图 7-2 显示了 Ajax 的客户端和服务器端的通信过程。

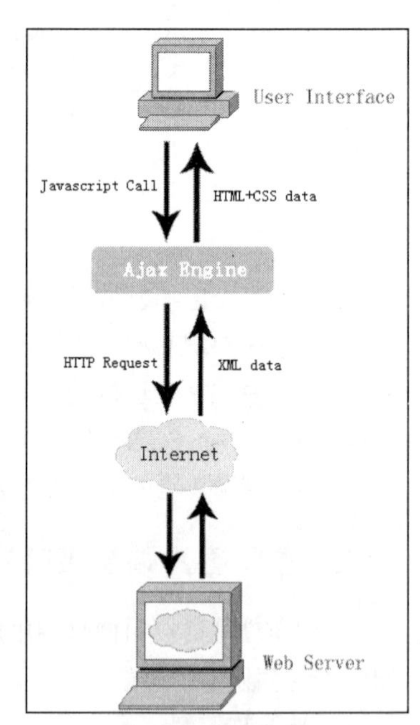

图 7-2 使用 Ajax 技术的客户端和服务器端之间的通信过程

基于 HTTP 长连接的服务器推送技术有三种实现方案，分别是：轮询、长轮询和流方式。现在的 Ajax 技术使用的就是长轮询方式。

轮询(Polling)方式是指浏览器定时向服务器端发送 HTTP 请求。这是实施服务器推送技术的首次尝试，并且在一段时间内受到了热捧。但是这种方式消耗的资源也是很可观的，因为浏览器通过定时发送 HTTP 请求，而服务器实际响应的请求数是很有限的。虽然这取决了浏览器定时发送 HTTP 请求的频率，但是还是会有很多的连接在被打开之后，不传送任何消息数据，随即就被关闭。具体流程如图 7-3 所示。

长轮询(Long Polling)方式是指浏览器向服务器端发送一个 HTTP 请求之后，服务器在一段时间内将这个建立的连接保持为打开状态，如果在这个指定的时间内服务程序准备好了消息数据，将直接将它传送给客户端，浏览器就可以直接作出响应，具体流程如图 7-4 所示。但是如果在这个指定的时间内服务程序还是没有准备好消息数据，那么这个连接就会被摧毁。长轮询方式相比轮询方式，性能得到了一定改善，但是在需要发送大量 HTTP 请求的 Web 程序中，还是有些“捉襟见肘”。

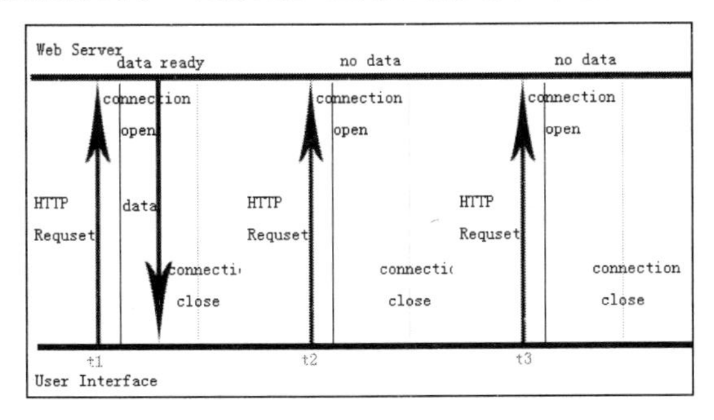

图 7-3　轮询方式客户端和服务器端之间的通信过程

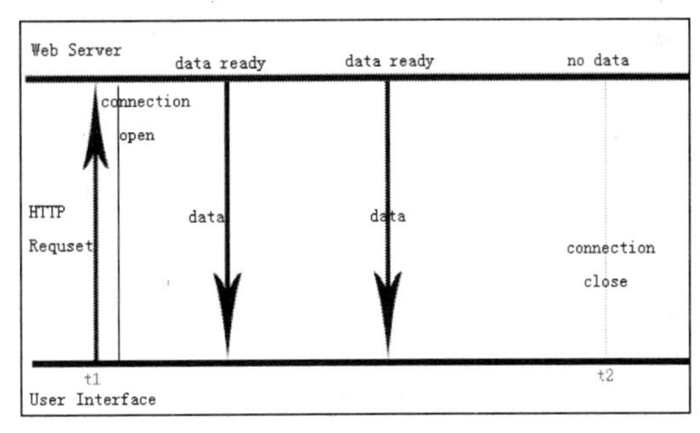

图 7-4　轮询方式客户端和服务器端之间的通信过程

流(Streaming)方式是在长轮询方式上发展起来的典型的 iframe 和 htmlfile 技术。当浏览器发送一个 HTTP 请求之后，服务器会一直将这个建立的连接保持为打开状态。当服务器准备好消息数据时，就立即发送给客户端，浏览器就可以直接作出响应。在流方式中，始终没有关闭连接的过程，具体流程如图 7-5 所示。但是由于流是封装在 HTTP 中的，其间的防火墙或者代理服务器可能对响应的消息数据进行缓冲，造成浏览器延迟。

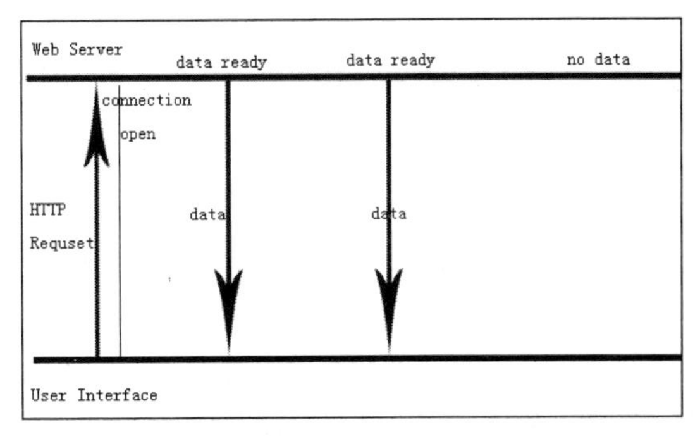

图 7-5　流方式客户端和服务器端之间的通信过程

从上面三种方式来看，基于 HTTP 长连接的服务器推送技术都是使用 HTTP 请求、建立连接和响应报头的模式。这个模式下，包含着许多多余的请求和报头信息，会造成信息传输的延迟。此外，如果要使用 HTTP 协议建立客户端和服务器端之间全双工信息异步通道，不仅需要服务器到客户端的下行连接，还需要客户端到服务器端的上行数据流。换句话说，要实现客户端和服务器端之间进行双方面的自由通信，基于 HTTP 长连接的协议是很难做到的，因为 HTTP 设计的初衷就是针对半双工信息通道。

7.1.4 Html5 Web Socket 的实现原理

Html5 Web Socket 是 HTML5 规范中一个重要的特性。事实上，它由两个部分组成。其中一部分是 WHATWG 组织和 W3C 组织制定的浏览器端的 WebSocket API，这也是本书重点探讨的内容。另一部分是由 IETF 组织制定的 WebSocket 协议，简称 ws 协议，ws 协议和目前普遍使用的 HTTP 协议是对应的。

在 Html5 Web Socket 中，首先客户端浏览器需要向特定的服务器端口发出 WebSocket 连线请求。请求报头格式如图 7-6 所示。随后服务器会对这一请求作出响应，响应报头格式如图 7-7 所示。这一过程被称为“握手”。

```
▼请求标头    显示源代码
  Connection: Upgrade
  Host: localhost:8010
  Origin: http://localhost
  Sec-WebSocket-Key1: 2 L   7Q u3b \1a7UP268U9 * _ e
  Sec-WebSocket-Key2: a C %7 5 0 S Hr566  c, 7No0 0  !
  Upgrade: WebSocket
  (Key3): 3D:EE:76:B5:85:8C:AA:B2
```

图 7-6　浏览器请求协议格式

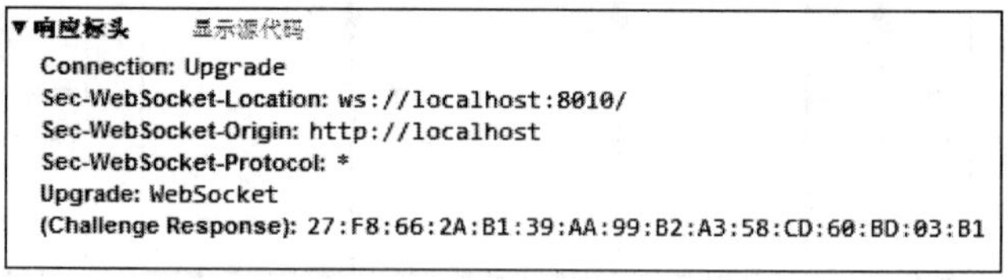

```
▼响应标头    显示源代码
  Connection: Upgrade
  Sec-WebSocket-Location: ws://localhost:8010/
  Sec-WebSocket-Origin: http://localhost
  Sec-WebSocket-Protocol: *
  Upgrade: WebSocket
  (Challenge Response): 27:F8:66:2A:B1:39:AA:99:B2:A3:58:CD:60:BD:03:B1
```

图 7-7　服务器响应协议格式

在客户端浏览器和服务器端进行“握手”操作之后，便在客户端浏览器和服务器端建立一条全双工的通信信道，两者都可以进行数据的传送。

7.1.5 Html5 Web Socket 的浏览器和服务器支持情况

因为 Html5 Web Socket 是一项饱受争议的 HTML5 新特性。因此不同的浏览器对其的支持情况也不同。

目前主流的移动设备浏览器和桌面浏览器对 Html5 Web Storage 新特性的支持情况如图 7-8 和图 7-9 所示。其中白色表示完全支持，浅灰色表示部分支持，深灰色表示不支持。

从图 7-6 和图 7-7 中，可以看出，在众多浏览器中，只有 Chrome、FireFox 和 Safari 浏览器对 Html5 Web Socket 支持情况比较满意。

此外，由于 IETF 组织制定的 Websocket 协议标准草案有多种版本，而各浏览器实现的版本是不一样的。例如，在本书探讨的 Node 服务器的 websocket-server 模块的协议，在最新 Chrome 版本已经不能适用了。具体内容会在后面的章节作进一步探讨。

iOS Safari	Opera Mini	Android Browser	Opera Mobile	Chrome for Android	Firefox for Android
		2.1			
3.2		2.2			
4.0-4.1		2.3	10.0		
4.2-4.3		3.0	11.5		
5.0-5.1	5.0-7.0	4.0	12.0	18.0	14.0

图 7-8　移动设备 Web 浏览器对 Html5 Web Socket 的支持情况

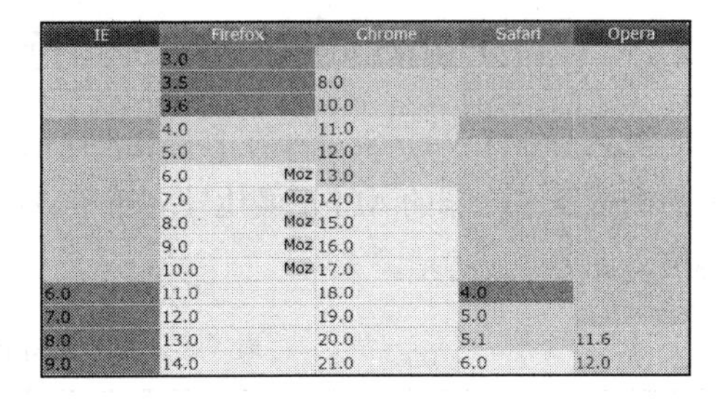

IE	Firefox	Chrome	Safari	Opera
	3.0			
	3.5	8.0		
	3.6	10.0		
	4.0	11.0		
	5.0	12.0		
	6.0 Moz	13.0		
	7.0 Moz	14.0		
	8.0 Moz	15.0		
	9.0 Moz	16.0		
	10.0 Moz	17.0		
6.0	11.0	18.0	4.0	
7.0	12.0	19.0	5.0	
8.0	13.0	20.0	5.1	11.6
9.0	14.0	21.0	6.0	12.0

图 7-9　桌面浏览器对 Html5 Web Socket 的支持情况

7.2　Html5 Web Socket 的使用

Html5 Web Socket 被设计出来，不管是在数据传输的稳定性方面，还是在数据传输的数据量和效率方面，都比现在普遍使用的基于 HTTP 长连接的服务器推送技术更胜一筹。本节，我们将深入探讨 Html5 Web Socket 的浏览器支持情况，检测、服务器平台搭建和 Html5 Web Socket 的 API 使用。

7.2.1　浏览器支持情况检测

因为不同的浏览器对 Html5 Web Socket 新特性的支持情况不尽相同，所以在使用 Html5 Web Socket 之前，检测用户的浏览器的支持情况就显得非常必要。

对于检测用户浏览器对 Html5 Web Socket 的支持情况，读者可以参考下面的代码。

```
<script type="text/javascript">
    if(typeof(window.WebSocket))
    {
        alert("你的浏览器支持Html5 Web Socket!");
    }
    else
    {
        alert("sorry,你的浏览器还不支持Html5 Web Socket!");
    }
</script>
```

- WebSocket 是用来在 Html5 Web Socket 中创建 WebSocket 对象。
- typeof()函数是 Javascript 中一个测试类型的函数。

从前面的章节中，读者可能已经发现了，在 Html5 的开发中，对其新特性的浏览器的支持情况形式可以多种多样，但只要判断特性函数或者对象是否存在就可以了。

此外，在实际开发中，对于不支持 Html5 Web Socket 的用户的浏览器，开发人员也可以使用轮询、长轮询等 HTTP 长连接的方式作为替代内容。

7.2.2 搭建 Html5 Web Socket 运行环境

虽然 Html5 Web Socket 在 HTML5 规范中还处于草稿阶段，但 WHATWG 组织和 W3C 组织制定的浏览器客户端的 API 已经比较完善了，在多方面的努力下，已经有很多服务器实现了 WebSocket 协议。如表 7-1 所示。

表 7-1 目前支持 Html5 Web Socket 的服务器

服务器名称	下载网址
Tomcat 服务器	http://tomcat.apache.org
Php 服务器	http://code.google.com/p/phpwebsocket/
Node 服务器	http://nodejs.org
Ruby 服务器	http://github.com/gimite/web-socket-ruby
Jetty 服务器	http://jetty.codehaus.org/jetty/
Netty 服务器	http://www.jboss.org/netty
Kaazing 服务器	http://www.kaazing.org/confluence/display/KAAZING/Home

在表 7-1 中，列举了目前支持 Html5 Web Socket 的主流服务器。读者应该注意，很多服务器都有版本限制。例如，对于 Tomcat 服务器，笔者发现只有最新的 7.0.26 版本才支持 Html5 Web Socket。本节，我们将重点探讨 Node 服务器开发环境的搭建。

相信本书的读者都是关注 Web 前端开发的，自然对 Node.js 不会陌生。这里摘抄一下官方的定义，Node.js 是一个服务器端 JavaScript 解释器，提供一种简单的构建可伸缩网络程序的方法，运行它的服务器能支持数万个并发连接。Node.js 采用一种事件驱动的非阻塞 I/O 模型，可以在分布式系统上运行轻量级高性能的数据密集型实时应用。

从官方定义中可以了解到，Node.js 就是一个 Javascript 运行环境。实际上它是对 Google V8 引擎作了一个封装，在汲取 V8 引擎执行 Javascript 速度快、性能好的特点上，对一些特殊的用例进行了优化，提供了替代的 API，使得其在非浏览器的环境下也能完美运行。此外，Node.js 采用了一种事件驱动的非阻塞 I/O 模型，本质上就是文件系统、数据库之类的资源提供了接口，从而简化对慢资源的访问。

Node.js 从 2009 年诞生至今，已经发展了 3 年有余，其成长的速度有目共睹。目前在 github 的访问量超过 Rails，Node.js 的发展速度远远超过了人们的预期。下面的 Node.js 简史就可以说明一切。

- 2009 年 2 月，Ryan Dahl 在博客上宣布准备基于 V8 创建一个轻量级的 Web 服务器并提供一套库。
- 2009 年 5 月，Ryan Dahl 在 GitHub 上发布了最初版本的部分 Node.js 包，随后几个月里，有人开始使用 Node.js 开发应用。
- 2009 年 11 月和 2010 年 4 月，两届 JSConf 大会都安排了 Node.js 的讲座。

- 2010 年年底，Node.js 获得云计算服务商 Joyent 资助，创始人 Ryan Dahl 加入 Joyent 全职负责 Node.js 的发展。
- 2011 年 7 月，Node.js 在微软的支持下发布 Windows 版本。

不仅在国外 Node.js 被普遍看好，在国内其发展势头也有目共睹。据笔者了解，淘宝内部的一个叫做 MYFOX 的项目组就已经使用 Node.js 开发了一个数据采集的中间件程序，负责从一个 MYSQL 集群中提取数据、计算和输出结果。

目前在官网 http://nodejs.org 上提供了三种平台下的安装包。如图 7-10 所示。

在 Windows 平台下配置 Html5 Web Socket 的开发环境有两种方式。一种是通过安装 Window Installer 版本。因为这种方式简单、方便，在此我们不作进一步探讨。

我们将重点探讨另一种安装方式，即现在 Windows 平台下安装一个 Linux 虚拟环境 Cygwin，然后在 Linu 虚拟环境中安装 Node.js。

首先我们要在 Cygwin 的官网 http://cygwin.com 上下载 Cygwin 安装包。如图 7-11 所示。

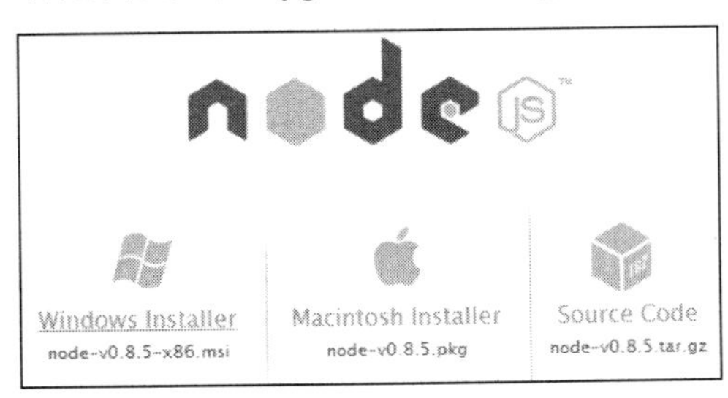

图 7-10　node.js 官网的下载页面显示

图 7-11　cygwin 官网的主页

之后，运行下载的安装包，选择 Install from Internet 方式进行安装。接下来需要选择安装的程序包。如果读者只需要运行 Node.js，则并不需要安装默认的安装程序包。读者应该注意，正确选择安装程序包非常重要，否则 Cygwin 可能无法正常运行。安装 Node.js 需要 Cygwin 程序包如图 7-12 所示。

```
Devel包:
    gcc-g++: C++ compiler
    gcc-mingw-g++: Mingw32 support headers and libraries for GCC C++
    gcc4-g++: G++ subpackage
    git: Fast Version Control System - core files
    make: The GNU version of the 'make' utility
    openssl-devel: The OpenSSL development environment
    pkg-config: A utility used to retrieve information about installed libraries
    zlib-devel: The zlib compression/decompression library (development)
Editor包: vim: Vi IMproved - enhanced vi editor
Python包: 把Default切换成install状态即可
Web包:
    wget: Utility to retrieve files from the WWW via HTTP and FTP
    curl: Multi-protocol file transfer command-line tool
```

图 7-12　安装 Node.js 需要 Cygwin 程序包

接下来，我们需要将 Cygwin 安装目录下的 bin 文件夹的路径增加到系统环境变量的 path 变量中，如图 7-13 所示。

这时，可以键入 cmd 命令，输入 ash.exe，启动 shell 命令模式，运行.rebaseall –v。如果没有出现错误，表示 Cygwin 已经安装成功了。

至此，我们已经完成了 Cygwin 软件的安装。正如 Cygwin 官网所说，读者可以在这个 Cygwin 软件中获得所有与 Linux 平台下同样的感觉。下面我们将讨论在 Cygwin 中下载和安装 Node.js。

进入 Cygwin 的 shell 命令控制台之后，输入 wget http://nodejs.org/dist/node-v0.4.7.tar.gz 命令从官网上下载最新版的 Node.js。如图 7-14 所示。

图 7-13 设置 path 路径的系统环境变量

```
Administrator@PC--2012061202L ~
$ wget http://nodejs.org/dist/node-v0.4.7.tar.gz
--2012-08-04 12:48:50--  http://nodejs.org/dist/node-v0.4.7.tar.gz
正在解析主机 nodejs.org (nodejs.org)... 8.12.44.238
正在连接 nodejs.org (nodejs.org)|8.12.44.238|:80... 已连接。
已发出 HTTP 请求，正在等待回应... 200 OK
长度: 5011520 (4.8M) [application/octet-stream]
正在保存至: "node-v0.4.7.tar.gz.1"

5% [=>                              ] 290,944     12.0K/s 估时 3m 23s
```

图 7-14 从官网上下载 Node.js

下载完成之后，可以输入 tar xf node-v0.4.7.tar.gz 命令对文件进行解压，然后输入 cd node-v0.4.7 命令进入文件夹后，输入./configure 命令进行安装检查，输入 make 命令进行编译，输入 make install 命令进行安装。

目前为止，我们就已经把基于 Node.js 的服务器搭建好了。同所有的编程语言一样，我们首先来编写一个输出"Hello World!"的小程序。在 Cygwin 的安装目前下的用户文件夹下，建立一个脚本文件 test_server.js。

对于"Hello World"小程序的设计，读者可以参考下面的代码。在 Cygwin 中输入 node test_server.js 命令，如图 7-15 所示。在 Chrome 浏览器运行之后，显示效果如图 7-16 所示。

脚本文件：test_server.js。

```
var http = require('http');
var port = 8010;
http.createServer(function(request,response)
{
    response.writeHead(200,{'Content-Type':'text/html;charset=utf-8;'});
    response.end('<h1>Hello World! </h1>');
}).listen(port);
console.log("服务器已启动...");
```

- require()方法是用来导入模块，require("http") 就是加载系统预置的 http 模块。
- createServer()方法用来创建并返回一个新的 web server 对象，并且给服务绑定一个回调函数，用来处理请求和响应。

- listen() 方法用来让 HTTP 服务器在特定端口监听。这里监听的是 8010 端口。
- console.log()用来在控制台输出信息。

```
Administrator@PC--20120612UZL ~
$ node test_server.js
服务器已启动http://127.0.0.1:8010...
```

图 7-15 启动 Node 服务器界面

图 7-16 “Hello World”小程序在 Chrome 浏览器的显示效果

到目前为止，Node 服务器已经可以正常运行了。但是要使 Node 服务器支持 Html5 Web Socket，还差最后关键的一步，那就是安装 websocket-server 模块。

在探讨 websocket-server 模块的安装之前，我们先来了解一个 Node 包的管理和分发工具——NPM。使用 NPM 可以让我们快速地发布和安装 Node 软件包。在 Node 服务器，安装 NPM 工具，只要输入下面的 shell 命令。

```
$ curl http://npmjs.org/install.sh | sh
```

安装 NPM 工具完成之后，我们就可以随意查看、安装和发布 Node 软件包。例如，我们可以输入下面的 shell 命令查看已安装的 Node 软件包。如图 7-17 所示。

```
$ npm list
```

```
Administrator@PC--20120612UZL ~
$ npm list
npm WARN websocket-server@1.4.04 package.json: bugs['web'] should probably be bugs['url']
/home/Administrator
├─┬ socket.io@0.9.6
│ ├── policyfile@0.0.4
│ ├── redis@0.6.7
│ └─┬ socket.io-client@0.9.6
│   ├─┬ active-x-obfuscator@0.0.1
│   │ └── zeparser@0.0.5
│   ├── uglify-js@1.2.5
│   ├─┬ ws@0.4.20
│   │ ├── commander@0.6.1
│   │ ├── options@0.0.3
│   │ └── tinycolor@0.0.1
│   └── xmlhttprequest@1.2.2
└── websocket-server@1.4.04
```

图 7-17　查看已经安装的 Node 软件包界面

安装 websocket-server 模块很简单，只要输入下面的 shell 命令即可。

```
$ npm install websocket-server
```

至此，我们就已经完成了 Node 服务器的 Html5 Web Socket 的运行环境的搭建。当然，因为本书的重点在于探讨 Html5 Web Socket 的客户端浏览器 API 的使用，对于 Node 服务器端的搭建和编程都不可能逐一而述，有兴趣的读者可以从官网 http://nodejs.org 上获取更多关于 Node 服务器的知识。

7.2.3 服务器端编程之 Server 接口

搭建好 Node 服务器之后，我们就可以进行服务器端编程了。在 websocket-server 模块中，提供了一个 Server 对象来控制服务器端的通信。本节，我们将重点探讨 Server 对象中的方法和属性，这些方法和属性包括：

- createServer()方法；
- listen ()方法；
- onconnection 属性；
- send()方法；
- broadcast()方法；
- close()方法；
- onclose 属性；
- onshutdown 属性。

createServer()方法用来创建一个服务器。createServer()方法返回的是一个 Server 对象的实例。

对于 createServer()方法的具体使用，读者可以参考下面的代码。

Javascript 代码:test_createServer.js。

```
var ws = require("websocket-server");
var server = ws.createServer();
```

- require() 方法是用来导入模块，require("websoket-server") 就是加载系统预置的 websocket-server 模块。
- createServer()方法用来创建一个服务器，并且返回一个 Server 对象的实例。

listen ()方法用来开始接受指定端口和主机的连接。它接受一个必选参数和三个可选参数，必选参数 port 表示端口号，可选参数 hostname 表示主机名，如果省略，服务器将接受任何 IPV4 地址的连接。可选参数 backlog 表示最大的挂起连接数，默认值为 511。可选参数 callback 表示回调函数。

对于 listen ()方法的具体使用，读者可以参考下面的代码。

Javascript 代码：test_listener.js。

```
var ws = require("websocket-server");
var server = ws.createServer();
server.listen(8080,"127.0.0.1");
```

- require()方法是用来导入模块，require("websoket-server") 就是加载系统预置的 websocket-server 模块。
- listener()方法用来开始接受指定端口和主机的连接。

onconnection 属性表示当客户端浏览器和服务器端之间建立连接时触发的事件。在 onconnection

事件的回调函数中，我们可以传入一个 Connection 对象的实例。

读者应该注意，在 Node.js 中，事件操作必须使用标准的 addtListener()方法、removeListener()方法和 removeAllListener()方法。

对于 onconnection 属性的具体使用，读者可以参考下面的代码。在 Safari 浏览器运行客户端程序之后，Node 服务器的控制台显示效果如图 7-18 所示。

服务器端 Javascript 代码：test_onconnection.html。

```
var ws = require("websocket-server");
var server = ws.createServer();
server.addListener("connection",function(connection)
{
   console.log("连接已经建立！");
});
server.listen(8010,"127.0.0.1");
console.log("服务器已经运行...");
```

- onconnection 属性表示当客户端浏览器和服务器端之间建立连接时触发的事件。
- console.log()方法用来在控制台输出信息。
- connection.id 表示与服务器端建立连接的客户端浏览器的 ID。具体使用会在后面的章节作进一步探讨。
- 在上面的代码中，我们注册监听了 onconnection 事件。

客户端 HTML+Javascript 代码：test_onconnection.html。

```
<!DOCTYPE html>
<html>
<head>
   <script>
      if(typeof(window.WebSocket))
      {
         var url = "ws://127.0.0.1:8010";
         var ws  =  new WebSocket(url);
      }
      else
      {
         alert("sorry,你的浏览器还不支持Html5 Web Socket!");
      }
   </script>
</head>
<body>
<body>
</html>
```

- url 表示要连接的服务器端口。
- webSocket 是 WebSocket 接口的构造方法。具体使用内容会在后面的章节作进一步探讨。

close()方法用来停止服务器接受新的连接。调用 close()方法之后，已经存在的连接会继续保留。close()方法可以接受一个可选参数 callback，表示调用该方法的回调函数。

```
Administrator@PC--20120612UZL ~
$ node test_onconnection.js
服务器已经运行...
连接已经建立!
```

图 7-18　使用 onconnection 属性在控制台的显示效果

onclose 属性表示当有一个客户端浏览器和服务器端之间的连接被关闭时触发的事件。

对于 close()方法和 onclose 属性的具体使用，读者可以参考下面的代码。其中客户端代码和 test_onconection.html 一样。在 Safari 浏览器运行客户端程序之后，Node 服务器的控制台显示效果如图 7-19 所示。

服务器端 Javascript 代码：test_close.js。

```
var ws = require("websocket-server");
var server = ws.createServer();
server.addListener("close",function()
{
    console.log("连接关闭了...");
});
```

- close()方法用来停止服务器接受新的连接。
- onclose 属性表示当有一个客户端浏览器和服务器端之间的连接被关闭时触发的事件。
- console.log()方法用来在控制台输出信息。
- 在上面的代码中，我们注册监听了 onclose 事件。

图 7-19　使用 close()方法和 onclose 属性在控制台的显示效果

send()方法用来向指定的浏览器客户端传送消息数据。send()方法接受两个必选参数，其中参数 Client_id 表示指定 id 的浏览器客户端，参数 message 表示要传送的消息数据。

对于 send()方法的具体使用，读者可以参考下面的代码。在 Safari 浏览器运行客户端程序之后，显示效果如图 7-20 所示。

服务器端 Javascritpt 代码：test_send.js

```
var ws = require("websocket-server");
var server = ws.createServer();
server.addListener("connection", function(connection)
{
    connection.addListener("message", function(data)
```

```
        {
            server.send(connection.id,data);
        });
    });
    server.listen(8010,"127.0.0.1");
    console.log("服务器已经运行...");
```

- send()方法用来向指定的浏览器客户端传送消息数据。
- 在上面的代码中，我们监听了 onconnection 事件，即当客户端浏览器和服务器端建立通信时，注册监听了 onmessage 事件，当客户端浏览器传送消息数据到服务器端时，服务器端则使用 send()方法将消息数据传送回去。

客户端 HTML+Javascript 代码：test_send.html。

```
<!DOCTYPE html>
<html>
<head>
    <script>
        function load()
        {
            if(typeof(window.WebSocket))
            {
                var form = document.getElementsByTagName("form")[0];
                var url = "ws://127.0.0.1:8020";
                var ws  =  new WebSocket(url);
                form.btn.onclick = function(event)
                {
                    console.log(form.txt1.value);
                    ws.send(form.txt1.value);
                }
                ws.onmessage = function(event)
                {
                    form.txt2.value = event.data;
                }
            }
            else
            {
                alert("sorry,你的浏览器还不支持Html5 Web Socket!");
            }
        }
        window.addEventListener("load",load,false);
    </script>
</head>
<body>
```

```
<form action="#" method="POST">
    <label>发送给服务器的内容:
        <input type="text" name="txt1"/>
    </label>
    <br>
    <input type="button" name="btn" value="发送"/>
    <br>
    <label>从服务器发回的内容:
        <textArea name="txt2" rows="2">
        </textArea>
    </label>
</form>
<body>
</html>
```

- url 表示要连接的服务器端口。
- webSocket()方法是 WebSocket 接口的构造方法。具体使用内容会在后面的章节作进一步探讨。
- addEventListener()方法监听了 onload 事件。
- load()方法是 onload 事件的回调函数。
- onmessage 属性表示当客户端浏览器接受到从服务器端传送过来的消息数据时触发的事件。具体使用内容会在后面的章节作进一步探讨。
- send()方法用来在客户端浏览器向服务器端发送消息数据。具体使用内容会在后面的章节作进一步探讨。
- 在上面的代码中，我们设置了一个表单用来将数据发送给服务器，再接受从服务器端传回的数据。

图 7-20　使用 send()方法在 Safari 浏览器的显示效果

broadcast()方法用来向所有与服务器建立连接的客户端浏览器传送消息数据。broadcast()方法只接受一个必选参数 message，即表示要传送的消息数据。

对于 broadcast()方法的具体使用，读者可以参考下面的代码。其中，客户端的代码和 test_send.html 一样。在 Safari 浏览器运行客户端程序之后，显示效果如图 7-21 所示。

服务器端 Javascritp 代码：test_broadcast()方法。

```
var ws = require("websocket-server");
var server = ws.createServer();
server.addListener("connection", function(connection)
{
    connection.addListener("message", function(data)
    {
```

```
        server.broadcast (data);
    });
});
server.listen(8010,"127.0.0.1");
console.log("服务器已经运行...");
```

- broadcast()方法用来向所有与服务器建立连接的客户端浏览器传送消息数据。
- 在上面的代码中，我们监听了 onconnection 事件，即当客户端浏览器和服务器端建立通信时，注册监听了 onmessage 事件，当任意客户端浏览器传送消息数据到服务器端时，然后使用 broadcast()方法将消息数据广播到所有与之建立连接的客户端浏览器。

图 7-21　使用 broadcast()方法在 Safari 浏览器的显示效果

7.2.4　服务器端编程之 Connection 接口

在 websocket-server 中，除了提供了一个 Server 接口之后，也提供了一个 Connection 接口，用来在服务器端处理连接。Connection 是作为参数传入到 onconnection 事件的回调函数中。本节，我们将重点探讨 Connection 接口中常用的属性和方法。这些属性和方法如下。

- id 属性；
- state 属性；
- onstatechange 属性；
- version 属性；
- send()方法；
- broadcast()方法。

id 属性用来表示当前客户端浏览器和服务器端建立的连接的唯一标识符。id 属性是一个字符串，是基于远程端口号的。

对于 id 属性的具体使用，读者可以参考下面的代码。在 Safari 浏览器运行之后，显示效果如图 7-22 所示。

服务器端 Javascript 代码：test_id.js。

```
var ws = require("websocket-server");
var server = ws.createServer();
server.addListener("connection", function(connection)
{
   server.send(connection.id,connection.id);
```

```
});
server.listen(8010,"127.0.0.1");
console.log("服务器已经运行...");
```

- id 属性用来表示客户端浏览器和服务器端建立的连接的唯一标识符。
- onconnection 属性表示当客户端浏览器和服务器端之间建立连接时触发的事件。
- 在上面的代码中，在客户端浏览器和服务器端建立连接之后，将 id 作为消息数据传送给客户端浏览器。

客户端 HTML+Javascrrpt 代码：test_id.html。

```
<!DOCTYPE html>
<html>
<head>
    <script>
        function load()
        {
            if(typeof(window.WebSocket))
            {
                var p = document.getElementsByTagName("p")[0];
                var url = "ws://127.0.0.1:8010";
                var ws = new WebSocket(url);
                ws.onmessage = function(event)
                {
                    p.innerHTML = "<h2>连接的 id:"+event.data+"</h2>"
                }
            }
            else
            {
                alert("sorry,你的浏览器还不支持 Html5 Web Socket!");
            }
        }
        window.addEventListener("load",load,false);
    </script>
</head>
<body>
<p></p>
<body>
</html>
```

- url 表示要连接的服务器端口。
- webSocket 是 WebSocket 接口的构造方法。具体使用内容会在后面的章节作进一步探讨。
- send()方法用来在客户端浏览器向服务器端发送消息数据。具体使用内容会在后面的章节作进一步探讨。

- onmessage 属性表示当客户端浏览器接受到从服务器端传送过来的消息数据时触发的事件。具体使用内容会在后面的章节作进一步探讨。
- 在上面的代码中，我们使用将服务器传送的消息数据显示出来。

图 7-22　使用 id 属性在 Safari 浏览器的显示效果

state 属性是一个数字类型，用来表示当前客户端浏览器和服务器端之间的连接状态。state 属性的属性值，如表 7-2 所示。

表 7-2　state 属性的属性值

属性值	含义	说明
0	unknow	表示未知状态
1	opening	表示服务器端的连接端口被打开
2	waiting	表示服务器端的连接端口正在等待连接
3	handshaking	表示客户端和服务器端之间正在握手
4	connected	表示客户端和服务器端之间的连接已经建立
5	closing	表示客户端和服务器端之间的连接正在关闭
6	closed	表示客户端和服务器端之间的连接已经关闭

onstatechange 属性表示当前客户端浏览器和服务器端之间的连接状态发送改变时触发的事件。在 onstatechange 事件的回调函数中，我们可以传入两个参数，分别表示新状态 new_state 和原状态 old_state。

对于 state 属性和 onstatechange 属性的具体使用，读者可以参考下面的代码。

服务器端 Javascript 代码：test_state.js。

```
var ws = require("websocket-server");
var server = ws.createServer();
server.addListener("connection", function(connection)
{
    connection.addListener("statechange",function(new_state,old_state)
    {
        console.log(new_state);
    });
});
server.listen(8010,"127.0.0.1");
console.log("服务器正在运行...");
```

- state 属性用来表示当前客户端浏览器和服务器端之间的连接状态。

- 在上面的代码中，我们注册监听了 onconnection 事件，并且在事件触发之后，输出当前的连接状态信息。

version 属性表示当前连接客户端浏览器使用 WebSocket 协议的版本。目前有 draft75 和 draft76 两个版本。

对于 version 属性的具体使用，读者可以参考下面的代码。在 Safari 浏览器运行客户端程序之后，显示效果如图 7-23 所示。

服务器端 Javascript 代码：test_version.js。

```
var ws = require("websocket-server");
var server = ws.createServer();
server.addListener("connection", function(connection)
{
    server.send(connection.id,connection.version);
});
server.listen(8010,"127.0.0.1");
console.log("服务器正在运行...");
```

- version 属性表示客户端浏览器使用 WebSocket 协议的版本。
- onconnection 属性表示当客户端浏览器和服务器端之间建立连接时触发的事件。
- 在上面的代码中，在客户端浏览器和服务器端建立连接之后，将 version 作为消息数据传送给客户端浏览器。

客户端 HTML+Javascrrpt 代码：test_version.html。

```
<!DOCTYPE html>
<html>
<head>
    <script>
        function load()
        {
            if(typeof(window.WebSocket))
            {
                var p = document.getElementsByTagName("p")[0];
                var url = "ws://127.0.0.1:8010";
                var ws  =  new WebSocket(url);
                ws.onmessage = function(event)
                {
                    p.innerHTML = "<h2>WebSocket 协议的版本:"+event.data+"</h2>"
                }
            }
            else
            {
```

```
                alert("sorry,你的浏览器还不支持Html5 Web Socket!");
            }
        }
        window.addEventListener("load",load,false);
    </script>
</head>
<body>
<p></p>
<body>
</html>
```

图 7-23　使用 version 属性在 Safari 浏览器的显示效果

- url 表示要连接的服务器端口。
- webSocket 是 WebSocket 接口的构造方法。具体使用内容会在后面的章节作进一步探讨。
- send()方法用来在客户端浏览器向服务器端发送消息数据。具体使用内容会在后面的章节作进一步探讨。
- onmessage 属性表示当客户端浏览器接受到从服务器端传送过来的消息数据时触发的事件。具体使用内容会在后面的章节作进一步探讨。
- 在上面的代码中，我们使用将服务器传送的消息数据显示出来。

close()方法用来关闭当前客户端浏览器和服务器端的连接。每次调用 close()方法时，都会触发 onclose 事件。

onclose 属性表示当前客户端浏览器和服务器端之间的连接被关闭时触发的事件。

对于 close()方法和 onclose 属性的具体使用，和 Server 接口的 close()方法和 onclose 属性大同小异，这里不再作进一步探讨。

send()方法的别名是 write()方法，用来向当前连接的浏览器客户端传送消息数据。send()方法只接受一个 data 参数，表示要传送到客户端浏览器的消息数据。

对于 send()方法的具体使用，读者可以参考下面的代码。在 Safari 浏览器运行客户端程序之后，显示效果如图 7-24 所示。

服务器端 Javascript 代码：test_c_send.js。

```
var ws = require("websocket-server");
var server = ws.createServer();
server.addListener("connection", function(connection)
{
    connection.addListener("message", function(data)
    {
        connection.send(connection.id,data);
    });
```

```
});
server.listen(8010,"127.0.0.1");
console.log("服务器已经运行...");
```

- send()方法用来向当前连接的浏览器客户端传送消息数据。
- 在上面的代码中，我们监听了 onconnection 事件，即当客户端浏览器和服务器端建立通信时，注册监听了 onmessage 事件，当客户端浏览器传送消息数据到服务器端时，服务器端则使用 send()方法将消息数据传送回去。

客户端 HTML+Javascrrpt 代码：test_c_send.html。

```
<!DOCTYPE html>
<html>
<head>
    <script>
        function load()
        {
            if(typeof(window.WebSocket))
            {
                var p = document.getElementsByTagName("p")[0];
                var form = document.getElementsByTagName("form")[0];
                var url = "ws://127.0.0.1:8010";
                var ws  =  new WebSocket(url);
                form.btn.onclick = function(event)
                {
                    ws.send(form.txt1.value);
                }
                ws.onmessage = function(event)
                {
                    form.txt2.value += event.data;
                }
            }
            else
            {
                alert("sorry,你的浏览器还不支持Html5 Web Socket!");
            }
        }
        window.addEventListener("load",load,false);
    </script>
</head>
<body>
<form action="#" method="POST">
    <label>发送给服务器的内容:
        <input type="text" name="txt1"/>
```

```
        </label>
        <br>
        <input type="button" name="btn" value="发送"/>
        <br>
        <label>从服务器发回的内容:
            <textArea name="txt2" rows="2">
            </textArea>
        </label>
    </form>
    <body>
    </html>
```

- url 表示要连接的服务器端口。
- webSocket 是 WebSocket 接口的构造方法。具体使用内容会在后面的章节作进一步探讨。
- send()方法用来在客户端浏览器向服务器端发送消息数据。具体使用内容会在后面的章节作进一步探讨。
- onmessage 属性表示当客户端浏览器接受到从服务器端传送过来的消息数据时触发的事件。具体使用内容会在后面的章节作进一步探讨。
- 在上面的代码中，我们设置了一个表单用来将数据发送给服务器，再接受从服务器端传回的数据。

图 7-24　使用 send()方法在 Safari 浏览器的显示效果

broadcast()方法用来向不包括当前连接在内的所有与服务器建立连接的浏览器客户端传送消息数据。broadcase()方法和 send()方法一样，只接受一个 data 参数，表示要传送到客户端浏览器的消息数据。

对于 broadcast()方法的具体使用，读者可以参考下面的代码，其中客户端的代码和 test_c_send 一样。在 Safari 浏览器运行客户端程序之后，显示效果如图 7-25 所示。

服务器端代码：test_c_broadcast.js。

```
var ws = require("websocket-server");
var server = ws.createServer();
server.addListener("connection", function(connection)
{
    connection.addListener("message", function(data)
    {
        connection.broadcast(data);
    });
});
server.listen(8010,"127.0.0.1");
console.log("服务器已经运行...");
```

- broadcast()方法用来向不包括当前连接在内的所有与服务器建立连接的浏览器客户端传送消息数据。
- 在上面的代码中，我们监听了 onconnection 事件，即当客户端浏览器和服务器端建立通信时，注册监听了 onmessage 事件，当客户端浏览器传送消息数据到服务器端时，服务器端则使用 send()方法将消息数据传送回去。

message 属性表示当服务器端接受到从当前连接的客户端浏览器传送的消息数据时触发的事件。对于 message 属性的具体使用，前面我们已经探讨过了，这里不作进一步探讨。

图 7-25　使用 broadcast()方法在 Safari 浏览器的显示效果

7.2.5　客户端编程 WebSocket 接口

在 Html5 Web Socket 中，在客户端也提供了一个 WebSocket 接口实现与服务器之间进行异步通信。本节，我们将重点探讨 WebSocket 接口常用的常量、属性和方法的使用。这些常量、属性和方法如下。

- WebSocket()方法；
- url 属性；
- readyState 属性；
- CONNECTING 常量；
- OPEN 常量；
- CLOSING 常量；
- CLOSED 常量；
- onopen 属性；
- onmessage 属性；
- onerror 属性；
- close()方法；
- onclose 属性；
- extensions 属性；
- protocol 属性；
- send()方法。

WebSocket()方法是 WebScoket 接口的构造方法。WebSocket()方法接受两个参数，分别是 url 和 protocols。其中 url 参数是必选参数，表示要连接的服务器端口。而 protocols 参数可选的，它的类型可以是普通字符串，也可以是字符串数组。实际上，它始终是被当做字符串数组来处理的，而且字符串数组的每个元素表示一个子协议的名称，只有当服务器报告它已经选择了其中一个子协议时，客户端和服务器端的连接才会被建立。即当 protocols 的值是普通字符串时，它被当做包含一个元素的字符串数组，而当它被省略时，它也是被当在空字符串数组来处理的。

对于 WebSocket()方法的具体使用，可以参考下面的代码。

客户端 Javascript 代码：test_Websocket.html。

```
<!DOCTYPE html>
<html>
<head>
    <script type="text/javascript">
        if(typeof(window.WebSocket))
        {
            var url = "ws://localhost:8081/test /";
            var ws= new WebSocket(url);
        }
        else
        {
            alert("sorry，你的浏览器还不支持Html5 Web Socket!");
        }
    </script>
</head>
<body>
<body>
</html>
```

- url 表示要连接的服务器端口。
- webSocket()方法是 WebSocket 接口的构造方法。
- 在上述代码中，我们试图连接到 localhost 主机的 8010 端口。

url 属性是只读属性，用来返回解析成功的 url。通常一个完整的 url 应该包括主机、端口、资源、协议和安全四个方面的内容，如图 7-26 所示。

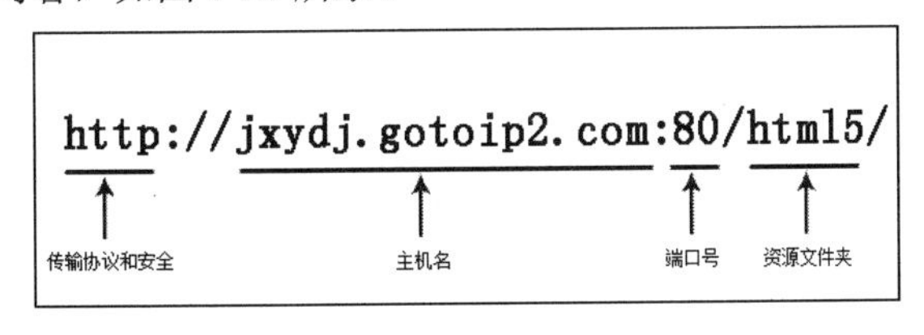

图 7-26　URL 的各个组成部分

读者可能已经注意到了，在 Html5 Web Socket 中，传输协议已经不再是 Http 了，它必须是 ws 或者 wss，分别对应着原先的 http 和 https。其中 ws 和 wss 的区别在于安全级别不同，在 wss 协议中，相当于对传输的数据内容进行加密，简单来说，wss 协议就是 ws 协议的安全版。

对于 url 属性的使用可以参考下面的代码，在 Chrome 浏览器的运行之后，显示效果如图 7-27 所示。

客户端 Javascritp+HTML 代码：test_url.html。

```
<!DOCTYPE html>
<html>
<head>
    <script type="text/javascript">
        function load()
        {
            var p = document.getElementsByTagName("p")[0];
            if(typeof(window.WebSocket))
            {
                var url = "ws://localhost:8010";
                var ws= new WebSocket(url);
                p.innerHTML = "<h2>url 的属性值:"+ws.url+"</h2>";
            }
            else
            {
                alert("sorry，你的浏览器还不支持 Html5 Web Socket!");
            }
        }
        window.addEventListener("load",load,false);
    </script>
</head>
<body>
<p></p>
<body>
</html>
```

- url 属性用来返回解析成功的 url。
- addEventListener()方法监听了 onload 事件。
- load()方法是 onload 事件的回调函数。

图 7-27　使用 url 属性在 Chrome 浏览器的显示效果

readyState 属性用来表示当前客户端浏览器和服务器端的连接状态。它的属性值的取值范围就是 WebSocket 的 4 个常量。

当 readyState 属性的属性值为 CONNECTING 常量时，也可以用数字 0 表示，表示客户端浏览器和服务器端的连接正在被建立。

当 readyState 属性的属性值为 OPEN 常量时，也可以用数字 1 表示，表示客户端浏览器和服务器端的连接已经建立，可以通信。

当 readyState 属性的属性值为 CLOSING 常量时，也可以用数字 2 表示，表示客户端浏览器和服务器端的连接正在进行关闭握手操作。

当 readyState 属性的属性值为 CLOSED 常量时，也可以用数字 3 表示，表示客户端浏览器和服务器端的连接已经关闭。

onmessage 属性表示当客户端浏览器接受到从服务器端传送过来的消息数据时触发的事件。在 onmessage 事件的回调函数中，我们可以传入一个 EventMessage 对象，在 EventMessage 对象中，data 属性表示服务器端传送过来的消息数据。对于 onmessage 的具体使用，前面的章节已经讨论过了。这里不再赘述。

onopen 属性表示当客户端浏览器和服务器端之间建立连接时触发的事件。客户端的 onopen 事件和服务器端的 onconnection 事件是对应的。

对于 onopen 属性的具体使用，读者可以参考下面的代码。在 Safari 浏览器运行客户端程序之后，显示效果如图 7-28 所示。

服务器端 Javascript 代码：test_onopen.js。

```
var ws = require("websocket-server");
var server = ws.createServer();
server.addListener("connection", function(connection)
{
   server.send(connection.id,"服务器端 onconnection 事件触发，连接建立！")
});
server.listen(8010,"127.0.0.1");
console.log("服务器正在运行...");
```

- onconnection 属性表示当客户端浏览器和服务器端之间建立连接时触发的事件。
- 在上面的代码中，当服务器端触发了 onconnection 事件之后，就传送一个消息数据到客户端浏览器。

客户端 HTML+Javascript 代码:test_onopen.html。

```
<!DOCTYPE html>
<html>
<head>
    <script type="text/javascript">
        var p;
        var ws;
        function load()
        {
            p = document.getElementsByTagName("p")[0];
            if(typeof(window.WebSocket))
            {
```

```
                var url = "ws://localhost:8010";
                ws= new WebSocket(url);
                ws.addEventListener("open",doOpenEvent,false);
                ws.addEventListener("message",doMessageEvent,false);
            }
            else
            {
                alert("sorry，你的浏览器还不支持Html5 Web Socket!");
            }
        }
        function doMessageEvent(event)
        {
            p.innerHTML +=  "<h2>"+event.data+"</h2>";
        }
        function doOpenEvent()
        {
            p.innerHTML += "<h2>客户端onopen事件触发，连接建立！</h2>";
        }
        window.addEventListener("load",load,false);
    </script>
</head>
<body>
<p></p>
<body>
</html>
```

- onopen 属性表示当客户端浏览器和服务器端之间建立连接时触发的事件。
- onmessage 属性表示当客户端浏览器接受到从服务器端传送过来的消息数据时触发的事件。
- load()函数是 onload 事件的回调函数。
- doMessageEvent()函数是 onmessage 事件的回调函数。
- doOpenEvent()函数是 onopen 事件的回调函数。
- addEventListener()函数注册监听了 onload、onmessage 和 onopen 事件。

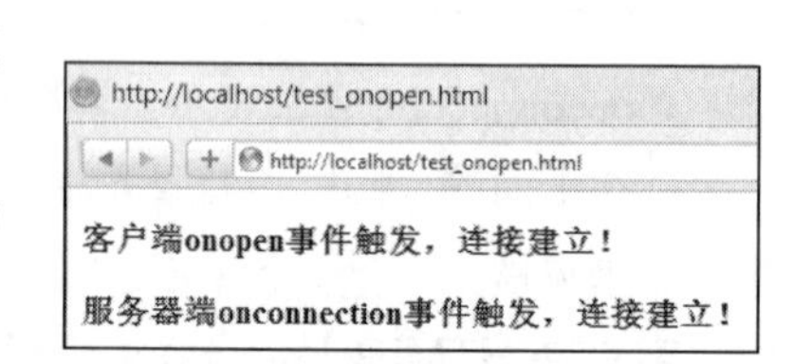

图 7-28　使用 onopen 属性在 Safari 浏览器的显示效果

close()方法用来关闭客户端浏览器和服务器端之间的连接。即相当于设置 readyState 的属性值为 CLOSING。close()方法接受两个可选的参数，第一个参数表示关闭的代码，取值范围为 1000 或者 3000～4999 之间的整数。第二个参数表示关闭连接的原因。

onclosed 属性用来表示当客户端浏览器和服务器之间的连接被关闭时触发的事件。在 onclosed 事件的回调函数中，我们可以传入一个 CloseEvent 对象。在 CloseEvent 对象中，有以下三个属性。

- wasClean 属性;
- code 属性;
- reason 属性。

wasClean 属性是一个布尔值，表示客户端浏览器和服务器之间的连接是否已经完全关闭。code 属性表示关闭客户端浏览器和服务器之间的连接的的关闭代码。code 属性的初始值为 0。reason 属性表示关闭客户端浏览器和服务器之间的连接的的原因。

对于 close()方法和 onclosed 属性的具体使用，读者可以参考下面的代码。在 Safari 浏览器运行客户端程序之后，显示效果如图 7-29 所示。

服务器端 Javascritp 代码：test_w_close.js。

```
var ws = require("websocket-server");
var server = ws.createServer();
server.listen(8010,"127.0.0.1");
console.log("服务器正在运行...");
```

在上面的代码中，我们创建了一个服务器。

客户端 HTML+Javascript 代码：test_w_close.html。

```
<!DOCTYPE html>
<html>
<head>
    <script type="text/javascript">
        var p;
        var ws;
        function load()
        {
            p = document.getElementsByTagName("p")[0];
            if(typeof(window.WebSocket))
            {
                var url = "ws://localhost:8010";
                ws= new WebSocket(url);
                ws.addEventListener("close",doCloseEvent,false);
                ws.addEventListener("open",doOpenEvent,false);
            }
            else
            {
                alert("sorry，你的浏览器还不支持 Html5 Web Socket!");
            }
        }
        function doOpenEvent(event)
        {
```

```
            ws.close(4000,"close");
        }
        function doCloseEvent(event)
        {
            p.innerHTML += "<h3>wasclean 的属性值:"+event.wasClean+"</h3>";
        }
        window.addEventListener("load",load,false);
    </script>
</head>
<body>
<p></p>
<body>
</html>
```

- close()方法用来关闭客户端浏览器和服务器端之间的连接。
- onclosed 属性用来表示当客户端浏览器和服务器之间的连接被关闭时触发的事件。
- load()函数是 onload 事件的回调函数。
- doCloseEvent()函数是 onclose 事件的回调函数。
- doOpenEvent()函数是 onopen 事件的回调函数。
- addEventListener()函数注册监听了 onload、onclose 和 onopen 事件。

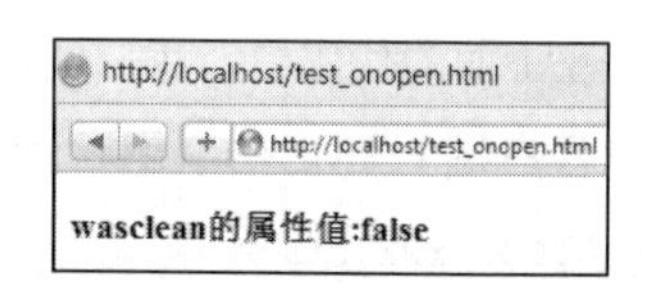

图 7-29　使用 close()方法和 onclose 属性在 Safari 浏览器的显示效果

onerror 属性表示当客户端浏览器和服务器端之间连接失败或者传送消息数据产生异常时触发的事件。

extensions 属性表示服务器端选择的扩展，它是只读属性，即不能通过 WebStocket 对象来改变它的值。而且当一个 WebStocket 对象建立时，它的属性值被初始化为空字符串。

protocol 属性用来表示服务器端选择的传输子协议，它也是只读属性，具体指和 WebStocket()方法的第二个可选参数相关。但是在 WebStocket 对象建立时，它的属性值也被初始化为空字符串。

send()方法用来在客户端浏览器向服务器端传送消息数据。传送的消息数据可以是字符串，也可以是 Blob 对象和 ArrayBufferView 对象。对于 send()方法的具体使用，前面的章节我们已经探讨过了，这里不再赘述。

7.3　构建 Html5 Web Socket 开发实例

Html5 Web Socket 新特性提供了一种更为方便地客户端和服务器端之间双向通信技术。这种双向通信技术，相比以往的服务器推送技术而言，具有更加广泛的应用潜力。为了让读者快速地上手 Html5 Web Socket，本节，我们将以一个具体的开发实例，探讨 Html5 Web Socket 新特性在实际开发中的应用。

7.3.1　分析开发需求

Html5 Web Socket 新特性有着很广泛的应用潜力，特别是监控系统 Web 程序、即使通信系统 Web 程序和即使报价系统 Web 程序等方面，Html5 Web Socket 的客户端和服务器端互推消息有着不言而喻的优势。在本次开发实例中，我们将使用 Html5 Web Socket 新特性开发一个多人聊天的 Web 程序。

在这个多人聊天的 Web 程序中，我们预期完成以下几项功能。

- 用户输入一个昵称即可登录聊天。
- 对于登录过的用户，显示用户列表。
- 对于登录过的用户，显示聊天记录。
- 对于登录过的用户，可以发送消息进行聊天。

总体来看，本次开发实例并不是很复杂。我们将使用到 Html5 Web Socket 服务器编程和浏览器编程的基础内容，并结合 CSS3.0 样式进行设计。

7.3.2　搭建程序主框架

根据开发需求，我们需要使用 Html5 Web Socket 实现一个多人聊天的 Web 程序。本节，将重点探讨程序主框架的搭建。

程序的主框架部分，主要包括：即登录模块、聊天记录模块、用户列表模块和发送消息模块。

对于程序主框架的具体设计，读者可以参考下面的代码。

客户端 HTML 代码：test_websocket.html。

```
<!DOCTYPE html>
<html manifest="test_offline.manifest">
<head>
    <title>Html5 Web WebSocket</title>
    <link rel="stylesheet" href="test_websocket.css"/>
    <script src="test_websocket.js"></script>
</head>
<body>
    <section>
        <header>
            <h1>Html5 Web Websocket</h1>
        </header>
        <article>
                <form class="form" action="#" method="POST">
                    <label>昵称:
                        <input type="text" name="user_name" requires="requires"/>
```

```
                </label>
                    <input type="button" name="login" value="登录">
            <br>
            <textArea rows="15" cols="50" name ="chat_history" disabled="disabled">
            </textArea>
            <textArea rows="15" cols="20" name ="chat_user" disabled="disabled">
            </textArea>
            <br><br>
                <input type="text" name="user_msg" requires="requires"/>
                <input type="button" name="submit" value="发送消息"/>
            </form>
        </article>
        <footer>
            designed by <em>guoxiaocheng</em> from hhu.
        </footer>
</section>
</body>
</html>
```

- test_websocket.js 是同一文件夹下的 Javascript 脚本文件。
- test_websocket.css 是同一文件夹下的 CSS 样式文件。

在上面的代码中，我们简单地设计了一个表单，用来显示用户登录模块、聊天记录显示模块和用户列表模块和发送消息模块。下面我们使用 CSS3.0 为其设计一下样式。

对于主框架的程序的样式具体设计，读者可以参考下面的代码。在 Safari 浏览器运行之后，显示效果如图 7-30 所示。

CSS 代码：test_websocket.css。

```
.form
{
    padding: 30px;
    width:600px;
    border:1px solid #bbb;
    -moz-box-shadow: 0 0 10px #bbb;
    -webkit-box-shadow: 0 0 10px #bbb;
    box-shadow: 0 0 10px #bbb;
    font-weight:bold;
}
.form textArea
{
    font-family: "Helvetica Neue", Helvetica, Arial, sans-serif;
    background-color:#fff;
    border:1px solid #ccc;
```

```
    font-size:15px;
    -webkit-border-radius:5px;
    -moz-border-radius:5px;
    border-radius:5px;
}
.form input[type=text]
{
    font-family: "Helvetica Neue", Helvetica, Arial, sans-serif;
    background-color:#fff;
    border:1px solid #ccc;
    font-size:20px;
    width:230px;
    min-height:25px;
    margin-bottom:16px;
    margin-top:8px;
    -webkit-border-radius:5px;
    -moz-border-radius:5px;
    border-radius:5px;
    -webkit-transition:all 0.5s ease-in-out;
    -moz-transition: all 0.5s ease-in-out;
    transition: all 0.5s ease-in-out;
}
.form input:focus
{
    -webkit-box-shadow:0 0 25px #8B8B00;
    -moz-box-shadow:0 0 25px #8B8B00;
    box-shadow:0 0 25px #8B8B00;
    -webkit-transform: scale(1.05);
    -moz-transform: scale(1.05);
    transform: scale(1.05);
}
input[type=button]
{
    display: inline-block;
    padding:5px 10px 6px 10px;
    border:1px solid #888;
    border-radius: 5px;
    -moz-border-radius: 5px;
    -moz-box-shadow: 0 0 3px #888;
    -webkit-box-shadow: 0 0 3px #888;
    box-shadow: 0 0 3px #888;
    opacity:1.0;
    text-shadow: 1px 1px #fff;
```

```
}
input[type=button]:hover
{
   color: #ff0000;
   cursor: pointer;
}
```

- form 对应的是表单整体的 CSS 样式设计。
- form input 对应的是表单输入类型控件的 CSS 样式设计。
- form textArea 对应的是表单文本框的 CSS 样式设计。
- form input.focus 对应的是表单输入类型控件获得焦点时的 CSS 样式设计。
- input[type="button"]对应的是表单按钮的 CSS 样式设计。
- input[type= "button"]:hover 对应的是表单按钮被鼠标滑过时的 CSS 样式设计。

图 7-30　程序主框架在 Safari 浏览器的显示效果

7.3.3　编写服务器端脚本

根据开发需求，我们需要使用 Html5 Web Socket 新特性异步进行通信。本节，将探讨服务器端脚本的编写。

在服务器端脚本实现的功能很简单，只要负责收集各个用户从客户端浏览器传送过来的信息，然后使用 Server 接口的 broadcast()方法将信息广播到所有与之连接的客户端浏览器。

对于服务器端脚本的具体设计，读者可以参考下面的代码。

服务器端代码：test_s_websocket.js。

```
var ws = require("websocket-server");
var server = ws.createServer();
server.addListener("connection", function(connection)
{
   connection.addListener("message",function(data)
   {
      server.broadcast(data);
   });
});
server.listen(8010,"127.0.0.1");
console.log("服务器已经运行...");
```

- require()方法是用来导入模块。
- createServer()方法用来创建一个服务器，并且返回一个 Server 对象的实例。
- onconnection 属性表示当客户端浏览器和服务器端之间建立连接时触发的事件。
- broadcast()方法用来向所有与服务器建立连接的客户端浏览器传送消息数据。

7.3.4　实现用户登录和显示用户列表

根据开发需求，我们需要实现用户登录功能和显示用户列表的功能。本节，将重点探讨这两个功能的实现。

用户只要输入一个昵称就可以登录。对于登录过的用户，为其显示用户列表。考虑到由客户端浏览器传送到服务器端的消息数据，既可能是用户的登录信息，也可能是用户发送的消息。因此我们使用 JSON 格式化数据进行消息数据的发送。

对于实现发送消息和显示聊天记录功能的具体设计，读者可以参考下面的代码。在 Safari 浏览器运行之后，显示效果如图 7-31 所示。

客户端 Javascript 代码：test_websocket.js。

```
var form;
var ws;
var users = new Array();
function load()
{
    form = document.getElementsByTagName("form")[0];
    if(typeof(window.WebSocket))
    {
        var url = "ws://localhost:8010";
        ws= new WebSocket(url);
        ws.addEventListener("open",doOpenEvent,false);
        ws.addEventListener("message",doMessageEvent,false);
        form.login.addEventListener("click",login,false);
    }
    else
    {
        alert("sorry，你的浏览器还不支持Html5 Web Socket!");
    }
}
function doOpenEvent()
{
    form.chat_history.value +="服务器已经连接...\n";
}
function doMessageEvent(event)
```

```
{
    var info = JSON.parse(event.data);
    if(!check_name(info.name))
    {
        users.push(info.name);
        show_users(info.name)
    }
}
function show_users(name)
{
    var str = "";
    for(var i=0;i<users.length;i++)
    {
         str += users[i]+"\n";
    }
    form.chat_user.value = str;
    form.chat_history.value += "用户【"+name+"】登录成功！\n";
}
function check_name(e)
{
    for(i=0;i<users.length;i++)
    {
        if(users[i] == e)
        return true;
    }
    return false;
}
function login()
{
    form.chat_history.value += "用户【"+form.user_name.value+"】正在登录...\n";
    var user = new Object();
    user.name = form.user_name.value;
    ws.send(JSON.stringify(user));
}
window.addEventListener("load",load,false);
```

- 变量 users 是一个 Javascript 数组，表示所有用户的信息。
- load()方法是 window 的 onload 事件的回调函数。
- login()方法用来进行用户的登录操作。
- check_name()方法用来检测用户是否已经登录。
- onopen 属性表示当客户端浏览器和服务器端之间建立连接时触发的事件。
- onmessage 属性表示当客户端浏览器接受到从服务器端传送过来的消息数据时触发的事件。

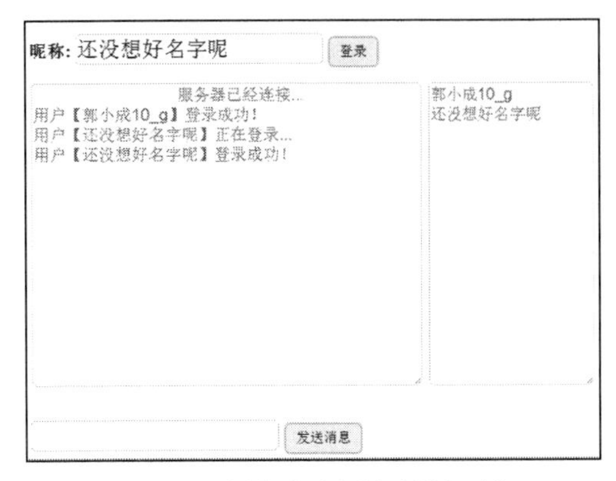

图 7-31　用户登录和显示用户列表功能在 Safari 浏览器的显示效果

- doOpenEvent()方法是 onopen 事件的回调函数。
- doMessageEvetn()方法是 onmessage 事件的回调函数。
- showuser()方法用来更新显示用户列表。
- push()方法用来在 Javascript 数组中的末尾添加新元素。
- JSON.stringify()方法用来将 Javascript 数组或者对象转换为 JSON 格式化数据表示。
- 在上面的代码中，我们通过 send()方法将用户的登录信息传送给服务器，然后服务器作出响应之后，将消息数据广播到所有与之连接的客户端浏览器中。

7.3.5　实现发送消息和显示聊天记录

根据开发需求，我们需要实现发送消息功能和显示聊天记录的功能。本节，将重点探讨这两个功能的实现。

我们通过使用 send()方法进行发送消息，然后通过注册监听 onmessage 事件接受从服务器端传送过来的消息记录。

对于实现发送消息和显示聊天记录功能的具体设计，读者可以参考下面的代码。在 Safari 浏览器运行之后，显示效果如图 7-32 所示。

客户端 Javascript 代码：test_websocket.js。

```
var form;
var ws;
var users = new Array();
var user_name="";
function load()
{
    form = document.getElementsByTagName("form")[0];
    if(typeof(window.WebSocket))
    {
        var url = "ws://localhost:8010";
        ws= new WebSocket(url);
        ws.addEventListener("open",doOpenEvent,false);
        ws.addEventListener("message",doMessageEvent,false);
        form.login.addEventListener("click",login,false);
        form.submit.addEventListener("click",postMessage,false);
```

```
    }
    else
    {
        alert("sorry，你的浏览器还不支持Html5 Web Socket!");
    }
}
function doOpenEvent()
{
    form.chat_history.value +="服务器已经连接...\n";
}
function doMessageEvent(event)
{
    var info = JSON.parse(event.data);
    if(!check_name(info.name))
    {
        users.push(info.name);
        show_users(info.name)
    }
    if(info.msg)
    {
        form.chat_history.value += "【"+info.name+"】说:\n"+info.msg+"\n";
    }
}
function postMessage()
{
    if(user_name!="")
    {
        var user = new Object();
        user.name = form.user_name.value;
        user.msg = form.user_msg.value;
        ws.send(JSON.stringify(user));
    }
    else
    {
        alert("请先使用昵称进行登录! ");
    }
}
function show_users(name)
{
    var str = "";
    for(var i=0;i<users.length;i++)
    {
         str += users[i]+"\n";
```

```
    }
    form.chat_user.value = str;
    form.chat_history.value += "用户【"+name+"】登录成功! \n";
    user_name = name;
}
function check_name(e)
{
    for(i=0;i<users.length;i++)
    {
        if(users[i] == e)
        return true;
    }
    return false;
}
function login()
{
    form.chat_history.value += "用户【"+form.user_name.value+"】正在登录...\n";
    var user = new Object();
    user.name = form.user_name.value;
    ws.send(JSON.stringify(user));
}
window.addEventListener("load",load,false);
```

- 变量 user_name 表示用户的昵称。
- postMessage()方法用来发送消息到服务器端。
- addEventListener()方法注册监听了发送消息按钮的 onclick 事件。
- 在上面的代码中，我们在用户发送消息时，对用户是否登录进行了一个简单的验证。

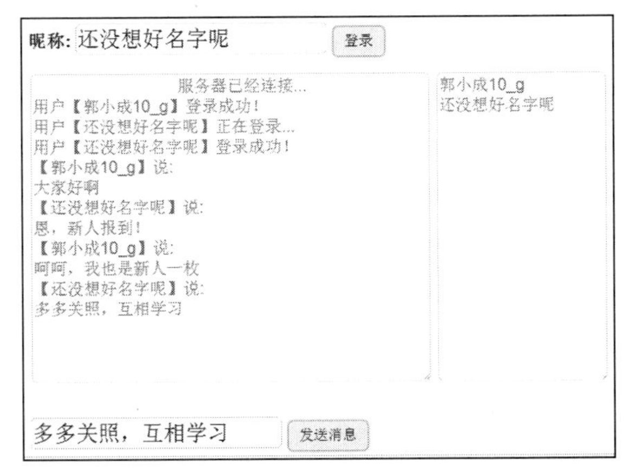

图 7-32　发送消息和显示聊天记录功能在 Safari 浏览器的显示效果

至此，我们就已经完成了程序开发需求的所有功能。在这短短两百行左右的代码中，我们使用Html5 Web Websocket 异步通信新特性，实现了一个多人聊天的 Web 程序。当然，读者也可以对这个聊天程序进行扩展，例如，加入 HTML5 的其他特性或使用数据库等。

7.4 本 章 小 结

在本章中，我们主要讨论 HTML5 的异步通信特性——Html5 Web Socket。

在第一节中，我们首先探讨了服务器推送技术和 Html5 Web Socket 的实现原理，随后讨论了Html5 Web Socket 新特性在桌面浏览器和移动设备浏览器的支持情况，得出目前浏览器对 Html5 Web Socket 支持比较令人满意的结论。

在第二节中，我们讨论了搭建 Html5 Web Socket 运行环境的方法，重点探讨了 Node 服务器的搭建，随后细致地讨论了 Html5 Web Scoket 的服务器端编程和客户端编程 API，并主要探讨了 Server 接口、Connection 接口和 WebSocket 接口的具体使用。

在第三节中，我们使用 Html5 Web Storage 异步通信新特性，开发了一个多人聊天的 Web 程序，实现用户登录、发送消息、显示用户列表和显示聊天记录的功能，展示了 Html5 Web Storage 在实际开发中的应用。

第 8 章　存储更给力——Html5 Web Storage

本章，我们将探讨 HTML5 的 Web 数据存储特性——Html5 Web Storage。这是一个非常重要的特性，因为基本上任何一个 Web 应用程序，都会涉及浏览器本地存储的功能。

在 HTML5 之前，尽管大部分的浏览器都对 cookie 存储提供了很大的支持，但是其存储大小只有 4KB，大大限制了开发人员的使用，特别是对于一些高级的 Ajax 应用来说是远远不够的。过去，有的开发人员会让用户下载 Userdata、Google Gears 和 Flash 等第三方插件，但是大部分用户对插件都存在着一定的抵触，而且还需要开发人员去检测用户浏览器所支持的插件类型再去使用相应的插件接口，这显得非常不方便。

Html5 Web Storage 规范的出现彻底解决了这个困扰开发人员十多年的问题。Html5 Web Storage 提供一套完整的 API，完全不依赖第三方插件的支持，存储机制更加灵活，存储空间也得到了大大的提升。

在本章中，我们将主要讨论 Html5 Web Storage。首先我们会讨论 Web 本地存储的发展史以及 Html5 Web Storage 本地存储的优劣势和具体分类，接着会探讨目前主流浏览器对 Html5 Web Storage 新特性的支持情况。随后，我们会细致地探讨 Html5 Web Workers 的 DOM Storage 本地存储和 DataBase Storage 本地存储的具体使用。最后我们将通过一个具体的开发实例，探讨 Html5 Web Storage 在实际开发中的应用。

8.1　Html5 Web Storage 概述

长久以来，本地存储能力一直是桌面应用区别于 Web 应用的一个主要优势，例如，对于桌面应用操作系统，一般都提供了注册表、INI 文件和 XML 文件等抽象层用来帮助应用程序保存其本地数据。而 Html5 Web Storage 规范的出现，无疑是弥补了 Web 应用程序这方面的不足。本节，我们将对 Html5 Web Storage 本地存储作一个系统的概述。

8.1.1 Cookie 本地存储

相信很多开发人员都对 Cookie 这个“小甜饼”不陌生。因为直到现在，Cookies 还是使用频率最高的在用户本地存储少量数据的方法。Cookie 是指 Web 应用程序为了辨别用户身份，进行 session 跟踪而储存在用户本地终端上的数据。

Cookie 来源于一个非常神奇的编程技术 Magic Cookie。Cookies 存储在用户的浏览器端，具有一定的生命周期，而且可以实现特定的计算机和浏览器，实现了在浏览器端和服务器端来回传送文本值，这样服务器端就可以根据存储在 Cookie 中的数据追踪到在不同页面的用户的信息。例如，我们在登录论坛后，在不同的页面中访问，甚至关闭重启浏览器后，都不需要进行重新登录操作。这是因为 Cookie 已经建立了用户唯一的会话标识符，在 Cookie 的生命周期内，Web 服务器都可以通过 Cookie 的数据信息检测当前用户是否登录。

尽管 Cookie 使用非常广泛，并在很长的一段时间里是 Web 本地存储的唯一方法。但 Cookies 还是有一些非常明显的缺陷，主要表现在以下几个方面。

- Cookie 要实现在浏览器端和服务器端的数据传送，就要附加在每个 HTTP 请求中，必然会消耗网络带宽，无形中增加了用户的流量。
- cookie 是在 HTTP 请求中是采用明文传递的，也就是说 Cookie 数据在网络上是可见的，有一定的安全风险。
- Cookie 的大小严格限制在 4 KB 以内，对于复杂的存储需求来说是完全不够的。

鉴于 Cookie 的局限性，Web 开发人员迫切需要一种的新的本地存储技术来作为代替品。在这种情况下，Html5 Web Storage 特性应运而生。

8.1.2 Web 本地存储的发展

在 Html5 Web Storage 规范出现之前，Web 领域的设计者对 Web 本地数据存储进行了长时间的探索，期间，也涌现了一些非常优秀的 Web 本地存储技术。如图 8-1 所示。

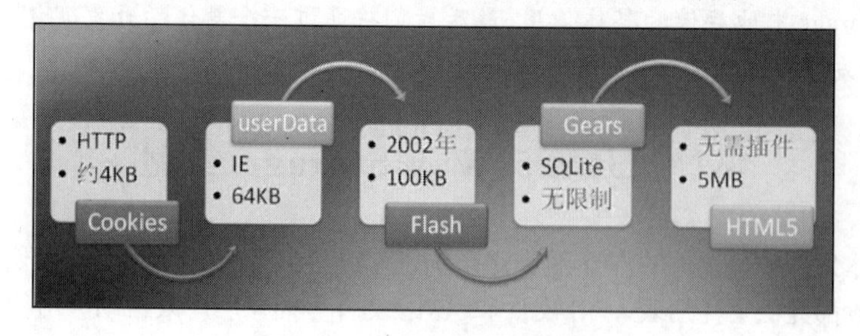

图 8-1 Web 本地存储的发展史

从图 8-1 中可以看出，在 Html5 Web Storage 之前，Web 本地存储的发展史上，按照不同的发展阶段，涌现的技术主要有以下几个。

- Cookies 本地存储；
- UserData 本地存储；
- Flash 本地存储；
- Dojo.Storage 本地存储；
- Gears 本地存储。

Cookie 本地存储是出现最早的本地存储数据的方法，那时候浏览器市场还很单一，只有 NetScape 和 IE 两大浏览器处于领先地位。Cookie 就是前网景公司（NetScape）发明的。

UserData 本地存储技术出现在第一次浏览器大战中，微软的 IE 为了争取更大的市场份额，提出了 DHtml（Dynamic Html,动态 Html），其中就包括了 Userdata。

UserData 本地存储方法基于 XML 的结构化数据。存储数据增加到 64KB，对应获信的站点，使用的存储量可以增大到之前的 10 倍，即 640KB。但是笔者还没有发现除了 IE 之外的浏览器支持该存储方法。此外，在使用 userData 时，IE 并不会弹出任何形式的对话框来要求用户授权，也不允许程序增加本地存储的容量。

Flash 本地存储也称为“Flash Cookies”，是 2002 年由 Adobe 公司在其发布的产品 Flash6 中引入的新功能。Flash Cookies 实际上是一个 LSO 对象（Local shared Object，本地共享对象），并且为开发人员提供了相应的 Javascript 接口，存储数据量也增加到 100KB 左右，而且没有默认的过期时间。

Dojo.Storage 本地存储方法是从 Flash 发展起来的。2006 年，Brad 等人将 Flash Cookies 整合到流行的 Dojo Toolkit 中，并且获得巨大的成功，Dojo.Storage 由此诞生。Dojo.Storage 本地存储默认每个站点的存储数据量也是 100KB 左右，超过 100KB，则每增加超过一个数量级（如 1MB，10MB 等），它就会弹出对话框来要用户确认并授权。现在的 Dojo.Storage 已经成为了一个非常成熟的存储方法了，到 2009 年时， dojox.storage 已经可以做到自动侦测用户浏览器所支持的本地存储技术，并提供统一的脚本访问接口。

Gear 本地存储是一个通过插件技术来增强浏览器功能的开源项目。2007 年，由 Google 公司研发出来，Gears 提供了一套 API 来访问一个基于 SQLite 的嵌入式 SQL 数据库，在获得用户的一次性授权后，应用程序可以通过 Gears 存储不限数量的本地数据。

Html5 Web Storage 规范在某种意义上说是 Web 本地存储技术上的里程碑，它彻底告别了第三方插件，得到了大多数浏览器的承认和支持。存储数据量也增加到 5M 以上，基本上满足了 Web 程序的开发需求。

8.1.3 Html5 Web Storage 本地存储的优势

从前面的介绍中，读者可能已经初步了解了 Html5 Web Storage 的优势。Html5 Web Storage 规范一被提出，就被大部分的主流浏览器上得到了支持应用，Html5 Web Storage 到底有什么魅力呢？在此，笔者归纳为以下几点。

- 存储空间更大，最低存储数据量达到 5M，使用 DatabaseStorage 容量可以更大，已经能够满足大部分 Web 应用程序的需求。
- 本地存储的数据内容不会自动发送到服务器端，特别是 localStorage 只在本地使用，不会与服务器端发生交互，减少了用户带宽的消耗。
- 独立的存储空间，在 Html5 Web Storage 中，各个站点域都有自己独立的存储空间，各存储空间也不允许进行数据的传送，这就避免了数据存储的混乱。
- 丰富易用的开发接口，Html5 Web Storage 提供了一套完整的 API，使得开发人员在实际开发时更加简便、容易。
- 浏览器兼容性好，包括 IE8 之内的大部分浏览器都对 Html5 Web Storage 提供了支持。这对于开发人员，应该是最好的消息了，在使用 Html5 Web Storage 时，我们完全可以不需要去考虑头疼的浏览器兼容问题。

Html5 Web Storage 本地存储的优势是很显而易见的，目前很多主流网站也在逐步放弃传统的 Cookie，而把目光放在更加长远的 Html5 Web Storage 身上。

8.1.4 Html5 Web Storage 本地存储的不足

HTML5 规范是一种持续的创新。因此，Html5 Web Storage 也必然有其固有的缺陷和不足，而且在 Html5 Web Storage 中有一些特性，既是优势，也是缺陷。对于 Html5 Web Storage 的缺陷，笔者归纳有以下几点。

- 虽然在 Html5 Web Storage 规范中，各个站点域的数据内容独立存储，但是目前的浏览器并不会检查脚本所在的站点域与当前站点域是否相同。即在域 B 中嵌入域 A 中的脚本依然可以访问域 B 中的数据。
- 使用 Html5 Web Storage 存储在本地的数据不会被加密（除了现在的 Opera 浏览器采用 BASE64 加密，事实上这种加密方式非常简单）。这很容易导致用户隐私的泄漏。
- 在数据存储的时效上，Html5 Web Storage 并不会像 Cookie 那样可以设置数据存储的时间限制，只要用户不主动删除，LocalStorage 本地存储的数据将会永久存在。
- 目前的大部分浏览器还没有针对 Html5 Web Storage 的 XSS 漏洞的防御机制。而当我们使用 Cookie 时，现在的浏览器都提供了 HTTPONLY 来保护用户数据不被 XSS 攻击。据说国外的 Tiwtter 网站就因为使用 LocalStorage 而受到了 XSS 漏洞的攻击，读者可以在

http://www.wooyun.org/bugs/中查看相关资料。所以 Html5 Web Storage 的安全问题还是令人堪忧的。

尽管 Html5 Web Storage 规范还不是很成熟，还存在一系列的缺陷和不足，但是随着越来越多的浏览器制造商和开发人员的努力，这些缺陷都将一一弥补。

8.1.5 Html5 Web Storage 本地存储的分类

在 Html5 Web Storage 本地存储中，数据的本地存储包含了三种方式，如下所示。

- LocalStorage 本地存储；
- SessionStorage 本地存储；
- DataBaseStorage 本地存储。

LocalStorage 本地存储用于在多个标签页或者多个窗口页面中共享本地存储的数据，也就是说，当用户在不同视图下浏览器同一个域，那么它使用本地存储的数据内容是唯一的。

SessionStorge 本地存储只用于在单个页面或窗口中存储和使用本地数据，换句话说，同一个域下，不同页面所使用的本地存储数据是不一样的。

LocalStorage 和 SessionStorage 合称为 DOM Storage，它们的使用方法基本相同，唯一的区别在于作用范围不同。SessionStorage 用来存储与页面相关的数据，它在页面关闭后无法使用。而 LocalStorage 则持久存在，在页面关闭后也可以使用。

DataBaseStorage 本地存储用于存储大容量的结构化数据，实际上它是一个 sqlite 数据库，W3C 规范中的版本是 SQLite 3.6.19。大家都知道，SQLite 是一款遵循 ACID 的关系型轻型的数据库。它的设计目标是嵌入式的，它占用资源非常低，只需要几百 K 字节的内存就可以了，同时它能够跟很多程序语言相结合，如 C#、PHP、Java、JavaScript 等，还有 ODBC 接口，比起 Mysql、PostgreSQL 这两款开源的数据库管理系统来说，它的处理速度更快。所以 DataBaseStorage 的优越性就自然得到了体现。

8.1.6 Html5 Web Storage 的浏览器支持情况

对于 Html5 Web Storage 的浏览器支持情况存在一定的差异，例如，大部分的浏览器默认支持在本地存储的数据量都是 5MB，但是 Safari 浏览器却默认支持 500MB；大多数的主流浏览器的本地存储的数据都没有加密，而 Opera 浏览器却进行了简单的加密。

目前主流的桌面浏览器和移动设备浏览器对 Html5 Web Storage 新特性的支持情况如图 8-2 和图 8-3 所示。其中白色表示完全支持，浅灰色表示部分支持，深灰色表示不支持。

IE	Firefox	Chrome	Safari	Opera
	3.0			
	3.5			
	3.6	8.0		
	4.0	10.0		
	5.0	11.0		
	6.0	12.0		
	7.0	13.0		
	8.0	14.0		
	9.0	15.0		
	10.0	16.0		
6.0	11.0	17.0	4.0	
7.0	12.0	18.0	5.0	
8.0	13.0	19.0	5.1	11.6
9.0	14.0	20.0	6.0	12.0

图 8-2　桌面浏览器对 Html5 Web Storage 的支持情况

iOS Safari	Opera Mini	Android Browser	Opera Mobile	Chrome for Android	Firefox for Android
3.2		2.1			
4.0-4.1		2.2			
4.2-4.3		2.3			
5.0-5.1	5.0-7.0	4.0	12.0	18.0	14.0

图 8-3　移动设备浏览器对 Html5 Web Storage 的支持情况

从图 8-2 和图 8-3 中可以看出，不管是桌面浏览器，还是在移动设备上的浏览器，对 Html5 Web Storage 新特性的支持情况还是相当理想的。特别是对于桌面的浏览器 IE8 和 IE9 的加入，使得 Html5 Web Storage 新特性的普及更近了一步。

除此之外，一些主流浏览器还提供了一些非常人性化的 Html5 Web Storage 本地存储调试工具，因为 Html5 Web Storage 在本地存储路径非常隐秘，作为开发人员也很难找到，而通过浏览器的调试工具我们轻松地实现本地数据编辑和删除操作。以 Chrome 浏览器为例，可以通过“设置”→工具“开发人员工具”→Resources 命令打开。显示效果如图 8-4 所示。

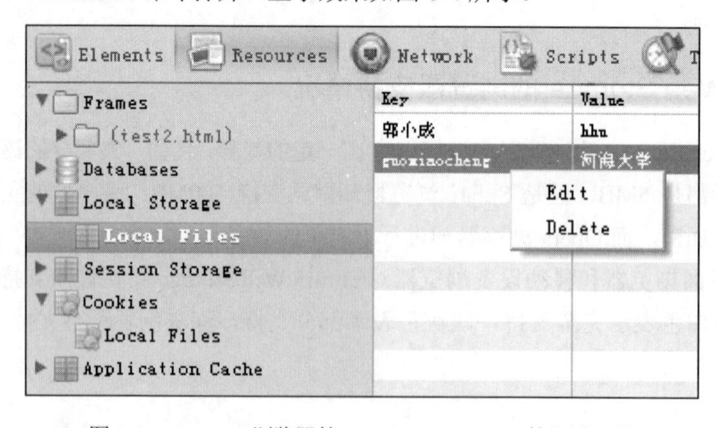

图 8-4　Chrome 浏览器的 Html5 Web Storage 的调试工具

8.2　DOM Storage 本地存储的使用

在 Html5 Web Storage 中，DOM Storage 本地存储包含了 LocalStorage 本地存储和 SessionStorage 本地存储。LocalStorage 本地存储作用于同一个域下的不同浏览器窗口，而 SessionStorage 作用于同一个域下的单个浏览器窗口。本节，我们将重点探讨 LocalStorage 和 SessionStorage 的具体使用情况。

8.2.1　浏览器支持情况检测

因为不同的浏览器对 Html5 Web Storage 的 DOM Storage 本地存储支持情况不尽相同，所以在使用 Html5 Web Storage 的 DOM Storage 本地存储之前，检测用户的浏览器的支持情况就显得非常有必要。

对于检测用户浏览器对 Html5 Web Storage 的 LocalStorage 本地存储的支持情况，读者可以参考下面的代码。

```
<!DOCTYPE html>
<html>
<head>
</head>
<body>
<script type="text/javascript">
    if(typeof(window.localStorage))
    {
        alert("你的浏览器支持Html5 localStorage!");
    }
    else
    {
        alert("sorry,你的浏览器还不支持Html5 localStorage!");
    }
</script>
</body>
</html>
```

- localStorage 对象是 Html5 Web Storage 中的一个对象。
- typeof()函数我们已经很熟悉了，它是 Javascript 中一个测试类型的函数。

在 Internet Explorer7 浏览器上运行上面的代码，我们发现 IE7 并不支持 Html5 Web Storage 的 LocalStorage 本地存储，如图 8-5 所示。

图 8-5　检测 IE7 浏览器支持情况的运行效果

同理，我们也可以检测用户的浏览器对 Html5 Web Storage 的 SessionStorage 本地存储的支持情况。读者可以参考下面的代码。

```
<!DOCTYPE html>
<html>
<head>
</head>
<body>
<script type="text/javascript">
   if(typeof(window.sessionStorage))
   {
      alert("你的浏览器支持 Html5 sessionStorage!");
   }
   else
   {
      alert("sorry,你的浏览器还不支持 Html5 sessionStorage!");
   }
</script>
</body>
</html>
```

- sessionStorage 对象是 Html5 Web Storage 中的一个对象。

事实上，大部分浏览去在支持 LocalStorage 本地存储的情况下，都对 SessionStroage 本地提供了支持。因此，在检测用户的浏览器的支持情况时，我们只要检测其中一个就可以了。

8.2.2　Storage 接口的使用

在 Html5 Web Storage 中，LocalStorage 本地存储和 SessionStorage 本地存储都是以键值对（key-value）的形式进行数据存储的，每个键值对也称为“Item”。

实际上，LocalStorage 本地存储和 SessionStorage 本地存储分别对应着 WindowLocalStorage 接口和 WindowSessionStorage 接口。在 WindowLocalStorage 中和 WindowSessionStorage 接口中分别存在一个 Storage 接口的 localStorage 和 sessionStorage 的属性。

Storage 接口提供了一些属性和方法来控制和管理键值对（key-value）的存储。换句话说，每个 Storage 接口的实例都关联到一个键值对列表，负责键值对列表的增加、查找、删除和更新等操作。本节，我们将重点探讨 Storage 接口的属性和方法。这些属性和方法如下。

- length 属性；
- key()方法；
- getItem()方法；
- setItem()方法；
- removeItem()方法；
- clear()方法。

setItem()方法用来在当前 Storage 对象对应的键值对列表中增加键值对。setItem()接受两个参数，分别表示键名和值。

当调用 setItem()方法时，浏览器首先会检测要增加的键值对在键值对列表是否已经存在，如果要增加的键名已经存在，那么该键值对的值将会更新。如果在用户的浏览器禁用了 Html5 Web Storage，或者键值对列表的长度超出了浏览器的限制等情况下，增加键值对会抛出 QuotaExceededError 异常。

对于 setItem()方法的具体使用，读者可以参考下面的代码。在 Chrome 浏览器运行之后，打开开发人员工具，显示效果如图 8-6 所示。

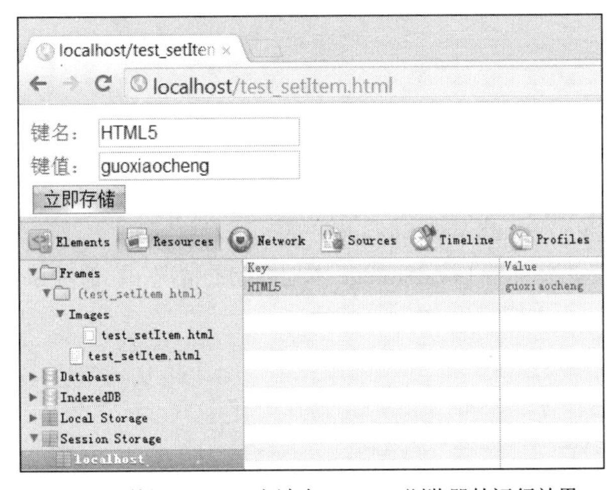

图 8-6　使用 setItem()方法在 Chrome 浏览器的运行效果

HTML+Javascript 代码：test_setItem.html。

```
<!DOCTYPE html>
<html>
<head>
    <script>
        function load()
        {
            var form = document.getElementsByTagName("form")[0];
            var sessionStorage =  checkUserAgent();
            form.button.addEventListener("click", function()
            {
                sessionStorage.setItem(form.key.value,form.value.value);
            },false);
        }
        function checkUserAgent()
        {
            if(typeof(window.sessionStorage))
            {
                return window.sessionStorage;
            }
            else
            {
                alert("sorry,你的浏览器还不支持Html5 Web Storage!");
                return null;
            }
        }
        window.addEventListener("load",load,false);
    </script>
</head>
<body>
    <form action = "#" method = "POST">
        <label for = "key">键名: </label>
        <input type = "text" id = "key" name = "key"/>
        <br>
        <label for = "value">键值: </label>
        <input type = "text" id = "value" name = "value"/>
        <br>
        <input type = "button" value = "立即存储" name="button"/>
    </form>
</body>
</html>
```

- setItem()方法用来在当前 Storage 对象对应的键值对列表中加键值对。
- addEventListener()方法监听了 window 的 onload 事件和表单按钮的 onclick 事件。
- checkUserAgent()方法用来检测用户的浏览器对 Html5 Web Storage 的 sessionStorage 本地存储的支持情况，并返回一个可操作的 Storage 对象。
- load()方法是 onload 事件的回调函数。
- 在上面的代码中，我们定义了一个表单，用户可以填写键值对，点击立即存储，就可以进行 sessionStorage 的本地存储。

length 属性用来返回当前键值对列表中的键值对的数量。length 属性的属性值类型是只读的无符号长整型（readonly unsigned long）。我们经常通过它来判断 Storage 对象里是否存储有数据内容。

对于 length 属性的具体使用，读者可以参考下面的代码。在 Chrome 浏览器运行之后，显示效果如图 8-7 所示。

图 8-7　使用 length 属性在 Chrome 浏览器的运行效果

HTML+Javascript 代码：test_length.html。

```
<!DOCTYPE html>
<html>
<head>
    <script>
        function load()
        {
            var form = document.getElementsByTagName("form")[0];
            var p = document.getElementsByTagName("p")[0];
            var sessionStorage =  checkUserAgent();
            form.button.addEventListener("click", function()
            {
                sessionStorage.setItem(form.key.value,form.value.value);
            },false);
            p.textContent = "键值对的个数: "+sessionStorage.length;
        }
        function checkUserAgent()
        {
            if(typeof(window.sessionStorage))
            {
                return window.sessionStorage;
            }
            else
            {
                alert("sorry,你的浏览器还不支持Html5 Web Storage!");
```

```
            return null;
        }
    }
    window.addEventListener("load",load,false);
    </script>
</head>
<body>
    <form action = "#" method = "POST">
        <label for = "key">键名: </label>
        <input type = "text" id = "key" name = "key"/>
        <br>
        <label for = "value">键值: </label>
        <input type = "text" id = "value" name = "value"/>
        <br>
        <input type = "button" value = "立即存储" name="button"/>
    </form>
    <p></p>
</body>
</html>
```

- length 属性用来返回当前键值对列表中的键值对的数量。
- addEventListener()方法监听了 window 的 onload 事件和表单按钮的 onclick 事件。
- checkUserAgent()方法用来检测用户的浏览器对 Html5 Web Storage 的 sessionStorage 本地存储的支持情况，并返回一个可操作的 Storage 对象。
- load()方法是 onload 事件的回调函数。
- 在上面的代码中，我们定义了一个 p 标签，用来显示 sessionStorage 键值对列表中的键值对的数量。

key()方法用来返回键值对列表中指定位置的键名。key()方法接受一个 index 参数，这里的 index 表示当前 Storage 对象对应的键值对列表中键值对的序号，index 从 0 开始。如果指定的 index 参数大于键值对最大的序号，那么 Key()方法将返回 null。另外，请读者注意，键值的类型是任意字符串，甚至是空字符串。

对于 key()方法的具体使用，读者可以参看下面的代码。在 Chrome 浏览器运行之后，显示效果如图 8-8 所示。

图 8-8　使用 key()方法在 Chrome 浏览器的运行效果

HTML+Javascript 代码：test_key.html。

```
<!DOCTYPE html>
<html>
<head>
```

```
    <script>
        function load()
        {
            var form = document.getElementsByTagName("form")[0];
            var p = document.getElementsByTagName("p")[0];
            var sessionStorage =  checkUserAgent();
            var str = "<h5>键值对列表: </h5>";
            form.button.addEventListener("click", function()
            {
                sessionStorage.setItem(form.key.value,form.value.value);
                window.location.reload(true);
            },false);
            for(var i = 0;i<sessionStorage.length;i++)
            {
                str +="第"+i+"个:->"+sessionStorage.key(i)+"<br>";
            }
            p.innerHTML = str;
        }
        function checkUserAgent()
        {
            if(typeof(window.sessionStorage))
            {
                return window.sessionStorage;
            }
            else
            {
                alert("sorry,你的浏览器还不支持Html5 Web Storage!");
                    return null;
            }
        }
        window.addEventListener("load",load,false);
    </script>
</head>
<body>
    <form action = "#" method = "POST">
        <label for = "key">键名: </label>
        <input type = "text" id = "key" name = "key"/>
        <br>
        <label for = "value">键值: </label>
        <input type = "text" id = "value" name = "value"/>
        <br>
        <input type = "button" value = "立即存储" name="button"/>
    </form>
```

```
    <p></p>
</body>
</html>
```

- key()方法用来返回键值对列表中指定位置的键名。
- addEventListener()方法监听了 window 的 onload 事件和表单按钮的 onclick 事件。
- checkUserAgent()方法用来检测用户的浏览器对 Html5 Web Storage 的 sessionStorage 本地存储的支持情况，并返回一个可操作的 Storage 对象。
- load()方法是 onload 事件的回调函数。
- 在上面的代码中，我们定义了一个 p 标签，用来显示键值对列表的键值。

getItem()方法用来返回当前键值对列表中指定键名的键值。getItem()方法接受一个 key 参数。如果指定的 key 参数在当前 Storage 对象对应的键值对列表中不存在，那么 getItem()方法将返回 null。

对于 getItem()方法的具体使用，读者可以参考下面的代码。在 Chrome 浏览器运行之后，显示效果如图 8-9 所示。

图 8-9　使用 getItem()方法在 Chrome 浏览器的运行效果

HTML+Javascript 代码:test_getItem.html。

```
<!DOCTYPE html>
<html>
<head>
    <script>
        function load()
        {
            var form = document.getElementsByTagName("form")[0];
            var p = document.getElementsByTagName("p")[0];
            var sessionStorage =  checkUserAgent();
            form.button1.addEventListener("click",function()
            {
                form.value.value = sessionStorage.getItem(form.key.value);
            },false);
            form.button.addEventListener("click",function()
            {
                sessionStorage.setItem(form.key.value,form.value.value);
                window.location.reload(true);
            },false);
        }
        function checkUserAgent()
        {
```

```
            if(typeof(window.sessionStorage))
            {
                return window.sessionStorage;
            }
            else
            {
                alert("sorry,你的浏览器还不支持Html5 Web Storage!");
                return null;
            }
        }
        window.addEventListener("load",load,false);
    </script>
</head>
<body>
    <form action = "#" method = "POST">
        <label for = "key">键名: </label>
        <input type = "text" id = "key" name = "key"/>
        <br>
        <label for = "value">键值: </label>
        <input type = "text" id = "value" name = "value"/>
        <br>
        <input type = "button" value = "新增键值对" name="button"/>
        <input type = "button" value = "查询键值对" name = "button1">
    </form>
</body>
</html>
```

- getItem()方法用来返回当前键值对列表中指定键名的键值。
- addEventListener()方法监听了 window 的 onload 事件和表单按钮的 onclick 事件。
- checkUserAgent()方法用来检测用户的浏览器对 Html5 Web Storage 的 sessionStorage 本地存储的支持情况，并返回一个可操作的 Storage 对象。
- load()方法是 onload 事件的回调函数。
- 在上面的代码中，我们可以通过输入键名和键值新增键值对，也可以通过输入键名查询键值操作。

此外，除了使用 getItem()方法在当前键值对列表中获取指定键名的键值之外，也可以使用 Storage.key 的形式获取。

对于使用 Storage.key 形式在当前键值列表中获取指定键名的键值，读者可以参考下面的代码。实际效果和 getItem()方法一样。

HTML+Javascript 代码：test_storagekey.html。

```
<!DOCTYPE html>
<html>
<head>
    <script>
        function load()
        {
            var form = document.getElementsByTagName("form")[0];
            var p = document.getElementsByTagName("p")[0];
            var sessionStorage =  checkUserAgent();
            form.button1.addEventListener("click",function()
            {
                form.value.value = sessionStorage.form.key.value;
            },false);
            form.button.addEventListener("click",function()
            {
                sessionStorage.setItem(form.key.value,form.value.value);
                window.location.reload(true);
            },false);
        }
        function checkUserAgent()
        {
            if(typeof(window.sessionStorage))
            {
                return window.sessionStorage;
            }
            else
            {
                alert("sorry,你的浏览器还不支持Html5 Web Storage!");
                return null;
            }
        }
        window.addEventListener("load",load,false);
    </script>
</head>
<body>
    <form action = "#" method = "POST">
        <label for = "key">键名: </label>
        <input type = "text" id = "key" name = "key"/>
        <br>
        <label for = "value">键值: </label>
        <input type = "text" id = "value" name = "value"/>
        <br>
        <input type = "button" value = "新增键值对" name="button"/>
```

```
        <input type = "button" value = "查询键值对" name = "button1">
    </form>
</body>
</html>
```

- addEventListener()方法监听了 window 的 onload 事件和表单按钮的 onclick 事件。
- checkUserAgent()方法用来检测用户的浏览器对 Html5 Web Storage 的 sessionStorage 本地存储的支持情况，并返回一个可操作的 Storage 对象。
- load()方法是 onload 事件的回调函数。
- 在上面的代码中，我们使用了 Storage.key 的形式来在当前键值对列表中获取指定键名的键值。

removeItem()方法用来删除当前键值对列表指定键名的的键值对。如果指定的键名在键值对列表中不存在，调用该方法将不会发生任何作用。

对于 removeItem()方法的具体使用，读者可以参考下面的代码。在 Chrome 浏览器运行之后，显示效果如图 8-10 所示。

图 8-10 使用 removeItem()方法在 Chrome 浏览器的运行效果

HTML+Javascript 代码：test_removeItem.html。

```
<!DOCTYPE html>
<html>
<head>
    <script>
        function load()
        {
            var form = document.getElementsByTagName("form")[0];
            var p = document.getElementsByTagName("p")[0];
            var sessionStorage =  checkUserAgent();
            form.button1.addEventListener("click",function()
            {
                form.value.value = sessionStorage.getItem(form.key.value);
            },false);
            form.button.addEventListener("click",function()
```

```
            {
                sessionStorage.setItem(form.key.value,form.value.value);
                window.location.reload(true);
            },false);
            form.button2.addEventListener("click",function()
            {
                sessionStorage.removeItem(form.key.value);
            },false);
        }
        function checkUserAgent()
        {
            if(typeof(window.sessionStorage))
            {
                return window.sessionStorage;
            }
            else
            {
                alert("sorry,你的浏览器还不支持Html5 Web Storage!");
                return null;
            }
        }
            window.addEventListener("load",load,false);
    </script>
</head>
<body>
    <form action = "#" method = "POST">
        <label for = "key">键名: </label>
        <input type = "text" id = "key" name = "key"/>
        <br>
        <label for = "value">键值: </label>
        <input type = "text" id = "value" name = "value"/>
        <br>
        <input type = "button" value = "新增键值对" name="button"/>
        <input type = "button" value = "查询键值对" name = "button1">
        <input type = "button" value = "删除键值对" name = "button2">
    </form>
</body>
</html>
```

- removeItem()方法用来删除当前键值对列表指定键名的的键值对。
- addEventListener()方法监听了 window 的 onload 事件和表单按钮的 onclick 事件。
- checkUserAgent()方法用来检测用户的浏览器对 Html5 Web Storage 的 sessionStorage 本地存储

的支持情况，并返回一个可操作的 Storage 对象。

- load()方法是 onload 事件的回调函数。

在上面的代码中，我们可以通输入键名来删除指定的键值对操作。

clear()方法用来清空当前键值对列表中所有的键值对。如果键值对列表中没有任何键值对，调用该方法将不会发生任何作用。

对于 clear()方法的具体使用，读者可以参考下面的代码。在 Chrome 浏览器运行之后，显示效果如图 8-11 所示。

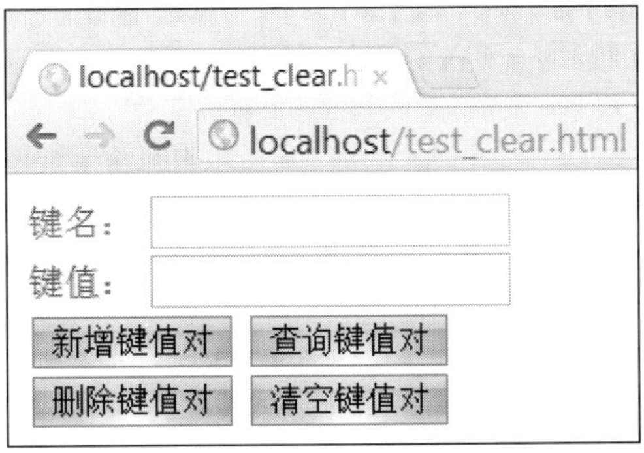

图 8-11　使用 clear()方法在 Chrome 浏览器的运行效果

HTML+Javascript 代码:test_clear.html。

```
<!DOCTYPE html>
<html>
<head>
    <script>
        function load()
        {
            var form = document.getElementsByTagName("form")[0];
            var p = document.getElementsByTagName("p")[0];
            var sessionStorage = checkUserAgent();
            form.button1.addEventListener("click",function()
            {
                form.value.value = sessionStorage.getItem(form.key.value);
            },false);
            form.button.addEventListener("click",function()
            {
                sessionStorage.setItem(form.key.value,form.value.value);
                window.location.reload(true);
            },false);
            form.button2.addEventListener("click",function()
```

```
            {
                sessionStorage.removeItem(form.key.value);
            },false);
            form.button3.addEventListener("click",function()
            {
                sessionStorage.clear();
            },false);
        }
        function checkUserAgent()
        {
            if(typeof(window.sessionStorage))
            {
                return window.sessionStorage;
            }
            else
            {
                alert("sorry,你的浏览器还不支持Html5 Web Storage!");
                return null;
            }
        }
        window.addEventListener("load",load,false);
    </script>
</head>
<body>
    <form action = "#" method = "POST">
        <label for = "key">键名: </label>
        <input type = "text" id = "key" name = "key"/>
        <br>
        <label for = "value">键值: </label>
        <input type = "text" id = "value" name = "value"/>
        <br>
        <input type = "button" value = "新增键值对" name="button"/>
        <input type = "button" value = "查询键值对" name = "button1">
        <br>
        <input type = "button" value = "删除键值对" name = "button2">
        <input type = "button" value = "清空键值对" name = "button3">
    </form>
</body>
</html>
```

- clear()方法用来清空当前键值对列表中所有的键值对。
- addEventListener()方法监听了 window 的 onload 事件和表单按钮的 onclick 事件。
- checkUserAgent()方法用来检测用户的浏览器对 Html5 Web Storage 的 sessionStorage 本地存储

的支持情况，并返回一个可操作的 Storage 对象。

- load()方法是 onload 事件的回调函数。

在上面的代码中，我们可以点击“清空键值对”按钮清空当前键值对列表中所有的键值对。

在前面我们已经探讨过 LocalStorage 本地存储和 SessionStorage 本地存储的区别。即 LocalStorage 本地存储用于在多个标签页或者多个窗口页面中共享本地存储的数据，而 SessionStorage 本地存储用于在单个页面或窗口中存储和使用本地数据。

下面我们以一个统计站点的访问次数的具体实例，探讨 LocalStorage 本地存储和 SessionStorage 本地存储的区别。读者可以参考下面的代码。在 Chrome 浏览器运行之后，显示效果如图 8-12 所示。

图 8-12　使用 localStorage 本地存储在 Chrome 浏览器的运行效果

HTML 代码：test_website.html。

```
<!DOCTYPE html>
<html lang="en">
<head>
   <meta charset="utf-8" />
   <title>HTML5 Dom Storage</title>
   <script src = "website.js" ></script>
</head>
<body>
         <p>
          这是你第<b id="times"></b> 次刷新本页面。
      </p>
      <p>
          <input value="清除记录" type="button" id = "clear" />
      </p>
</body>
</html>
```

- website.js 是同一文件夹下的 Javascript 脚本文件。
- 在上面的代码中，我们定义了一个 p 标签用来显示用户的访问次数，定义了一个表单按钮用来清除用户的浏览次数记录。

Javascript 代码:website.js。

```
function load()
{
```

```
        var times = document.getElementById("times");
        var clear = document.getElementById("clear");
        var storage = checkUserAgent();
        if(!storage.getItem("pageCounter"))
        {
            storage.setItem("pageCounter",1);
        }
        else
        {
            storage.setItem("pageCounter",parseInt(storage.pageCounter)+1);
        }
        times.textContent = storage.pageCounter;
        clear.addEventListener("click",function()
        {
            storage.clear();
            window.location.reload(true);
        },false);
    }
    function checkUserAgent()
    {
        if(typeof(window.sessionStorage))
        {
            return window.sessionStorage;
        }
        else
        {
            alert("sorry,你的浏览器还不支持Html5 Web Storage!");
            return null;
        }
    }
```

- window.addEventListener("load",load,false);
- addEventListener()方法监听了 window 的 onload 事件和按钮的 onclick 事件。
- checkUserAgent()方法用来检测用户的浏览器对 Html5 Web Storage 的 sessionStorage 本地存储的支持情况，并返回一个可操作的 Storage 对象。
- load()方法是 onload 事件的回调函数。
- clear()方法用来清空当前键值对列表中所有的键值对。
- getItem()方法用来返回当前键值对列表中指定键名的键值。
- setItem()方法用来在当前 Storage 对象对应的键值对列表中加键值对。

在上面的代码中，我们使用了 SessionStorage 本地存储，同一站点下的每个窗口都存在着一个键值对列表，所以当我们在一个窗口中刷新页面时，并不会影响到另一个窗口中数据变化。

如果我们使用 LocalStorage 本地存储，将上面的代码中 sessionStorage 换成 localStorage 即可。同一站点的在浏览器不同标签页或者窗口中使用的是同一个本地存储数据，所以当我们在其中一个窗口中刷新页面时，其他窗口的访问数据也会变化。此外，LocalStorage 的存储是长久的，只要用户没有手动删除，那么 LocalStorage 本地存储的数据将会一直保留。

8.2.3　DOM Storage 事件处理

在前面探讨中，很多读者可能已经感觉到了仅凭借 Storage 接口对象的属性和方法是很难满足开发人员的需求的，特别是在不同的窗口中使用 localStorage 存储本地数据，需要用户进行手动的刷新，这大大限制了 Html5 Web Storage 的用户服务体验。

在 Html5 Web Storage 中，也提供了完整 DOM Storage 事件的处理机制。与 HTML5 的其他特性不同的是，Html5 Web Storage 只有一个 onstorage 事件。但遗憾的是，目前只有 IE9 和 IE10 浏览器中实现了这一事件。

storage 表示当 LocalStorage 本地存储或者 SessionStorage 本地存储对应的键值对列表发生改变时触发的事件。

读者应该特别注意，在以下几种情况，并不会触发 onstorage 事件。

- 如果当前 Storage 对象对应的键值对列表为空，如果我们调用了 clear()函数，将不会触发 onstorage 事件。
- 如果我们在调用 setItem()方法时，增加一个已经存在的键值对，onstorage 事件也不会被触发。

对于 onstorage 事件，在 HTML5 规范中，提供了 StorageEvent 接口和 StorageEventInit 接口。其中，StorageEventInit 接口用来初始化一个 storage 事件，而 StorageEvent 则可以作为参数传入到 onstorage 事件的回调函数中。StorageEvent 接口和 StorageEventInit 接口的方法和属性是一样的。本节，我们将重点探讨这些属性和方法的具体使用。这些属性和方法如下。

- key 属性；
- oldValue 属性；
- newValue 属性；
- url 属性；
- storageArea 属性。

key 属性返回的是当前键值对列表中被增加、更新或者删除的键值对的键名。因此，它的类型是字符串。如果浏览器捕获的是新增加的键值对时触发的事件，那么 key 的属性值将为空字符串。

对于 key 属性的具体使用，读者可以参考下面的代码。在 IE9 浏览器运行之后，显示效果如图 8-13 所示。

图 8-13　使用 key 属性在 IE9 浏览器的运行效果

HTML+Javascriopt 代码:test_key1.html。

```
<!DOCTYPE html>
<html>
<head>
    <script>
        function load()
        {
            var form = document.getElementsByTagName("form")[0];
            var sessionStorage =  checkUserAgent();
            form.button.addEventListener("click", function()
            {
                sessionStorage.setItem(form.key.value,form.value.value);
            },false);
            form.button1.addEventListener("click", function()
            {
                sessionStorage.removeItem(form.key.value);
            },false);
        }
        function doStorageEvent(event)
        {
            var p = document.getElementsByTagName("p")[0];
            p.innerHTML = "<h4>改变的键值对的键名 key:"+event.key+"<h/4>";
        }
        function checkUserAgent()
        {
            if(typeof(window.sessionStorage))
            {
                return window.sessionStorage;
            }
            else
            {
                alert("sorry,你的浏览器还不支持Html5 Web Storage!");
                return null;
            }
        }
        window.addEventListener("load",load,false);
        window.addEventListener("storage",doStorageEvent,false);
    </script>
</head>
<body>
    <form action = "#" method = "POST">
        <label for = "key">键名: </label>
        <input type = "text" id = "key" name = "key"/>
```

```
        <br>
        <label for = "value">键值: </label>
        <input type = "text" id = "value" name = "value"/>
        <br>
        <input type = "button" value = "增加键值对" name="button"/>
        <input type = "button" value = "删除键值对" name="button1"/>
    </form>
    <p></p>
</body>
</html>
```

- key 属性返回的是当前键值对列表中被增加、更新或者删除的键值对的键名。
- addEventListener()方法监听了 window 的 onload 事件和表单按钮的 onclick 事件。
- checkUserAgent()方法用来检测用户的浏览器对 Html5 Web Storage 的 sessionStorage 本地存储的支持情况，并返回一个可操作的 Storage 对象。
- load()方法是 onload 事件的回调函数。
- 在上面的代码中，当我们在当前键值对列表中增加、修改或者删除键值对时，都会触发 onstorage 事件。

oldValue 属性返回的是当前键值对列表中被增加、更新或者删除的键值对之前的键值。因此，它的类型也是字符串。如果捕获新增加的键值对时触发的事件，那么 oldValue 的属性值将为 null。

对于 oldValue 属性的具体使用，读者可以参考下面的代码。在 IE9 浏览器运行之后，显示效果如图 8-14 所示。

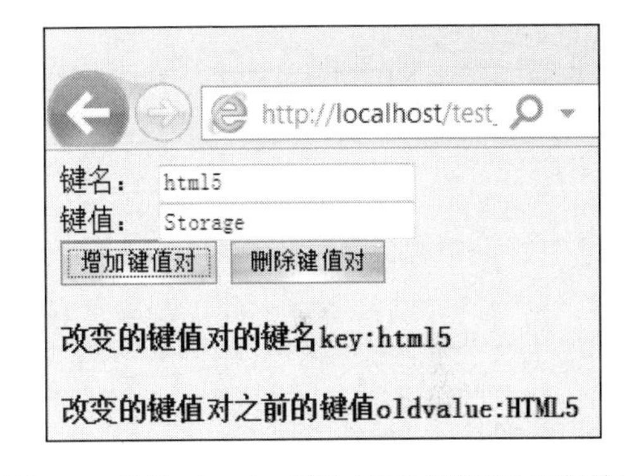

图 8-14　使用 oldValue 属性在 IE9 浏览器的运行效果

HTML+Javascript 代码:test_oldValue.html。

```
<!DOCTYPE html>
<html>
<head>
    <script>
        function load()
        {
            var form = document.getElementsByTagName("form")[0];
            var sessionStorage =  checkUserAgent();
            form.button.addEventListener("click", function()
            {
                sessionStorage.setItem(form.key.value,form.value.value);
```

```
            },false);
            form.button1.addEventListener("click", function()
            {
                sessionStorage.removeItem(form.key.value);
            },false);
        }
        function doStorageEvent(event)
        {
            var p = document.getElementsByTagName("p")[0];
            var str = "<h4>改变的键值对的键名 key:"+event.key+"</h4>";
            str += "<h4>改变的键值对的之前键值 value:"+event.oldValue+"</h4>";
            p.innerHTML = str;
        }
        function checkUserAgent()
        {
            if(typeof(window.sessionStorage))
            {
                return window.sessionStorage;
            }
            else
            {
                alert("sorry,你的浏览器还不支持Html5 Web Storage!");
                return null;
            }
        }
        window.addEventListener("load",load,false);
        window.addEventListener("storage",doStorageEvent,false);
    </script>
</head>
<body>
    <form action = "#" method = "POST">
        <label for = "key">键名: </label>
        <input type = "text" id = "key" name = "key"/>
        <br>
        <label for = "value">键值: </label>
        <input type = "text" id = "value" name = "value"/>
        <br>
        <input type = "button" value = "增加键值对" name="button"/>
        <input type = "button" value = "删除键值对" name="button1"/>
    </form>
    <p></p>
</body>
</html>
```

- oldValue 属性返回的是当前键值对列表中被增加、更新或者删除的键值对之前的键值。
- addEventListener()方法监听了 window 的 onload 事件和表单按钮的 onclick 事件。
- checkUserAgent()方法用来检测用户的浏览器对 Html5 Web Storage 的 sessionStorage 本地存储的支持情况，并返回一个可操作的 Storage 对象。
- load()方法是 onload 事件的回调函数。
- 在上面的代码中，当我们在当前键值对列表中增加、修改或者删除键值对时，都会触发 onstorage 事件。

newValue 属性返回的是当前键值对列表中被增加、更新或者删除的键值对之后的键值。因此，它的类型也是字符串。如果捕获的是删除键值对时触发的事件，那么 newValue 的属性值将为 null。

对于 newValue 属性的具体使用，读者可以参考下面的代码。在 IE9 浏览器运行之后，显示效果如图 8-15 所示。

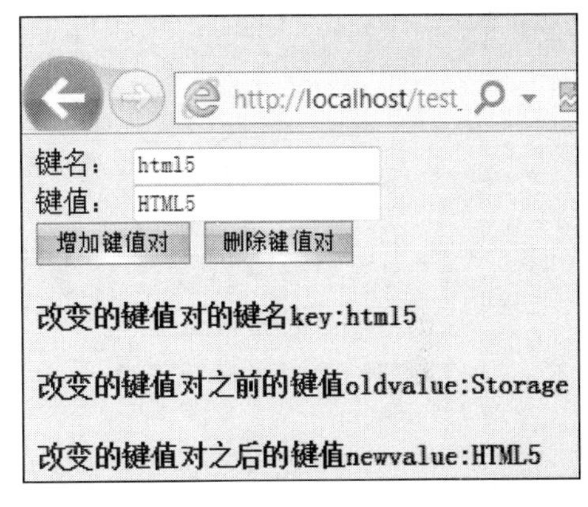

图 8-15　使用 newValue 属性在 IE9 浏览器的运行效果

HTML+Javascript 代码：test_newValue.html。

```
<!DOCTYPE html>
<html>
<head>
    <script>
        function load()
        {
            var form = document.getElementsByTagName("form")[0];
            var sessionStorage =  checkUserAgent();
            form.button.addEventListener("click", function()
            {
                sessionStorage.setItem(form.key.value,form.value.value);
            },false);
            form.button1.addEventListener("click", function()
            {
                sessionStorage.removeItem(form.key.value);
            },false);
        }
        function doStorageEvent(event)
        {
            var p = document.getElementsByTagName("p")[0];
            var str = "<h4>改变的键值对的键名 key:"+event.key+"</h4>";
            str += "<h4>改变的键值对之前的键值 oldvalue:"+event.oldValue+"</h4>";
```

```
            str += "<h4>改变的键值对之后的键值 newvalue:"+event.newValue+"</h4>";
            p.innerHTML = str;
        }
        function checkUserAgent()
        {
            if(typeof(window.sessionStorage))
            {
                return window.sessionStorage;
            }
            else
            {
                alert("sorry,你的浏览器还不支持Html5 Web Storage!");
                return null;
            }
        }
        window.addEventListener("load",load,false);
        window.addEventListener("storage",doStorageEvent,false);
    </script>
</head>
<body>
    <form action = "#" method = "POST">
        <label for = "key">键名: </label>
        <input type = "text" id = "key" name = "key"/>
        <br>
        <label for = "value">键值: </label>
        <input type = "text" id = "value" name = "value"/>
        <br>
        <input type = "button" value = "增加键值对" name="button"/>
        <input type = "button" value = "删除键值对" name="button1"/>
    </form>
    <p></p>
</body>
</html>
```

- newValue 属性返回的是当前键值对列表中被增加、更新或者删除的键值对之后的键值。
- addEventListener()方法监听了 window 的 onload 事件和表单按钮的 onclick 事件。
- checkUserAgent()方法用来检测用户的浏览器对 Html5 Web Storage 的 sessionStorage 本地存储的支持情况，并返回一个可操作的 Storage 对象。
- load()方法是 onload 事件的回调函数。
- 在上面的代码中，当我们在当前键值对列表中增加、修改或者删除键值对时，都会触发 onstorage 事件。

url 属性返回的是触发当前键值对列表发生改变的 URL 地址。在早期的 HTML5 规范中，该属性称为 uri 属性。因此，一些老版本的浏览器可能不能识别 url 属性。所以为了考虑兼容性，我们在使用之前可以先进行检测判断。

对于 url 属性的具体使用，读者可以参考下面的代码。在 Chrome 浏览器运行之后，显示效果如图 8-16 所示。

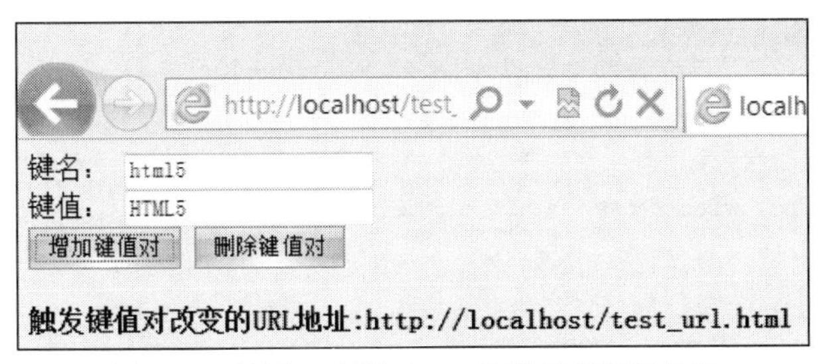

图 8-16　使用 url 属性在 IE9 浏览器的运行效果

HTML+Javascript 代码：test_url.html。

```
<!DOCTYPE html>
<html>
<head>
    <script>
        function load()
        {
            var form = document.getElementsByTagName("form")[0];
            var sessionStorage =  checkUserAgent();
            form.button.addEventListener("click", function()
            {
                sessionStorage.setItem(form.key.value,form.value.value);
            },false);
            form.button1.addEventListener("click", function()
            {
                sessionStorage.removeItem(form.key.value);
            },false);
        }
        function doStorageEvent(event)
        {
            var p = document.getElementsByTagName("p")[0];
            var URL ;
            if(event.url)
            {
                URL = event.url;
            }
```

```
            else
            {
                URL = event.uri;
            }
            var str = "<h4>触发键值对改变的 URL 地址:"+URL+"</h4>";
            p.innerHTML = str;
        }
        function checkUserAgent()
        {
            if(typeof(window.sessionStorage))
            {
                return window.sessionStorage;
            }
            else
            {
                alert("sorry,你的浏览器还不支持 Html5 Web Storage!");
                return null;
            }
        }
        window.addEventListener("load",load,false);
        window.addEventListener("storage",doStorageEvent,false);
    </script>
</head>
<body>
    <form action = "#" method = "POST">
        <label for = "key">键名: </label>
        <input type = "text" id = "key" name = "key"/>
        <br>
        <label for = "value">键值: </label>
        <input type = "text" id = "value" name = "value"/>
        <br>
        <input type = "button" value = "增加键值对" name="button"/>
        <input type = "button" value = "删除键值对" name="button1"/>
    </form>
    <p></p>
</body>
</html>
```

- url 属性返回的是触发当前键值对列表发生改变的 URL 地址。
- addEventListener()方法监听了 window 的 onload 事件和表单按钮的 onclick 事件。
- checkUserAgent()方法用来检测用户的浏览器对 Html5 Web Storage 的 sessionStorage 本地存储的支持情况，并返回一个可操作的 Storage 对象。

- load()方法是 onload 事件的回调函数。
- 在上面的代码中，当我们在当前键值对列表中增加、修改或者删除键值对时，都会触发 onstorage 事件。

storageArea 属性实际上是一个引用对象，它指向存储数据发生改变的 WindowlocalStorage 或者 Window session Storage 对象。这个属性功能非常强大，因为这样间接地把我们之前探讨的 Storage 对象的属性和方法引入了进来，也就是说，我们可以在 DOM Storage 事件处理函数中，可以直接使用 Storage 对象的属性和方法。例如，storage 事件触发之后，我们可以通过 storageArea.length 来获取当前 Storage 对象中键值对的长度。

对于 storageArea 属性的具体使用，读者可以参考下面的代码。在 IE9 浏览器运行之后，显示效果如图 8-17 所示。

图 8-17　使用 storageArea 属性在 IE9 浏览器的运行效果

HTML+Javascript 代码：test_storageArea.html。

```
<!DOCTYPE html>
<html>
<head>
    <script>
        function load()
        {
            var form = document.getElementsByTagName("form")[0];
            var sessionStorage =  checkUserAgent();
            form.button.addEventListener("click", function()
            {
                sessionStorage.setItem(form.key.value,form.value.value);
            },false);
            form.button1.addEventListener("click", function()
            {
                sessionStorage.removeItem(form.key.value);
            },false);
        }
        function doStorageEvent(event)
        {
            var p = document.getElementsByTagName("p")[0];
            var str = "<h4>键值对列表: </h4>";
            for(var i = 0;i<event.storageArea.length;i++)
            {
                var key = event.storageArea.key(i);
                var value = event.storageArea.getItem(key);
```

```
                str +="<h5>第"+i+"个:->键名: "+key+"  键值: "+value+"</h5>";
            }
            p.innerHTML = str;
        }
        function checkUserAgent()
        {
            if(typeof(window.sessionStorage))
            {
                return window.sessionStorage;
            }
            else
            {
                alert("sorry,你的浏览器还不支持Html5 Web Storage!");
                return null;
            }
        }
        window.addEventListener("load",load,false);
        window.addEventListener("storage",doStorageEvent,false);
    </script>
</head>
<body>
    <form action = "#" method = "POST">
        <label for = "key">键名: </label>
        <input type = "text" id = "key" name = "key"/>
        <br>
        <label for = "value">键值: </label>
        <input type = "text" id = "value" name = "value"/>
        <br>
        <input type = "button" value = "增加键值对" name="button"/>
        <input type = "button" value = "删除键值对" name="button1"/>
    </form>
    <p></p>
</body>
</html>
```

- storageArea 属性指向存储数据发生改变的 WindowlocalStorage 或者 WindowsessionStorage 对象。
- addEventListener()方法监听了 window 的 onload 事件和表单按钮的 onclick 事件。
- checkUserAgent()方法用来检测用户的浏览器对 Html5 Web Storage 的 SessionStorage 本地存储的支持情况，并返回一个可操作的 Storage 对象。
- load()方法是 onload 事件的回调函数。
- length 属性用来返回当前键值对列表中的键值对的数量。
- key()方法用来返回键值对列表中指定位置的键名。

- getItem()方法用来返回当前键值对列表中指定键名的键值。
- 在上面的代码中，当我们在当前键值对列表中增加、修改或者删除键值对时，都会触发 onstorage 事件。

8.2.4　JSON 数据存储

对于 Html5 web storage 的 DOM Storage 使用键值对存储数据，这就不得不提到键值对数据处理的鼻祖——JSON（Javascript Object Notation）。

JSON 是一种基于 Javascript 基础上的轻量级的数据交换方式，因其简便性和易读性，在 Web 应用的地位完全不逊色于我们熟悉的 XML。

当然，JSON 的数据解析功能非常强大，在此我们只探讨它的冰上一角——JSON 键值对存储和处理的功能。对于老版本的浏览器，我们通常需要使用 eval 函数，该函数调用了 Javascript 脚本编辑器，可以编译执行任何 Javacript 程序，但是有两大缺点：一是文本解析时要避免语义歧义，二是安全性问题。所以我们在此只讨论最新的 JSON 解析器，这主要通过以下两个函数来完成。

- JSON.stringify()函数。
- JSON.parse()函数。

JSON.stringify()函数用来将原来对象的类型转换成字符串类型。该函数接收三个参数。其中 value 是必选字段，表示 JSON 文本，也就是我们要转换的对象或者数组。

对于只含 value 参数的 JSON.stringify()函数的具体使用，读者可以参考下面的代码。在 Chrome 浏览器运行之后，显示效果如图 8-18 所示。

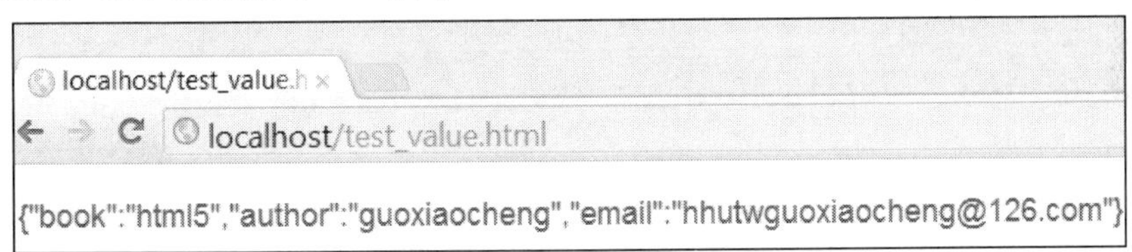

图 8-18　使用只含 value 参数的 JSON.stringify()方法在 Chrome 浏览器的运行效果

HTML+Javascript 代码:test_value.html。

```
<!DOCTYPE html>
<html>
<head>
    <script>
        function load()
        {
            var p = document.getElementsByTagName("p")[0];
            var Info = new Object();
            Info.book = "html5";
```

```
            Info.author = "guoxiaocheng";
            Info.email = "hhutwguoxiaocheng@126.com";
            var json = JSON.stringify(Info);
            p.textContent = json;
        }
        window.addEventListener("load",load,false);
</script>
</script>
</head>
<body>
    <p></p>
</body>
</html>
```

- Info 是一个 Javascript 对象。
- JSON.stringify()函数用来将原来对象的类型转换成字符串类型。
- addEventListener()方法监听了 window 的 onload 事件。
- load()方法是 onload 事件的回调函数。

reviver 参数是一个可选字段，该参数可以是自定义函数，也可以是一个数组。如果是自定义参数，通常可以对该文本进行一些处理。如果是数组，可以用来对 value 参数进行一个过滤选择。

对于含 reviver 参数的 JSON.stringify()函数的具体使用，读者可以参考下面的代码。在 Chrome 浏览器运行之后，显示效果如图 8-19 所示。

图 8-19　使用含 reviver 参数的 JSON.stringify()方法在 Chrome 浏览器的运行效果

HTML+Javascript 代码:test_reviver.html。

```
<!DOCTYPE html>
<html>
<head>
    <script>
        function load()
        {
            var p = document.getElementsByTagName("p")[0];
            var Info = new Array();
```

```
            Info[0] = "html5";
            Info[1] = "guoxiaocheng";
            Info[2] = "hhutwguoxiaocheng@126.com";
            var json = JSON.stringify(Info,switchUpper);
            p.textContent = json;
        }
        function switchUpper(key, value)
        {
            return value.toString().toUpperCase();
        }
        window.addEventListener("load",load,false);
</script>
</script>
</head>
<body>
    <p></p>
</body>
</html>
```

- Info 是一个 Javascript 数组。
- JSON.stringify()函数用来将原来对象的类型转换成字符串类型。
- addEventListener()方法监听了 window 的 onload 事件。
- switchUpper()函数用来将键值对的值转换为大写。
- load()方法是 onload 事件的回调函数。

space 参数也是一个可选字段。用来格式化输出 JSON 文本。取值可以是具体的数值，也可以是一些转义字符，如果不提供该参数将不会格式化输出。

对于含 space 参数的 JSON.stringify()函数的具体使用，读者可以参考下面的代码。在 Chrome 浏览器运行之后，显示效果如图 8-20 所示。

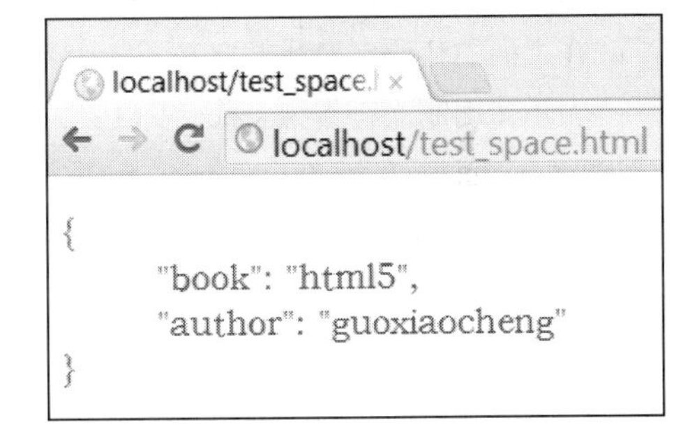

图 8-20　使用含 space 参数的 JSON.stringify()方法在 Chrome 浏览器的运行效果

HTML+Javascript 代码:test_space.html。

```
<!DOCTYPE html>
<html>
<head>
    <script>
        function load()
        {
            var pre = document.getElementsByTagName("pre")[0];
```

```
            var Info = new Object();
            Info.book = "html5";
            Info.author = "guoxiaocheng";
            Info.email = "hhutwguoxiaocheng@126.com";
            var Select = new Array();
            Select[0] = "book";
            Select[1] = "author";
            var json = JSON.stringify(Info,Select,"\t");
            pre.innerHTML = json;
        }
        window.addEventListener("load",load,false);
</script>
</script>
</head>
<body>
    <pre></pre>
</body>
</html>
```

- Info 是一个 Javascript 对象。
- JSON.stringify()函数用来将原来对象的类型转换成字符串类型。
- addEventListener()方法监听了 window 的 onload 事件。
- load()方法是 onload 事件的回调函数。
- 在上面的代码中，我们定义了一个数字作为 reviver 参数，筛选了 value 参数的数据。“\t”表示使用制表符作为 space 参数。

JSON.parse()函数和 JSON.stringify()函数的作用刚好相反，用来将 JSON 文本解析成 Javascript 对象或者数组。该函数接收两个参数，其中，text 参数必选字段，表示有效的 JSON 文本。如果 JSON 文本不符合规范，解析时将抛出异常。reviver 参数和 JSON.stringify()函数中的 revivier 参数用法相同，可以是自定义函数，也可以是一个选择过滤的数组。

对于 JSON.parse()函数的具体使用，读者可以参考下面的代码。在 Chrome 浏览器运行之后，显示效果如图 8-21 所示。

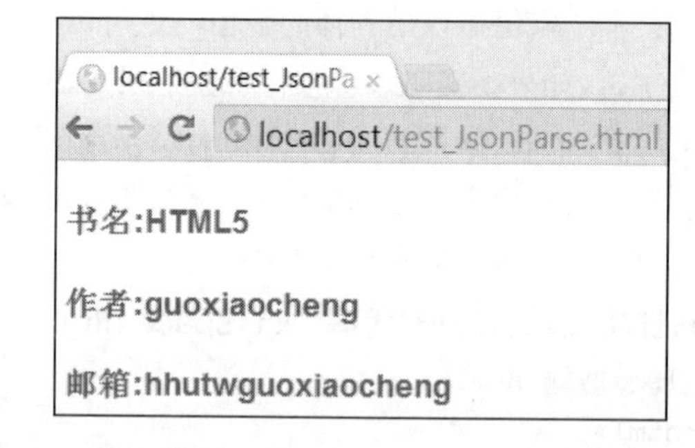

图 8-21　使用 JSON.parse()方法在 Chrome 浏览器的运行效果

HTML+Javascript 代码:test_JsonParse.html。

```
<!DOCTYPE html>
<html>
```

```
<head>
<script type="text/javascript">
    function load()
    {
        var p = document.getElementsByTagName("p")[0];
        var json = '{"book":"HTML5","author":"guoxiaocheng","email":"hhutwguoxiaocheng"}';
        var info = JSON.parse(json);
        str = "<h4>书名:"+info.book+"</h4>";
        str += "<h4>作者:"+info.author+"</h4>";
        str += "<h4>邮箱:"+info.email+"</h4>";
        p.innerHTML = str;
    }
    window.addEventListener("load",load,false);
</script>
</head>
<body>
    <p></p>
</body>
</html>
```

- JSON.parse()函数用来将 JSON 文本解析成 Javascript 对象或者数组。
- Info 是一个 Javascript 对象。
- addEventListener()方法监听了 window 的 onload 事件。
- load()方法是 onload 事件的回调函数。
- 在上面的代码中，我们使用 JSON.parse()函数将 Json 格式数据转换成了 Javascript 对象。

至此，我们已经探讨完了 JSON 格式化数据解析的基础内容。下面我们以一个具体的示例，探讨 Html5 Web Storage 使用 JSON 数据存储的实例。读者可以参考下面的代码。在 Chrome 浏览器运行之后，显示效果如图 8-22 所示。

图 8-22　使用 JSON 数据存储在 Chrome 浏览器的运行效果

HTML 代码:test_json.html。

```
<!DOCTYPE html>
<html>
<head>
    <script src = "json.js"></script>
</head>
<body>
```

```
    <form action = "#" method = "POST">
        <label for = "name">姓名: </label>
        <input type = "text" id = "name" name = "name"/>
        <br>
        <label for = "tel">电话: </label>
        <input type = "telphone" id = "tel" name = "tel"/>
        <br>
        <label for = "birthday">生日: </label>
        <input type = "date" id = "birthday" name = "birthday"/>
        <br>
        <input type = "button" value = "添加通讯录" name="button"/>
        <input type = "button" value = "查找通讯录" name="button1"/>
    </form>
    <hr>
    <p></p>
</body>
</html>
```

- json.js 是同一个文件夹下的 Javascript 脚本文件。
- 在上面的代码中，我们定义了一个表单用户的通讯录数据。用户既可以通过填写全部数据添加通讯录，也可以通过只填写姓名来查找通讯录。

Javascript 代码：json.js。

```
function load()
{
    var form = document.getElementsByTagName("form")[0];
    var p = document.getElementsByTagName("p")[0];
    var storage = checkUserAgent();
    form.button.addEventListener("click",function()
    {
        var Contacts = new Object();
        Contacts.name = form.name.value;
        Contacts.tel = form.tel.value;
        Contacts.birthday = form.birthday.value;
        var json = JSON.stringify(Contacts);
        storage.setItem(Contacts.name,json);
        p.innerHTML = Contacts.name+"通讯录保存成功！";
    },false);
    form.button1.addEventListener("click",function()
    {
```

```
        var name = form.name.value;
        var json = storage.getItem(name);
        var Contacts = JSON.parse(json);
        str = "<h4>姓名: "+Contacts.name+"</h4>";
        str += "<h4>电话: "+Contacts.tel+"</h4>";
        str += "<h4>生日: "+Contacts.birthday+"</h4>";
        p.innerHTML = str;
    },false);
}
function checkUserAgent()
{
    if(typeof(window.localStorage))
    {
        return window.localStorage;
    }
    else
    {
        p.innerHTML = "sorry,你的浏览器还不支持Html5 Web Storage!";
        return null;
    }
}
```

- window.addEventListener("load",load,false)
- JSON.parse()函数用来将 JSON 文本解析成 Javascript 对象或者数组。
- JSON.stringify()函数用来将原来对象的类型转换成字符串类型。
- setItem()方法用来在当前 Storage 对象对应的键值对列表中增加键值对。
- getItem()方法用来返回当前键值对列表中指定键名的键值。
- Contacts 是一个 Javascript 对象。
- addEventListener()方法监听了 window 的 onload 和表单按钮的 onclick 事件。
- load()方法是 onload 事件的回调函数。

8.3　DataBase Storage 本地存储的使用

在 Html5 web Storage 中，我们可以使用 DOMstorage 来完成一些持久化的会话和本地存储功能，但是在操作复杂的关系型数据时，就显得力不从心了。Web 开发人员迫切希望有一种像 mysql 一样的前端数据库，这就是 DataBase Storage 本地存储。本节，我们将具体探讨 DataBase Storage 本地存储的具体使用。

8.3.1 浏览器的支持情况检测

虽然 DataBase Storage 的支持情况已经很广泛了，Safari 4+、Chrome 5+、Opera 10.5 等主流浏览器都已经对 DataBase Storage 本地数据库提供了不同程度的支持。但是 IE 和 FireFox 却还迟迟未有动静。因此，使用 DataBase Storage 之前，对用户浏览器的支持情况进行检查就显得尤为必要。

对于检测用户浏览器对 Html5 Web Storage 的 DataBase Storage 本地存储的支持情况，读者可以参考下面的代码。

```
<!DOCTYPE html>
<html>
<head>
</head>
<body>
<script type="text/javascript">
    if(typeof(window.openDatabase))
    {
        alert("你的浏览器支持Html5 localStorage!");
    }
    else
    {
        alert("sorry,你的浏览器还不支持Html5 DataBase Storage!");
    }
</script>
</body>
</html>
```

- openDatabase()方法是 Html5 Web Storage 中的一个特性函数。具体会在后面的章节作进一步探讨。
- typeof()函数我们已经很熟悉了，它是 Javascript 中一个测试类型的函数。

8.3.2 创建并打开本地数据库

在 HTML5 规范中，提供了一个 WindowDatabase 接口，用来创建并打开本地数据库。其中，我们的 Window 接口继承实现了 WindowDatabase 接口的属性。

在 WindowDatabase 接口中，只有一个方法 openDatabase()方法。本节，我们主要探讨 openDatabase()方法的具体使用。

openDatabase()方法返回的是一个 Database 的实例。openDatabase 接受的参数主要有以下几个。

- name 参数；
- version 参数；

- displayName 参数；
- estimatedSize 参数；
- creationCallback 参数。

name 参数是一个必选的参数，用来表示创建或者打开的数据库的名称。name 参数是严格区分大小写的。

version 参数也是一个必选的参数。用来表示创建或者打开的数据库的版本号。数据库的版本号一般为 0.1～1.0 之间的数值，如果数据库的版本号错误，我们可以通过捕捉异常来处理相关信息，且在一个 Web 程序中不宜有两个数据库的版本号，因为版本号的作用就是为了防止在本地数据库中写入不被允许的数据。

displayName 参数也是必选参数，用来对创建或者打开的数据库进行描述。

estimeataeSize 参数也是必选的参数，用来指定创建或者打开的数据库的大小。数据库的大小是以字节为单位，应根据应用的具体情况，设置一个合适的大小，既能满足应用的需求，又可以减少数据库资源的消耗。

creationCallback 参数是唯一一个可选的参数，用来表示创建或者打开数据库的回调函数。在回调函数中，我们可以传入一个 Database 的实例。

对于 openDatabase()方法的具体使用，读者可以参考下面的代码。

HTML+Javascript 代码：test_openDatabase.html。

```
<!DOCTYPE html>
<html>
<head>
<script >
   var dbName = "mydb";
   var dbVersion = "1.0";
   var displayName ="a test db";
   var dbSize = "1024*1024*5";
   function load()
   {
      if(typeof(window.openDatabase))
      {
         var db = openDatabase(dbName,dbVersion,displayName,dbSize);
      }
      else
      {
         alert("sorry,你的浏览器还不支持Database Storage!");
      }
   }
   window.addEventListener("load",load,false);
```

```
</script>
</head>
<body>
</body>
</html>
```

- dbName 表示数据库的名字。
- dbVersion 表示数据库的版本号。
- displayName 表示数据库的描述。
- dbSize 表示数据库的大小，以字节为单位，这里定义为 5KB。
- db 表示创建的一个 Database 对象。
- addEventListener()方法监听了 onload 事件。
- load()方法是 onload 事件的回调函数。

对于本地数据库，一些主流浏览器也提供了一些调试工具，这些调试工具的作用事实上就是一个数据库操作的客户端，我们可以直接使用 Sql 语句完成一些数据库的常规操作。其中，Chrome 浏览器的 DataBase Storage 的调试工具界面如图 8-23 所示。

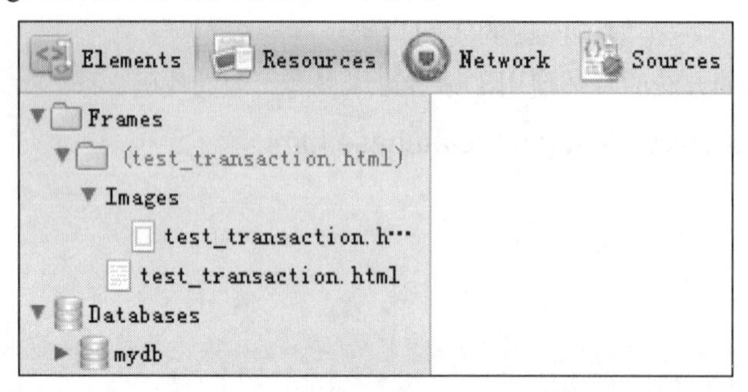

图 8-23 Chrome 浏览器的 DateBase Storage 调试工具

8.3.3 Database 接口的使用

事实上，Database Storage 本地数据库同其他前端数据库一样，也有异步和同步之分，异步数据库常用于一些执行时间长、数据量大的操作，而同步数据库则常用于执行一个耗时短、快捷的操作，但是两者却大同小异。因此，本书主要探讨同步数据库的使用。

使用 openDatabase()方法创建并打开了一个本地数据库，实际上，相当于实例化了一个 Database 接口的实例。在 Database 接口中，定义了一系列的方法和属性用来操作本地数据库。本节，我们主要探讨 Database 接口中的属性和方法，这些属性和方法包括如下内容。

- transaction()方法；
- readTransaction()方法；

- version 属性；
- changeversion()方法。

transaction()方法用于对数据库的数据记录进行读写操作。transaction()方法用来接受一个 callback 参数。在 SQLTransactionSyncCallback 对象中，有一个回调函数，可以接受一个 excuteSql()方法。这具体会在后面的章节中作进一步探讨。

对于 transaction()方法的具体使用，读者可以参考下面的代码。在 Chrome 浏览器运行之后，打开开发人员工具，显示效果如图 8-24 所示。

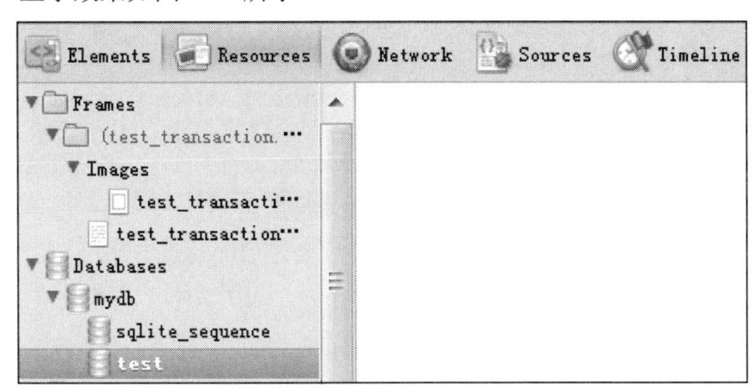

图 8-24　使用 trasaction()方法在 Chrome 浏览器的运行效果

HTML+Javascript 代码：test_transaction.html。

```
<!DOCTYPE html>
<html>
<head>
<script type="text/javascript">
    var dbName = "mydb";
    var dbVersion = "1.0";
    var displayName ="a test db";
    var dbSize = "1024*1024*5";
    var createTableSQL = 'CREATE TABLE IF NOT EXISTS Info1(id INTEGER NOT NULL PRIMARY
KEY AUTOINCREMENT,book INTEGER NOT NULL , author VARCHAR NOT NULL, email VARCHAR NOT NULL)';
function load()
    {
        if(typeof(window.openDatabase))
        {
            var db = openDatabase(dbName,dbVersion,displayName,dbSize);
            db.transaction(
            function(SQLTransactionSync)
            {
                SQLTransactionSync.executeSql(createTableSQL)
```

```
                }
            );
        }
        else
        {
            alert("sorry,你的浏览器还不支持Database Storage!");
        }
    }
    window.addEventListener("load",load,false);
</script>
</head>
<body>
</body>
</html>
```

- transaction()方法用于对数据库的数据记录进行读写操作。
- excuteSql()方法用来只执行 SQL 语句，具体使用会在后面的章节作进一步探讨。
- addEventListener()方法监听了 onload 事件。
- load()方法是 onload 事件的回调函数。
- 在上面的代码中，我们执行了创建数据表 test 的操作。

readTransaction()方法用于对数据库的数据记录进行只读操作，具体使用方法和 transaction()方法一样，不同的是：readTransaction()方法不能进行数据库的写操作。这里不再作进一步探讨。vesion 属性用来获取当前数据库的版本号。

对于 version 属性的具体使用，读者可以参考下面的代码。在 Chrome 浏览器运行之后，显示效果如图 8-25 所示。

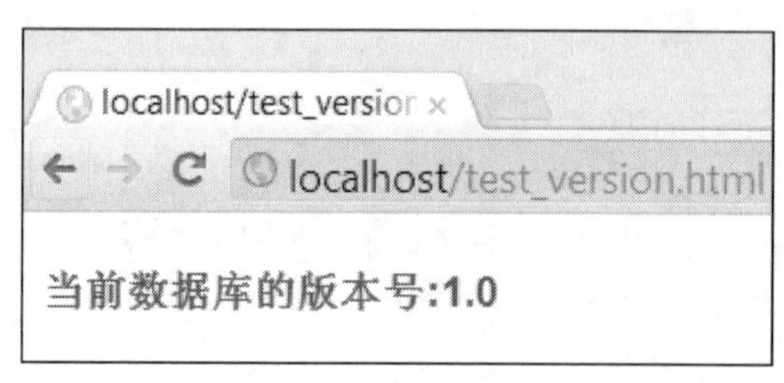

图 8-25　使用 version 属性在 Chrome 浏览器的运行效果

HTML+Javascript 代码：test_version.html。

```
<!DOCTYPE html>
<html>
<head>
<script type="text/javascript">
    var dbName = "mydb";
```

```
    var dbVersion = "1.0";
    var displayName ="a test db";
    var dbSize = "1024*1024*5";
    function load()
    {
        var p = document.getElementsByTagName("p")[0];
        if(typeof(window.openDatabase))
        {
            var db = openDatabase(dbName,dbVersion,displayName,dbSize);
            var version = db.version;
            p.innerHTML  = "<h4>当前数据库的版本号:"+version+"</h4>";
        }
        else
        {
            alert("sorry,你的浏览器还不支持 Database Storage!");
        }
    }
    window.addEventListener("load",load,false);
</script>
</head>
<body>
<p></p>
</body>
</html>
```

- vesion 属性用来获取当前数据库的版本号。
- addEventListener()方法监听了 onload 事件。
- load()方法是 onload 事件的回调函数。
- 在上面的代码中，我们获取了当前数据库的版本号。

changeVersion()方法用来修改当前数据库的版本号。changeVersion()方法接受 4 个参数，分别是：原数据库的版本号 oldVersion、数据库的新版本号 newVersion 和修改成功之后的回调函数 callBack。

但是读者应该注意的是，目前大多数的主流浏览器只支持 1.0 版本的数据库，因此，changeVersion()方法的实际作用并不大。

对于 changeVersion()方法的具体使用，读者可以参考下面的代码。

HTML+Javascript 代码：test_changeVersion.html。

```
<!DOCTYPE html>
<html>
<head>
<script type="text/javascript">
    var dbName = "test";
```

```
        var dbVersion = "1.0";
      var displayName ="a test db";
      var dbSize = "1024*1024*5";
      var createTableSQL = 'CREATE TABLE IF NOT EXISTS Info1(id INTEGER NOT NULL PRIMARY
KEY AUTOINCREMENT,book INTEGER NOT NULL , author VARCHAR NOT NULL, email VARCHAR NOT NULL)';
    function load()
      {
          if(typeof(window.openDatabase))
          {
              var db = openDatabase(dbName,dbVersion,displayName,dbSize);
              db.changeVersion(dbVersion,"1.0",function(t)
              {
                  t.executeSql(createTableSQL);
              });
          }
          else
          {
              alert("sorry,你的浏览器还不支持Database Storage!");
          }
      }
      window.addEventListener("load",load,false);
    </script>
    </head>
    <body>
    </body>
    </html>
```

- changeVersion()方法用来修改当前数据库的版本号。
- addEventListener()方法监听了 onload 事件。
- load()方法是 onload 事件的回调函数。
- 在上面的代码中，我们修改了当前数据库的版本号，并且执行创建数据表的操作。

8.3.4 本地数据库的基本操作

对于任何一个数据库来说，都是通过执行 SQL 语句完成数据库的基本操作。Database Storage 也不例外。本节我们将重点探讨本地数据库的基本操作，主要包括以下几个基本操作。

- 增加记录；
- 修改记录；
- 查找记录；
- 删除记录。

通过我们前面的讨论，读者应该知道执行 SQL 语句，使用的是 executeSql()方法。此外，要执行数据库的基本操作，首先我们要在当前数据库中建立一个存储数据记录的数据表（table）。具体操作前面我们已经讨论过了，这里不再作进一步探讨。

增加记录是数据库的基本操作之一。对于增加记录的具体操作，读者可以参考下面的代码。在 Chrome 浏览器运行之后，打开开发人员工具，显示效果如图 8-26 所示。

HTML+Javascript 代码：test_create.html。

```
<!DOCTYPE html>
<html>
<head>
<script type="text/javascript">
    var dbName = "test";
    var dbVersion = "1.0";
    var displayName ="a test db";
    var dbSize = "1024*1024*5";
    var createTableSQL = 'CREATE TABLE IF NOT EXISTS Info1(id INTEGER NOT NULL PRIMARY
KEY AUTOINCREMENT,book INTEGER NOT NULL , author VARCHAR NOT NULL, email VARCHAR NOT NULL)';
var createDataSQL = 'insert into Info(book,author,email)Values(?,?,?)'
    function load()
    {
        if(typeof(window.openDatabase))
        {
            var db = openDatabase(dbName,dbVersion,displayName,dbSize);
            db.transaction(
                function(t)
                {
                    t.executeSql(createTableSQL);
                    t.executeSql(createDataSQL,["HTML5","guoxiaocheng","hhutwguoxiaocheng@126.com"]);
                }
            );
        }
        else
        {
            alert("sorry,你的浏览器还不支持 Database Storage!");
        }
    }
    window.addEventListener("load",load,false);
</script>
</head>
<body>
</body>
</html>
```

- createDataSQL 表示添加数据库记录的 SQL 语句。
- executeSql()函数用来执行 SQL 语句。
- addEventListener()方法监听了 onload 事件。
- load()方法是 onload 事件的回调函数。
- 在上面的代码中，我们创建了一个数据表，并在里面增加了一条数据。

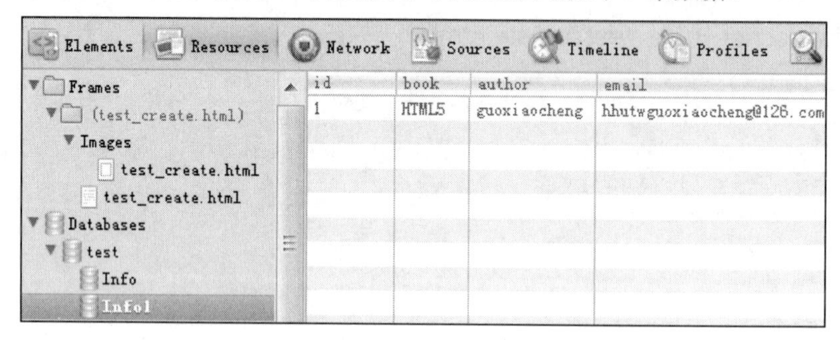

图 8-26　添加记录在 Chrome 浏览器的显示效果

修改记录是数据库的基本操作之一。对于修改记录的具体操作，读者可以参考下面的代码。在 Chrome 浏览器运行之后，打开开发人员工具，显示效果如图 8-27 所示。

HTML+Javascript 代码：test_update.html。

```
<!DOCTYPE html>
<html>
<head>
<script type="text/javascript">
   var dbName = "test";
   var dbVersion = "1.0";
   var displayName ="a test db";
   var dbSize = "1024*1024*5";
   var updateDataSQL = 'UPDATE Info1 SET book=?,author=?,email=?WHERE id=?;';
   function load()
   {
      if(typeof(window.openDatabase))
      {
         var db = openDatabase(dbName,dbVersion,displayName,dbSize);
         db.transaction(
            function(t)
            {

               t.executeSql(updateDataSQL,["HTML5"," 郭 小 成 ","hhutwguoxiaocheng@126.
com",1]);
```

```
                    }
                );
            }
            else
            {
                alert("sorry,你的浏览器还不支持Database Storage!");
            }
        }
        window.addEventListener("load",load,false);
    </script>
    </head>
    <body>
    </body>
    </html>
```

- updateDataSQL 表示修改数据库记录的 SQL 语句。
- executeSql()函数用来执行 SQL 语句。
- addEventListener()方法监听了 onload 事件。
- load()方法是 onload 事件的回调函数。
- 在上面的代码中，我们修改数据表中的第一条数据。

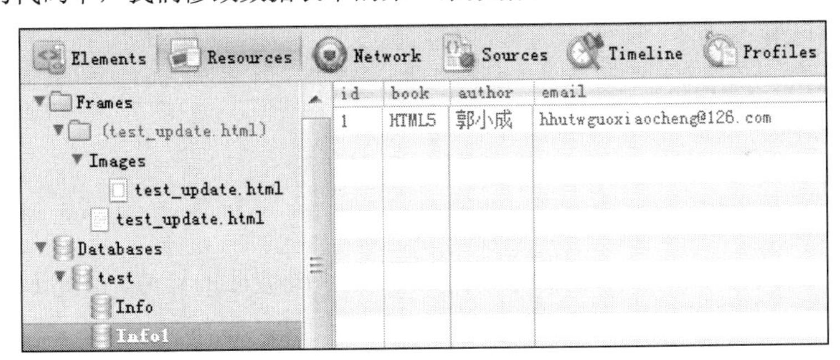

图 8-27　修改记录在 Chrome 浏览器的显示效果

查找记录是数据库的基本操作之一，也是最复杂的一个操作，这是因为涉及获取查找结果的操作。因此，我们先要来探讨 executeSql()方法如何使用。

executeSql()方法用来执行数据库的 SQL 语句，并且返回一个 SQLResult 对象。它接受三个参数，其中一个参数是必选的，表示 SQL 语句，另两个参数是可选的，分别表示 SQL 语句执行成功和失败之后的回调函数。在成功的回调函数中，我们可以传入 SQLTransaction 对象和 SQLResult 对象。在失败的回调函数中，我们可以传入 SQLTransaction 对象和 SQLError 对象。SQLTransaction 对象前面已经讨论过了，在此，我们只讨论 SQLResult 对象和 SQLError 对象。

在 SQLResult 接口中，提供了与 SQL 语句执行结果的属性，包括以下几个方面。

- insertID 属性；
- rowsAffected 属性；
- rows 属性。

insertID 属性表示添加数据记录在数据表中的行号。如果 SQL 语句操作涉及数据表的多行，则 insertID 属性返回最后一行的行号。

rowsAffecteds 属性表示修改数据记录在数据表中的数目。如果 SQL 语句操作不涉及数据表中的任何行，则 rowsAffecteds 属性返回 0。

rows 属性实际上是一个 SQLResultSetRowList 对象，在 SQLResultSetRowList 对象中，有一个 length 属性和 item()方法。length 属性表示查找数据记录结果的数目。item()方法接受一个参数，用来返回指定位置的查找数据记录的结果。

在 SQLError 接口中，提供了与 SQL 语句执行异常的常量属性，包括以下几个内容。

- UNKNOWN_ERR 常量；
- DATABASE_ERR 常量；
- VERSION_ERR 常量；
- TOO_LARGE_ERR 常量；
- QUOTA_ERR 常量；
- SYNTAX_ERR 常量；
- CONSTRAINT_ERR 常量；
- TIMEOUT_ERR 常量；
- code 属性；
- message 属性。

code 属性用来表示 Database Storage 在执行 SQL 语句时发生的异常。code 属性的属性值就是 SQLError 接口中的 8 个常量。

当 code 属性的属性值为 UNKNOWN_ERR 常量时，也可以使用数字 0 表示，表示数据库之外的未知错误。

当 code 属性的属性值为 DATABASE_ERR 常量时，也可以使用数字 1 表示，表示 SQL 语句执行失败，但是和 SQL 代码无关。

当 code 属性的属性值为 VERSION_ERR 常量时，也可以使用数字 2 表示，表示 SQL 语句执行失败，因为数据库的版本号错误。

当 code 属性的属性值为 TOO_LARGE_ERR 常量时，也可以使用数字 3 表示，表示 SQL 语句执行失败，因为返回的查询结果集的数据过大。

当 code 属性的属性值为 QUOTA_ERR 常量时，也可以使用数字 4 表示，表示 SQL 语句执行失败，因为浏览器没有足够的剩余存储空间。

当 code 属性的属性值为 SYNTAX_ERR 常量时，也可以使用数字 5 表示，表示 SQL 语句语法错误，数据库无法解析。

当 code 属性的属性值为 CONSTRAINT_ERR 常量时，也可以使用数字 6 表示，表示 SQL 语句约束错误。

当 code 属性的属性值为 TIMEOUT_ERR 常量时，也可以使用数字 7 表示，表示数据库发生超时错误。

message 属性用来表示 Database Storage 在执行 SQL 语句时发生的具体异常信息。

对于查找记录的具体操作，读者可以参考下面的代码。在 Chrome 浏览器运行之后，显示效果如图 8-28 所示。

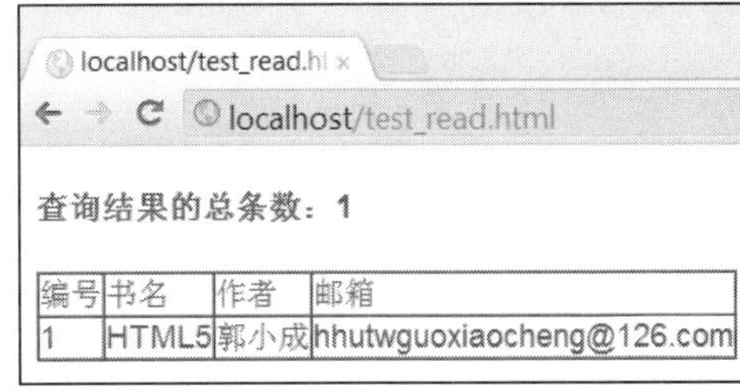

图 8-28　查询记录在 Chrome 浏览器的显示效果

HTML+Javascript 代码：test_update.html。

```
<!DOCTYPE html>
<html>
<head>
<script type="text/javascript">
    var dbName = "test";
    var dbVersion = "1.0";
    var displayName ="a test db";
    var dbSize = "1024*1024*5";
    var readDataSQL = 'SELECT * FROM Info1;';
    var html;
    function load()
    {
        var p = document.getElementsByTagName("p")[0];
        html = p;
        if(typeof(window.openDatabase))
        {
            var db = openDatabase(dbName,dbVersion,displayName,dbSize);
            db.transaction(
                function(t)
                {

                    t.executeSql(readDataSQL,[],successCallback,errorCallback);
                }
            );
        }
        else
```

```
            {
                alert("sorry,你的浏览器还不支持Database Storage!");
            }
        }
        function successCallback(transaction,result)
        {
            str = "<h4>查询结果的总条数: "+result.rows.length+"</h4>";
            str += "<table border='1px' cellspacing='0px' cellpadding='0px'><tr><td>编号
</td><td>书名</td><td>作者</td><td>邮箱</td></tr>"
            for(var i=0;i<result.rows.length;i++)
            {
                var id = result.rows.item(i).id;
                var book = result.rows.item(i).book;
                var author = result.rows.item(i).author;
                var email = result.rows.item(i).email;
                str += "<tr><td>"+id+"</td><td>"+book+"</td><td>"+author+"</td><td>"+email+"
</td></tr>";
            }
            str += "</table>"
            html.innerHTML = str;
        }
        function errorCallback(tranaction,error)
        {
            html.textContent = "异常信息: "+error.message;
        }
    window.addEventListener("load",load,false);
    </script>
    </head>
    <body>
    <p></p>
    </body>
    </html>
```

- readDataSQL 表示查询数据库记录的 SQL 语句。
- executeSql()函数用来执行 SQL 语句。
- addEventListener()方法监听了 onload 事件。
- sucessCallback()方法表示执行 SQL 语句成功之后的回调函数。
- errorCallback()方法表示执行 SQL 语句失败之后的回调函数。
- length 属性表示查找数据记录结果的数目。
- item()方法用来返回指定位置的查找数据记录的结果。
- message 属性用来表示 Database Storage 在执行 SQL 语句时发生的具体异常信息。
- load()方法是 onload 事件的回调函数。

- 在上面的代码中，我们查找了数据表 Info1 中的所有数据记录。

删除记录是数据库的基本操作之一。对于删除记录的具体操作，读者可以参考下面的代码。在 Chrome 浏览器运行之后，打开开发人员工具，显示效果如图 8-29 所示。

HTML+Javascript 代码：test_delete.html。

```
<!DOCTYPE html>
<html>
<head>
<script type="text/javascript">
    var dbName = "test";
    var dbVersion = "1.0";
    var displayName ="a test db";
    var dbSize = "1024*1024*5";
    var deleteDataSQL = 'DELETE FROM Info1 WHERE id =?;';
    var html;
    function load()
    {
        var p = document.getElementsByTagName("p")[0];
        html = p;
        if(typeof(window.openDatabase))
        {
            var db = openDatabase(dbName,dbVersion,displayName,dbSize);
            db.transaction(
                function(t)
                {

                    t.executeSql(deleteDataSQL,[1],successCallback,errorCallback);
                }
            );
        }
        else
        {
            alert("sorry,你的浏览器还不支持 Database Storage!");
        }
    }
    function successCallback(transaction,result)
    {
        str = "<h4>删除数据记录成功! </h4>";
        html.innerHTML = str;
    }
    function errorCallback(tranaction,error)
    {
        html.textContent = "异常信息: "+error.message;
    }
```

```
    window.addEventListener("load",load,false);
</script>
</head>
<body>
<p></p>
</body>
</html>
```

- deleteDataSQL 表示删除数据库记录的 SQL 语句。
- executeSql()函数用来执行 SQL 语句。
- addEventListener()方法监听了 onload 事件。
- sucessCallback()方法表示执行 SQL 语句成功之后的回调函数。
- errorCallback()方法表示执行 SQL 语句失败之后的回调函数。
- message 属性用来表示 Database Storage 在执行 SQL 语句时发生的具体异常信息。
- load()方法是 onload 事件的回调函数。
- 在上面的代码中，我们查找了数据表 Info1 中字段 id 为 1 的数据记录。

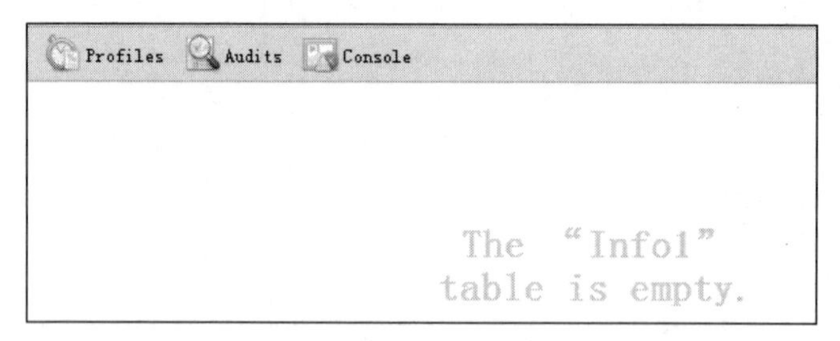

图 8-29　删除记录在 Chrome 浏览器的显示效果

8.4　构建 Html5 Web Storage 的开发实例

Html5 Web Storage 提供了良好的本地存储能力，在 HTML5 游戏开发中有着广泛的应用，特别体现在角色属性、游戏进度等存储上。为了让读者能快速上手 Html5 Web Storage，本节，我们将以一个具体的开发实例来探讨 Html5 Web Storage 新特性在实际开发中的应用。

8.4.1　分析开发需求

相信读者都应该知道，很多主流浏览器都提供了保存表单数据的功能。特别是登录表单，浏览器可以对用户第一次填写的数据进行存储，在以后再次进行登录时，浏览器会自动填充表单。在本次开发实例中，我们将使用 Html5 Web Storage 开发一个自动保存用户表单数据的功能的 Web 程序。

此开发实例将完成以下几项功能。

- 设计一个简单的登录表单。
- 在用户提交表单时，将用户所填的表单数据长久地保存在本地。
- 在用户下次填写表单时，自动为用户给出数据选择项。

总的来说，本次开发实例比较简单，我们将使用到 Html5 Web Storage 的 LocalStorage 本地存储的基础内容，并结合 CSS3.0 样式进行设计。

8.4.2　设计登录表单

根据开发需求，我们需要使用 Html5 Web Storage 新特性开发一个自动保存用户登录表单数据的功能的 Web 程序。本节，将探讨登录表单的设计。

在登录表单中，我们主要用来收集用户的登录信息。主要包括以下两个方面。

- 用户名数据。
- 密码数据。

此外，我们还需要通过一个 p 标签，当用户的浏览器不支持 Html5 Web Storage 时，用来显示异常信息。

对于登录表单的具体设计，读者可以参考下面的代码。

HTML 代码：test_storage.html。

```
<!DOCTYPE html>
<html>
<head>
<script src="test_storage.js"></script>
<link rel = "stylesheet" href = "test_storage.css"/>
</head>
<body>
   <form class="form" action="#" method="POST">
      <label>用户名
         <input type="text"  list="" name="name"/>
      <label>
      <label>密码
      <input type="password" name="password"/>
      </label>
      <input type="button" value="登录" name="submit"/>
   </form>
   <p></p>
</body>
</html>
```

- test_storage.js 是同一文件夹下的 Javascript 脚本文件。
- test_storage.css 是同一文件夹下的 CSS 样式文件。

在上面的代码中，我们设计了一个简单的登录表单，用来收集用户的网站登录数据。下面我们使用 CSS3.0 为登录表单设计样式。

对于登录表单的 CSS 样式设计，读者可以参考下面的代码。在 Chrome 浏览器运行之后，显示效果如图 8-30 所示。

图 8-30　登录表单设计在 Chrome 浏览器的显示效果

CSS 代码：test_storage.css。

```
.form
{
    padding: 30px;
    width:200px;
    border:1px solid #bbb;
    -moz-box-shadow: 0 0 10px #bbb;
    -webkit-box-shadow: 0 0 10px #bbb;
    box-shadow: 0 0 10px #bbb;
    font-weight:bold;
}
.form input
{
    font-family: "Helvetica Neue", Helvetica, Arial, sans-serif;
    background-color:#fff;
    border:1px solid #ccc;
    font-size:20px;
    width:180px;
    min-height:25px;
    display:block;
    margin-bottom:16px;
    margin-top:8px;
```

```
    -webkit-border-radius:5px;
    -moz-border-radius:5px;
    border-radius:5px;
    -webkit-transition:all 0.5s ease-in-out;
    -moz-transition: all 0.5s ease-in-out;
    transition: all 0.5s ease-in-out;
}
.form input:focus
{
    -webkit-box-shadow:0 0 25px #8B8B00;
    -moz-box-shadow:0 0 25px #8B8B00;
    box-shadow:0 0 25px #8B8B00;
    -webkit-transform: scale(1.05);
    -moz-transform: scale(1.05);
    transform: scale(1.05);
}
input[type=button]
{
    display: inline-block;
    padding:5px 10px 6px 10px;
    border:1px solid #888;
    border-radius: 5px;
    -moz-border-radius: 5px;
    -moz-box-shadow: 0 0 3px #888;
    -webkit-box-shadow: 0 0 3px #888;
    box-shadow: 0 0 3px #888;
    opacity:1.0;
    text-shadow: 1px 1px #fff;
}
input[type=button]:hover
{
    color: #ff0000;
    cursor: pointer;
}
```

- form 对应的是表单整体的 CSS 样式设计。
- form.input 对应的是表单输入类型控件的 CSS 样式设计。
- form.input.focus 对应的是表单输入类型控件获得焦点时的 CSS 样式设计。
- input[type="button"]对应的是表单按钮的 CSS 样式设计。
- input[type="button"]:hover 对应的是表单按钮被鼠标滑过时的 CSS 样式设计。

8.4.3 存储表单数据

根据开发需求，我们需要在用户提交表单时，将用户所填的表单数据长久地保存在本地的功能。显然，这里可以使用 LocalStorage 本地存储特性。

对于存储表单数据的具体设计，读者可以参考下面的代码。在 Chrome 浏览器运行之后，打开开发人员工具，显示效果如图 8-31 所示。

Javascript 代码：test_storage.js。

```
var p;
var form;
var storage;
function load()
{
    form = document.getElementsByTagName("form")[0];
    p = document.getElementsByTagName("p")[0];
    storage = checkUserAgent();
    form.submit.addEventListener("click",function()
    {
        saveform();
    },false);
}
function saveform()
{
    var name = form.name.value;
    var password = form.password.value;
    storage.clear();
storage.setItem(name,password);
}
function checkUserAgent()
{
    if(typeof(window.localStorage))
    {
        return window.localStorage;
    }
    else
    {
        html.textContent = "你的浏览器不支持HTML5,不能保存密码。"
    }
}
window.addEventListener("load",load,false);
```

- addEventListener()方法监听了 window 的 onload 事件和表单按钮的 onclick 事件。
- load()方法是 onload 事件的回调函数。

- clear()方法用来清空当前键值对列表中所有的键值对。
- saveform()函数用来将登录表单的数据存储在本地。
- setItem()方法用来在当前 Storage 对象对应的键值对列表中加键值对。
- checkUserAgent()方法用来检测用户的浏览器对 Html5 Web Storage 的 LocalStorage 本地存储的支持情况，并返回一个可操作的 Storage 对象。

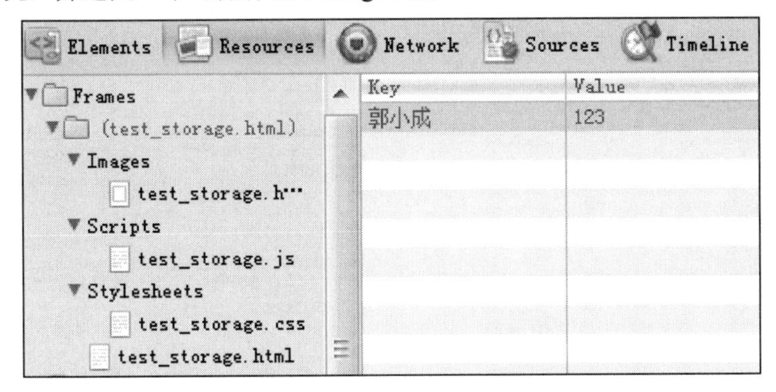

图 8-31　存储表单数据在 Chrome 浏览器的显示效果

8.4.4　读取表单数据

根据开发需求，我们需要在用户下次填写表单时，自动为用户填充表单数据。也就是说，我们需要将 LocalStorage 本地存储的数据读取出来。

对于读取表单数据的具体设计，读者可以参考下面的代码。在 Chrome 浏览器运行之后，显示效果如图 8-32 所示。

图 8-32　读取表单数据在 Chrome 浏览器的显示效果

Javascript 代码：test_storage.js。

```
var p;
var form;
var storage;
function load()
{
    form = document.getElementsByTagName("form")[0];
    p = document.getElementsByTagName("p")[0];
    storage = checkUserAgent();
    readform();
    form.submit.addEventListener("click",function()
    {
        saveform();
    },false);
}
function saveform()
{
    var name = form.name.value;
    var password = form.password.value;
    storage.clear();
    storage.setItem(name,password);
}
function readform()
{
    if(storage.length>0)
    {
        form.name.value = storage.key(0);
        form.password.value = storage.getItem(storage.key(0));
    }
}
function checkUserAgent()
{
    if(typeof(window.localStorage))
    {
        return window.localStorage;
    }
    else
    {
        html.textContent = "你的浏览器不支持HTML5,不能保存密码。"
    }
}
```

- window.addEventListener("load",load,false);
- addEventListener()方法监听了 window 的 onload 事件和表单按钮的 onclick 事件。
- load()方法是 onload 事件的回调函数。
- key()方法用来返回键值对列表中指定位置的键名。
- length 属性用来返回当前键值对列表中的键值对的数量。
- getItem()方法用来返回当前键值对列表中指定键名的键值。
- readform()函数用来读取本地数据到表单中。
- checkUserAgent()方法用来检测用户的浏览器对 Html5 Web Storage 的 LocalStorage 本地存储的支持情况，并返回一个可操作的 Storage 对象。

至此，我们已经完成了程序开发需求的所有功能。在这短短一百行左右的代码中，我们使用 Html5 Web Storage 的 LocalStorage 本地存储新特性，实现了自动保存和读取用户登录表单数据功能。当然，读者还可以继续开发下去，例如实现密码的加密存储、多用户表单数据存储的功能等。

8.5　本章小结

在本章中，我们主要讨论 HTML5 数据存储新特性——Html5 Web Storage。

在第一节中，我们首先探讨了 Web 本地存储的发展史以及 Html5 Web Storage 本地存储的优劣势和具体分类，随后讨论了 Html5 Web Storage 新特性在桌面浏览器和移动设备浏览器的支持情况，得出目前浏览器对 Html5 Web Storage 支持比较理想的结论。

在第二节中，我们细致地讨论了 DOM Storage 本地存储的使用，包括 Storage 接口的使用、事件控制和 JSON 数据存储等。

在第三节中，我们详细地讨论了 DataBase Storage 本地存储的使用，包括创建本地数据库、Database 接口的使用和本地数据库的 CURD 基本操作等。

在第四节中，我们使用 Html5 Web Storage 的 LocalStorage 本地存储新特性，实现了自动保存和读取用户登录表单数据功能，展示了 Html5 Web Storage 在实际开发中的应用。

第 9 章　离线也疯狂——Html5 Web Offline

本章，我们将探讨 HTML5 中一个重要的特性——Html5 Web Offline。顾名思义，Html5 Web Offine 提供的功能就是当用户的网络暂时不可用时，也同样可以访问我们开发的 Web 应用程序。

在全球 Web 应用互联的今天，离线 Web 应用非常具有实用价值。特别是在国内，WIFI、EDGE 等网络技术都还没有得到广泛普及，大部分的移动应用都还在使用 GPRS 方式，由于长时间消耗带宽，流量贵如油暂且不说，部分地区的信号还非常不稳定，经常出现间歇断网的现象，这对于非离线 Web 应用来说是非常令人懊恼的。

虽然说基本所有的浏览器都有自己的页面资源缓存机制，但是这些浏览器内置的缓存机制并没有提供开发人员一定的控制接口，在 Web 应用开发时，就显得非常不方便。Html5 Web Offline 新特性提供了一套供开发人员使用的完整 API，利用它可以轻松地开发 Web 离线应用程序。

在本章中，我们将探讨 Html5 Web Offline。首先我们会讨论 Google Gears 离线应用和浏览器页面缓存以及 Html5 Web Offline 的优缺点，随后探讨目前主流浏览器对 Html5 Web Offline 的新特性的支持情况，接着我们会细致地探讨 Html5 Web Offline 的具体使用，包括服务器端的配置、Manifest 清单文件的编写和 applicationCache 接口的使用等。最后我们会用一个具体的开发实例，来探讨 Html5 Web Offline 在实际开发中的使用。

9.1　Html5 Web Offline 概述

随着应用程序 Web 化的趋势在全球席卷开来，越来越多的 Web 应用如雨后春笋般出现在互联网中。但是 Web 应用和桌面应用有一个不容忽视的缺陷，Web 应用必须连接到网络中才能工作。而 Html5 Web Offline 离线缓存应用则打破了这一个观念，使得 Web 应用程序在无网络连接的情况下正常运行成为可能。本节，我们将对 Html5 Web Offline 和与其相关的技术作一个系统的概述。

9.1.1　Google Gears 离线应用

相信很多读者对 Google Gears 都不陌生，在 Html5 Web Storage 一章中，我们也简单地进行了探讨。Google Gears 是一个开源的浏览器扩展插件，由于目前主流的操作系统和浏览器都对其提供了很好的支持，所以在 Web 领域有着很大的市场竞争力。特别是近年来 Google 推出了一系列的基于 Google Gears 的可离线应用程序，如 Gmail,Google、Reader,Google、NoteBook 等产品，极大地推动了 Google Gears 的发展。

综合来看，Google Gears 能成为众多 Web 开发人员的青睐也不是无缘故的，Google Gears 有着以下三大优点。

- 能够让 WEB 应用程序可以更自然的与本地桌面应用交互。
- 能够把数据以结构化的形式存储到本地数据库，方便查询。
- 能够在后台运行 JavaScript 以提高执行效率。

此外，Google Gears 也提供了一个本地数据库用于数据的存储，事实上，这就是一个 SQLite 数据库，提供了结构化数据化增、改、删等常用的 curd 操作。

总的来说，Google Gears 实质上提供的是一种浏览器端存储技术，这种技术使得传统的 WEB 应用的浏览器层不再仅具有页面显示能力，而还将具备把远程数据同步到本地，并在本地对数据结构化利于访问和查询，最后还能把处理之后的数据在后台同步到服务器。其逻辑框架如图 9-1 所示。

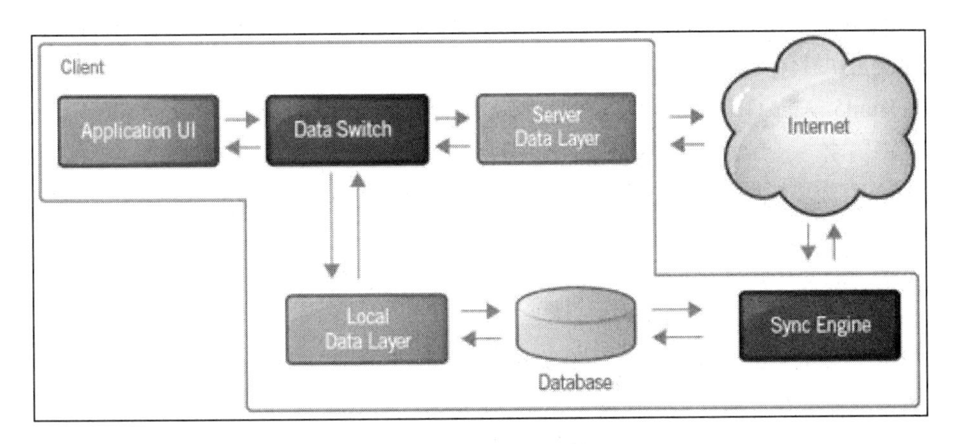

图 9-1　Google Gears 的逻辑架构图

虽然 Google Gears 在很多 Web 离线应用上得到广泛地普及，应该来说是 Google 公司一个引以为豪的开放标准，也曾经带给了 Web 开发人员无比的惊喜。但是随着 HTML5 的到来，在一个更加优秀更加强大的开放标准面前，Google Gears 就显得有点微不足道了。前不久，Google 公司自己也宣称放弃 Google Gears，将采用 Html5 Web Offline 作为其产品离线应用的标准。

9.1.2 Html5 Web Offline 和浏览器网页缓存

在前面我们说过，基本所有的浏览器都有自己的页面资源缓存机制，那么 Html5 Web Offlie 的缓存机制和浏览器自身的网页缓存机制有什么不同呢？笔者归纳主要存在以下三点。

- 浏览器内置的网页缓存机制并没有提供开发人员一定的控制接口，而 Html5 Web Offline 缓存机制则提供了一套供开发人员使用的完整 API，利用它可以轻松地开发出优秀的 Web 离线应用程序。
- Html5 Web Offline 的缓存机制是为整个 Web 应用程序服务的，可以由开发人员指定需要缓存的资源，而浏览器的网页缓存只服务于单个网页，任何网页都具有浏览器的网页缓存。
- 浏览器内置的网页缓存机制是不安全、不可靠的，因为它完全在后台自动运行，我们根本不知道在网站中到底缓存了哪些页面，以及缓存了网页上的哪些资源，也无法知道这些资源的安全性。而在 Html5 Web Offline 的缓存机制中，我们可以控制对哪些内容进行缓存，不对哪些内容进行缓存，相对来说，安全性会高一点。

浏览器内置的网页缓存和 Html5 Web Offline 的缓存机制是两个完全不同的概念，正确区分它们的不同，有助于我们加深对 Html5 Web Offline 缓存机制的理解。

9.1.3 Html5 Web Offline 的优点和缺点

在 Html5 Web Offline 中，综合了传统 Web 应用和桌面应用两者的优势。基于 Html5 Web Offline 的应用程序既可以在浏览器运行并实现在线更新，也可以在脱机状态下工作。

显然，Html5 Web Offline 有着广泛的应用前景，特别是在移动 Web 方面，避免了运行 Web 应用常规的网络需求，只有浏览器访问了 Web 程序一次，就把相关的资源文件进行了离线缓存，这使得 Web 程序不再需要耗费大量的流量，发送多个 HTTP 请求来请求最新的资源。笔者对 Html5 Web Offline 特性的优点归纳如下。

- 相关的资源文件被缓存在本地，这使得 web 页面在重新加载时，可以直接从缓存中加载资源文件，间接地提升了加载的速度。
- 在使用了 Html5 Web Offline 的应用程序中，只要经过第一次的资源加载以后，浏览器只在服务器请求被更新过的资源，这大大降低了服务器的负载压力。
- 在移动 Web 应用中，在网络信号差或者间歇可用的情况下，不会影响到用户对应用程序的使用。

当然，Html5 Web Offline 的特性也不可能是十全十美的，终究有它自己的劣势。笔者对 Html5 Web Offline 特性的缺点归纳如下。

- 浏览器在加载使用离线缓存的页面时需求加载离线缓存的所有资源文件，首次加载的速度会慢一些。
- 在离线缓存的清单里必选指定特定 MIME 类型的资源文件，需要耗费开发人员更多的时间和精力。

- Html5 Web Offline 需要服务器端的支持，而且不同的服务器的缓存机制略有差异。

虽然 Html5 Web Offline 有着不可改变的劣势，但这也是必须付出的代价。总体来说，Html5 Web Offline 还是一项非常棒的新特性。

9.1.4　Html5 Web Offline 的浏览器支持情况

无论是桌面浏览器，还是移动 Web 浏览器，很多都已经对 Html5 Web Offline 提供了一定的支持。

目前主流的桌面浏览器和移动设备浏览器对 Html5 Web Storage 新特性的支持情况如图 9-2 和图 9-3 所示。其中白色表示完全支持，浅灰色表示部分支持，深灰色表示不支持。

IE	Firefox	Chrome	Safari	Opera
		4.0		
		5.0		
	2.0	6.0		
	3.0	7.0		
	3.5	8.0		
	3.6	9.0		
	4.0	10.0		
	5.0	11.0		9.5-9.6
	6.0	12.0		10.0-10.1
	7.0	13.0		10.5
	8.0	14.0		10.6
5.5	9.0	15.0	3.1	11.0
6.0	10.0	16.0	3.2	11.1
7.0	11.0	17.0	4.0	11.5
8.0	12.0	18.0	5.0	11.6
9.0	13.0	19.0	5.1	12.0

图 9-2　桌面浏览器对 Html5 Web Offline 的支持情况

iOS Safari	Opera Mini	Android Browser	Opera Mobile	Chrome for Android	Firefox for Android
3.2		2.1			
4.0-4.1		2.2			
4.2-4.3		2.3			
5.0-5.1	5.0-7.0	4.0	12.0	18.0	14.0

图 9-3　移动设备 Web 浏览器对 Html5 Web Offline 的支持情况

从图 9-2 和图 9-3 中可以看出，不管是桌面浏览器，还是在移动设备上的浏览器，除了 IE 浏览器之外，对 Html5 Web Storage 新特性的支持情况还是比较理想的。

此外，Html5 Web Offline 缓存机制是根据开发人员定义的缓存清单的资源文件进行持久的缓存。但是有的时候，开发需要知道 Html5 Web Offline 到底缓存了哪些资源文件，为了解决这个问题，现在很多的浏览器都提供了该功能。以 Chrome 浏览器为例，我们可以在地址栏输入 chrome://appcache-internals 来查看 Html5 Web Offline 缓存数据的页面。如图 9-4 所示。

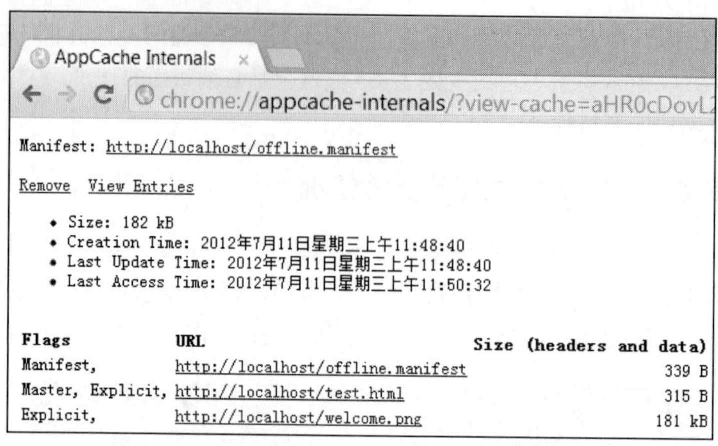

图 9-4 Chrome 浏览器查看 Html5 Web Offline 缓存的页面

一般情况下，各大浏览器都是默认开启了 Html5 Web Offline 缓存机制功能的，但是在 FireFox 浏览器中，出于安全考虑，还是需要经过用户的许可，才能进行使用。如图 9-5 所示。

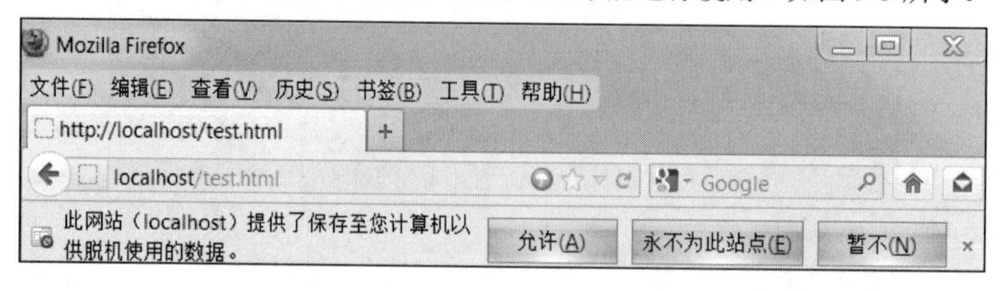

图 9-5 Chrome 浏览器查看 Html5 Web Offline 缓存的页面

9.2 Html5 Web Offline 的使用

Html5 Web Offline 缓存机制通过把所有构成 Web 应用程序的 HTML 文件、CSS 文件、JavaScript 脚本文件等资源文件放在本地缓存中，实现了当服务器没有和 Internet 建立连接的时候，也可以利用本地缓存中的资源文件来正常运行 Web 应用程序的功能。本节我们将深入探讨 Html5 Web Offline 浏览器支持检测、服务器端平台的设置和 applicationCache 接口的具体使用。

9.2.1 浏览器支持情况检测

从图 9-2 和图 9-3 可以看出，目前还有一部分的浏览器没有对 Html5 Web Offline 离线缓存机制提供支持。因此，在使用 Html5 Web Offline 之前，检测用户的浏览器的支持情况显得非常有必要。

对于检测用户浏览器对 Html5 Web Offline 离线缓存的支持情况，读者可以参考下面的代码。

```
<script type="text/javascript">
```

```
    if(typeof(window.applicationCache))
    {
    alert("你的浏览器支持Html5 Web Offline!");
    }
    else
    {
    alert("sorry,你的浏览器还不支持Html5 Web Offline!")
    }
</script>
```

- applicationCache 是 Html5 Web Offline 中一个重要的属性。
- typeof()函数我们已经很熟悉了，它是 Javascript 中一个测试类型的函数。

从前面的章节中，读者可能已经发现了，在 Html5 的开发中，对其新特性的浏览器的支持情况形式可以多种多样，但只要判断特性函数或者对象是否存在就可以了。

9.2.2 配置 Html5 Web Offline 的服务器环境

在 Html5 Web Offline 中，缓存机制只是将开发人员指定的缓存清单里的资源文件进行缓存，这个缓存清单实际上是一个扩展名为 manifest 的文件。但是要让服务器能够对这个文件进行解析，就必须在服务器设置它的 MIME 类型。本节，我们将探讨在几种流行的服务器上配置 Html5 Web Offline 的运行环境，如下。

- Tomcat 服务器；
- IIS 服务器；
- Apache 服务器。

Tomcat 服务器是一个轻量级应用服务器，在中小型系统和并发访问用户不是很多的场合下被普遍使用，是开发和调试 JSP 程序的首选。实际上 Tomcat 服务器是 Apache 服务器的扩展，但它是独立运行的，所以当你运行 tomcat 时，它实际上作为一个与 Apache 独立的进程在单独运行。

在 Tomcat 服务器配置 Html5 Web Offline 运行环境很简单。熟悉 JSP 开发的读者肯定知道，Tomcat 服务器的配置无非就是配置 server.xml 和 web.xml 文件。这次也不例外，我们需要找到 Tomcat 安装目录下 conf 文件夹找到 web.xml。如图 9-6 所示。

然后在 web.xml 文件中，找到对应的位置，加入如下设置 MIME 类型的代码。

```
<mime-mapping>
    <extension>manifest</extension>
    <mime-type>text/cache-manifest</mime-type>
</mime-mapping>
```

- manifest 为新加入的 MIME 类型的名称。
- text/cache-manifest 为新加入的 MIME 类型的值。

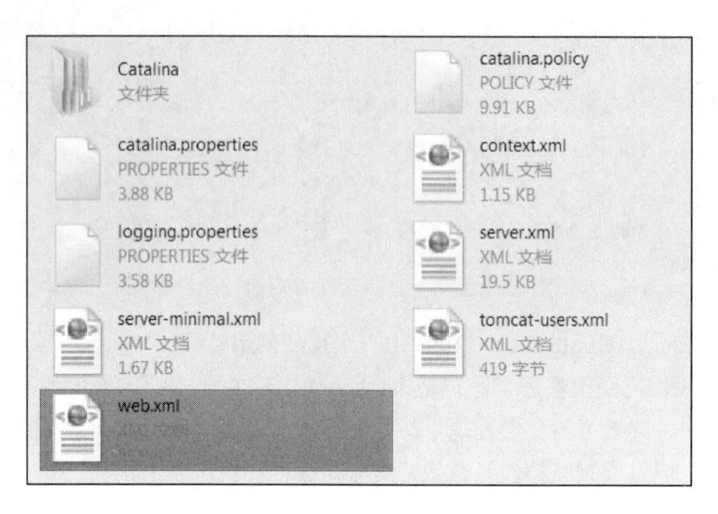

图 9-6　在 tomcat 服务器安装目录下找到 web.xml 文件

IIS 服务器是 Internet Information Services 的缩写，是由微软公司提供的基于运行 Microsoft Windows 的互联网基本服务。IIS 一般只能在 Windows 平台上运行，在 Windows 2000、Windows XP Professional、Windows Server 2003 和 Windows7 上都有内置的组件，支持 ASP（Active Server Pages）、JAVA、Vbscript 等，有着一些扩展功能。

在 IIS 服务器配置 Html5 Web Offline 的运行环境也不难。首先我们要打开 IIS 管理器，在左侧 Default Web Site 的中，打开 MIME 类型。如图 9-7 所示。

然后，点击右侧的添加按钮，添加新的 MIME 类型，添加的具体内容和 Tomcat 服务器的配置信息类似，具体如图 9-7 所示。

图 9-7　在 IIS 管理器中打开 MIME 设置选项

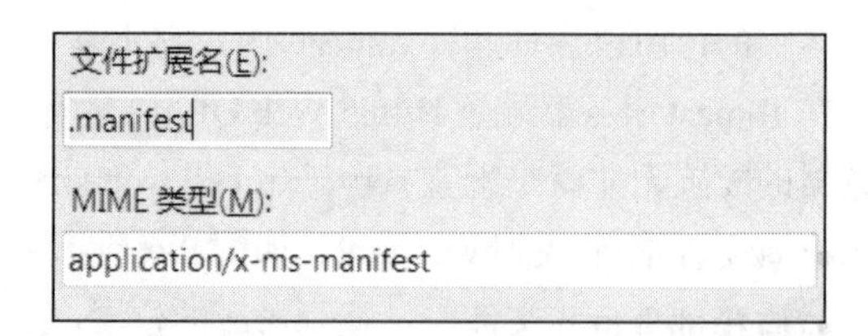

图 9-8　在 IIS 管理器中添加新的 MIME 类型

Apache 服务器是世界使用排名第一的 Web 服务器软件。它可以运行在几乎所有广泛使用的计算机平台上，由于其跨平台和安全性被广泛使用，是最流行的 Web 服务器端软件之一。

在 Apache 服务器配置 Html5 Web Offline 运行环境和 Tomcat 类型，首先要 Apache 的安装目录下的 conf 文件夹中找到 mime.types 文件。如图 9-9 所示。

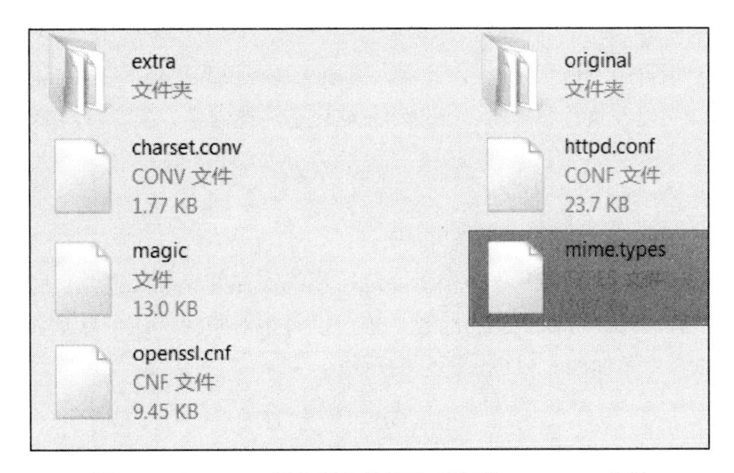

图 9-9　在 Apache 服务器安装目录下找到 mime.types 文件

然后在 mime.types 文件中，找到对应的位置，加入如下设置 MIME 类型的代码。

```
text/cache-manifest
```

读者可能已经注意到了，设置 MIME 代码中，Tomcat 服务器和 Apache 服务器都是按照 text 文本数据类型进行处理，而在 IIS 服务器中则是安装 application 附件类型来处理。这个究竟有什么区别呢？

其实很简单，当我们在浏览器中查看浏览器缓存 Html5 Web Offline 的数据时，如图 9-4 所示，在页面的顶部有一个 manifest 的链接，实际上，它指向的就是开发人员编写的 Html5 Web Offline 的缓存清单文件。如果是在 Tomcat 服务器或者 Apache 服务器中，点击这个链接之后，服务器会以文本的形式在页面上显示这个清单文件，而在 IIS 服务器中，点击这个链接之后，会以附件的形式进行下载。

9.2.3　Manifest 缓存清单文件

在 Html5 Web Offline 中，我们通过编写 Manifest 缓存清单文件来指定一个 Web 程序需要进行缓存的资源文件。所以首先我们应该建立一个以 manifest 为扩展名的文件。本节，我们将重点探讨 Manifest 缓存清单文件的编写。通常，一个缓存文件应该包含以下几个部分。

- 头文件部分；
- 注释部分；
- CACHE 部分；
- NETWORK 部分；
- FALLBACK 部分。

头文件部分是必须有的内容，用来声明这个是 Manifest 缓存清单，否则服务器将无法解析这个文件。头文件的代码如下所示。

```
CACHE MANIFEST
```

注释部分和所有的程序设计语言一样，开发人员用来注释说明代码。在 Manifest 缓存清单中，注释部分使用#开头。浏览器在执行缓存时，会自动忽略这些注释内容。读者可以参考下面的注释示例。

```
CACHE MANIFEST
#这是注释，不会被执行。
# This is Comment，it won't be excuted.
```

CACHA 部分用来指定一个 Web 程序中需要进行离线缓存的资源文件，这些资源文件按行隔开，即每行只能写一个资源文件。可以是相当路径，也可以是绝对路径，还可以是存放在其他服务器的资源文件。读者可以参考下面的 CACHE 部分的示例。

```
CACHE MANIFEST
#这是 CACHE 部分
CACHE:
#这是相当路径的资源文件。
../test/test.html
#这是存放在其他服务器上的资源文件。

http://jxydj.gotoip2.com/html5/welcome.png
```

- 上述代码中定义了对 test.html 和其他服务器里的 welcome.png 的两个资源文件进行缓存。

NETWORK 部分用来指定一个 Web 程序中不需要进行离线缓存的资源文件，内容格式和 CACHA 相同。读者可以参考下面的示例。

```
CACHE MANIFEST
#CACHA 部分
CACHE:
#这是相当路径的资源文件。
../test/test.html
#这是存放在其他服务器上的资源文件。
http://jxydj.gotoip2.com/html5/welcome.png
#NETWORK 部分
NETWORK:
../style/test.css
login.php
```

- 上述代码定义了对 test.css 和 login.php 两个资源文件不进行缓存。

FALLBACK 部分是可选的，用来定义当缓存的资源文件不可用时，将用户的页面重定向到指定的页面中。读者可参考下面的示例代码。

```
CACHE MANIFEST
#CACHA 部分
CACHE:
#这是相当路径的资源文件。
```

```
../test/test.html
#这是存放在其他服务器上的资源文件。
http://jxydj.gotoip2.com/html5/welcome.png
#NETWORK 部分
NETWORK:
../style/test.css
login.php
#这是 FALLBACK 部分
FALLBACK:
offline.html
```

在上述代码中，定义了当缓存资源不可用时，将用户的网页重定向到 offline.html 文件。

编写了 Manifest 缓存清单文件之后，我们还需要在相应的 Html 页面中将这个 Manifest 缓存清单文件包含进来，即将 Manifest 缓存清单文件关联到特定的 html 文档。如果我们有 Manifest 缓存清单文件 offline.manifest 和 HTML 文件 test.html，则只需要在 test.html 文件中加入下面的代码。

```
<html manifest="offline.manifest">
```

这样 Web 程序就可以根据这个 Manifest 文件，在第一次加载时进行离线缓存，再次访问时就不再从服务器进行加载，而是从缓存之间将资源文件加载进来。除非 Manifest 文件发生了改变，否则不需要从服务器重新资源文件的加载。而且多个 Web 程序的 Manifest 缓存清单是按照时间顺序先后排列的，浏览器中存在一个 Manifest 缓存清单的集合，这很类似我们的堆栈，遵循先进后出、后进先出的顺序，每次开发人员只能访问最顶层的 Manifest 缓存清单，而且每一个 Manifest 缓存清单都对应着空闲中、检查中、下载中、已过期 4 个状态。关于 Manifest 缓存清单的状态会在后面的章节作进一步地探讨。

此外，如果非特殊情况，Manifest 缓存情况文件的编码方式一定要保证是 UTF-8，否则可能无法运行。

9.2.4　applicationCache 接口的状态常量和事件属性

在 Html5 Web Offline 中，提供了一个操作应用缓存的接口 applicationCache。在 applicationCache 接口中，提供了一系列访问实时的 Html5 Web Offline 的缓存状态和事件控制的属性和方法。

在基于 Html5 Web Offline 中，要访问 applicationCache 接口，需要分以下两种情况来考虑。

- 如果是在 Web 程序的主线程中，因为 applicationCache 对象是 window 接口的一个属性。所以我们只要使用 window.applicationCache 就可以进行访问。
- 如果是在 Web 程序的子线程中，我们则需要通过 WorkerGlobalScope 接口来访问，即可以使用 self.applicationCache 来访问。

本节我们将重点探讨 applicationCache 接口的状态和事件属性。这些状态常量和事件属性如下。

- UNCACHED 常量；

- IDLE 常量;
- CHECKING 常量;
- DOWNLOADING 常量;
- UPDATEREADY 常量;
- OBSOLETE 常量;
- status 属性;
- onchecking 属性;
- onerror 属性;
- onnoupdate 属性;
- ondownloading 属性;
- onprogress 属性;
- onupdateready 属性;
- oncache 属性;
- onobsolete 属性。

status 属性用来返回当前的离线缓存的状态。status 的属性值就是 applicationCache 接口的 6 个常量。

当 status 属性为 UNCACHED 常量时，也可以使用数字 0 表示，表示 HTML 文档没有和相应的 Manifest 离线缓存清单文件关联成功。

当 status 属性为 IDLE 常量时，也可以使用数字 1 表示，表示 HTML 文档已经成功地和相应的离线缓存清单文件关联，但是离线缓存还处于空闲中的状态。

当 status 属性为 CHECKING 常量时，也可以使用数字 2 表示，表示 HTML 文档已经成功地和相应的离线缓存清单文件关联，但是离线缓存还处于检查中的状态。

当 status 属性为 DOWNLOADING 常量时，也可以使用数字 3 表示，表示 HTML 文档已经成功地和相应的离线缓存清单文件关联，但是离线缓存还处于下载中的状态。

当 status 属性为 UPDATEREADY 常量时，也可以使用数字 4 表示，表示 HTML 文档已经成功地和相应的离线缓存清单文件关联，但是离线缓存还处于空闲中的状态，并且当前的 Manifest 清单文件已经加载完成。

当 status 属性为 OBSOLETE 常量时，也可以使用数字 5 表示，表示 HTML 文档已经成功地和相应的离线缓存清单文件关联，但是离线缓存处于过期的状态。

在上面的 6 中离线缓存状态中，分别对应着 Manifest 缓存清单在不同阶段的不同状态。同时，我们也可以通过不同的事件属性在不同的状态下捕获相应的事件。这具体会在后面的章节作进一步探讨。

onchecking 属性表示在浏览器正在检查 Manifest 缓存清单是否更新，或者浏览器正在试着第一次加载 Manifest 清单时触发事件。

对于 oncheck 属性的具体使用，读者可以参考下面的代码。在 Chrome 浏览器运行之后，打开开发人员工具，显示效果如图 9-10 所示。

Manifest 清单：test_onchecking.manifest。

```
CACHE MANIFEST
#CACHA 部分
CACHE:
test_onchecking.html
test_jpg.jpg
```

- test_onchecking.html 表示同一文件夹下的 HTML 文件。
- test_jpg.jpg 表示同一文件夹下的图片文件。

HTML+Javascript 文件:test_onchecking.html。

```
<!DOCTYPE html>
<html manifest="test_onchecking.manifest">
<head>
<script type="text/javascript">
    if(typeof(window.applicationCache))
    {
        var cache = window.applicationCache;
        function doCheckEvent(event)
        {
            console.log("正在检查 Manifest 缓存清单…");
            console.log("此时的 status 的属性值为"+cache.status);
        }
        cache.addEventListener("checking",doCheckEvent,false);
    }
    else
    {
        alert("sorry.你的浏览器还不支持 Html5 Web Offline!");
    }
</script>
</head>
<body>
</body>
</html>
```

- window.applicationCache 用来获取可以访问的 applicationCache 对象。
- doCheckEvent()函数用来作为 onchecking 事件触发时的回调函数。
- status 属性用来返回当前离线缓存的状态。
- addEventListener()方法监听了 onchecking 事件。

- console.log()方法用来在 Javascript 控制台输出信息。
- onchecking 属性表示在浏览器正在检查 Manifest 缓存清单是否更新，或者浏览器正在试着第一次加载 Manifest 清单时触发事件。

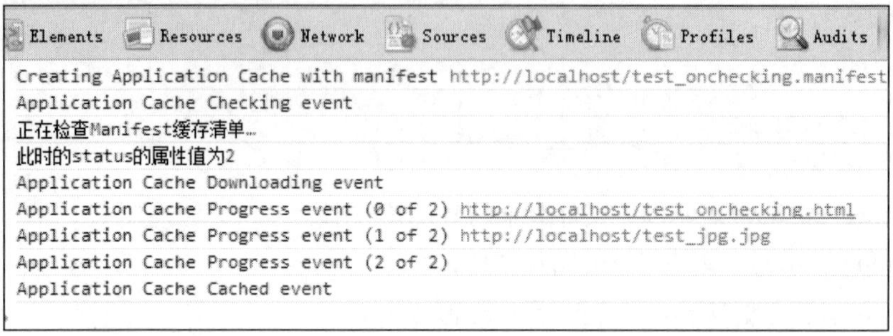

```
Elements  Resources  Network  Sources  Timeline  Profiles  Audits
Creating Application Cache with manifest http://localhost/test_onchecking.manifest
Application Cache Checking event
正在检查Manifest缓存清单…
此时的status的属性值为2
Application Cache Downloading event
Application Cache Progress event (0 of 2) http://localhost/test_onchecking.html
Application Cache Progress event (1 of 2) http://localhost/test_jpg.jpg
Application Cache Progress event (2 of 2)
Application Cache Cached event
```

图 9-10　使用 onchecking 属性在 Chrome 浏览器的第一次运行的显示效果

从图 9-10 的显示效果中，我们可以看出，在 Manifest 文件正在被浏览器检查的时候，status 的属性值为 2，即对应的 CHECKING。这完全符合我们前面探讨的内容。

因为在上面的 Manifest 缓存清单中，我们对 test_onchecking.html 文件进行了缓存。因此，当我们更改了 test_onchecking.html 文件。读者可以参考下面的代码，增加了输出信息语句。在 Chrome 浏览器运行之后，打开开发人员工具，显示效果如图 9-11 所示。

HTML+Javascript 代码:test_onchecking.html。

```
<!DOCTYPE html>
<html manifest="test_onchecking.manifest">
<head>
<script type="text/javascript">
    if(typeof(window.applicationCache))
    {
        var cache = window.applicationCache;
        function doCheckEvent(event)
        {
            console.log("正在检查 Manifest 缓存清单…");
            console.log("此时的 status 的属性值为"+cache.status);
        }
        cache.addEventListener("checking",doCheckEvent,false);
        console.log("这是新增加的输出语句...");
    }
    else
    {
        alert("sorry.你的浏览器还不支持 Html5 Web Offline!");
    }
```

```
</script>
</head>
<body>
</body>
</html>
```

- console.log()方法用来在 Javascript 控制台输出信息。
- 在上面的代码中，我们新增加了一条输出语句。

图 9-11　使用 onchecking 属性在 Chrome 浏览器的第二次运行的显示效果

在图 9-11 所示的运行效果中，我们可以发现了两个现象。其一，浏览器很快就加载完成了内容。其二，新加的输出信息语句没有显示。

原因很简单，当资源文件缓存成功之后，浏览器就不需要通过 HTTP 请求，从服务器中响应资源文件数据，而是直接从缓存中加载。这当然速度会快些，新增加的内容也不会被显示。

onnoupdate 属性用来在浏览器检查 Manifest 缓存清单后，没有发现更新时触发事件。

对于 onnoupdate 属性的具体使用，读者可以参考下面的代码，其中，Manifest 离线缓存清单文件和 test_onchecking.manifest 一样。清空离线缓存，在 Chrome 浏览器运行之后，打开开发人员工具，第一次运行之后显示效果如图 9-10 所示，第二次运行之后显示效果如图 9-12 所示。

HTML+Javascript 代码:test_onnoupdate.html。

```
<!DOCTYPE html>
<html manifest="test_onchecking.manifest">
<head>
<script type="text/javascript">
    if(typeof(window.applicationCache))
    {
        var cache = window.applicationCache;
        function doCheckEvent(event)
        {
            console.log("正在检查 Manifest 缓存清单…");
            console.log("此时的 status 的属性值为"+cache.status);
        }
        function doNoupdateEvent(event)
        {
            console.log("没有发现 Manifest 缓存清单更新，直接从缓存中加载资源文件...");
```

```
            console.log("此时的 status 的属性值为"+cache.status);
        }
        cache.addEventListener("checking",doCheckEvent,false);
        cache.addEventListener("noupdate",doNoupdateEvent,false);
    }
    else
    {
        alert("sorry.你的浏览器还不支持Html5 Web Offline!");
    }
</script>
</head>
<body>
</body>
</html>
```

- doCheckEvent()函数用来作为 onchecking 事件触发时的回调函数。
- doNoupdateEvent()函数用来作为 onnoupdate 事件触发时的回调函数。
- status 属性用来返回当前离线缓存的状态。
- onnoupdate 属性用来在浏览器检查 Manifest 缓存清单后，没有发现更新时触发事件。
- onchecking 属性用来在浏览器正在检查 Manifest 缓存清单是否更新，或者浏览器正在试着第一次加载 Manifest 清单时触发事件。
- addEventListener()方法监听了 onchecking 和 onnoupdate 事件。
- console.log()方法用来在 Javascript 控制台输出信息。

图 9-12　使用 onnoupdate 属性在 Chrome 浏览器的第二次运行的显示效果

从图 9-12 的显示效果中可以看出，在 Manifest 文件正在被浏览器检查之后，没有发现更新时，没有从服务器重新加载 Manifest 缓存清单，所以此时 status 的属性值为 1，即对应的 IDLE。这完全符合我们前面探讨的内容。

ondownloading 属性表示在浏览器在第一次加载 Manifest 清单或者第二次之后浏览器检查到 Manifest 缓存清单文件更新，加载 Manifest 清单时触发的事件。

对于 ondownloading 属性的具体使用，读者可以参考下面的代码，其中，Manifest 离线缓存清单文件和 test_onchecking.manifest 一样。清空离线缓存，在 Chrome 浏览器运行之后，打开开发人员工具，显示效果如图 9-13 所示。

HTML+Javascript 代码:test_onloading.html。

```
<!DOCTYPE html>
<html manifest="test_onchecking.manifest">
<head>
<script type="text/javascript">
if(typeof(window.applicationCache))
    {
        var cache = window.applicationCache;
        function doCheckEvent(event)
        {
            console.log("正在检查Manifest缓存清单…");
            console.log("此时的status的属性值为"+cache.status);
        }
        function doDownloadEvent(event)
        {
            console.log("正在下载Manifest缓存清单文件...");
            console.log("此时的status的属性值为"+cache.status);
        }
        cache.addEventListener("checking",doCheckEvent,false);
        cache.addEventListener("downloading",doDownloadEvent,false);
    }
    else
    {
        alert("sorry.你的浏览器还不支持Html5 Web Offline!");
    }
</script>
</head>
<body>
</body>
</html>
```

- window.applicationCache 用来获取可以访问的 applicationCache 对象。
- doCheckEvent()函数用来作为 onchecking 事件触发时的回调函数。
- doDownloadEvent()函数用来作为 ondownloading 事件触发时的回调函数。
- status 属性用来返回当前离线缓存的状态。
- onchecking 属性用来在浏览器正在检查 Manifest 缓存清单是否更新，或者浏览器正在试着第一次加载 Manifest 清单时触发事件。
- ondownloading 属性表示在浏览器在第一次加载 Manifest 清单或者第二次之后浏览器检查到 Manifest 缓存清单文件更新，加载 Manifest 清单时触发的事件。
- addEventListener()方法监听了 onchecking 和 ondownloading 事件。

- console.log()方法用来在 Javascript 控制台输出信息。

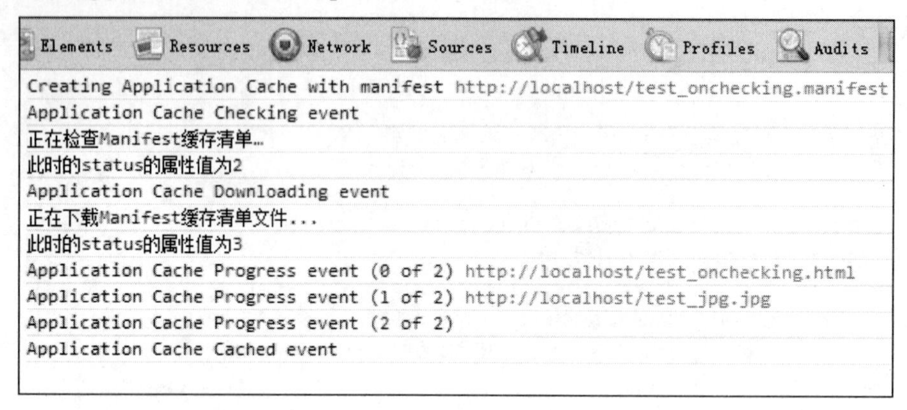

图 9-13　使用 ondownloading 属性在 Chrome 浏览器的第一次运行的显示效果

在图 9-13 的显示效果中可以看出，在 Manifest 文件正在被浏览器检查之后，第一次从服务器加载 Manifest 缓存清单文件，所以 status 的属性值为 3，即对应的 DOWNLOADING。这完全符合我们前面探讨的内容。

现在我们对 Manifest 离线缓存清单文件作局部的更改，读者可以参考下面的代码。在 Chrome 浏览器运行之后，打开开发人员工具，显示效果如图 9-14 所示。

Manifest 清单：test_onchecking.manifest。

```
CACHE MANIFEST
#CACHA 部分
CACHE:
```

- test_onchecking.html
- test_onchecking.html 是同一文件夹的 HTML 文件。

在上面的代码中，我们取消了对 test_jpg.jpg 文件的缓存。

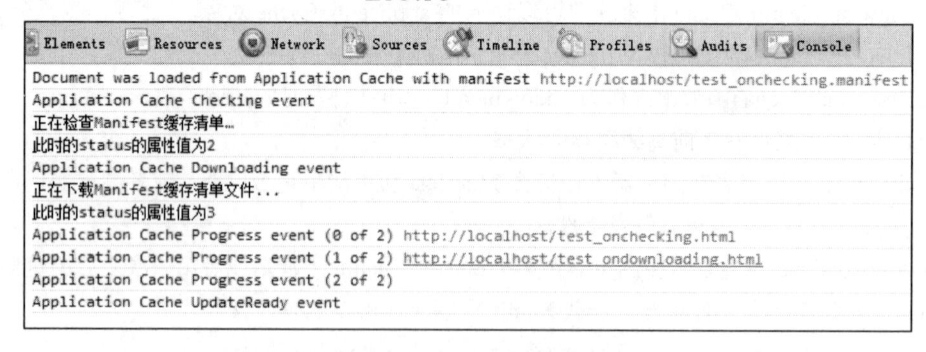

图 9-14　使用 ondownloading 属性在 Chrome 浏览器的第二次运行的显示效果

从图 9-14 的显示效果中可以看出，在更改了 Manifest 缓存清单文件之后，浏览器对 Manifest 缓存清单文件进行了重新加载操作。

onprogress 属性用来在下载 Manifest 清单之后，正在下载相应的资源文件时触发事件。

对于 onprogress 属性的具体使用，读者可以参考下面的代码，其中，Manifest 离线缓存清单文件和 test_onchecking.manifest 一样。清空离线缓存，在 Chrome 浏览器运行之后，显示效果如图 9-15 所示。

HTML+Javascript 代码:test_onprogress.html。

```
<!DOCTYPE html>
<html manifest="test_onchecking.manifest">
<head>
<script type="text/javascript">
if(typeof(window.applicationCache))
    {
        var cache = window.applicationCache;
        function doDownloadEvent(event)
        {
            console.log("正在下载Manifest缓存清单文件...");
            console.log("此时的status的属性值为"+cache.status);
        }
        function doProgressEvent(event)
        {
            console.log("正在下载Manifest缓存清单中指定的一个资源文件...");
            console.log("此时的status的属性值为"+cache.status);
        }
        cache.addEventListener("progress",doProgressEvent,false);
        cache.addEventListener("downloading",doDownloadEvent,false);
    }
    else
    {
        alert("sorry.你的浏览器还不支持Html5 Web Offline!");
    }
</script>
</head>
<body>
</body>
</html>
```

- window.applicationCache 用来获取可以访问的 applicationCache 对象。
- doDownloadEvent()函数用来作为 ondownloading 事件触发时的回调函数。
- doProgressEvent()函数用来作为 onprogress 事件触发时的回调函数。

- status 属性用来返回当前离线缓存的状态。
- ondownloading 属性表示在浏览器在第一次加载 Manifest 清单或者第二次之后浏览器检查到 Manifest 缓存清单文件更新，加载 Manifest 清单时触发的事件。
- onprogress 属性用来在下载 Manifest 清单之后，正在下载相应的资源文件时触发事件。
- addEventListener()方法监听了 ondownloading 和 onprogress 事件。
- console.log()方法用来在 Javascript 控制台输出信息。

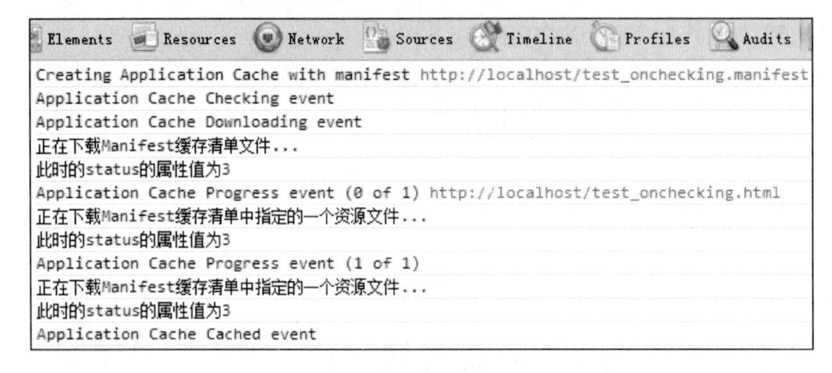

图 9-15　使用 onprogress 属性在 Chrome 浏览器的第一次运行的显示效果

从图 9-15 中，可以看出，当缓存清单中的资源文件正在下载时，statue 的属性值为 3，即对应的 DOWNLOADING。这完全符合我们前面探讨的内容。

同理，如果我们将 Manifest 缓存清单文件作局部的更改之后，浏览器也会对资源文件重新加载。这里就不再赘述。

oncached 属性用来在相应的资源文件已经下载完毕，即离线缓存成功时触发事件。

对于 oncached 属性的具体使用，读者可以参考下面的代码，其中，Manifest 离线缓存清单文件和 test_onchecking.manifest 一样。清空离线缓存，在 Chrome 浏览器运行之后，打开开发人员工具，显示效果如图 9-16 所示。

HTML+Javascript 代码:test_oncached.html。

```
<!DOCTYPE html>
<html manifest="test_onchecking.manifest">
<head>
<script type="text/javascript">
if(typeof(window.applicationCache))
  {
      var cache = window.applicationCache;
      function doCachedEvent(event)
      {
          console.log("缓存已经加载成功！");
```

```
            console.log("此时的 status 的属性值为"+cache.status);
        }
        function doProgressEvent(event)
        {
            console.log("正在下载Manifest 缓存清单中指定的一个资源文件...");
            console.log("此时的 status 的属性值为"+cache.status);
        }
        cache.addEventListener("progress",doProgressEvent,false);
        cache.addEventListener("cached",doCachedEvent,false);
    }
    else
    {
        alert("sorry.你的浏览器还不支持 Html5 Web Offline!");
    }
</script>
</head>
<body>
</body>
</html>
```

- doProgressEvent()函数用来作为 onprogress 事件触发时的回调函数。
- doCachedEvent()函数用来作为 oncached 事件触发时的回调函数。
- status 属性用来返回当前离线缓存的状态。
- onprogress 属性用来在下载 Manifest 清单之后，正在下载相应的资源文件时触发事件。
- oncached 属性用来在相应的资源文件已经下载完毕，即离线缓存成功时触发事件。
- addEventListener()方法监听了 onchecking 和 oncached 事件。
- console.log()方法用来在 Javascript 控制台输出信息。

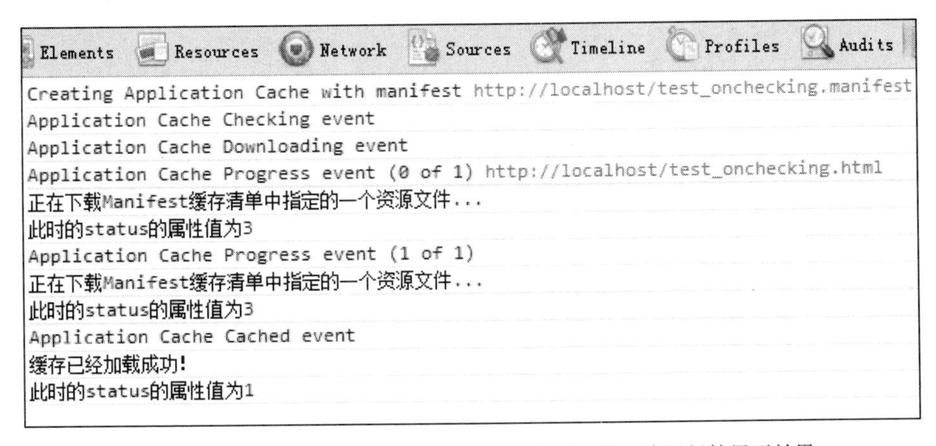

图 9-16　使用 oncached 属性在 Chrome 浏览器的第一次运行的显示效果

从图 9-16 的显示效果中可以看出，在离线缓存成功之后，Manifest 缓存清单与相应的 HTML 页面的关联也随即取消，status 属性的属性值为 1，即对应的 UNCACHED。这完全符合我们前面探讨的内容。

onupdateready 属性用来在更新 Manifest 清单里的资源文件完毕之后触发事件。

对于 onupdateready 属性的具体使用，读者可以参考下面的代码，其中，Manifest 离线缓存清单文件和 test_onchecking.manifest 一样。清空离线缓存，在 Chrome 浏览器运行之后，打开开发人员工具，更改 Manifest 缓存清单文件，第二次运行显示效果如图 9-17 所示。

HTML+Javascript 代码:test_onupdataready.html。

```
<html manifest="offline.manifest">
<!DOCTYPE html>
<html manifest="test_onchecking.manifest">
<head>
<script type="text/javascript">
if(typeof(window.applicationCache))
    {
        var cache = window.applicationCache;
        function doUpdatereadyEvent(event)
        {
            console.log("缓存已经更新成功! ");
            console.log("此时的 status 的属性值为"+cache.status);
        }
        function doProgressEvent(event)
        {
            console.log("正在下载 Manifest 缓存清单中指定的一个资源文件...");
            console.log("此时的 status 的属性值为"+cache.status);
        }
        cache.addEventListener("progress",doProgressEvent,false);
        cache.addEventListener("updateready",doUpdatereadyEvent,false);
    }
    else
    {
        alert("sorry.你的浏览器还不支持 Html5 Web Offline!");
    }
</script>
</head>
<body>
</body>
</html>
```

- doProgressEvent()函数用来作为 onprogress 事件触发时的回调函数。

- doUpdatereadyEvent()函数用来作为 onupdateready 事件触发时的回调函数。
- status 属性用来返回当前离线缓存的状态。
- onprogress 属性用来在下载 Manifest 清单之后，正在下载相应的资源文件时触发事件。
- onupdateready 属性用来在更新 Manifest 清单里的资源文件完毕之后触发事件。
- addEventListener()方法监听了 onchecking 和 onupdateready 事件。
- console.log()方法用来在 Javascript 控制台输出信息。

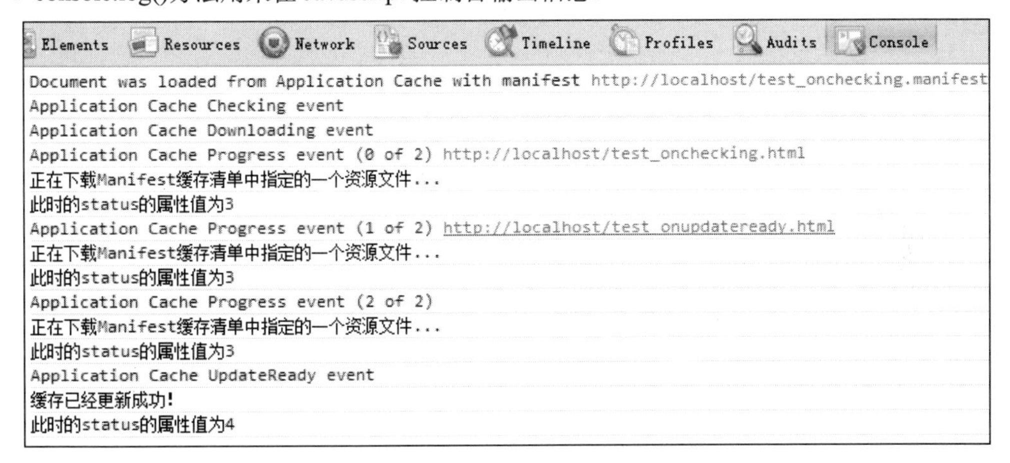

图 9-17　使用 ondateready 属性在 Chrome 浏览器的第二次运行的显示效果

从图 9-17 的显示效果中可以看出，在离线缓存更新成功之后，status 属性的属性值为 4，即对应的 UPDATEREADY。这完全符合我们前面探讨的内容。

onobsolete 属性用来在 Manifest 清单变成 404 或者 410 页面，即 Manifest 清单因过期被删除时触发事件。

onerror 属性用来在离线缓存发生错误时触发事件，通常这个主要有以下几种情况。

- Manifest 清单已经因为过期被删除，再次进行缓存时发生错误。
- Manifest 清单没有更新，但是引用这个 Manifest 清单文件的 HTML 页面没有正常下载。
- 在加载 Manifest 清单中相应的资源文件时发生错误。
- 浏览器正在更新时，更改了 Manifest 清单文件。

对于 onerror 属性的具体使用，读者可以参考下面的代码，其中，Manifest 离线缓存清单文件和 test_onchecking.manifest 一样。清空离线缓存，在 Chrome 浏览器运行之后，显示效果如图 9-18 所示。

HTML+Javascript 代码:test_onerror.html。

```
<!DOCTYPE html>
<html manifest="test_onchecking1.manifest">
<head>
```

```
<script type="text/javascript">
    if(typeof(window.applicationCache))
    {
        var cache = window.applicationCache;
        function doCheckEvent(event)
        {
            console.log("正在检查Manifest缓存清单...");
            console.log("此时的status的属性值为"+cache.status);
            cache.abort();
        }
        function doErrorEvent(event)
        {
            console.log("缓存不存在或者已经被删除! ");
            console.log("此时的status的属性值为"+cache.status);
        }
        cache.addEventListener("checking",doCheckEvent,false);
        cache.addEventListener("error",doErrorEvent,false);
    }
    else
    {
        alert("sorry.你的浏览器还不支持Html5 Web Offline!");
    }
</script>
</head>
<body>
</body>
</html>
```

- doCheckEvent()函数用来作为 onchecking 事件触发时的回调函数。
- doErrorEvent()函数用来作为 onerror 事件触发时的回调函数。
- status 属性用来返回当前离线缓存的状态。
- onchecking 属性用来在浏览器正在检查 Manifest 缓存清单是否更新，或者浏览器正在试着第一次加载 Manifest 清单时触发事件。
- onerror 属性用来在离线缓存发生错误时触发事件。
- addEventListener()方法监听了 onchecking 和 onerror 事件。
- console.log()方法用来在 Javascript 控制台输出信息。

在上面的代码中，我们关联了一个不存在的缓存清单文件 test_onchecking1.manifest。

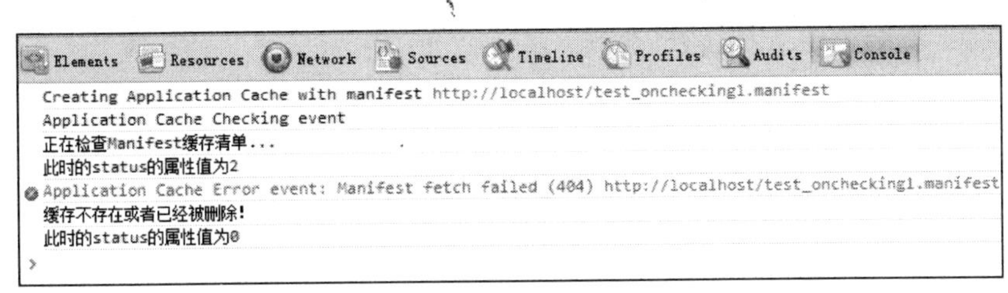

图 9-18　使用 onerror 属性在 Chrome 浏览器的显示效果

从图 9-18 的显示效果中可以看出，当 Manifest 缓存清单没有和相应的 HTML 页面关联成功的时候，status 属性的属性值为 0，即对应的 UNCACHED。这完全符合我们前面探讨的内容。

9.2.5　applicationCache 接口的方法

在 applicationCache 接口中，除了提供了一些状态常量和事件属性供开发人员使用之外，也提供了几个控制方法。这些控制方法可以使我们可以更加方便地控制 Web 程序的离线缓存。本节我们将重点探讨 applicationCache 接口方法的使用。这些方法包括如下内容。

- update()方法；
- abort()方法；
- swapCache()方法。

update()函数用来检查 Manifest 离线缓存是否有更新，如果有更新，则重新下载资源文件。但是读者应该注意的是，如果 Manifest 缓存清单文件发生了变化，调用 update()方法之后，将会执行更新缓存资源操作，否则将什么也不会执行。

对于 update()方法的具体使用，读者可以参考下面的代码。在 Chrome 浏览器运行之后，打开开发人员工具，更改 Manifest 缓存清单文件，显示效果如图 9-19 所示。

Manifest 清单：test_update.manifest。

```
CACHE MANIFEST
#CACHA 部分
CACHE:
test_update.html
test_jpg.jpg
```

- test_onchecking.html 表示同一文件夹下的 HTML 文件。
- test_jpg.jpg 表示同一文件夹下的图片文件。

HTML+Javascript 代码：test_update.html。

```
<!DOCTYPE html>
<html manifest="test_update.manifest">
<head>
```

```
<script type="text/javascript">
    if(typeof(window.applicationCache))
    {
        var cache = window.applicationCache;
        function update()
        {
            cache.update();
        }
        setInterval(update,20000);
        function doUpdatereadyEvent(event)
        {
            console.log("缓存更新成功! ")
        }
        cache.addEventListener("updateready",doUpdatereadyEvent,false);
    }
    else
    {
        alert("sorry.你的浏览器还不支持Html5 Web Offline!");
    }
</script>
</head>
<body>
</body>
</html>
```

- doUpdatereadyEvent()函数用来作为 onupdateready 事件触发时的回调函数。
- onupdateready 属性用来在更新 Manifest 清单里的资源文件完毕之后触发事件。
- update()函数用来检查 Manifest 离线缓存是否有更新，如果有更新，则重新下载资源文件。
- setInterval()函数用来每隔 20s 执行 update()方法。
- addEventListener()方法监听了 onupdateready 事件。
- console.log()方法用来在 Javascript 控制台输出信息。

在上面的代码中，我们在每隔 20s，就会调用 update()方法，检查 Manifest 离线缓存是否有更新。

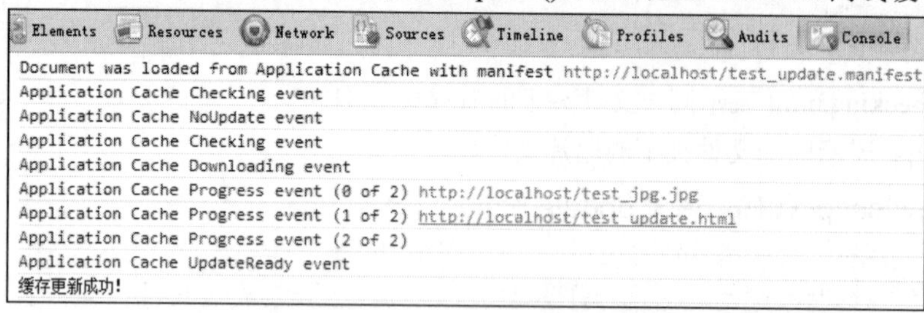

图 9-19　使用 update()方法在 Chrome 浏览器的显示效果

abort()方法用来取消离线缓存的加载。但是据了解，所有的浏览器基本都还没有实现这个方法。因此，这里不作进一步探讨。

swapCache()方法用来立即执行本地缓存的更新。swapCache()方法只能在 updateReady 事件被触发时调用。

读者可能会对这个方法感觉很疑惑，认为这个方法没有实际上的作用。诚然，如果我们去调用 swapCache()方法，缓存照样会自动更新。但实际上，这两者更新的时间是不一样的。因为缓存更新和页面更新是两个完全不同的概念。如果我们不调用 swapCache()方法，缓存要等下一次打开页面时更新。而调用了 swapCache()方法，则立即执行了缓存的更新。也就是说，调用 swapCache()方法立即更新缓存之后，页面是不会立即更新的。

对于 swapCache()方法的具体使用，读者可以参考下面的代码，其中，Manifest 缓存文件和 test_update.manifest 文件一样。在 Chrome 浏览器运行之后，打开开发人员工具，更改 Manifest 缓存清单文件，显示效果如图 9-20 所示。

HTML+Javascript 代码:test_swapCache.html。

```
<!DOCTYPE html>
<html manifest="test_update.manifest">
<head>
<script type="text/javascript">
   if(typeof(window.applicationCache))
   {
      var cache = window.applicationCache;
      setInterval(update,10000);
      function update()
      {
         cache.update();
      }
      function doUpdatereadyEvent(event)
      {
         if(confirm("是否需要立即更新缓存并刷新页面？"))
         {
            cache.swapCache();
            location.reload();
         }
      }
      cache.addEventListener("updateready",doUpdatereadyEvent,false);
   }
   else
   {
```

```
        alert("sorry.你的浏览器还不支持Html5 Web Offline!");
    }
</script>
</head>
<body>
</body>
</html>
```

- doUpdatereadyEvent()函数用来作为 onupdateready 事件触发时的回调函数。
- onupdateready 属性用来在更新 Manifest 清单里的资源文件完毕之后触发事件。
- update()函数用来检查并更新缓存。
- swapCache()函数用来立即更新缓存。
- confirm()函数用来弹出对话框询问用户是否立即更新缓存。
- setInterval()函数用来每隔 10s 执行 update()方法。
- addEventListener()方法监听了 onupdateready 事件。
- console.log()方法用来在 Javascript 控制台输出信息。

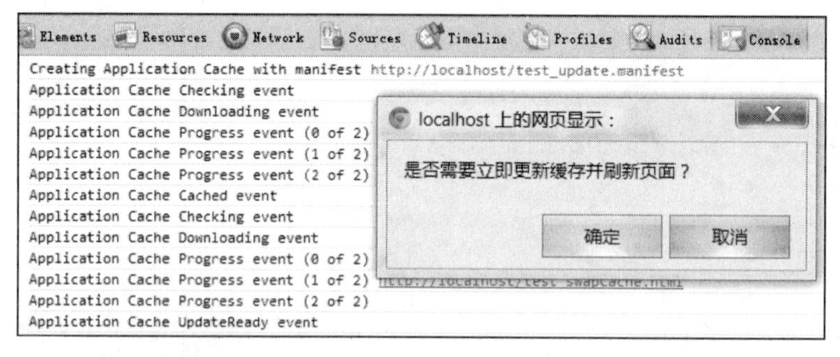

图 9-20　使用 swapCache()方法在 Chrome 浏览器的显示效果

此外，在 Html5 Web Offline 的 Web 应用程序中，有的时候，我们还需要判断用户是否处于离线状态。这个时候我们分以下两种情况来考虑。

- 在 Web 程序的主线程中，我们可以使用的 window 对象的 navigator 属性来访问，navigator 属性实际上是一个 Navigator 对象，而 Navigator 对象有一个专门访问用户是否在线的 onLine 属性。
- 在 Web 程序的子线程中，我们可以使用 WorkerGlobalScope 对象的 navigator 属性来访问，它同样是一个 Navigator 对象。

既然在 Web 程序的主线程和子线程中，最终都是使用 Navigator 对象的 onLine 属性来获取用户是否在线。因此，我们只需要探讨 online 属性的使用。

当用户在线时，onLine 属性返回的属性值为 true；当用户离线时，onLine 属性返回的属性值为 false。此外，当 onLine 的属性值为 true 时，同时会触发一个 ononline 事件。同理，当 onLine 的属性值为 false 时，会同时触发一个 onoffline 事件。

以 Web 程序的主线程为例，对于 onLine 属性的具体使用，读者可以参考下面的代码，在 Chrome 浏览器运行之后，显示效果如图 9-21 所示。

HTML+Javascript 代码:test_online.html。

```
<!DOCTYPE HTML>
<html>
<head>
  <title>Online status</title>
</head>
<body>
<script type="text/javascript">
    function doOnlineEvent()
    {
        document.write("当前用户在线! <br>此时 online 的属性值: "+navigator.onLine);
    }
    function doOfflineEvent()
    {
        document.write("当前用户离线! <br>此时 online 的属性值: "+navigator.onLine);
    }
    function testOnlineEvent()
    {
        var text = navigator.onLine ? '在线' : '离线';
        document.write("当前用户"+text)
    }
    window.addEventListener("offline",doOfflineEvent,false);
    window.addEventListener("online",doOnlineEvent,false);
    window.addEventListener("load",testOnlineEvent,false);
</script>
</body>
</html>
```

- doOnlineEvent()为 online 事件触发时的回调函数。
- doOfflineEvent()为 offline 事件触发时的回调函数。
- testOnlineEvent()为 onload 事件触发时的回调函数。
- onLine 属性用来返回用户是否在线。

图 9-21　使用 online 属性在 Chrome 浏览器的显示效果

- addEventListener()函数分别监听了 onoffline,ononline 和 onload 事件。

在上面的代码中，当用户的状态从在线变成离线，或者从离线变成了在线时，都会触发相应的事件，在事件回调函数中会显示对应的 onLine 的属性值。

9.3 构建 Html5 Web Offline 的开发实例

Html5 Web Offline 是一项非常实用的新特性。在基本上任何一个 Web 程序中，我们都可以实用 Html5 Web Offline 离线缓存一些资源文件。为了让读者快速地上手 Html5 Web Offline，本节，我们将以一个具体的开发实例，来探讨 Html5 Web Offline 新特性在实际开发中的应用。

9.3.1 分析开发需求

对于 Html5 Web Offline 的 Web 应用程序来说，关键在于开发人员怎么选择文件资源进行缓存。对于一个需要进行经常更新的资源文件，是不宜对其进行离线缓存的。在本次开发实例中，我们将参考日本著名的美女时钟的网站，开发出一个可以实现可离线使用的“美女报时”Web 程序。

在本次开发实例中，我们需要完成以下几项功能。

- 使用 Javascript 脚本动态获取用户本地的时间。
- 在一定的时间段内，将时间转换为“美女时钟”图片显示。
- 离线缓存所有的“美女时钟”图片和 Javascript 脚本。

总的来说，本次开发实例比较简单。我们将使用到 Html5 Web Offline 离线缓存的基础内容，并结合 CSS3.0 样式进行设计。

9.3.2 搭建程序主框架

根据我们的开发需求，我们需要使用 Html5 Web Offline 开发出一个可以实现离线使用的“美女报时”Web 程序。本节，我们将重点探讨程序主框架的搭建。

对于程序主框架的设计，读者可以参考下面的代码。

HTML 代码:test_offline.html。

```
<!DOCTYPE html>
<html manifest="test_offline.manifest">
<head>
   <title>Html5 Web Offline</title>
   <link rel="stylesheet" href="test_offline.css"/>
   <script src="test_offline.js"></script>
</head>
<body>
```

```
    <section id="wrapper">
        <header>
            <h1>Html5 Web Offline</h1>
        </header>
        <article>
        </article>
        <footer>
            designed by <em>guoxiaocheng</em> from hhu.
        </footer>
</section>
</body>
</html>
```

- test_offline.manifest 表示同一文件下的 Manifest 离线缓存清单文件。
- test_offline.offline.js 表示同一文件夹下的 Javascript 脚本文件。
- test_offline.css 表示同一文件夹下的 CSS 层叠样式文件。

在上面的代码中，我们定义了一个基本的 HTML 页面显示框架。其中在 article 标签里，我们将使用 Javascript 脚本创建一个 img 节点，用来显示“美女时钟”图片。现在我们使用 CSS3.0 为这个实例设计样式。

对于 Web 程序的 CSS 样式设计，读者可以参考下面的代码。在 Chrome 浏览器运行之后，显示效果如图 9-22 所示。

CSS 代码:test_offline.css。

```
body
{
    font: normal 16px/20px Helvetica, sans-serif;
    background: rgb(237, 237, 236);
    margin: 0;
    margin-top: 40px;
    padding: 0;
}
section, header, footer
{
    display: block;
}
footer
{
    margin-top:20px;
}
#wrapper
{
```

```
    width: 520px;
    margin: 0 auto;
    background: #FFFFFF;
    -moz-border-radius: 10px;
    -webkit-border-radius: 10px;
    border-top: 1px solid #fff;
     padding-bottom: 10px;
    padding-left:15px;
    -moz-box-shadow: 0 0 10px #bbb;
    -webkit-box-shadow: 0 0 10px #bbb;
    box-shadow: 0 0 10px #bbb;
}
h1
{
    padding-top: 10px;
}
```

- body 对应的是 body 标签的 CSS 样式设计。
- header 对应的是 header 标签的 CSS 样式设计。
- footer 对应的是 footer 标签的 CSS 样式设计。
- section 对应的是 section 标签的 CSS 样式设计。

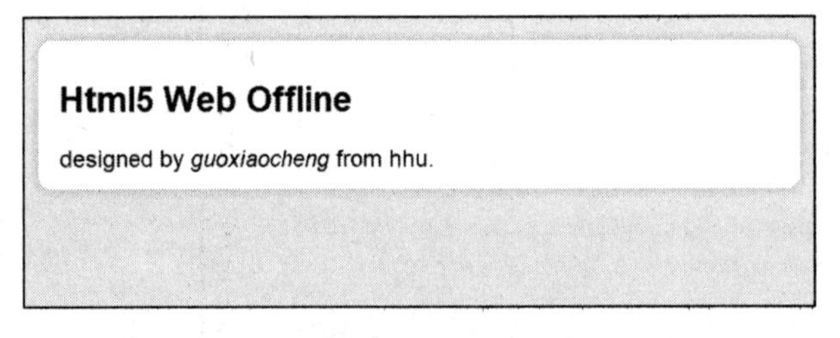

图 9-22　程序主框架在 Chrome 浏览器的显示效果

9.3.3　编写 Manifest 缓存清单

根据程序开发需求，我们需要使用 Html5 Web Offline 新特性对 Web 程序的资源文件进行缓存。本节，我们将重点探讨 Manifest 离线缓存清单文件的编写。

在 Manifest 缓存清单中，我们除了需要缓存 Javascript 脚本文件、CSS 样式文件和 HTML 文件之外，还需要缓存美女时钟的图片资源。这些资源来自于日本著名的“美女时钟”网站 http://d.mmclock.cn。所有的图片格式都是以时间命名的。例如，http://d.mmclock.cn/pics/0559.jpg，表示的是凌晨 5 点 59 分，如图 9-23 所示。

图 9-23 “美女时钟”网站的图片资源在 Chrome 浏览器的显示效果

此外，由于浏览器缓存的资源文件有限，我们不可能对 1440（60×24）张图片全部进行缓存。因此，我们只对 22:30～23:00 这个时间段的时间使用“美女时钟”的图片进行显示。

对于 Manifest 缓存清单文件的具体编写，读者可以参考下面的代码。

Manifest 清单：test_offline.manifest。

```
CACHE MANIFEST
#CACHA 部分
CACHE:
test_offline.html
test_offline.js
test_offline.css
http://d.mmclock.cn/pics/2230.jpg
http://d.mmclock.cn/pics/2231.jpg
http://d.mmclock.cn/pics/2232.jpg
http://d.mmclock.cn/pics/2233.jpg
http://d.mmclock.cn/pics/2234.jpg
http://d.mmclock.cn/pics/2235.jpg
http://d.mmclock.cn/pics/2236.jpg
http://d.mmclock.cn/pics/2237.jpg
http://d.mmclock.cn/pics/2238.jpg
http://d.mmclock.cn/pics/2239.jpg
http://d.mmclock.cn/pics/2240.jpg
http://d.mmclock.cn/pics/2241.jpg
http://d.mmclock.cn/pics/2242.jpg
http://d.mmclock.cn/pics/2243.jpg
http://d.mmclock.cn/pics/2244.jpg
http://d.mmclock.cn/pics/2245.jpg
```

```
http://d.mmclock.cn/pics/2246.jpg
http://d.mmclock.cn/pics/2247.jpg
http://d.mmclock.cn/pics/2248.jpg
http://d.mmclock.cn/pics/2249.jpg
http://d.mmclock.cn/pics/2250.jpg
http://d.mmclock.cn/pics/2251.jpg
http://d.mmclock.cn/pics/2252.jpg
http://d.mmclock.cn/pics/2253.jpg
http://d.mmclock.cn/pics/2254.jpg
http://d.mmclock.cn/pics/2255.jpg
http://d.mmclock.cn/pics/2256.jpg
http://d.mmclock.cn/pics/2257.jpg
http://d.mmclock.cn/pics/2258.jpg
http://d.mmclock.cn/pics/2259.jpg
```

- test_offline.manifest 表示同一文件下的 Manifest 离线缓存清单文件。
- test_offline.offline.js 表示同一文件夹下的 Javascript 脚本文件。
- test_offline.css 表示同一文件夹下的 CSS 层叠样式文件。

9.3.4 设计 Javascript 脚本

根据我们的开发需求，我们需要使用 Javascript 脚本文件获取到本地时间，并且在一个规定的时间段内，将时间转换为“美女时钟”图片显示。本节我们将重点探讨 Javascript 脚本的设计。

在 Javascript 脚本中，我们主要实现以下几项功能。

- 获取用户本地的动态时间。
- 在规定的时间内，将时间转换为“美女时钟”图片进行显示。
- 在规定的时间外，使用普通的文本时间显示。

对于 Javasctip 脚本的具体设计，读者可以参考下面的代码。在 Chrome 浏览器运行之后，显示效果如图 9-24 和图 9-25 所示。

Javascript 代码:test_offline.js。

```
var now;
var article;
var hour;
var minute;
var img;
var time;
function load()
{
    article = document.getElementsByTagName("article")[0];
    img = document.createElement("img");
```

```
    img.width = "500";
    img.height = "400";
    article.appendChild(img);
    time = document.createElement("time");
    article.appendChild(time);
    updateTime();
    setInterval(updateTime,60000);
}
function updateTime()
{
    now = new Date();
    hour = now.getHours();
    minute = now.getMinutes();
    if((hour==22)&&(minute>30)&&(minute<59))
    {
        showPicTime();
    }
    else
    {
        showTime();
    }
}
function showPicTime()
{
    if(time.parentNode)
    {
        time.parentNode.removeChild(time);
    }
    img.src = "http://d.mmclock.cn/pics/"+hour+""+minute+".jpg";
}
function showTime()
{
    if(img.parentNode)
    {
        img.parentNode.removeChild(img);
    }
    time.textContent = hour+"时"+minute+"分";
}
```

- window.addEventListener("load",load,false)。
- 变量 hour 表示用户本地时间的时。
- 变量 minute 表示用户本地时间的分。
- 变量 img 表示创建的 img 标签节点。

- 变量 time 表示创建的 time 标签节点。
- updateTime()函数用来动态获取用户的本地时间。
- showPicTime()函数用来将时间转换为“美女时钟”图片显示。
- showTime()函数进行普通时间的显示。
- removeChild()方法用来移除节点。
- addEventListener()方法监听了 onload 事件。
- load()方法是 onload 事件的回调函数。

在上面的代码中，我们在 22:30～23:00 时间段内，将时间转换为“美女时钟”图片显示。

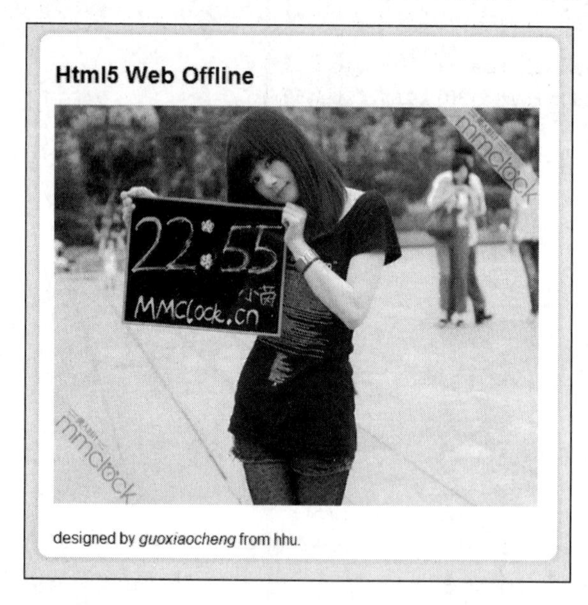

图 9-24（1） 22:30 至 23:00 时间段内在 Chrome 浏览器的显示效果

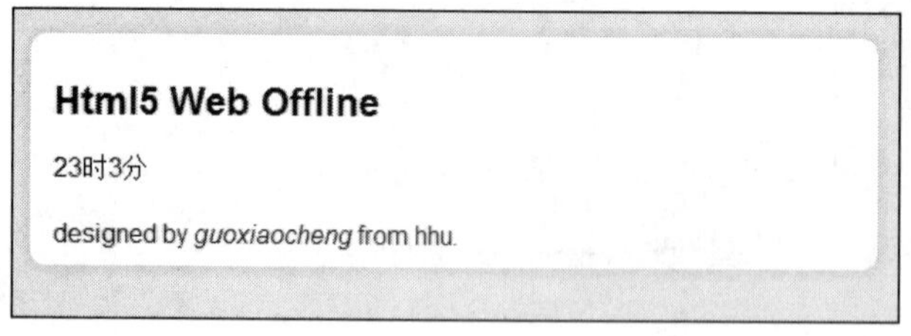

图 9-24（2） 22:30 至 23:00 时间段外在 Chrome 浏览器的显示效果

至此，我们就已经完成了程序开发需求的所有功能。用户在第一次加载了这个 Web 程序之后，客户端浏览器便不再需要通过 HTTP 请求获取服务器端的数据响应，用户就可以体验这个 Web 程序。

当然，读者还可以继续对这个程序进行开发，例如结合 Web 设计语言、动态改变 Manifest 缓存清单文件的内容、每隔一定的合理时间对资源文件进行更新操作、实现全天时间段内的“美女时钟”显示等。

9.4　本 章 小 结

在本章中，我们主要讨论 HTML5 离线缓存新特性——Html5 Web Offline。

在第一节中，我们首先讨论了 Google Gears 离线应用和浏览器页面缓存以及 Html5 Web Offline 的优缺点，随后我们探讨了目前主流浏览器对 Html5 Web Offline 的新特性的支持情况，得出目前浏览器对 Html5 Web Storage 支持比较理想的结论。

在第二节中，我们细致地探讨了 Html5 Web Offline 离线缓存的使用，包括服务器端的配置、Manifest 缓存清单的编写和 applicationCache 接口的使用等。

在第三节中，我们使用 Html5 Web Offline 离线缓存的新特性，实现了一个可离线使用的“美女报时”Web 程序，展示了 Html5 Web Offline 在实际开发中的应用。

第 10 章 十年磨一剑——CSS3 概述

CSS（Cascading Style Sheets）层叠样式表是一种用来表现 HTML 和 XML 等文件风格样式的 Web 语言。目前传统网站使用的 CSS 层叠样式表基本上还是 1998 年正式发布的 CSS Level 2，经过 14 年的历史，很多 Web 设计者渐渐认识到 CSS Level 2 已经无法满足 Web 应用日益增长的高执行性能、高用户体验的需求。在这样的背景下，CSS Level 3 顺应历史潮流应运而生。

事实上，CSS Level 3 早于 1999 年就已经开始制定，但是直到 2011 年 6 月 7 日 W3C 标准组织才发布了其推荐版本。CSS Level 3 采用了分工协作的模块结构，极大地简化了 CSS 的编程模型。不仅继承和延续了 CSS Level 2 中已有的功能，对 Web UI 的设计也是一个历史性的革新。

HTML5 和 CSS Level 3 就像一对孪生姊妹，虽然目前它们都还没有正式发布，很多细节也还在讨论之中。但是很显然，它们已经成为了整个 Web 行业继 Ajax 之后的新焦点，正在影响着整个互联网产业的变革。

本章，我们将对 CSS Level 3 作一个总体的概述。首先我们将探讨 CSS Level 3 的发展历程，随后我们会对 CSS3 提供的新特性作一个概览，最后我们将探讨目前浏览器对 CSS Level 3 的支持情况。

10.1 CSS3 发展历程

CSS 有着和 HTML5 一样的漫长历史。当 20 世纪 90 年代，HTML 语言诞生的时候，样式表也以各种不同的形式出现了。20 多年的发展，使得往日单一的 CSS 早已今非昔比。本节，我们将对 CSS3 的发展历程作一下回顾。

10.1.1 CSS 的兴起

虽然早在 1990 年 HTML 语言诞生之时，世界上就已经出现了各种各样的样式表表现形式。但是 CSS 的第一版本正式发布却推迟到 1996 年年底。在这 6 年间，Web 领域的奠基人作出了许多探索。

说到 CSS 层叠样式表的历史，就不得不提到 CSS 的鼻祖哈坤·利和 W3C 组织的前主席伯特·波斯（Bert Bos）。在 HTML2.0 发布之后，W3C 组织也随机在麻省理工计算机科学实验室成立。这时候，Web 领域正处于迅猛发展的浪尖上。1994 年，哈坤·利等人在芝加哥的一次讨论会上提出了 CSS 最初的建议，这一建议很快引起了刚刚成立的 W3C 组织的兴趣，随即哈坤·利和伯特·波斯等人成为了 W3C 组织专门研究 CSS 项目的负责人。经过两年的努力，在 1996 年 12 月，CSS Level 1 版本由 W3C 组织正式发布。

在 CSS Level 1 中，“层叠”是它相比其他样式表最大的特色。使用 CSS Level 1 层叠样式表，一个文件的样式可以从其他的文件的样式表中“层叠”下来。这种层叠方式的设计，使得 Web 设计者和浏览者可以很方便地加入自己的个人爱好，深得人们的青睐。

10.1.2　CSS Level 2.1 的发布

CSS Level 1 的发布，使人们看到了 CSS 的发展潜力。1997 年初，W3C 组织成立了以克里斯·里雷为负责人的 CSS 工作组，专门探讨 CSS Level 1 中没有涉及的问题。1998 年 5 月，CSS Level 2 在众人瞩目中正式发布。

在 CSS Level 2 层叠样式表中，最大的特点是采取内容和表现效果分离的表现方式。这使得 Web 程序员在 Web 开发时可以不需要考虑显示和界面，显示和界面问题可由专门的 Web 美工程序使用 CSS Level 2 来解决。

虽然 CSS Level 2 标准在 1998 年就发布了，但直到 2004 年之前，几乎没有一个浏览器可以彻底实现这个标准。于是 W3C 标准组织决定对 CSS Level 2 作略微的改动，删除了许多在当时难以被浏览器制造商接受的属性。于是，CSS Level 2.1 于 2004 年 2 月由 W3C 组织发布。此后，CSS Level 2.1 版本被浏览器制造商所广泛采用，并且成为 CSS 中最稳定的一个版本。

10.1.3　CSS Level 3 的诞生

CSS Level 2 经过 14 年的历史，很多 Web 设计者渐渐认识到 CSS Level 2 版本已经无法满足 Web 应用日益增长的高执行性能、高用户体验的需求。在这样的背景下，CSS Level 3 版本就顺应历史潮流应运而生。

CSS Level 3 的计划可以追溯到 1999 年，但直到 2011 年 6 月 7 日，W3C 组织才发布了其推荐标准。12 年磨一剑，CSS Level 3 中，继承了 CSS Level 2 中大部分的功能，但是为了更好地管理，采用了分工协作的模块化结构，这极大地简化了 CSS 的编程模型。同时，浏览器制造厂商也可以有选择地对 CSS3 的部分模块提供支持。

2001 年 5 月 23 日，W3C 组织完成了 CSS Level 3 的工作草案，在该草案中制订了 CSS Level 3 的发展路线图，详细列出了所有模块，并计划在未来逐步进行规范。

2002 年 5 月 15 日发布了 CSS 3 line 模块，该模块规范了文本行模型。

2002 年 11 月 7 日发布了 CSS 3 Lists 模块，该模块规范了列表样式。

2003 年 5 月 14 日发布了 CSS 3 Generated and Replaced Content 模块，该模块定义了 CSS 3 的生成及更换内容功能。

2003 年 8 月 13 日发布了 CSS 3 Presentation Levels 模块，该模块定义了演示效果功能。

2003 年 8 月 13 日发布 CSS 3 Syntax 模块，该模块重新定义了 CSS 语法规则。

2004 年 2 月 24 日发布了 CSS 3 Hyperlink Presentation 模块，该模块重新定义了超链接表示规则。

2004 年 12 月 16 日发布了 CSS 3 Speech 模块，该模块重新定义了语音“样式”规则。

2005 年 12 月 15 日发布了 CSS 3 Cascading and inheritance 模块，该模块重新定义了 CSS 层叠和继承规则。

2007 年 8 月 9 日发布了 CSS 3 basic box 模块，该模块重新定义了 CSS 的基本盒模型规则。

2007 年 9 月 5 日发布了 CSS 3 Grid Positioning 模块，该模块定义了 CSS 的网格定位规则。

2009 年 3 月 20 日发布了 CSS 3 Animations 模块，该模块定义了 CSS 的动画模型。

2009 年 3 月 20 日发布了 CSS 3 3D Transforms 模块，该模块定义了 CSS 3D 转换模型。

2009 年 6 月 18 日发布了 CSS 3 Fonts 模块，该模块定义了 CSS 字体模型。

2009 年 7 月 23 日发布了 CSS 3 Image Values 模块，该模块定义了图像内容显示模型。

2009 年 7 月 23 日发布了 CSS 3 Flexible Box Layout 模块，该模块定义了灵活的框布局模块。

2009 年 8 月 4 日发布了 CSS 3 CSSOM View 模块，该模块定义了 CSS 的视图模块。

2009 年 12 月 1 日发布了 CSS 3 Transitions 模块，该模块定义了动画过渡效果模型。

2009 年 12 月 1 日发布了 CSS 3 2D Transforms 模块，该模块定义了 2D 转换模型。

2010 年 4 月 29 日发布了 CSS 3 Template Layout 模块，该模块定义了模板布局模型。

2010 年 4 月 29 日发布了 CSS 3 Generated Content for Paged Media 模块，该模块定义了分页媒体内容模型。

2010 年 10 月 5 日发布了 CSS 3 Text 模块，该模块定义了文本模型。

2010 年 10 月 5 日发布了 CSS 3 Backgrounds and Borders 模块，该模块重新修订了边框和背景模型。

2011 年 4 月 12 日发布了 CSS 3Multi-column Layout 模块推荐版，该模块定义了将流动内容填入灵活布局的栏目的模型。

2011 年 6 月 7 日发布了 CSS 3 Color 模块的推荐版，该模块定义了颜色模型。

2011 年 9 月 29 日发布了 CSS 3 Selector 模块的推荐版，该模块定义了选择器模型。

从 CSS Level 3 的众多模块可以看出，CSS Level 3 并不只是在 CSS Level 2 的基础上作简单的修改和完善，而是一场对 Web 样式表设计的颠覆性的变革。虽然 CSS Level 3 草案还在不断地完善中，但是 HTML5 和 CSS Level 3 将会改变整个 Web 世界已经成为了不可置疑的事实。

10.2　CSS3 的新特性

理所当然，在 CSS Level 3 中，重复了大量的 CSS level2 的内容，但是不可否认，CSS Level 3 增加了许多振奋人心的新特性。本节，我们将重点探讨 CSS Level 3 中的主要新特性。

10.2.1　强大的选择器

前面我们已经探讨过，CSS Level 2 相对于 CSS Level 1 的最大特点在于采取了内容和表现形式分离的表现形式。CSS Level 3 使这一方式进一步得到强化，这完全得益于 CSS Level 3 提供的强大的选择器。这些选择器在 CSS Level 2.1 只有 ID 和 class 的基础上，增加了十多种伪元素、伪类和属性选择器。例如，在 Html5 Web Forms 这一章中，我们使用 UI 元素状态伪类 valid 和 invalid 来配合 HTML5 设计表单在验证通过和未通过时的显示样式，如图 10-1 所示。

图 10-1　CSS Level 3 使用 UI 元素伪类选择器实现的效果

CSS Level 3 强大的选择器使得 HTML 代码更加精简，也使得 Web 程序员对样式表的修改和维护更加方便。对于 CSS Level 3 的选择器，我们将在之后作详细探讨。

10.2.2　专业的 UI 设计

CSS 层叠样式表是一种用来表现 HTML 和 XML 等文件风格样式的 Web 语言。其核心在于提供更好地用户显示界面。在 CSS Level 3 中，增加和改善了一些专业的 UI 设计，使得许多在 CSS Level 2.1 中，只有通过图片实现的视觉显示效果，只要一行代码就可以实现了。例如，使用 CSS Level 3，我们可以轻松地实现圆角、阴影、渐变和半透明背景等等功能，其中圆角边框的显示效果如图 10-2 所示。

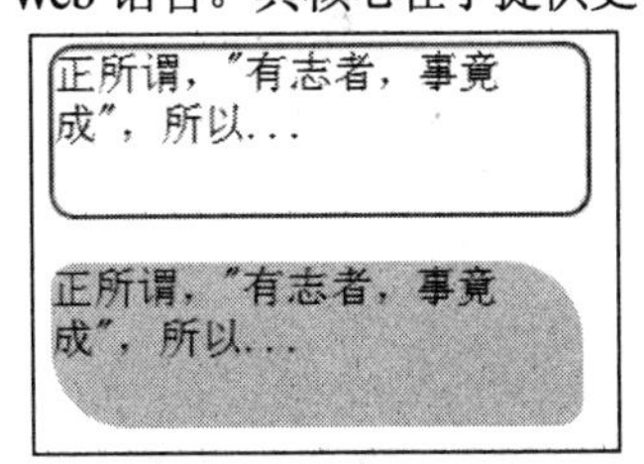

图 10-2　CSS Level 3 实现的圆角边框显示效果

CSS Level 3 专业的 UI 设计，使得 Web 程序的品味上了一个台阶，极大地提升了用户的体验。同时，这避免在 CSS Level 2.1 中需要图片实现的视觉效果，减少了 HTTP 请求数，使得网页的加载速度也得以大大提高。

10.2.3　简单的动画特效

在传统的 Web 程序中，通常我们借助 Javascript 脚本和 Flash 来实现一些动画特效。随着 CSS Level 3 的来袭，使用 CSS 设计动画特效也成为一种可能。在 CSS Level 3 中，动画设计包含了

Transform 变形动画设计、Transition 过渡动画设计和 Animation 高级动画设计三个部分内容。例如，我们可以使用 Animation 过渡动画设计，当用户悬停在某个按钮之上的时候，我们通过设计，可以让按钮的颜色的渐进平滑地发生改变。如图 10-3 所示。

图 10-3　按钮的颜色过渡动画显示效果

CSS Level 3 的简单动画特效，使得之前看起来非常复杂的动画特效，在不需要使用 Flash 和 Javascript 脚本的情况下，就可以得到完美实现。

10.2.4　高效的布局方式

CSS Level 2 和 DIV 的布局可以成为一个时代的经典。但是 CSS Level 3 似乎可以超越这一经典。在 CSS Level 3 中，引入了多列自动布局方式和弹性盒布局方式。这种多列自动布局方式，可以让 Web 程序员像报纸布局一样将一个简单的区块拆分成多列，实现内容的多栏结构，如图 10-4 所示。

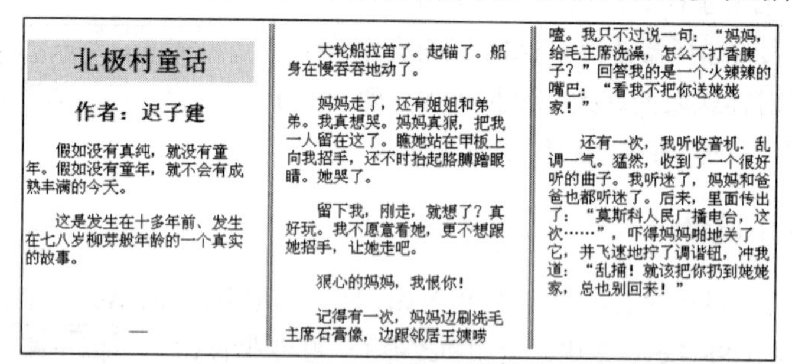

图 10-4　多列自动布局方式显示效果

CSS Level 3 的高效布局方式，消除了传统 CSS Level 2 和 DIV 布局方式冗长的代码，使得 CSS 编程更加简单、高效。

10.2.5　智能媒体查询

由于 Web 程序用户的复杂性和用户媒体设备的多样性，使得传统的 Web 程序很难满足所有用户的媒体设备的显示要求。例如，在用户媒体设备的可视区域宽度的分辨率小于 480 的情况下，通常情况下，我们不想让 Web 程序的侧栏显示浮动在侧边了。为了解决这个问题，在 CSS Level 3 中，引入了媒体查询功能。这样我们就可以不需要单独为不同的媒体设备编写 CSS 样式表。

CSS Level 3 的智能媒体查询，可以有效地解决用户媒体设备的浏览器的分辨率多样化的问题，使得不同的媒体设备可以智能选择相应的样式表进行显示。

10.3　浏览器对 CSS3 的支持

CSS Level 3 给我们带来了全新的设计体验。但是目前主流浏览器度对 CSS Level 3 的支持情况却参差不齐。特别是各主流浏览器都定义了自己私有属性，这给 Web 设计者们带来了一定的困扰。本节，我们将重点探讨浏览器对 CSS Level 3 的支持情况。

10.3.1　私有属性带来的困扰

在 CSS Level 3 中，很多模块草案处于候选推荐标准状态。换句话说，CSS Level 3 的很多属性、值和选择器都没有最终定稿。但是很多主流浏览器为了抢占市场份额，因此，它们尝试着实现一些尚未定稿的 CSS Level 3 标准。但是由于不同的浏览器实现有很大的差异，所以我们称之为私有属性。

私有属性需要在常规的 CSS 代码中加上一个必要的前缀，以便浏览器的渲染引擎能够正确识别它们。表 10-1 列举了常见的 CSS Level 3 前缀。

表 10-1　CSS Level 3 的前缀

前　　缀	渲 染 引 擎	浏览器举例
-webkit-	Webkit	Safari、Chrome 浏览器等
-o-	Presto	Opera 浏览器等
-moz-	Mozilla	Firefox 浏览器等
–ms–	Trident	Internet Explorer 浏览器
–khtml–	KHTML	Konqueror 浏览器

私有属性在一定程度上具有积极作用。它给予了浏览器在必要时候进行变更的灵活性，这让浏览器能够更快地发布或者重新定义新的属性。当 CSS Level 3 相应的模块的规范转换为推荐版稳定下来时，浏览器也会去除这个前缀。同时，私有属性也让 Web 开发者能够更快地有机会尝试新的属性，并且能够参与到在真实环境下测试和修订这些特性的过程。更为重要的是，有前缀的私有属性可以很好地向前或向后兼容。

但是私有属性也给 Web 开发者带来了一定的困扰。这种困扰来源于为了用户使用浏览器的不确定性。对于一个私有属性的实现效果，我们需要几行不同的代码。例如，对于一个简单的边框圆角的效果，我们就需要下面一大堆代码来实现。

CSS 代码：test_precss.css。

```
div
{
    -webkit-border-radius: 15px;
```

```
        -o-border-radius: 15px;
        -ms-border-radius: 15px;
        -moz-border-radius: 15px;
        -khtml-border-radius:15px;
        border-radius:15px;
}
```

- -webkit-前缀为 Webkit 渲染引擎的浏览器的私有属性。
- -o-前缀为 Presto 渲染引擎的浏览器的私有属性。
- -ms-前缀为 Trident 渲染引擎的浏览器的私有属性。
- -moz-前缀为 Mozilla 渲染引擎的浏览器的私有属性。
- -khtml-前缀为 KHTML 渲染引擎的浏览器的私有属性。

从上面的 CSS 代码中可以看到，使用浏览器的私有属性则代码非常冗长。这些重复的代码也会在一定的程度上增加 CSS 样式表的大小，从而影响 Web 程序的加载速度。

尽管 CSS Level 3 的私有属性让很多 Web 开发者感到困扰。但这毕竟是 CSS Level 3 发展必须经历的一个阶段。况且从某种意义上来讲，CSS Level 3 的私有属性利大于弊。

10.3.2 主流浏览器对 CSS3 的支持情况

由于 CSS Level 3 采取了分工协作的模块化结构。不仅 CSS Level 3 标准的制定按照模块阶段来进行。主流浏览器也是有选择的对 CSS Level 3 的部分模块提供支持。在 Windows 平台下，各主流浏览器对 CSS Level3 模块的支持情况如图 10-5 所示。

浏览器	CHROME	FIREFOX		OPERA		SAFARI	IE		
版本	4	3.6	3	10	10.5	4	6	7	8
RGBA	✔	✔	✔	✔	✔	✔	✘	✘	✘
HSLA	✔	✔	✔	✔	✔	✔	✘	✘	✘
Multiple Backgrounds	✔	✔	✘	✘	✔	✔	✘	✘	✘
Border Image	✔	✔	✘	✘	✔	✔	✘	✘	✘
Border Radius	✔	✔	✔	✘	✔	✔	✘	✘	✘
Box Shadow	✔	✔	✘	✘	✔	✔	✘	✘	✘
Opacity	✔	✔	✔	✔	✔	✔	✘	✘	✘
CSS Animations	✔	✘	✘	✘	✘	✔	✘	✘	✘
CSS Columns	✔	✔	✔	✘	✘	✔	✘	✘	✘
CSS Gradients	✔	✔	✘	✘	✘	✔	✘	✘	✘
CSS Reflections	✔	✘	✘	✘	✘	✔	✘	✘	✘
CSS Transforms	✔	✔	✘	✘	✔	✔	✘	✘	✘
CSS Transforms 3D	✔	✘	✘	✘	✘	✔	✘	✘	✘
CSS Transitions	✔	✘	✘	✘	✔	✔	✘	✘	✘

图 10-5 主流浏览器对 CSS Level 3 主要模块的支持情况

从图 10-5 中可以看出，目前市场上的主流浏览器对 CSS Level 3 的主要模块的支持情况还是比较理想的。在后面的章节中，我们还会进一步对一些 CSS 模块的浏览器支持情况作进一步探讨。

10.4　本 章 小 结

在本章中，我们对 CSS Level 3 技术作了一个总体的概述，使读者对 CSS Level3 有了一个初步的了解。

在第一大节中，我们介绍了 CSS Level 3 的发展历程。首先我们探讨了 CSS 是怎样兴起的，随之，我们探讨了 CSS Level2.1 的发布。最后我们讨论了 CSS Level3 的诞生。

在第二大节中，我们讨论了 CSS3 的新特性，重点探讨了 CSS Level3 的选择器、UI 设计、动画特效、布局方式和媒体查询等等。

在第三大节中，我们主要探讨目前主流浏览器对 CSS Level 3 的支持情况，重点探讨了 CSS Level 3 的私有属性和浏览器对 CSS Level 3 主要模块的兼容情况。

第 11 章　选择器畅想——CSS3 Selector

本章，我们将一起来探讨 CSS Level 3 的选择器——CSS3 Selector。自从 CSS Level 2 开始，CSS 规范就采取了内容和表现形式分离的方式。选择器也随之成为内容和表现形式之间连接的桥梁。

一般来说，CSS 3 的选择器有两个非常显著的作用。一是可以降低 CSS 样式表的代码的大小，从而减少 HTTP 请求，加快 Web 程序的加载速度；二是可以便于修改和维护，按照选择器的规则，可以很方便地对特定的元素样式进行修改。在传统的 Web 程序中，我们使用最多的莫过于 ID 选择器和类选择器，但是这两种选择器在很多时候都仅仅是为了 CSS 服务的，属于 HTML 代码中的多余属性。而且任何元素都可以绑定这两个选择器，针对某一个选择器，可以对应不同的元素，这将对 CSS 样式表的维护带来困扰。

在 CSS3 Selector 中，新增和完善了选择器的内容，使得 HTML 元素可以很方便地和相应的样式绑定起来，使得各个元素的样式指定一目了然。

本章，我们主要探讨在 CSS Level 3 中，新增和完善的选择器——CSS3 Selector。首先我们会探讨使用频率比较高的属性选择器，随后将重点探讨伪选择器，包括伪元素选择器、结构性伪类选择器、UI 元素状态伪类选择器以及其他伪类选择器。

11.1　属性选择器

CSS3 Selector 的选择器是在保留 CSS 2 Selector 属性选择器的基础上，新增了一些具有通配符的属性选择器。本节，我们将重点探讨这些保留的和新增的属性选择器的使用。

11.1.1　保留的属性选择器

在 CSS3 Selector 中，几乎保留下来了 CSS2 Selector 的全部的属性选择器。这些保留的属性选择器包括以下几个。

- E[attr]选择器
- E[attr="value"]选择器
- E[attr~="value"]选择器
- E[attr|="value"]选择器

E[attr]属性选择器是所有 CSS3 Selector 中属性选择器中最简单的一个。这个选择器用来匹配设置了 attr 属性的元素。对于 E[attr]属性选择器的具体使用，读者可以参考下面的代码。在 Chrome 浏览器运行之后，显示效果如图 11-1 所示。

HTML+CSS 代码：test_eattr.html。

```
<!DOCTYPE html>
<html>
<head>
<title>E[attr]属性选择器</title>
</head>
<style type="text/css">
ul{
    text-decoration: none;
}
li{
    float:left;
    display:block;
    margin-left:15px;
    height:25px;
    width:25px;
    text-align:center;
    background: pink;
}
li[class]{
    background:blue;
}
li[width]{
    background:yellow;
}

</style>
<body>
<div>
    <ul>
```

```
    <li class="blue">1</li>
    <li>2</li>
    <li class="green">3</li>
    <li>4</li>
    <li width="25px">5</li>
    </ul>
</div>
</body>
</html>
```

- li[class]选择器用来匹配设置了 class 属性的 li 元素。
- li[width]选择器用来匹配设置了 width 属性的 li 元素。
- 在上面的代码中，我们使用 E[attr]属性选择器分别对第 1 个 li 元素、第 3 个 li 元素和第 5 个 li 元素进行 CSS 匹配。

图 11-1　使用 E[attr]属性选择器在 Chrome 浏览器的运行效果

E[attr="value"]属性选择器用来匹配 attr 属性为 value 属性值的元素。相比 E[attr]属性选择器，E[attr="value"]属性选择器不仅指定了属性名，同时也指定了属性值。因此，选择的范围进一步缩小，更能精确选择自己需要的元素。对于 E[attr="value"]属性选择器的具体使用，读者可以参考下面的代码。在 Chrome 浏览器运行之后，显示效果如图 11-2 所示。

HTML+CSS 代码：test_eattrvalue.html。

```
<!DOCTYPE html>
<html>
<head>
<title>E[attr="value"]属性选择器</title>
</head>
<style type="text/css">
ul{
    text-decoration: none;
}
li{
    float:left;
    display:block;
    margin-left:15px;
    height:25px;
    width:25px;
```

```
        text-align:center;
        background: pink;
    }
    li[class="blue"]{
        background:blue;
    }
    li[class="green"]{
        background:green;
    }

    </style>
    <body>
    <div>
        <ul>
        <li class="blue">1</li>
        <li>2</li>
        <li class="green">3</li>
        <li>4</li>
        <li>5</li>
        </ul>
    </div>
    </body>
    </html>
```

- li[class="blue"]选择器用来匹配设置了 class 属性值为 blue 的 li 元素。
- li[class="green"]选择器用来匹配设置了 class 属性值为 green 的 li 元素。
- 在上面的代码中，我们使用 E[attr]属性选择器分别对第 1 个 li 元素和第 3 个 li 元素进行 CSS 匹配。

图 11-2　使用 E[attr="value"]属性选择器在 Chrome 浏览器的运行效果

值得注意的是，通常情况下，属性的属性值以列表的形式给出，例如，class="blue big"。这时，E[attr]选择器必须完全匹配属性值才能匹配成功。例如，li[class="blue"]是不会匹配成功的。

E[attr~="value"]属性选择器就是为了解决上面的问题，它可以匹配 attr 属性的属性值列表中具有 value 属性值的所有元素。对于 E[attr~="value"]属性选择器的具体使用，读者可以参考下面的代码。在 Chrome 浏览器运行之后，显示效果如图 11-3 所示。

HTML+CSS 代码：test_eattr~value.html。

```
<!DOCTYPE html>
<html>
<head>
<title>E[attr~="value"]属性选择器</title>
</head>
<style type="text/css">
ul{
    text-decoration: none;
}
li{
    float:left;
    display:block;
    margin-left:15px;
    height:25px;
    width:25px;
    text-align:center;
    background: pink;
}
li[class="blue"]{
    background:blue;
}
li[class~="big"]{
    font-size:25px;
}

</style>
<body>
<div>
    <ul>
    <li class="blue big">1</li>
    <li>2</li>
    <li>3</li>
    <li>4</li>
    <li>5</li>
    </ul>
</div>
</body>
</html>
```

- li[class="blue"]选择器用来完全匹配设置了 class 属性值为 blue 的 li 元素。
- li[class~="big"]选择器用来匹配设置了 class 属性值列表中有属性值为 big 的 li 元素。
- 在上面的代码中，我们分别使用了 E[attr="value"]和 E[atrr~="value"]属性选择器对第一个 li 元素进行了匹配。但只有 E[attr~="value"]属性选择器匹配成功。

图 11-3　使用 E[attr~=”value”]属性选择器在 Chrome 浏览器的运行效果

E[attr|=”value”]属性选择器也称为特定属性选择器。它用来匹配 attr 属性的属性值为 value 或者以 value-开头的所有元素。对于 E[attr|=”value”]属性选择器的具体使用，读者可以参考下面的代码。在 Chrome 浏览器运行之后，显示效果如图 11-4 所示。

HTML+CSS 代码：test_eattr|value.html。

```
<!DOCTYPE html>
<html>
<head>
<title>E[attr|="value"]属性选择器</title>
</head>
<style type="text/css">
ul{
    text-decoration: none;
}
li{
    float:left;
    display:block;
    margin-left:15px;
    height:25px;
    width:25px;
    text-align:center;
    background: pink;
}

li[class|="big"]{
    font-size:25px;
}

</style>
<body>
<div>
    <ul>
    <li class="big-blue">1</li>
    <li>2</li>
    <li class="big-green">3</li>
```

```
        <li>4</li>
        <li>5</li>
        </ul>
</div>
</body>
</html>
```

- li[class|="big"]选择器用来匹配 class 属性值为 big 或者以 big-开头的所有 li 元素。

在上面的代码中，我们使用 E[atrr|="value"]属性选择器对第 1 个和第 3 个 li 元素进行了匹配。

图 11-4　使用 E[attr|="value"]属性选择器在 Chrome 浏览器的运行效果

11.1.2　新增的属性选择器

在 CSS 3 Selector 的属性选择器中，除了保留了 CSS 2 Selector 的全部属性选择器，也新增加了三个属性选择器。它们分别是：

- E[attr^="value"]选择器；
- E[attr$="value"]选择器；
- E[attr*="value"]选择器。

E[attr^="value"]属性选择器用来匹配 attr 属性值以 value 开头的所有元素。请注意 E[attr^="value"]属性选择器和 E[attr|="value"]属性选择器的区别。即 E[attr|="value"]属性选择器匹配的是属性值以 value-开头的元素。对于 E[attr^="value"]属性选择器的具体使用，读者可以参考下面的代码。在 Chrome 浏览器运行之后，显示效果如图 11-5 所示。

HTML+CSS 代码：test_eattr^value.html。

```
<!DOCTYPE html>
<html>
<head>
<title>E[attr^="value"]属性选择器</title>
</head>
<style type="text/css">
ul{
    text-decoration: none;
}
li{
```

```
        float:left;
        display:block;
        margin-left:15px;
        height:25px;
        width:25px;
        text-align:center;
        background: pink;
    }
    li[class^="b"]{
        font-size:25px;
        background:blue;
    }

    </style>
    <body>
    <div>
        <ul>
        <li class="big">1</li>
        <li>2</li>
        <li class="blue">3</li>
        <li>4</li>
        <li>5</li>
        </ul>
    </div>
    </body>
    </html>
```

- li[class^="b"]选择器用来匹配 class 属性值为 b 开头的所有 li 元素。

在上面的代码中，我们使用 E[atrr^="value"]属性选择器对第 1 个和第 3 个 li 元素进行了匹配。

图 11-5　使用 E[attr^="value"]属性选择器在 Chrome 浏览器的运行效果

E[attr$="value"]属性选择器用来匹配 attr 属性值以 value 结尾的所有元素，和 E[attr$="value"]属性选择器刚好相反。对于 E[attr$="value"]属性选择器的具体使用，读者可以参考下面的代码。在 Chrome 浏览器运行之后，显示效果如图 11-6 所示。

HTML+CSS 代码：test_eattr$value.html。

```
<!DOCTYPE html>
<html>
<head>
<title>E[attr$="value"]属性选择器</title>
</head>
<style type="text/css">
ul{
    text-decoration: none;
}
li{
    float:left;
    display:block;
    margin-left:15px;
    height:25px;
    width:25px;
    text-align:center;
    background: pink;
}
li[class$="d"]{
    background:red;
}

</style>
<body>
<div>
    <ul>
    <li class="background">1</li>
    <li>2</li>
    <li class="big red">3</li>
    <li>4</li>
    <li>5</li>
    </ul>
</div>
</body>
</html>
```

- li[class$="d"]选择器用来匹配 class 属性值为 b 结尾的所有 li 元素。

在上面的代码中，我们使用 E[atrr$="value"]属性选择器对第 1 个和第 3 个 li 元素进行了匹配。

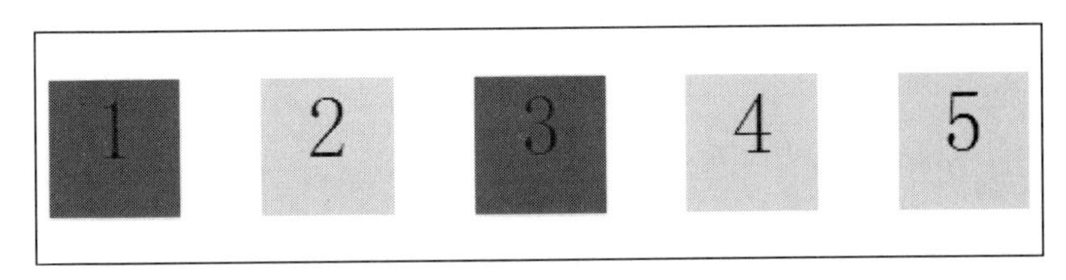

图 11-6　使用 E[attr$="value"]属性选择器在 Chrome 浏览器的运行效果

E[attr*="value"]属性选择器用来匹配 attr 属性值中包含 value 子串的所有元素。对于 E[attr*="value"]属性选择器的具体使用，读者可以参考下面的代码。在 Chrome 浏览器运行之后，显示效果如图 11-7 所示。

HTML+CSS 代码：test_eattr*value.html。

```
<!DOCTYPE html>
<html>
<head>
<title>E[attr*="value"]属性选择器</title>
</head>
<style type="text/css">
ul{
    text-decoration: none;
}
li{
    float:left;
    display:block;
    margin-left:15px;
    height:25px;
    width:25px;
    text-align:center;
    background: pink;
}
li[class*="n"]{
    background:yellow;
}
</style>
<body>
<div>
    <ul>
    <li class="danger">1</li>
    <li>2</li>
    <li class="warning">3</li>
    <li>4</li>
```

```
        <li>5</li>
        </ul>
</div>
</body>
</html>
```

- li[class*=”n”]选择器用来匹配 class 属性值包含 n 子串的所有 li 元素。
- 在上面的代码中，我们使用 E[atrr$=”value”]属性选择器对第 1 个和第 3 个 li 元素进行了匹配。

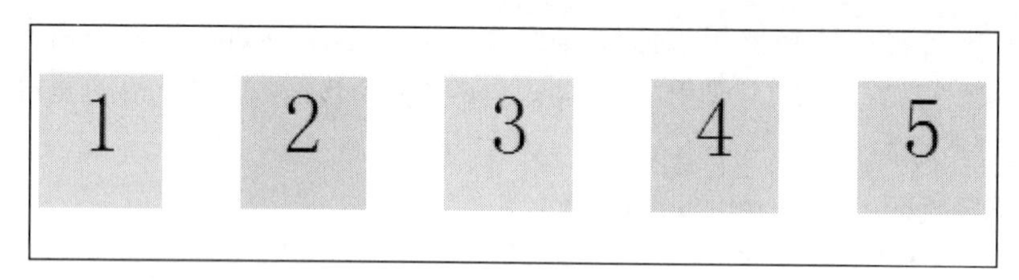

图 11-7　使用 E[attr*=”value”]属性选择器在 Chrome 浏览器的运行效果

11.2　伪选择器

伪选择器包括伪类选择器和伪元素选择器。在 CSS 3 Selector 中，除了保留了 CSS 2 Selector 中的伪选择器之外，还新增了一系列的结构性伪类选择器。本节，我们将重点探讨 CSS 3 Selector 中这两种伪选择器的使用。

11.2.1　伪元素选择器

伪元素选择器用来匹配特定元素里面的部分内容，也就是说，伪元素选择器匹配的是虚拟的元素。在 CSS 3 Selector 中，主要有以下几种伪元素选择器。

- first-line 选择器；
- first-letter 选择器；
- before 选择器；
- after 选择器。

first-line 选择器用来匹配某个元素中的第一行文字内容。对于 first-line 元素的具体使用，读者可以参考下面的代码。在 Chrome 浏览器运行之后，显示效果如图 11-8 所示。

HTML+CSS 代码：test_firstline.html。

```
<!DOCTYPE html>
<html>
<head>
<title>first-line 伪元素选择器</title>
```

```
</head>
<style type="text/css">
p:first-line{
    font-size:25px;
    font-weight:bold;
    color:red;
    line-height:40px;
}
</style>
<body>
<p>
    美国苹果 Safari 用户起诉谷歌侵犯隐私权<br>
    一名美国的 Safari 用户指控 Google 侵犯用户隐私权。诉讼称 Google 是故意实施...
</p>
</body>
</html>
```

- p:first-line 伪元素选择器用来匹配 p 元素里面的第一行文字。
- 在上面的代码中，我们使用 first-line 伪元素选择器对 p 元素的第一行文字进行了匹配。

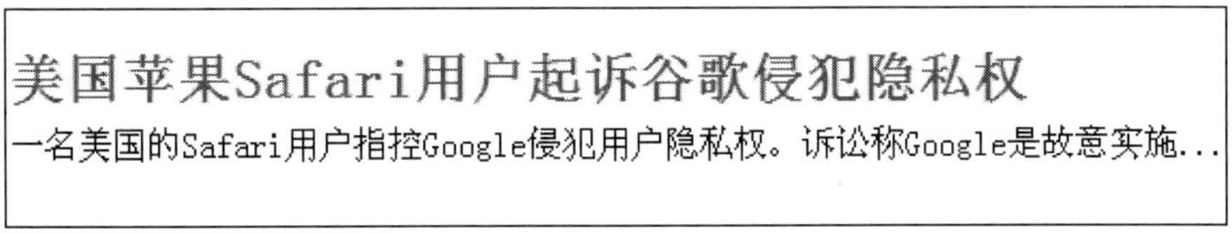

美国苹果Safari用户起诉谷歌侵犯隐私权
一名美国的Safari用户指控Google侵犯用户隐私权。诉讼称Google是故意实施...

图 11-8　使用 first-line 伪元素选择器在 Chrome 浏览器的运行效果

first-letter 伪元素选择器用来匹配某个元素中的第一个字母或者文字。对于 first-letter 伪元素选择器的具体使用，读者可以参考下面的代码。在 Chrome 浏览器运行之后，显示效果如图 11-9 所示。

HTML+CSS 代码：test_firstletter.html。

```
<!DOCTYPE html>
<html>
<head>
<title>first-letter 伪元素选择器</title>
</head>
<style type="text/css">
p:first-letter{
    font-size:35px;
    font-weight:bold;
    color:red;
}
</style>
```

```
<body>
<p>
    美国的 Safari 用户指控 Google 侵犯用户隐私权。诉讼称 Google 是故意实施...
</p>
</body>
</html>
```

- p:first-letter 伪元素选择器用来匹配 p 元素里面的第一个文字。
- 在上面的代码中，我们使用 first-line 伪元素选择器对 p 元素的第一个文字进行了匹配。

美国的Safari用户指控Google侵犯用户隐私权。诉讼称Google是故意实施...

图 11-9　使用 first-line 伪元素选择器在 Chrome 浏览器的运行效果

before 伪元素选择器用来在某个元素之前插入内容。对于 before 伪元素选择器的具体使用，读者可以参考下面的代码。在 Chrome 浏览器运行之后，显示效果如图 11-10 所示。

HTML+CSS 代码：test_before.html。

```
<!DOCTYPE html>
<html>
<head>
<title>before 伪元素选择器</title>
</head>
<style type="text/css">
ul{
    text-decoration: none;
}
li{
    float:left;
    display:block;
    margin-left:15px;
    height:25px;
    width:40px;
    text-align:center;
    background: pink;
}
li:before{
    content:"->";
}
</style>
<body>
```

```
<div>
    <ul>
    <li>1</li>
    <li>2</li>
    <li>3</li>
    <li>4</li>
    <li>5</li>
    </ul>
</div>
</body>
</html>
```

- li:before 伪元素选择器用来在 li 元素之前插入“->”。
- 在上面的代码中，我们使用 before 伪元素选择器在 li 元素之前插入内容。

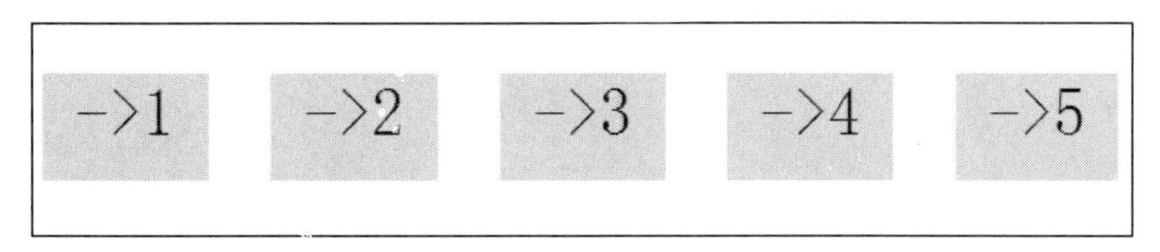

图 11-10　使用 before 伪元素选择器在 Chrome 浏览器的运行效果

after 伪元素选择器用来在某个元素之后插入内容。对于 after 伪元素选择器的具体使用，读者可以参考下面的代码。在 Chrome 浏览器运行之后，显示效果如图 11-11 所示。

HTML+CSS 代码：test_after.html。

```
<!DOCTYPE html>
<html>
<head>
<title>after 伪元素选择器</title>
</head>
<style type="text/css">
ul{
    text-decoration: none;
}
li{
    float:left;
    display:block;
    margin-left:15px;
    height:25px;
    width:40px;
    text-align:center;
    background: pink;
```

```
    }
    li:before{
        content:"->";
    }
    li:after{
        content:"<-";
    }
    </style>
    <body>
    <div>
        <ul>
        <li>1</li>
        <li>2</li>
        <li>3</li>
        <li>4</li>
        <li>5</li>
        </ul>
    </div>
    </body>
    </html>
```

- li:after 伪元素选择器用来在 li 元素之前插入”<-”。
- 在上面的代码中，我们使用 after 伪元素选择器在 li 元素之前插入内容。

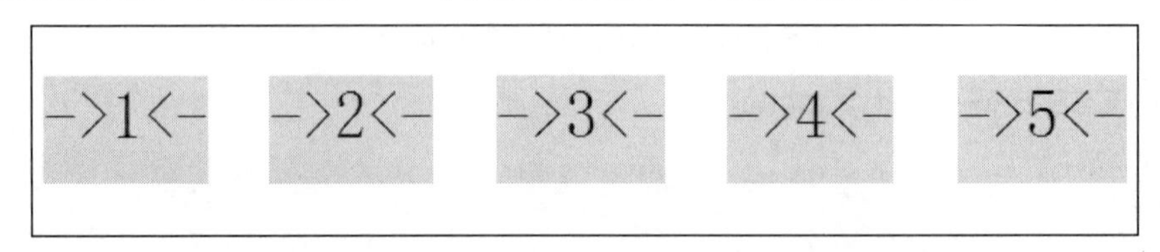

图 11-11　使用 after 伪元素选择器在 Chrome 浏览器的运行效果

11.2.2　保留的伪类选择器

和伪元素选择器类似，伪类选择器用来匹配某些元素的虚拟的类 class。在 CSS 3 Selector 中，保留了 CSS 2 Selector 中常用的伪类的选择器。主要有以下几个。

- a:link 选择器；
- a:visited 选择器；
- a:hover 选择器；
- a:active 选择器；
- E:first-child 选择器；

- E:lang(s)选择器。

a:link、a:visited、a:hover 和 a:active 伪类选择器统称为锚伪类选择器。其中，a:link 伪类选择器用来匹配未访问的链接，a:visited 伪类选择器用来匹配访问过的链接，a:hover 伪类选择器用来匹配鼠标悬停的链接，a:active 伪类选择器用来匹配鼠标被按下时的链接。对于 4 种锚伪类选择器的具体使用，读者可以参考下面的代码。在 Chrome 浏览器运行之后，显示效果如图 11-12 所示。

HTML+CSS 代码：test_a.html。

```
<!DOCTYPE html>
<html>
<head>
<title>锚伪类选择器</title>
</head>
<style type="text/css">
a:link{
    text-decoration:none;
    color:black;
}
a:visited{
    text-decoration:none;
    color:green;
}
a:hover{
    text-decoration:none;
    color:red;
}
a:active{
    text-decoration:none;
    color:yellow;
}
</style>
<body>
    <a href="http://www.google.com.hk/">google 搜索页面</a>
</body>
</html>
```

- a:link 伪类选择器用来匹配未访问的链接。
- a:visited 伪类选择器用来匹配访问过的链接。
- a:hover 伪类选择器用来匹配鼠标悬停的链接。
- a:active 伪类选择器用来匹配鼠标被按下时的链接。

google搜索页面

图 11-12　使用锚伪类选择器在 Chrome 浏览器的运行效果

E:first-child 伪类选择器用来匹配父元素的第一个子元素 E。对于 E:first-child 伪类选择器的具体使用，读者可以参考下面的代码。在 Chrome 浏览器运行之后，显示效果如图 11-13 所示。

HTML+CSS 代码：test_firstchild.html。

```
<!DOCTYPE html>
<html>
<head>
<title>E:first-child 伪类选择器</title>
</head>
<style type="text/css">
ul{
    text-decoration: none;
}
li{
    float:left;
    display:block;
    margin-left:15px;
    height:25px;
    width:25px;
    text-align:center;
    background: pink;
}
li:first-child{
    background:blue;
}
</style>
<body>
<div>
    <ul>
    <li>1</li>
    <li>2</li>
    <li>3</li>
    <li>4</li>
    <li>5</li>
    </ul>
</div>
</body>
```

```
</html>
```

- li:first-child 伪类选择器用来匹配第一个 li 元素。
- 在上面的代码中，我们使用 E:first-child 伪类选择器匹配了第一个 li 元素。

图 11-13　使用 E:first-child 伪类选择器在 Chrome 浏览器的运行效果

E:lang 伪类选择器用来匹配具有特殊语言类型的元素。对于 E:lang 伪类选择器的具体使用，读者可以参考下面的代码。在 Chrome 浏览器运行之后，显示效果如图 11-14 所示。

HTML+CSS 代码：test_lang.html。

```
<!DOCTYPE html>
<html>
<head>
<title>E:lang 伪类选择器</title>
</head>
<style type="text/css">
q:lang(quote)
{
     color:red;
     quotes: "“" "”"
}
</style>
<body>
<p>正所谓<q lang="quote">有志者，事竟成</q>，所以...</p>
</body>
</html>
```

- q:lang(no)匹配了 lang 属性值 quote 的 q 元素。
- 在上面的代码中，我们使用 E:lang 伪类选择器匹配了具有特殊语言类型的元素。

正所谓“有志者，事竟成”，所以...

图 11-14　使用 E:lang 伪类选择器在 Chrome 浏览器的运行效果

11.2.3 新增的结构性伪类选择器

在 CSS 3 Selector 中，新增了一系列的伪类选择器。其中，大部分都是结构性伪类选择器。之所以把它们称为结构性伪类选择器，是因为它们都是利用文档结构树的相互关系来匹配特定的元素。这些新增的伪类选择器有以下几个。

- E:root 选择器；
- E:not(s)选择器；
- E:empty 选择器；
- E:target 选择器；
- E:last-child 选择器；
- E:nth-child(n)选择器；
- E:nth-last-child(n)选择器；
- E:only-child 选择器；
- E:first-of-type 选择器；
- E:nth-of-type(n)选择器；
- E:nth-last-of-type(n)选择器；
- E:only-of-type 选择器。

E:root 伪类选择器用来匹配文档的根元素。对于 HTML 页面来说，就是匹配 html 元素。对于 E:root 伪类选择器的具体使用，读者可以参考下面的代码。在 Chrome 浏览器运行之后，显示效果如图 11-15 所示。

HTML+CSS 代码：test_eroot.html。

```
<!DOCTYPE html>
<html>
<head>
<title>E:root 伪类选择器</title>
</head>
<style type="text/css">
html:root{
    background:blue;
}
p{
    color:white;
}
</style>
<body>
<p>
```

```
    正所谓,"有志者,事竟成",所以...
<p>
</body>
</html>
```

- html:root 伪类选择器用来匹配 HTML 文档的根元素 html。
- 在上面的代码中，我们使用 E:root 伪类选择器匹配了 HTML 文档的根元素 html。

正所谓，"有志者，事竟成"，所以...

图 11-15　使用 E:root 伪类选择器在 Chrome 浏览器的运行效果

E:not(s)伪类选择器用来匹配除了 s 之外的所有元素。对于 E:not(s)伪类选择器的具体使用，读者可以参考下面的代码。在 Chrome 浏览器运行之后，显示效果如图 11-16 所示。

HTML+CSS 代码：test_enot.html。

```
<!DOCTYPE html>
<html>
<head>
<title>E:not(s)伪类选择器</title>
</head>
<style type="text/css">
ul{
    text-decoration: none;
}
li{
    float:left;
    display:block;
    margin-left:15px;
    height:25px;
    width:25px;
    text-align:center;
    background: pink;
}
li:not(.danger){
    background:red;
}
</style>
<body>
<div>
    <ul>
```

```
        <li class="danger">1</li>
        <li>2</li>
        <li>3</li>
        <li>4</li>
        <li>5</li>
        </ul>
</div>
</body>
</html>
```

- li:not(.danger)伪类选择器用来匹配除 class 的属性值为 danger 之外的所有元素。
- 在上面的代码中，我们使用 E:not(s)伪类选择器匹配除了 s 之外的所有元素。

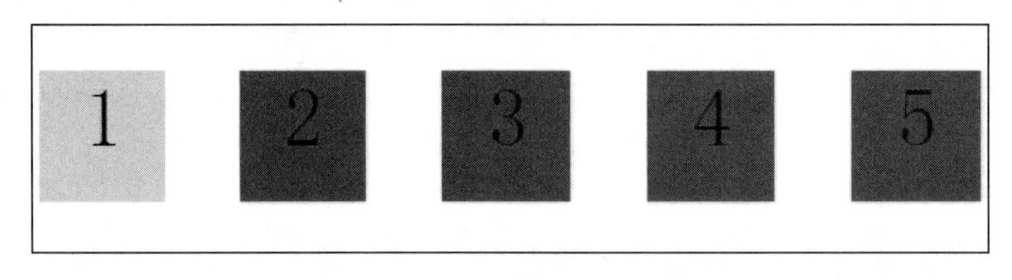

图 11-16 使用 E:not 伪类选择器在 Chrome 浏览器的运行效果

E:empty 伪类选择器用来匹配没有任何子元素（包括 text 节点）的元素。对于 E:empty 伪类选择器的具体使用，读者可以参考下面的代码。在 Chrome 浏览器运行之后，显示效果如图 11-17 所示。

HTML+CSS 代码：test_eempty.html。

```
<!DOCTYPE html>
<html>
<head>
<title>E:empty 伪类选择器</title>
</head>
<style type="text/css">
ul{
    text-decoration: none;
}
li{
    float:left;
    display:block;
    margin-left:15px;
    height:25px;
    width:25px;
    text-align:center;
    background: pink;
}
```

```
li:empty{
    background:red;
}
</style>
<body>
<div>
    <ul>
    <li>1</li>
    <li></li>
    <li>3</li>
    <li>4</li>
    <li>5</li>
    </ul>
</div>
</body>
</html>
```

- li:empty 用来匹配没有子元素的 li 元素。
- 在上面的代码中，由于第 2 个元素没有内容，所以被 li:empty 匹配。

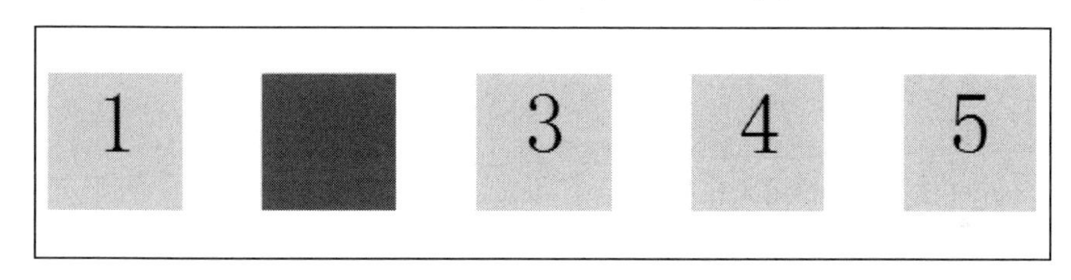

图 11-17　使用 E:empty 伪类选择器在 Chrome 浏览器的运行效果

E:target 伪类选择器用来相关 URL 指向的元素。对于 E：target 伪类选择器的具体使用，读者可以参考下面的代码。在 Chrome 浏览器运行之后，显示效果如图 11-18 所示。

HTML+CSS 代码：test_etarget.html。

```
<!DOCTYPE html>
<html>
<head>
<title>E:empty 伪类选择器</title>
</head>
<style type="text/css">
ul{
    text-decoration: none;
}
li{
    float:left;
```

```
        display:block;
        margin-left:15px;
        height:25px;
        width:25px;
        text-align:center;
        background: pink;
    }
    li#test1:target{
        background:red;
    }
    </style>
    <body>
    <div>
        <ul>
        <li id="test1"><a  href="#test1">1</a></li>
        <li><a href="#test2">2</a></li>
        <li><a href="#test3">3</a></li>
        <li><a href="#test4">4</a></li>
        <li><a href="#test5">5</a></li>
        </ul>
    </div>
    </body>
    </html>
```

- li#test1:target 伪类选择器用来在当 url 含有#test1 时匹配 id 属性值为 test1 的 li 元素。
- 在上面的代码中，当我们点击了第 1 个链接时，背景会变成红色。

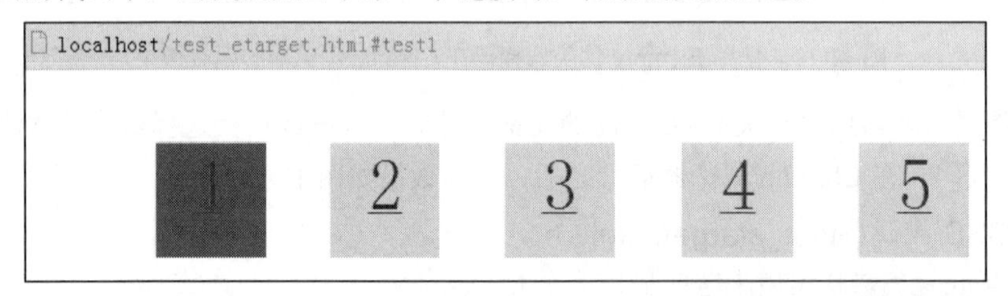

图 11-18　使用 E:target 伪类选择器在 Chrome 浏览器的运行效果

E:last-child 伪类选择器用来匹配父元素的最后一个子元素 E。它跟 E:first-child 伪类选择器刚好相反。对于 E:first-child 伪类选择器的具体使用，读者可以参考下面的代码。在 Chrome 浏览器运行之后，显示效果如图 11-19 所示。

HTML+CSS 代码：test_lastchild.html。

```
<!DOCTYPE html>
<html>
```

```
<head>
<title>E:last-child 伪类选择器</title>
</head>
<style type="text/css">
ul{
    text-decoration: none;
}
li{
    float:left;
    display:block;
    margin-left:15px;
    height:25px;
    width:25px;
    text-align:center;
    background: pink;
}
li:last-child{
    background:blue;
}
</style>
<body>
<div>
    <ul>
    <li>1</li>
    <li>2</li>
    <li>3</li>
    <li>4</li>
    <li>5</li>
    </ul>
</div>
</body>
</html>
```

- li:last-child 伪类选择器用来匹配最后一个 li 元素。
- 在上面的代码中，我们使用 E:first-child 伪类选择器匹配了最后一个 li 元素。

图 11-19　使用 E:last-child 伪类选择器在 Chrome 浏览器的运行效果

E:nth-child(n)伪类选择器用来匹配父元素的第 n 个子元素 E。对于 E:nth-child(n)伪类选择器的具体使用，读者可以参考下面的代码。在 Chrome 浏览器运行之后，显示效果如图 11-20 所示。

HTML+CSS 代码：test_nthchild.html。

```
<!DOCTYPE html>
<html>
<head>
<title>E:nth-child(n)伪类选择器</title>
</head>
<style type="text/css">
ul{
    text-decoration: none;
}
li{
    float:left;
    display:block;
    margin-left:15px;
    height:25px;
    width:25px;
    text-align:center;
    background: pink;
}
li:nth-child(3){
    background:blue;
}
</style>
<body>
<div>
    <ul>
    <li>1</li>
    <li>2</li>
    <li>3</li>
    <li>4</li>
    <li>5</li>
    </ul>
</div>
</body>
</html>
```

- li:nth-child(3)伪类选择器用来匹配第 3 个 li 元素。
- 在上面的代码中，我们使用 E:nth-child(n)伪类选择器匹配了第 3 个 li 元素。

图 11-20　使用 E:nth-child(n)伪类选择器在 Chrome 浏览器的运行效果

E:nth-last-child(n)伪类选择器用来匹配父元素的倒数第 n 个子元素 E。对于 E:nth-child(n)伪类选择器的具体使用，读者可以参考下面的代码。在 Chrome 浏览器运行之后，显示效果如图 11-21 所示。

HTML+CSS 代码：test_nthlastchild.html。

```
<!DOCTYPE html>
<html>
<head>
<title>E:nth-last-child(n)伪类选择器</title>
</head>
<style type="text/css">
ul{
    text-decoration: none;
}
li{
    float:left;
    display:block;
    margin-left:15px;
    height:25px;
    width:25px;
    text-align:center;
    background: pink;
}
li:nth-last-child(2){
    background:blue;
}
</style>
<body>
<div>
    <ul>
    <li>1</li>
    <li>2</li>
    <li>3</li>
    <li>4</li>
    <li>5</li>
```

```
    </ul>
</div>
</body>
</html>
```

- li:nth-last-child(2)伪类选择器用来匹配倒数第 2 个 li 元素。
- 在上面的代码中，我们使用 E:nth-last-child(n)伪类选择器匹配了倒数第 2 个 li 元素。

图 11-21　使用 E:nth-last-child(n)伪类选择器在 Chrome 浏览器的运行效果

此外，E:nth-child(n)伪类选择器和 E:nth-last-child(n)还可以匹配父元素的顺数（倒数）第奇数（偶数）个子元素。具体的代码格式如下。

```
nth-child(odd){
//匹配父元素顺数第奇数个子元素。
}
nth-child(even){
//匹配父元素顺数第偶数个子元素。
}
nth-last-child(odd){
//匹配父元素倒数第奇数个子元素。
}
nth-last-child(even){
//匹配父元素倒数第偶数个子元素。
}
```

E:only-child 伪类选择器用来匹配父元素的唯一子元素 E。对于 E:only-child 伪类选择器的具体使用，读者可以参考下面的代码。在 Chrome 浏览器运行之后，显示效果如图 11-22 所示。

HTML+CSS 代码：test_onlychild.html。

```
<!DOCTYPE html>
<html>
<head>
<title>E:only-child 伪类选择器</title>
</head>
<style type="text/css">
ul{
```

```
        text-decoration: none;
    }
    li{
        float:left;
        display:block;
        margin-left:15px;
        height:25px;
        width:25px;
        text-align:center;
        background: pink;
    }
    li:only-child{
        background:blue;
    }
    </style>
    <body>
    <div>
        <ul>
        <li>1</li>
        </ul>
        <ul>
        <li>2</li>
        <li>3</li>
        <li>4</li>
        <li>5</li>
        </ul>
    </div>
    </body>
    </html>
```

- li:onlychild 伪类选择器用来匹配父元素的唯一子元素。
- 在上面的代码中，我们使用 E:nth-last-child(n)伪类选择器匹配了单独的 li 元素。

图 11-22　使用 E:only-child 伪类选择器在 Chrome 浏览器的运行效果

E:first-of-type 伪类选择器用来匹配同级元素中的第一个元素。对于 E:first-of-type 伪类选择器的具体使用，读者可以参考下面的代码。在 Chrome 浏览器运行之后，显示效果如图 11-23 所示。

HTML+CSS 代码：test_firstoftype.html。

```
<!DOCTYPE html>
<html>
<head>
<title>E:first-of-type 伪类选择器</title>
</head>
<style type="text/css">
ul{
    text-decoration: none;
}
li{
    float:left;
    display:block;
    margin-left:15px;
    height:25px;
    width:25px;
    text-align:center;
    background: pink;
}
p{
    float:left;
    display:block;
    margin-left:15px;
    margin-top:0px;
    height:25px;
    width:25px;
    text-align:center;
    background: pink;
}
li:first-of-type{
    background:blue;
}
</style>
<body>
<div>
    <ul>
    <p>1</p>
    <li>2</li>
    <li>3</li>
    <li>4</li>
    <li>5</li>
    </ul>
</div>
```

```
</body>
</html>
```

- li:first-of-type 伪类选择器用来匹配同级元素的第一个元素。
- 在上面的代码中，我们使用 E:first-of-type 伪类选择器匹配了第一个 li 元素。如果我们使用 E:first-child 伪类选择器，将会匹配第一个 p 元素。读者应该注意它们的区别。

图 11-23　使用 E:first-of-type 伪类选择器在 Chrome 浏览器的运行效果

E:nth-of-type(n)伪类选择器用来匹配同级元素的第 n 个元素。对于 E:nth-of-type(n)伪类选择器的具体使用，读者可以参考下面的代码。在 Chrome 浏览器运行之后，显示效果如图 11-24 所示。

HTML+CSS 代码：test_nthoftype.html。

```
<!DOCTYPE html>
<html>
<head>
<title>E:nth-of-type(n)伪类选择器</title>
</head>
<style type="text/css">
ul{
    text-decoration: none;
}
li{
    float:left;
    display:block;
    margin-left:15px;
    height:25px;
    width:25px;
    text-align:center;
    background: pink;
}
p{
    float:left;
    display:block;
    margin-left:15px;
    margin-top:0px;
    height:25px;
```

```
        width:25px;
        text-align:center;
        background: pink;
    }
    li:nth-of-type(3){
        background:blue;
    }
</style>
<body>
<div>
        <ul>
        <p>1</p>
        <li>2</li>
        <li>3</li>
        <li>4</li>
        <li>5</li>
        </ul>
</div>
</body>
</html>
```

- li:nth-of-type(3)伪类选择器用来匹配同级元素的第 3 个元素。
- 在上面的代码中，我们使用 E:nth-of-type(n)伪类选择器匹配了第 3 个 li 元素。如果我们使用 E:nth-child(n)伪类选择器，将会匹配第 2 个 li 元素。

图 11-24　使用 E:nth-of-type(n)伪类选择器在 Chrome 浏览器的运行效果

E:nth-last-of-type(n)伪类选择器用来匹配同级元素的倒数第 n 个元素。对于 E:nth-last-of-type(n)伪类选择器的具体使用，读者可以参考下面的代码。在 Chrome 浏览器运行之后，显示效果如图 11-25 所示。

HTML+CSS 代码：test_nthlastoftype.html。

```
<!DOCTYPE html>
<html>
<head>
<title>E:nth-of-type(n)伪类选择器</title>
```

```
</head>
<style type="text/css">
ul{
    text-decoration: none;
}
li{
    float:left;
    display:block;
    margin-left:15px;
    height:25px;
    width:25px;
    text-align:center;
    background: pink;
}
p{
    float:left;
    display:block;
    margin-left:15px;
    margin-top:0px;
    height:25px;
    width:25px;
    text-align:center;
    background: pink;
}
li:nth-last-of-type(2){
    background:blue;
}
</style>
<body>
<div>
    <ul>
    <li>1</li>
    <li>2</li>
    <li>3</li>
    <li>4</li>
    <p>5</p>
    </ul>
</div>
</body>
</html>
```

- li:nth-last-of-type(2)伪类选择器用来匹配同级元素的倒数第 2 个元素。
- 在上面的代码中，我们使用 E:nth-last-of-type(n)伪类选择器匹配了倒数第 2 个 li 元素。如果我们使用 E:nth-last-child(n)伪类选择器，将会匹配倒数第 1 个 li 元素。

图 11-25　使用 E:nth-last-of-type(n)伪类选择器在 Chrome 浏览器的运行效果

E:only-of-type 伪类选择器用来匹配同级元素的唯一元素。实际上，它的作用和 E:only-child 伪类选择器非常类型。这里不再作进一步探讨。

11.2.4　新增的 UI 元素状态伪类选择器

在 CSS 3 Selector 中，除了新增了一系列的结构性伪类选择器之外，也新增了一系列的 UI 元素状态伪类选择器。所谓的 UI 元素状态伪类选择器，是指利用元素的状态来匹配相关的元素，在 HTML 页面中，这些 UI 元素状态伪类选择器通常用于表单的样式设计中。这些 UI 元素状态伪类选择器有以下几种。

- E:enabled 选择器；
- E:disabled 选择器；
- E:checked 选择器；
- E::selection 选择器；
- E:focus 选择器；
- E:valid 选择器；
- E:invalid 选择器。

E:enabled 伪类选择器用来匹配处于可 用状态时的元素。E:disabled 伪类选择器用来匹配处于不可用状态时的元素。对于 E:enable 和 E:disabled 伪类选择器的具体使用，读者可以参考下面的代码。在 Chrome 浏览器运行之后，显示效果如图 11-26 所示。

HTML+CSS 代码：test_enabled.html。

```
<!DOCTYPE html>
<html>
<head>
<title>E:enabled 伪类选择器</title>
</head>
<style type="text/css">
input{
    width:250px;
```

```
    height:30px;
}
input:enabled{
    border-color:green;
}
input:disabled{
    border-color:red;
}
</style>
<body>
<form action="#" method="POST">
    <label>
        <input type ="text" placeholder="可用输入域" enabled="enabled"/>
    </label>
    <br><br>
    <label>
        <input type ="text" placeholder="不可用输入域" disabled="disabled"/>
    </label>
</form>
</body>
</html>
```

- input:enabled 伪类选择器用来匹配处于可用状态的 input 元素。
- input:disabled 伪类选择器用来匹配处于不可用状态的 input 元素。
- 在上面的代码中，第一个 input 输入域处于可用状态，边框颜色为绿色；第二个 input 输入域处于不可用状态，边框颜色为红色。

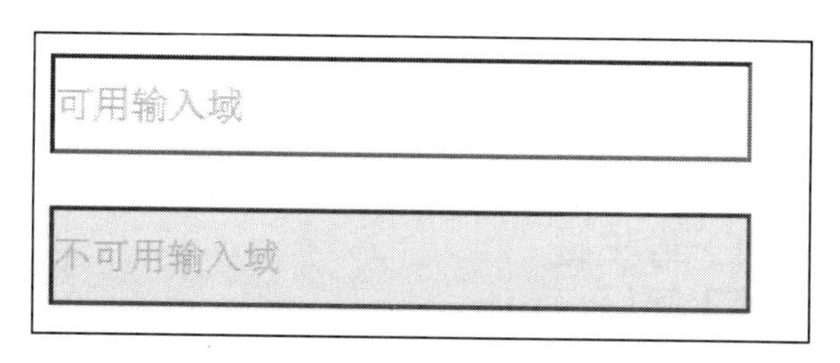

图 11-26　使用 E:enabled 伪类选择器在 Chrome 浏览器的运行效果

E:checked 伪类选择器用来匹配被处于选上状态的元素，通常用于表单的单选和多选输入类型控件。对于 E:checked 伪类选择器的具体使用，读者可以参考下面的代码。在 Chrome 浏览器运行之后，显示效果如图 11-27 所示。

HTML+CSS 代码：test_checked.html。

```
<!DOCTYPE html>
```

```
<html>
<head>
<title>E:checked 伪类选择器</title>
</head>
<style type="text/css">
input:checked{
    outline:2px solid red;
}

</style>
<body>
<form method = "POST" action = "#">
    <label>
        你拥有的证件:
        </br>
        <input type="checkbox" name="certificate" value="stu" checked="checked"/>学
生证<br/>
        <input type="checkbox" name="certificate" value="car" />驾驶证<br/>
        <input type="checkbox" name="certificate" value="ind" />身份证<br/>
        <input type="checkbox" name="certificate" value="tem" />暂住证<br/>
    </label>
</form>
</body>
</html>
```

- input:checked 伪类选择器用来匹配处于选中状态的 input 元素。
- 在上面的代码中，选择其中任何一个选项时，相应的选项上会出现红色的轮廓。

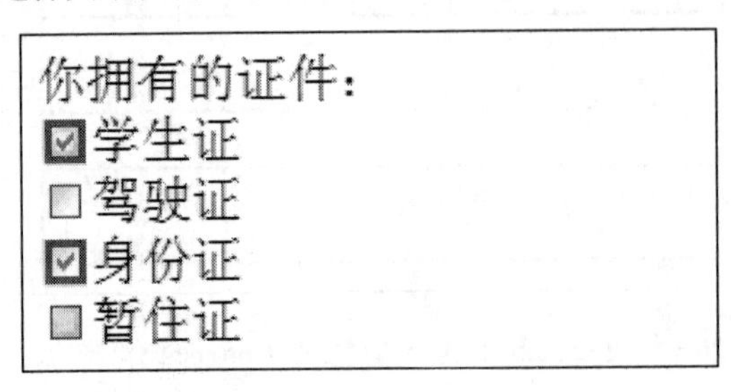

图 11-27　使用 E:checked 伪类选择器在 Chrome 浏览器的运行效果

E::selection 伪类选择器用来匹配被鼠标选中状态的元素。请注意 E::selection 伪类选择器有两个冒号。对于 E::selection 伪类选择器的具体使用，读者可以参考下面的代码。在 Chrome 浏览器运行之后，显示效果如图 11-28 所示。

HTML+CSS 代码：test_selection.html。

```
<!DOCTYPE html>
<html>
<head>
<title>E:selection 伪类选择器</title>
</head>
<style type="text/css">
p::selection{
    color:yellow;
    background:grey;
}
</style>
<body>
<p>正所谓"有志者，事竟成"，所以...</p>
</body>
</html>
```

- p::selection 伪类选择器用来匹配处于被鼠标选中状态的 p 元素内容。
- 在上面的代码中，当我们使用鼠标进行选中时，相应的文本会变成灰底黄字。

正所谓"有志者，事竟成"，所以...

图 11-28　使用 E::selection 伪类选择器在 Chrome 浏览器的运行效果

E:focus 伪类选择器用来匹配获得焦点的元素。对于 E:focus 伪类选择器的具体使用，读者可以参考下面的代码。在 Chrome 浏览器运行之后，显示效果如图 11-29 所示。

HTML+CSS 代码：test_focus.html。

```
<!DOCTYPE html>
<html>
<head>
<title>E:focus 伪类选择器</title>
</head>
<style type="text/css">
input{
    width:250px;
    height:30px;
}
input:focus{
    background:grey;
}
```

```
    </style>
    <body>
    <form action="#" method="POST">
        <label>
            <input type ="text"/>
        </label>
        <br><br>
        <label>
            <input type ="text"/>
        </label>
    </form>
    </body>
    </html>
```

- input:focus 伪类选择器用来匹配获得焦点的 input 元素。
- 在上面的代码中，当相应的输入域获得焦点时，背景会变成灰色。

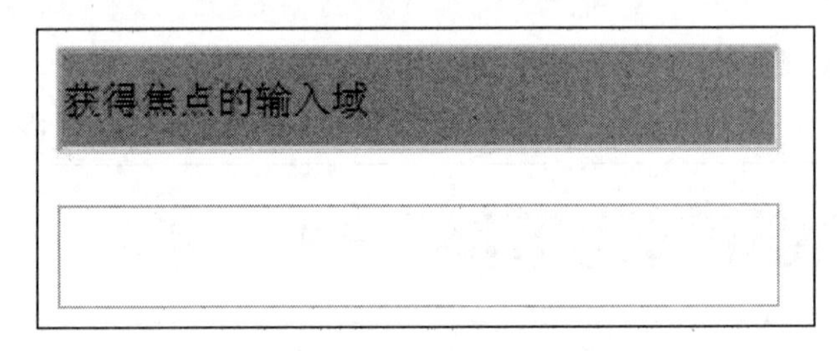

图 11-29　使用 E:focus 伪类选择器在 Chrome 浏览器的运行效果

E:valid 伪类选择器和 E:invalid 伪类选择器，分别用来匹配处于有效和无效时的元素。这两个伪类选择器我们在第二章的开发实例中讨论过了。这里不再作进一步探讨。

11.3　本 章 小 结

本章，我们探讨了 CSS Level 3 的一个重要组成部分——CSS 3 Selector。

在第一大节中，我们讨论了在 CSS 中使用频率比较高的属性选择器。既回顾了在 CSS 2 Selector 中的几个属性选择器，也探讨了 CSS 3 Selector 中新增属性选择器的具体使用。

在第二大节中，我们主要探讨伪选择器。包括伪元素选择器、结构性伪类选择器、UI 元素状态伪类选择器和其他伪类选择器。

第 12 章　专业的视觉——CSS3 UI

本章，我们将一起来探讨 CSS Level 3 的新增 UI 属性。众所周知，UI 设计在 Web 程序开发中起着举足轻重的作用。良好的 UI 设计，不仅可以体现 Web 程序的定位和特点，让用户得到大气、舒适的视觉享受，同时也可以突显 Web 设计者的品味和个性。

在 CSS Level 3 中，增加了一系列的具有专业设计师风格的 UI 属性。圆角、阴影、半透明以及渐变等视觉效果，很多以前只能靠图片来实现的效果也可以利用 CSS 样式表来实现。因此，合理地应用 CSS Level 3 中的 UI 属性，完全可以使传统的 Web 程序提升一个新的层次。

本章，我们主要探讨 CSS Level 3 新增的 UI 属性。我们将围绕边框和轮廓 UI 设计、文本和内容 UI 设计和渐变和背景 UI 设计三个方面的内容，依次展开，讨论新增 UI 属性的具体使用。

12.1　边框和轮廓 UI 设计

在 Web 程序的 UI 设计中，边框和轮廓是我们接触最多的样式设计目标之一。边框和轮廓似而不同。两者都是用来分割 CSS 容器，但是轮廓不占据任何布局空间，也不一定是规则的矩形。本节，我们将主要探讨边框和轮廓属性的使用。

12.1.1　边框属性的使用

在 CSS Level 2 中，也提供了一系列的边框 UI 属性，包括边框的宽度、边框的颜色和边框的样式等等。而 CSS Level 3 进一步丰富了边框的 UI 属性。这些新增的边框 UI 属性有以下几种。

- border-radius 属性；
- border-image 属性；
- box-shadow 属性。

border-radius 属性用来定义圆角边框。实际上，border-radius 属性还是一个私有属性，所以使用时有必要加上浏览器特定的前缀。

border-radius 属性的属性值可以只有一个参数，也可以有两个参数。如果是一个参数，则表示四个圆角的半径。如果是两个参数，则第一个参数作为左上角和右下角的圆角半径，而第二个参数则作为右上角和左下角的圆角半径。

此外，和 CSS Level 2 定义的边框属性一样，border-radius 属性也可以四个边框分别设置，它们对应的属性分别是 border-top-radius 属性、border-bottom-radius 属性、border-left-radius 属性和 border-right-radius 属性。

对于 border-radius 属性的具体使用，读者可以参考下面的代码。在 Chrome 浏览器运行之后，显示效果如图 12-1 所示。

HTML+CSS 代码：test_border-radius.html。

```
<!DOCTYPE html>
<html>
<head>
<title>border-radius 属性</title>
</head>
<style type="text/css">
p{
    border:2px solid red;
    -moz-border-radius: 10px;
    -khtml-border-radius: 10px;
    -webkit-border-radius: 10px;
    -o-border-radius:10px;
    border-radius: 10px;
    width:200px;
    height:60px;
}
div{
    -moz-border-radius: 10px 30px;
    -khtml-border-radius: 10px 30px;
    -webkit-border-radius:10px 30px;
    -o-border-radius:10px 30px;
    border-radius: 10px 30px;
    width:200px;
    height:60px;
    background:skyblue;
}
</style>
<body>
```

```
    <p>
        正所谓，"有志者，事竟成"，所以...
    </p>
    <div>
        正所谓，"有志者，事竟成"，所以...
    </div>
    </body>
    </html>
```

- border-radius 属性用来定义圆角边框。
- 在上面的代码中，我们使用了一个参数的 border-radius 属性为 p 元素定义了一个红色的圆角边框，使用了两个参数的 border-radius 属性为 div 元素定义了一个背景的“虚拟”边框。

border-image 属性用来定义图像边框。border-image 是一个非常复杂的属性。如果读者熟悉 CSS Level 2 中的 background 属性就会深有体会，背景设置将会是一件非常麻烦的事情。

事实上，border-image 属性和 background 属性非常的相似。background 属性的属性值可以单独设置，从而派生出一些子属性，例如，background-image 属性和 background-repeat 属性等等。border-image 属性的属性值和其派生出的子属性如表 12-1 所示。

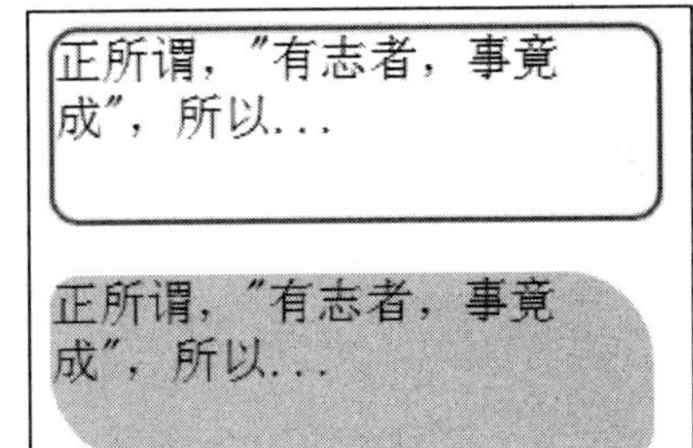

图 12-1　使用 border-radius 属性在 Chrome 浏览器的运行效果

表 12-1　border-image 属性的属性值

属性值名称	派生子属性	说　　明
边框图像源	border-image-source	使用方法与 background-image 属性相同，使用 url()方法调用图像。默认值为 none
边框图像切片	border-image-slice	包含 4 个属性值，分别表示将图像进行分隔的上边距、右边距、下边距和左边距
边框图像重复	border-image-repeat	定义图像边框的重复性。属性值为 sretch、repeat 和 round
边框图像宽度	border-image-width	和 border-width 属性的作用一样，定义边框图像的大小

在表 12-1 列举的 border-image 属性的属性值中，border-image-slice 子属性是最麻烦的一个。一般情况，原始图像会被分割成 9 部分，即所谓的“九宫图”。然后根据 border-image-slice 子属性指定的 4 个属性值分别对上边距、右边距、下边距和左边距进行分隔。border-image-repeat 子属性用来定义图像的显示方式，其中 repeat 表示以重复平铺方式显示，stretch 表示以拉伸方式显示，round 表示以平铺方式显示。border-image 属性的使用格式如下所示。

```
    border-image :  none | <image> [ <number> | <percentage>]{1,4} [ / <border-width>{1,4} ]?
[ stretch | repeat | round ]{0,2}
```

对于 border-image 属性的具体使用，读者可以参考下面的代码。在 Chrome 浏览器运行之后，显示效果如图 12-2 所示。

HTML+CSS 代码：test_border-image.html。

```
<!DOCTYPE html>
<html>
<head>
<title>border-image 属性</title>
</head>
<style type="text/css">
p{
    -khtml-border-image: url(border.jpg) 10 13 10 12/2 repeat stretch;
    -o-border-image: url(border.jpg) 10 13 10 12/2 repeat stretch;
    -moz-border-image: url(border.jpg) 10 13 10 12/2 repeat stretch;
    -webkit-border-image: url(border.jpg) 10 13 10 12/2 repeat stretch;
    border-image: url(border.jpg) 10 13 10 12/2 repeat stretch;
    width:220px;
    height:60px;
}
</style>
<body>
<p>
    正所谓，"有志者，事竟成"，所以...
</p>
</body>
</html>
```

- border.jpg 是同一文件夹下的图片文件。
- border-image 属性用来定义图像边框。
- 在上面的代码中，我们使用 border-image 属性定义了一个图像边框。其中，图像源文件为 border.jpg，图像宽度为 2px。竖直方向为重复平铺显示，水平方向为拉伸显示。

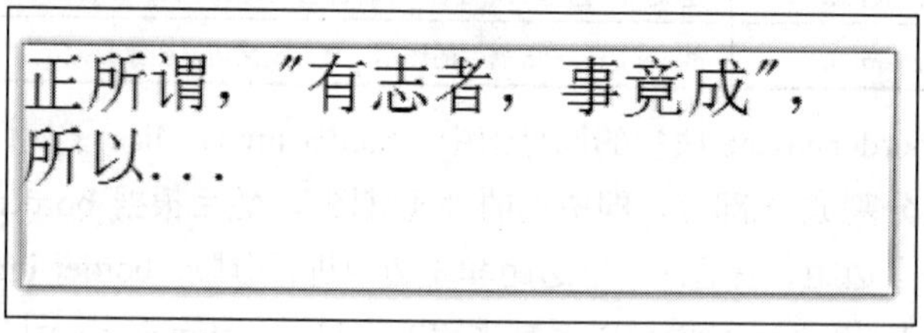

正所谓，"有志者，事竟成"，所以...

图 12-2　使用 border-image 属性在 Chrome 浏览器的运行效果

box-shadow 属性用来设置边框阴影。box-shadow 属性可以接受 6 个属性值。box-shadow 属性的属性值如表 12-2 所示。

表 12-2　box-shadow 属性的属性值

属性值名称	说　　明
阴影类型	定义内阴影和外阴影，缺省情况下为外阴影，使用 insert 设置为内阴影
水平阴影偏移量	定义水平阴影的偏移程度，由浮点数字和单位标识符组成的长度，可以取正负值
垂直阴影偏移量	定义垂直阴影的偏移程度，由浮点数字和单位标识符组成的长度，可以取正负值
阴影大小	定义阴影的大小，由浮点数字和单位标识符组成的长度，可以取正负值
阴影模糊程度	定义阴影的模糊程度，由浮点数字和单位标识符组成的长度，可以取正负值
阴影颜色	表示阴影的颜色，由 CSS 中颜色表示方法组成，默认为黑色

在表 12-2 中列举了 box-shadow 属性的属性值。对于 box-shadow 属性的具体使用，读者可以参考下面的代码。在 Chrome 浏览器运行之后，显示效果如图 12-3 所示。

HTML+CSS 代码：test_box-shadow.html。

```
<!DOCTYPE html>
<html>
<head>
<title>box-shadow 属性</title>
</head>
<style type="text/css">
p{

    box-shadow:5px 2px 6px 1px grey;
    width:200px;
    height:60px;
}
</style>
<body>
<p>
    正所谓，“有志者，事竟成”，所以...
</p>
</body>
</html>
```

- box-shadow 属性用来设置边框阴影。
- 在上面的代码中，我们使用 box-shadow 属性定义了一个具体阴影效果的边框。

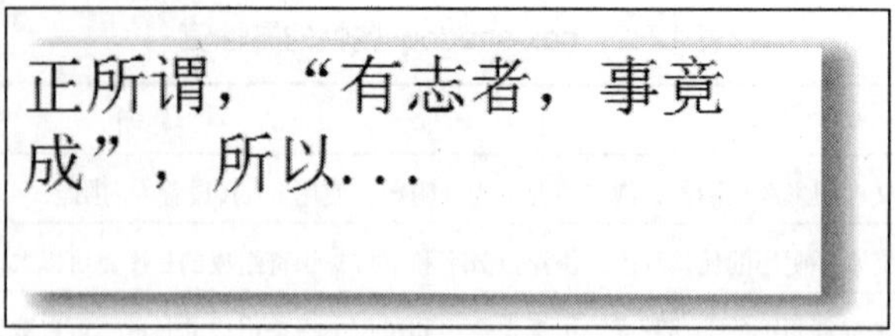

正所谓，“有志者，事竟成”，所以...

图 12-3　使用 box-shadow 属性在 Chrome 浏览器的运行效果

12.1.2　轮廓属性的使用

轮廓和边框似而不同。轮廓不占据额外的网页布局空间，也不一定是正规的矩形。轮廓一般贴附在按钮、选项和窗体上，但是合理地使用轮廓属性，可以突显网页元素。在 CSS Level 2 中，就有定义了轮廓属性，但该属性却未得到浏览器广泛的支持。在 CSS Level 3 中，进一步增强了轮廓属性，这些轮廓属性有以下几种。

- outline 属性；
- outline-width 属性；
- outline-style 属性；
- outline-offset 属性；
- outline-color 属性。

outline 属性是设置轮廓的综合属性，outline-width 属性、outline-style 属性、outline-offset 属性和 outline-color 属性都是 outline 属性的派生子属性。outline 属性的使用格式如下所示。

```
    outline: [outline-color] || [outline-style] || [outline-width] || [outline-offset] | inherit
```

其中，outline-color 属性用来设置轮廓的颜色，outline-style 属性用来设置轮廓的类型，outline-width 属性用来设置轮廓的宽度，outline-offset 属性用来设置轮廓的偏移量，即轮廓距离容器的长度。

对于 outline 属性的具体使用，读者可以参考下面的代码。在 Chrome 浏览器运行之后，显示效果如图 12-4 所示。

HTML+CSS 代码：test_outline.html。

```
<!DOCTYPE html>
<html>
<head>
<title>outline 属性</title>
</head>
<style type="text/css">
```

```
input{
    margin:10px;
    width:200px;
    height:25px;
}
input:focus{
    outline-color:yellow;
    outline-style:groove;
    outline-width:10px;
    outline-offset:0px;
}
</style>
<body>
<form action="#" method="POST">
    <label>
        <input type="text"/>
    </label>
    <br>
    <label>
        <input type="text"/>
    </label>
</form>
</body>
</html>
```

- outline-color 属性用来设置轮廓的颜色。
- outline-style 属性用来设置轮廓的类型。
- outline-width 属性用来设置轮廓的宽度。
- outline-offset 属性用来设置轮廓的偏移量，即轮廓距离容器的长度。
- 在上面的代码中，我们定义了一个表单，当表单的 input 输入域获得焦点时，相应的 input 输入域将出现黄色的轮廓。

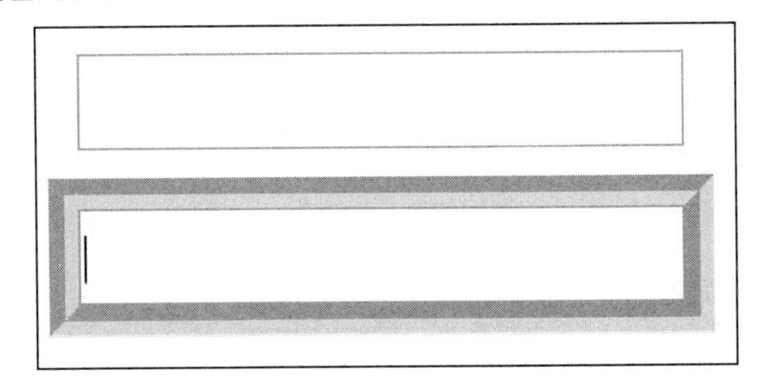

图 12-4　使用 outline 属性在 Chrome 浏览器的运行效果

12.2　文本和内容 UI 设计

文本和内容是 Web 程序传递信息最直接的手段。大气、美观的文本和内容显示，不仅可以带来良好的视觉享受，提升用户的体验，同时也可以让用户在第一时间接受到 Web 程序需要传递的信息。本节，我们将主要探讨文本属性和内容属性的使用。

12.2.1　文本属性的使用

在 CSS Level 2 中，已经提供了一系列的文本属性，例如文本字体、文本大小、文本颜色等等。CSS Level 3 进一步丰富了文本属性。新增的文本属性有以下几种。

- text-shadow 属性；
- word-break 属性；
- word-wrap 属性；
- @font-face 属性；
- text-overflow 属性。

text-shadow 属性用来设置文字阴影。text-shadow 属性接受 4 个参数，分别表示水平阴影偏移量、竖直阴影偏移量、阴影模糊的程度和阴影颜色。此外，text-shadow 属性也可以设置成重复阴影。

对于 text-shadow 属性的具体使用，读者可以参考下面的代码。在 Chrome 浏览器运行之后，显示效果如图 12-5 所示。

HTML+CSS 代码：test_text_shadow.html。

```
<!DOCTYPE html>
<html>
<head>
<title>text-shadow 属性</title>
</head>
<style type="text/css">
p{
    width:220px;
    height:60px;
    font-size:20px;
    text-shadow:3px 3px 2px blue;
}
</style>
<body>
<p>
    正所谓，"有志者，事竟成"，所以...
</p>
```

```
</body>
</html>
```

- text-shadow 属性用来设置文字阴影。
- 在上面的代码中，我们使用 text-shadow 属性设置了一个蓝色的阴影。

正所谓，"有志者，事竟成"，所以...

图 12-5　使用 text-shadow 属性在 Chrome 浏览器的运行效果

word-break 属性用来设置文本自动换行方式。这本来是一个 Internet explorer 浏览器独自发展出来的一个属性。后来被 CSS Level 3 的 Text 模块采用。

实际上，浏览器在显示文本时，都会在浏览器的右端自动实现换行。对于西方文字，浏览器通常会在空格或者连字符处换行。但是对于中文，浏览器会在任何地方换行（一般标点符号不会放在行首)。使用 word-break 属性可以更改浏览器的西方文字自动换行方式。word-break 属性的属性值如表 12-3 所示。

表 12-3　word-break 属性的属性值

属性值名称	说　　明
normal	表示使用浏览器默认的换行规则
keep-all	只能在空格和连字符处换行
break-all	允许在单词内换行

对于 word-break 属性的具体使用，读者可以参考下面的代码。在 Chrome 浏览器运行之后，显示效果如图 12-6 所示。

HTML+CSS 代码：test_word-break.html。

```
<!DOCTYPE html>
<html>
<head>
<title>word-break 属性</title>
</head>
<style type="text/css">
div{
    width:220px;
    height:60px;
```

```
        word-break:break-all;
    }
    </style>
    <body>
    <div>
        Keep giving me hope for a better day Keep giving me love to find a way Through this
heaviness.
    </div>
    </body>
    </html>
```

- word-break 属性用来设置自动换行方式。
- 在上面的代码中，我们使用 word-break 设置了浏览器可以在单词内自动换行。

```
Keep giving me hope for a b
etter day Keep giving me lo
ve to find a way Through th
is heaviness.
```

图 12-6　使用 word-break 属性在 Chrome 浏览器的运行效果

word-wrap 属性用来设置长单词或者 URL 地址等连续文本自动换行。这是因为对于西方文字来说，浏览器只会在空格和连字符处自动换行。如果长单词或者 URL 地址等连续文本超过当前容器的边界时，就会出现滚动条。word-wrap 属性的属性值如表 12-4 所示。

表 12-4　word-wrap 属性的属性值

属性值名称	说　　明
normal	表示使用浏览器默认的换行规则。即只在空格和连字符处换行
break-word	允许在单词内换行

对于 word-wrap 属性的具体使用，读者可以参考下面的代码。在 Chrome 浏览器运行之后，显示效果如图 12-7 所示。

HTML+CSS 代码：test_word_wrap.html。

```
<!DOCTYPE html>
<html>
<head>
<title>word_wrap属性</title>
</head>
<style type="text/css">
div[class]{
```

```
    width:220px;
    height:60px;
    word-wrap:break-word;
}
div{
    width:220px;
    height:60px;
}
</style>
<body>
<div class="yes">
    http://jxydj.gotoip2.com/flyant/
</div>
<div>
    http://jxydj.gotoip2.com/flyant/
</div>
</body>
</html>
```

- word-wrap 属性用来设置长单词或者 URL 地址等连续文本的自动换行方式。
- 在上面的代码中，第一个 div 标签使用了 word-wrap 属性使 URL 地址在单词内换行。第二个 div 标签则不会自动换行。

```
http://jxydj.gotoip2.com/fl
yant/

http://jxydj.gotoip2.com/flyant/
```

图 12-7　使用 word-wrap 属性在 Chrome 浏览器的运行效果

@font-face 属性用来在 Web 应用程序显示服务器端的字体。使用服务器端的字体是 CSS Level 3 中一个全新的特效。在 CSS Level 3 之前，如果 Web 程序中使用的字体，在客户端没有得到正确安装，字体将不会得到正常显示。

使用@font-face 属性时，不仅可以指定服务器端字体文件的相对路径或者绝对路径，还可以指定字体文件的格式。此外，在@font-face 属性和要使用服务器字体的标签中都要指定 font-family 属性的属性值为 WebFont。

对于一个完整的@font-face 属性的使用，读者可以参考下面的代码。在 Chrome 浏览器运行之后，显示效果如图 12-8 所示。

HTML+CSS 代码：test_@font_face.html。

```
<!DOCTYPE html>
<html>
<head>
<title>@font_face属性</title>
</head>
<style type="text/css">
@font-face{
    font-family:WebFont;
    src:url('STCAIYUN.TTF') format('truetype');
    }
div{
    width:220px;
    height:60px;
    font-family:WebFont;
}
</style>
<body>
<div>
    正所谓，"有志者，事竟成"，所以...
</div>
</body>
</html>
```

- STCAIYUN.TTF 是同一文件夹下的 Truetype 类型的字体文件。
- @font-face 属性用来在 Web 应用程序显示服务器端的字体。
- 在上面的代码中，我们使用@font-face 属性定义了服务器端字体，在 div 标签中我们使用了服务器端字体。

图 12-8　使用@font-face 属性在 Chrome 浏览器的运行效果

text-overflow 属性用来设置当文本内容超出容器的边界时的裁切方式。通常，text-overflow 属性与 CSS Level 1 中定义的 white-space 属性一起使用。也就是说，当 white-space 属性的属性值设置为 nowrap 时，则文本内容超出容器边界的部分将不会显示出来，但是使用 text-overflow 属性可以设置裁切方式。text-overflow 属性的属性值如表 12-5 所示。

表 12-5　text-overflow 属性的属性值

属性值名称	说　　　　明
clip	默认方式，简单裁切
ellipsis	裁切之后，使用省略号表示

对于 text-overflow 属性的具体使用，读者可以参考下面的代码。在 Chrome 浏览器运行之后，显示效果如图 12-9 所示。

HTML+CSS 代码：test_text_overflow.html。

```
<!DOCTYPE html>
<html>
<head>
<title>text_overflow属性</title>
</head>
<style type="text/css">
div{
    width:200px;
    height:60px;
    border:1px solid red;
    overflow:hidden;
    white-space:nowrap;
    text-overflow:ellipsis;
}
</style>
<body>
<div>
    正所谓，"有志者，事竟成"，所以每一个人都有成功的机会!
</div>
</body>
</html>
```

- text-overflow 属性用来设置当文本内容超出容器的边界时的裁切方式。
- 在上面的代码中，首先我们使用 overflow 属性设置隐藏了溢出的文本内容，然后又使用 white-space 属性设置不自动换行，最后我们使用 text-overflow 属性设置了添加省略号的文本裁切方式。

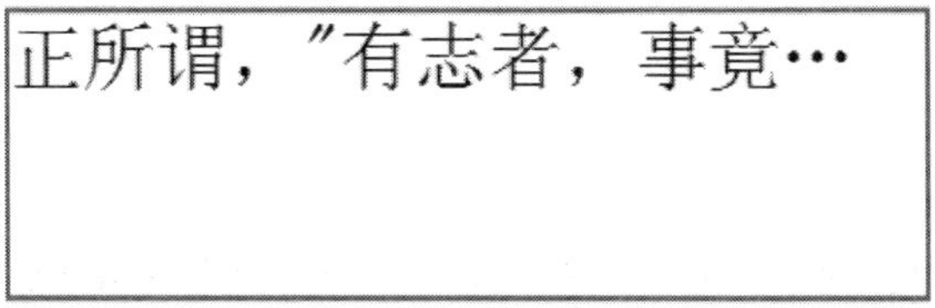

正所谓，"有志者，事竟…

图 12-9　使用 text-overflow 属性在 Chrome 浏览器的运行效果

12.2.2 内容属性的使用

内容属性 content 实际上在 CSS Level 2 就引入了。但是一直没有得到浏览器很好的支持。在 CSS Level 3 中，进一步丰富了其内容，目前已经得到大部分浏览器的支持。

content 属性主要用来插入生成内容，通常配合 before 和 after 伪元素选择器一起使用。在 content 属性中，插入内容有以下几种形式。

- string 文本内容；
- counter 计数器标识；
- url 外部资源；
- attr 元素的属性值。

使用 content 属性插入 string 文本内容是一种最简单的插入生成内容的方式。对于 content 属性插入 string 文本内容的具体使用，读者可以参考下面的代码。在 Chrome 浏览器运行之后，显示效果如图 12-10 所示。

HTML+CSS 代码：test_content_string.html。

```
<!DOCTYPE html>
<html>
<head>
<title>content 属性插入 string 文本内容</title>
</head>
<style type="text/css">
h3:before{
    content:"*";
    color:red;
}
</style>
<body>
<hgroup>
    <h3>1.HTML5</h3>
    <h3>1.1HTML5 的发展历程</h3>
    <h3>1.2HTML5 的主要特征</h3>
    <h3>1.3HTML5 的新功能</h3>
</hgroup>
</body>
</html>
```

- content 属性用来插入生成内容。
- 在上面的代码中，我们使用 content 属性插入了一个“*”的 string 文本内容。

使用 content 属性插入 counter 计数标识是一种最常用的插入生成内容的方式。这种方式通常用来插入连续项目编号，项目编号的种类可以是字母编号、普通数字编号和罗马数字编号。counter 可以接受两个参数，其中，一个参数是计数的名称，可以任意命名；另一个参数是计数器的标记类型，常用的计数器标记类型如表 12-6 所示。

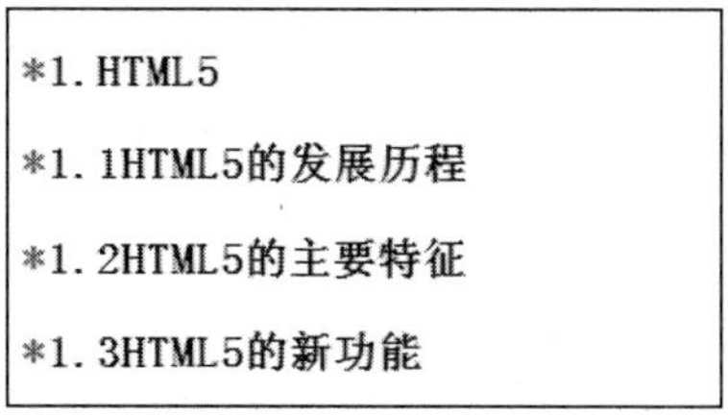

*1. HTML5

*1. 1HTML5的发展历程

*1. 2HTML5的主要特征

*1. 3HTML5的新功能

图 12-10　使用 content 属性插入 string 文本内容在 Chrome 浏览器的运行效果

表 12-6　常用的计数器标记类型

参数名称	说明
disc	计数器标记为实心圆
circle	计数器标记为空心圆
square	计数器标记为实心方块
decimal	计数器标记为普通数字
decimal-leading-zero	计数器标记为 0 开头的数字，如 01,02,03…
lower-roman	计数器标记为小写罗马数字，如 i, ii, iii, iv…
upper-roman	计数器标记为大写罗马数字，如 I, II, III, IV…
lower-alpha	计数器标记为小写英文字母，如 a,b,c,d…
upper_alpha	计数器标记为大写英文字母，如 A，B，C，D…

此外，为了能够进行连续的项目编号。还需要在需要进行项目编号的元素指定 counter-increment 属性的属性值，counter-increment 属性的取值就是计数器的名称，即 counter 接受的第一个参数值。对于使用 content 属性插入 counter 计数标识的具体使用，读者可以参考下面的代码。在 Chrome 浏览器运行之后，显示效果如图 12-11 所示。

HTML+CSS 代码：test_content_counter.html。

```
<!DOCTYPE html>
<html>
<head>
<title>content 属性插入 counter 计数器标识</title>
</head>
<style type="text/css">
h2:before{
    content:counter(mycounter1,decimal)'.';
}
h2{
```

```
        counter-increment:mycounter1;
        counter-reset:mycounter2;

    }
    h3:before{
        content:counter(mycounter1)'.'counter(mycounter2);
    }
    h3{
        counter-increment:mycounter2;
        margin-left:10px;
    }
    </style>
    <body>
    <hgroup>
        <h2>HTML5</h2>
        <h3>HTML5 的发展历程</h3>
        <h3>HTML5 的主要特征</h3>
        <h3>HTML5 的新功能</h3>
        <h2>CSS3</h2>
        <h3>CSS3 的发展历程</h3>
        <h3>CSS3 的新特性</h3>
        <h3>浏览器对 CSS3 的支持情况</h3>
    </hgroup>
    </body>
    </html>
```

- content:counter()用来插入计数器标识。
- 在上面的代码中，我们使用 content 属性进行连续的项目编号。其中 counter-reset 属性用来将编号置 1。

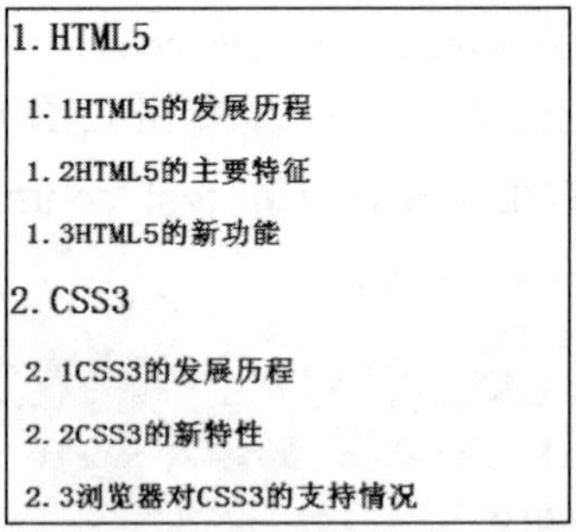

1. HTML5

1. 1HTML5的发展历程

1. 2HTML5的主要特征

1. 3HTML5的新功能

2. CSS3

2. 1CSS3的发展历程

2. 2CSS3的新特性

2. 3浏览器对CSS3的支持情况

图 12-11　使用 content 属性插入 counter 计数器标识在 Chrome 浏览器的运行效果

使用 content 属性可以插入 url 外部资源，外部资源包括图像、声音、视频等浏览器可以识别的任何资源。对于 content 属性插入 url 外部资源的具体使用，读者可以参考下面的代码。在 Chrome 浏览器运行之后，显示效果如图 12-12 所示。

HTML+CSS 代码：test_content_url.html。

```
<!DOCTYPE html>
<html>
```

```
<head>
<title>content 属性插入 url 外部资源</title>
</head>
<style type="text/css">
a[href$=".pdf"]:before{
    content:url(icon_pdf.png);
}
ul li{
    list-style-type:none;
    line-height:25px;
}
</style>
<body>
<div>
    <h3>计算机类图书</h3>
    <ul>
        <li><a href="1.pdf">Java 程序设计教程.pdf</a></li>
        <li><a href="2.pdf">微型计算机原理和接口技术.pdf</a></li>
        <li><a href="3.pdf">操作系统教程.pdf</a></li>
    </ul>
</div>
</body>
</html>
```

- icon-pdf.png 是同一文件下的图标文件。
- content:url()用来插入外部资源。
- 在上面的代码中，我们使用 content 属性在每个 pdf 链接的前面添加了一个 pdf 格式图标。

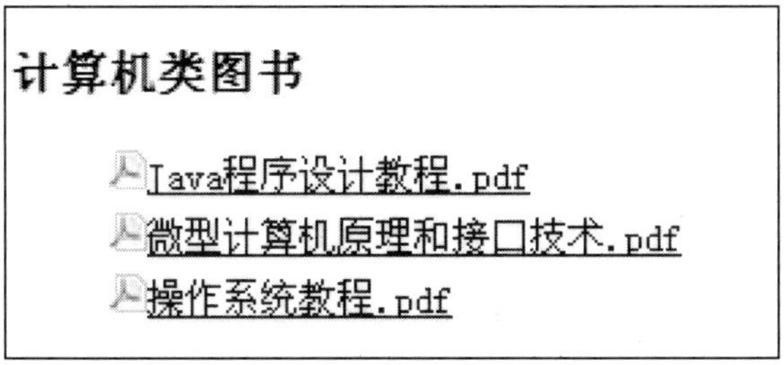

计算机类图书

Java程序设计教程.pdf
微型计算机原理和接口技术.pdf
操作系统教程.pdf

图 12-12　使用 content 属性插入 url 外部资源在 Chrome 浏览器的运行效果

使用 content 属性可以插入 attr 元素的属性值，是指将 attr 属性的属性值作为生成内容插入到元素的前面或者后面。对于 content 属性插入 attr 元素的属性值的具体使用，读者可以参考下面的代码。在 Chrome 浏览器运行之后，显示效果如图 12-13 所示。

HTML+CSS 代码：test_content_attr.html。

```
<!DOCTYPE html>
<html>
<head>
<title>content 属性插入 attr 元素的属性值</title>
</head>
<style type="text/css">
a[href$=".pdf"]:before{
    content:attr(title)'.pdf';
}
ul li{
    list-style-type:none;
    line-height:25px;
}
</style>
<body>
<div>
    <h3>计算机类图书</h3>
    <ul>
        <li><a href="1.pdf" title="Java 程序设计教程"></a></li>
        <li><a href="2.pdf" title="微型计算机原理和接口技术"></a></li>
        <li><a href="3.pdf" title="操作系统教程"></a></li>
    </ul>
</div>
</body>
</html>
```

- content:attr()用来插入元素的属性值。
- 在上面的代码中，我们使用 content 属性将每个链接的 title 属性值作为生产内容插入到链接中。

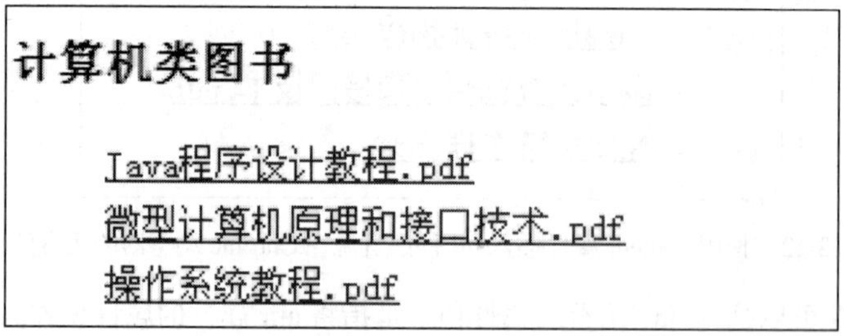

图 12-13　使用 content 属性插入 attr 元素的属性值在 Chrome 浏览器的运行效果

12.3　渐变和背景 UI 设计

渐变和背景是 Web 程序中不可或缺的审美元素。在 CSS Level 2 中，我们通常使用图片来处理渐变和背景，但这显得很不灵活，不仅在视觉优化上面临棘手的问题，而且 Web 程序的升级修改更是一个巨大的障碍。本章，我们将重点探讨 CSS Level 3 中渐变和背景属性的具体使用。

12.3.1　渐变方法的使用

渐变是 CSS Level 3 中一个强大的特性。但遗憾的是，目前这还是一个私有方法，尚未有一个统一的标准，而且不同的浏览器用法差异很大。其中，基于 Gecko 引擎的浏览器比较接近了 W3C 的标准，基于 Webkit 引擎的浏览器使用比较简洁，基于 Trident 的 IE 浏览器则是独树一帜，通过滤镜来实现。基于 Presto 引擎的 Opera 等浏览器目前还没有对 CSS Level 3 的渐变提供支持。本节，我们将重点探讨不同浏览器对 CSS Level 3 渐变的实现方法，主要包括以下几种。

- Webkit 引擎的渐变；
- Gecko 引擎的渐变；
- Trident 引擎的渐变；
- W3C 标准的渐变。

Webkit 引擎是第一个实现 CSS Level 3 渐变的浏览器引擎。Webkit 引擎的渐变方法的使用格式如下所示。

```
-webkit-gradient(<type>,<point> [,<radius>]?,<point> [,<radius>]? [,<stop>]*)
```

- type 用来定义渐变类型。
- point 用来定义渐变开始点和结束点的坐标。可以是数值、百分比和关键字，如(0，0)、(30%,30%)和(left，top)。
- radius 用来定义径向渐变的长度，该参数为一个数值。
- stop 用来定义渐变色和步长。它包括三个类型的值，即开始的颜色 from(color value)，结束的颜色 to(color value)，颜色步长 color-stop(value，color value)，其中 color-stop 的第一个参数的取值范围是 0-1.0，此外，color-stop 方法可以重复使用。关于这一点读者可以参照 Html5 Web Canvas 的渐变设计。

对于 Webkit 引擎的线性渐变和径向渐变的具体使用，读者可以参考下面的代码。在 Chrome 浏览器运行之后，显示效果如图 12-14 所示。

HTML+CSS 代码：test_webkit_gradient.html。

```
<!DOCTYPE html>
<html>
```

```
<head>
<title>Webkit 引擎的渐变/title>
</head>
<style type="text/css">
div[class="linear"]{
    width:200px;
    height:60px;
    background:-webkit-gradient(linear,
                                left top,
                                left bottom,

from(yellow),to(white),color-stop(0.3,pink),color-stop(0.7,skyblue));
}
div[class="radial"]{
    width:200px;
    height:60px;
    background:-webkit-gradient(radial,
                                100 60,20,
                                100 30,60,
                                from(yellow),to(skyblue));
}
</style>
<body>
<div class="linear">
    线性渐变
</div>
<div class="radial">
    径向渐变
</div>
</body>
</html>
```

- -webkit-gradient()方法用来定义 Webkit 引擎的线性渐变和径向渐变。
- 在上面的代码中，第一个 div 标签的背景我们使用的是线性渐变，而第二个 div 标签的背景我们使用的是径向渐变。

基于 Gecko 引擎浏览器的渐变是最接近于 W3C 标准的。与 Webkit 引擎不同，Gecko 引擎浏览器的渐变采用了线性渐变和径向渐变分开的方式。Gecko 引擎的线性渐变方法-moz-linear-gradient 的使用格式如下所示。

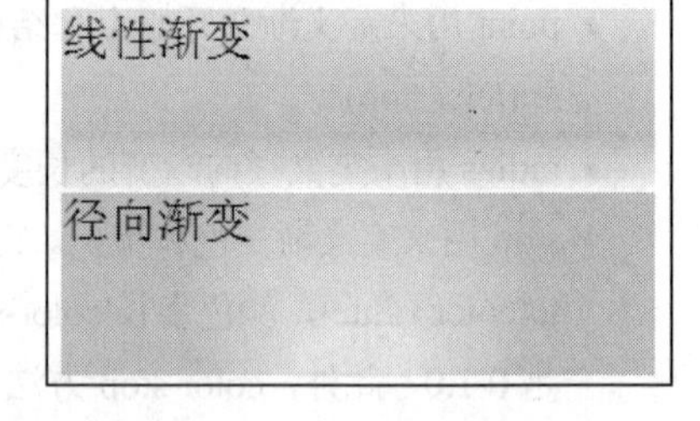

图 12-14　使用 webkit-gradient()方法在 Chrome 浏览器的运行效果

```
-moz-linear-gradient([<point>||<angle>,]?<stop>,<s
top> [,<stop>]*)
```

- point 用来定义线性渐变的起始点，取值可以是数值、百分百和关键字。
- angle 用来定义线性渐变的角度，单位可以是度（deg）和弧度（rad）。
- stop 用来定义步长，与 Webkit 引擎的渐变方法不同，stop 不需要使用任何方法，直接传递值即可。第一个值为颜色值，第二个值百分比，这个值也可以省略。

对于 Gecko 引擎的线性渐变-moz-linear-gradient()方法的具体使用，读者可以参考下面的代码。在 Firefox 浏览器运行之后，显示效果如图 12-15 所示。

HTML+CSS 代码：test_gecko_linear.html。

```
<!DOCTYPE html>
<html>
<head>
<title>Gecko 引擎的线性渐变</title>
</head>
<style type="text/css">
div{
    width:200px;
    height:60px;
    background:-moz-linear-gradient(left 30deg,pink 40%,yellow,white);
}
</style>
<body>
<div>
    线性渐变
</div>
</body>
</html>
```

- -moz-linear-gradient()方法用来定义 Gecko 引擎的线性渐变。
- 在上面的代码中，我们使用-moz-linear-gradient()方法定义了一个基于 Gecko 引擎的线性渐变。

图 12-15　使用-moz-linear-gradient()方法在 Firefox 浏览器的运行效果

此外，我们还可以使用-moz-radial-gradient()方法定义基于 Gecko 引擎的径向渐变。Gecko 引擎的线性渐变方法-moz-radial-gradient 的使用格式如下所示。

```
-moz-radial-gradient([<point>||<angle>,]?[<shape>||<size>]?<stop>,<stop> [,<stop>]*)
```

- point 用来定义线性渐变的起始点，取值可以是数值、百分百或关键字。

- angle 用来定义线性渐变的角度，单位可以是度（deg）和弧度（rad）。
- shape 用来定义径向渐变的形状，取值可以是 circle(圆)和 ellipse(椭圆)，默认值为 ellipse。
- size 用来定义圆半径或者椭圆的轴长度。
- stop 用来定义步长，与 Webkit 引擎的渐变方法不同，stop 不需要使用任何方法，直接传递值即可。第一个值为颜色值，第二个值是百分比，这个值也可以省略。

对于 Gecko 引擎的径向渐变-moz-radial-gradient()方法的具体使用，读者可以参考下面的代码。在 Firefox 浏览器运行之后，显示效果如图 12-16 所示。

HTML+CSS 代码：test_gecko_radial.html。

```
<!DOCTYPE html>
<html>
<head>
<title>Gecko 引擎的径向渐变</title>
</head>
<style type="text/css">
div{
    width:200px;
    height:60px;
    background:-moz-radial-gradient(left bottom,white,red);
}
</style>
<body>
<div>
    径向渐变
</div>
</body>
</html>
```

- -moz-radial-gradient()方法用来定义 Gecko 引擎的径向渐变。
- 在上面的代码中，我们使用-moz-radial-gradient()方法定义了一个基于 Gecko 引擎的径向渐变。

图 12-16　使用-moz-radial-gradient()方法在 Firefox 浏览器的运行效果

基于 Trident 引擎的 IE 浏览器的渐变比较特殊，也比较单一，它采用了渐变滤镜的方式。从某种意义上，这种采用渐变滤镜的方式并不能算上 CSS Level 3 的内容，但是考虑到 IE 在国内市场巨大的占有率，在此我们作一个简单的探讨。

定义基于 Trident 引擎的 IE 浏览器的渐变的基本格式如下所示。

```
filter:progid:DXImageTransform.Microsoft.Gradient(enabled=bEnabled,gradientType,sta
rtColorStr=iWidth,endColorStr=iWidth)
```

- enalbed 用来设置是否激活滤镜.，取值为 true 和 false，缺省值为 true。
- gradientType 用来设置渐变类型，取值为 1（水平渐变）和 0（垂直渐变），缺省值为 0。
- startColorStr 用来设置渐变的起点颜色和透明度。格式为#AARRGGBB，其中，AA、RR、GG、BB 都是十六制数，AA 表示透明度，RR 表示红色，GG 表示绿色，BB 表示蓝色。缺省值为#FF0000FF（不透明的蓝色）。
- endColorStr 用来设置渐变的终点的颜色和透明度，默认值为#FF000000（不透明黑色）。

对于基于 Trident 引擎的 IE 浏览器的渐变的具体使用，读者可以参考下面的代码。在 IE7 浏览器运行之后，显示效果如图 12-17 所示。

HTML+CSS 代码：test_trident_gradient.html。

```
<!DOCTYPE html>
<html>
<head>
<title>Trident 引擎的渐变</title>
</head>
<style type="text/css">
div{
    width:300px;
    height:100px;
filter:progid:DXImageTransform.Microsoft.Gradient(gradientType=1,startColorStr=#FFF
F0000,endColorStr=#FFFFFF00);
}
</style>
<body>
<div>
    水平渐变
</div>
</body>
</html>
```

- 在上面的代码中，我们使用滤镜渐变定义了一个基于 Trident 引擎浏览器的水平渐变。

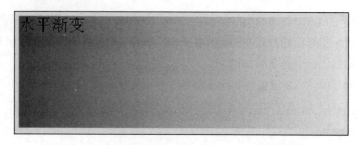

图 12-17　使用渐变滤镜在 IE 浏览器的运行效果

W3C 组织制定的 CSS Level 3 渐变标准和基于 Gecko 引擎的渐变基本一致。这里不再作进一步探讨。

12.3.2　背景属性的使用

背景属性是 CSS 中使用频率最高的属性之一。CSS Level 3 增强了这些属性的功能，使得背景属性的使用更加灵活、方便。本节，我们将重点探讨这些背景属性的具体使用，这些新增的背景属性包括以下几个。

- background 属性；
- background-origin 属性；
- background-clip 属性；
- background-size 属性。

background 属性在 CSS Level 2 中已经显得非常成熟了。在 CSS Level 3 中，background 属性依然保持了原来的用法风格。不同的是，现在的 background 属性可以添加多个背景图像组，即背景图像之间的可以用逗号隔开。因此，background 属性的使用格式如下所示。

```
background:[background-image]|[background-color]|[background-origin]|[background-clip
]|[background-repeat]|[background-size]|[background-position]|[background-attachment][,
[background-image]|[background-color]|[background-origin]|[background-clip]|[background
-repeat]|[background-size]|[background-position]|[background-attachment]]
```

对于 background 属性的具体使用，读者可以参考下面的代码。在 Chrome 浏览器运行之后，显示效果如图 12-18 所示。

HTML+CSS 代码：test_background.html。

```
<!DOCTYPE html>
<html>
<head>
<title>background 属性</title>
</head>
<style type="text/css">
```

```
div{
    width:300px;
    height:350px;
    background:url('css3.jpg') center no-repeat,
              url('html5.png') center no-repeat;
}
</style>
<body>
<div>
</div>
</body>
</html>
```

- css3.jpg 是同一文件夹下的图片文件。
- html5.png 是同一文件夹下的图片文件。
- 在上面的代码中，我们使用 background 属性定义了一个多重背景图像组，即两个背景图像叠放在一起。

图 12-18　使用 background 属性在 Chrome 浏览器的运行效果

background-origin 属性用来设置显示背景图像的显示区域。background-origin 属性的属性值如表 12-7 所示。

表 12-6　常用的计数器标记类型

参 数 名 称	说　　　明
border-box	表示从边框区域显示背景
padding-box	表示从补白区域开始显示背景，这是默认值
content-box	仅在内容区域显示背景

值得注意的是，目前主流浏览器并对 background-origin 属性的最新属性值提供支持，它们大部分支持的还是早些版本的 border、padding 和 content 属性值。对于 background-origin 属性的具体使用，读者可以参考下面的代码。在 Chrome 浏览器运行之后，显示效果如图 12-19 所示。

图 12-19　使用 background-origin 属性在 Chrome 浏览器的运行效果

HTML+CSS 代码：test_background_origin.html。

```
<!DOCTYPE html>
<html>
<head>
<title>background-origin 属性</title>
</head>
<style type="text/css">
div{
    border:1px solid red;
    width:200px;
    height:200px;
    padding:10px;
    background:url('css3.jpg') center no-repeat;
    /*新属性*/
    -webkit-background-origin:border-box;
    background-origin:border-box;
    /*旧属性*/
    -webkit-background-origin:border;
    background-origin:border;
}
</style>
<body>
<div>
</div>
</body>
</html>
```

- css3.jpg 是同一文件夹下的图片文件。
- html5.png 是同一文件夹下的图片文件。
- 在上面的代码中，我们使用 background-origin 属性定义背景图像从边框区域开始显示。

background-clip 属性用来设置背景图像的裁剪区域。background-clip 属性和 background-origin 属性有些相似，它们的属性值取值也是一样的。对于 background-clip 属性的具体使用，读者可以参考下面的代码。在 Chrome 浏览器运行之后，显示效果如图 12-20 所示。

图 12-20　使用 background-clip 属性在 Chrome 浏览器的运行效果

HTML+CSS 代码：test_background_clip.html。

```
<!DOCTYPE html>
<html>
<head>
<title>background-clip 属性</title>
</head>
<style type="text/css">
div{
     border:1px solid red;
     width:200px;
     height:200px;
     padding:10px;
     background:url('css3.jpg') center no-repeat;
     /*新属性*/
     -webkit-background-clip:content-box;
     background-clip:content-box;
     /*旧属性*/
     -webkit-background-clip:content;
     background-clip:content;
}
</style>
<body>
<div>
</div>
</body>
</html>
```

- css3.jpg 是同一文件夹下的图片文件。
- html5.png 是同一文件夹下的图片文件。
- 在上面的代码中，我们使用 background-clip 属性定义背景图像裁剪成内容显示区域部分进行显示。

background-size 属性用来设置背景图像的显示大小，这是一个非常实用的背景属性，这样我们就可以更加方便地进行背景图像显示大小的控制。background-size 属性的属性值可以是浮点数和单位标识符组成的长度、百分比、cover 和 contain。其中，cover 表示将背景图像缩放到正好显示在所定义的背景区域内，contain 表示保持背景图像本身的宽高比例，将背景图像缩放到宽度或者高度正好适应的背景区域内。对于 background-size 属性的具体使用，读者可以参考下面的代码。在 Chrome 浏览器运行之后，显示效果如图 12-21 所示。

图 12-21　使用 background-size 属性在 Chrome 浏览器的运行效果

HTML+CSS 代码：test_background_clip.html。

```
<!DOCTYPE html>
<html>
<head>
<title>background-clip 属性</title>
</head>
<style type="text/css">
div{
    border:1px solid red;
    width:200px;
    height:200px;
    background:url('css3.jpg') center no-repeat;
    -webkit-background-size:cover;
    background-size:cover
}
</style>
<body>
<div>
</div>
</body>
</html>
```

- css3.jpg 是同一文件夹下的图片文件。
- html5.png 是同一文件夹下的图片文件。
- 在上面的代码中，我们使用 background-size 属性定义将背景图像缩放到正好显示在所定义的背景区域内。

12.4　本 章 小 结

本章，我们重点探讨了 CSS Level3 的重要内容——CSS 3 UI。

在第一大节中，我们重点探讨了边框和轮廓的 UI 设计。首先，我们讨论了边框圆角、边框图片和边框阴影相关属性的具体使用，接着，我们讨论了以 outline 属性为核心的轮廓属性的具体使用。

在第二大节中，我们主要讨论了文本和内容的 UI 设计。首先，主要讨论了文字阴影、文字换行和使用服务器端字体相关属性的具体使用，然后，我们探讨了使用 content 内容属性来插入文本、计数器标识、外部资源等生成内容。

在第三大节中，我们主要探讨了渐变和背景的 UI 设计。首先我们分别重点探讨了 Webkit 引擎、Gecko 引擎、Trident 引擎以及 W3C 标准的渐变属性的具体使用，接着，我们探讨了改良的背景属性的具体使用。

第 13 章 唯美的排列——CSS3 Layout

所谓 CSS 布局，是指对 Web 程序的标题、页眉、正文内容、页脚等构成元素进行一个合理地编排。在传统的 Web 程序中，我们主要使用 float 属性的浮动布局和 position 属性绝对定位布局两种方式。但是这种两种布局方式都存在诸多的诟病，例如不同高度的栏目的对齐就是一个大问题。

在 CSS Level 3 中，提供了更加高效、简单的多列自动布局和弹性盒布局两种布局方式，新的布局方式不仅可以有效地解决传统 Web 程序中的布局问题，而且可以让 Web 程序员像报纸排版一样对 Web 程序进行布局。

本章，我们主要探讨 CSS Level 3 中新增加的两种布局方式，会分别讨论两种新布局方式相关属性的具体使用和目前主流浏览器对它们的支持情况。

13.1 多列自动布局方式

多列自动布局方式是一种非常简单、高效的布局方式，利用多列自动布局方式可以自动将内容按照指定的列数进行排列。本节，我们将重点探讨多列自动布局方式的具体使用和目前浏览器对其的支持情况。

13.1.1 多列自动布局的浏览器支持情况

多列自动布局属于 CSS Level 3 的 Multiple Columns Layout 模块，目前还没有发布推荐版。所以不同引擎的浏览器对其支持情况差异比较大。而且多列自动布局方式定义的属性比较多，并不是每个实现了多列自动布局方式的浏览器都对其所有的属性提供了支持。

各主流的桌面浏览器和移动设备浏览器对多列自动布局方式的支持情况分别如图 13-1 和图 13-2 所示，其中白色表示支持，灰色表示部分支持，暗灰色表示不支持。

从图 13-1 和图 13-2 中，可以看出，多列自动布局方式的浏览器支持情况并不是特别理想，很多都是作为私有属性来使用。而 Opera 浏览器所有浏览器中对多列自动布局方式支持最好的一个。

IE	Firefox	Chrome	Safari	Opera
	3.6 -moz-			
	4.0 -moz-			
	8.0 -moz-			
	9.0 -moz-			
	10.0 -moz-	16.0 -webkit-		
	11.0 -moz-	17.0 -webkit-		
	12.0 -moz-	18.0 -webkit-		
6.0	13.0 -moz-	19.0 -webkit-	4.0 -webkit-	
7.0	14.0 -moz-	20.0 -webkit-	5.0 -webkit-	
8.0	15.0 -moz-	21.0 -webkit-	5.1 -webkit-	
9.0	16.0 -moz-	22.0 -webkit-	6.0 -webkit-	12.0

图 13-1　桌面浏览器对多列自动布局方式的支持情况

iOS Safari	Opera Mini	Android Browser	Opera Mobile	Chrome for Android
		2.2 -webkit-		
4.2-4.3 -webkit-		2.3 -webkit-		
5.0-5.1 -webkit-		4.0 -webkit-		
6.0 -webkit-	5.0-7.0	4.1 -webkit-	12.0	18.0 -webkit-

图 13-2　移动设备浏览器对多列自动布局方式的支持情况

13.1.2　多列自动布局的使用

多列自动布局方式是 CSS 布局方式中最为强大的一个。CSS Level 3 的 Multiple Columns Layout 模块提供了完善的多列自动布局方式的属性体系。本节我们将对这些属性作重点探讨，这些属性有以下几个。

- columns 属性；
- column-width 属性；
- column-count 属性；
- column-gap 属性；
- column-rule 属性；
- column-span 属性；
- column-fill 属性。

columns 属性和 border、background 属性一样，是一个复合属性。它整合了 column-width 属性和 column-count 属性。columns 属性的使用格式如下所示。

```
columns:<column-width>||<column-count>
```

column-width 属性用来指定对象单列显示的宽度。column-width 属性的属性值为由浮点数字和单位标识符组成的长度值。对于 column-width 属性的具体使用，读者可以参考下面的代码。在 Chrome 浏览器运行之后，显示效果如图 13-3 所示。

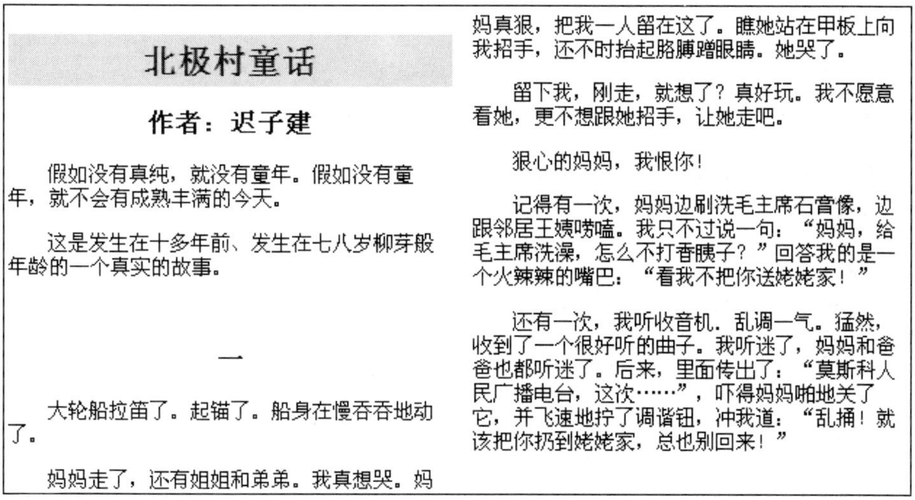

北极村童话

作者：迟子建

假如没有真纯，就没有童年。假如没有童年，就不会有成熟丰满的今天。

这是发生在十多年前、发生在七八岁柳芽般年龄的一个真实的故事。

一

大轮船拉笛了。起锚了。船身在慢吞吞地动了。

妈妈走了，还有姐姐和弟弟。我真想哭。妈妈真狠，把我一人留在这了。瞧她站在甲板上向我招手，还不时抬起胳膊蹭眼睛。她哭了。

留下我，刚走，就想了？真好玩。我不愿意看她，更不想跟她招手，让她走吧。

狠心的妈妈，我恨你！

记得有一次，妈妈边刷洗毛主席石膏像，边跟邻居王姨唠嗑。我只不过说一句：“妈妈，给毛主席洗澡，怎么不打香胰子？”回答我的是一个火辣辣的嘴巴：“看我不把你送姥姥家！”

还有一次，我听收音机．乱调一气。猛然，收到了一个很好听的曲子。我听迷了，妈妈和爸爸也都听迷了。后来，里面传出了：“莫斯科人民广播电台，这次……”，吓得妈妈啪地关了它，并飞速地拧了调谐钮，冲我道：“乱捅！就该把你扔到姥姥家，总也别回来！”

图 13-3　使用 column-width 属性在 Chrome 浏览器的运行效果

HTML+CSS 代码：test_column_width.html。

```
<!DOCTYPE html>
<html>
<head>
<title>column-width 属性</title>
</head>
<style type="text/css">
body{
    -webkit-column-width:250px;
    -moz-column-width:250px;
    column-width:250px;
}
h1{
    background:#DCDCDC;
    text-align:center;
    font-size:25px;
    padding:5px 0px;
```

```
}
h2{
    text-align:center;
    font-size:20px;
}
p{
    text-indent:2em;
    font-size:15px;
}
</style>
<body>
<h1>北极村童话</h1>
<h2>作者：迟子建</h2>
    <p>假如没有真纯，就没有童年。假如没有童年，就不会有成熟丰满的今天。</p>
    <p>这是发生在十多年前、发生在七八岁柳芽般年龄的一个真实的故事。</p>
<h2>一</h2>
    <p>大轮船拉笛了。起锚了。船身在慢吞吞地动了。</p>
    <p>妈妈走了，还有姐姐和弟弟。我真想哭。妈妈真狠，把我一人留在这了。瞧她站在甲板上向我招手，还不时抬起胳膊蹭眼睛。她哭了。</p>
    <p>留下我，刚走，就想了？真好玩。我不愿意看她，更不想跟她招手，让她走吧。</p>
    <p>狠心的妈妈，我恨你！</p>
    <p>记得有一次，妈妈边刷洗毛主席石膏像，边跟邻居王姨唠嗑。我只不过说一句："妈妈，给毛主席洗澡，怎么不打香胰子？"回答我的是一个火辣辣的嘴巴："看我不把你送姥姥家！"</p>
    <p>还有一次，我听收音机 乱调一气。猛然，收到了一个很好听的曲子。我听迷了，妈妈和爸爸也都听迷了。后来，里面传出了："莫斯科人民广播电台，这次……"，吓得妈妈啪地关了它，并飞速地拧了调谐钮，冲我道："乱捅！就该把你扔到姥姥家，总也别回来！"</p>
</body>
</html>
```

- column-width 属性用来指定对象单列显示的宽度。
- 在上面的代码中，由于我们只使用 column-width 属性设置了单列显示的宽度，所以浏览器会根据用户的屏幕大小自适应安排显示的列数。

column-count 属性用来指定对象显示的列数。和 column-width 类似，如果单独设置 column-count 属性，则浏览器会根据用户的屏幕大小自适应单列显示的宽度。对于 column-count 属性的具体使用，读者可以参考下面的代码。在 Chrome 浏览器运行之后，显示效果如图 13-4 所示。

HTML+CSS 代码：test_column_count.html。

```
<!DOCTYPE html>
<html>
<head>
<title>column-count 属性</title>
</head>
<style type="text/css">
```

```
body{
    -webkit-column-count:3;
    -moz-column-count:3;
    column-count:3;
}
h1{
    background:#DCDCDC;
    text-align:center;
    font-size:25px;
    padding:5px 0px;
}
h2{
    text-align:center;
    font-size:20px;
}
p{
    text-indent:2em;
    font-size:15px;
}
</style>
<body>
<h1>北极村童话</h1>
<h2>作者：迟子建</h2>
    <p>假如没有真纯，就没有童年。假如没有童年，就不会有成熟丰满的今天。</p>
    <p>这是发生在十多年前、发生在七八岁柳芽般年龄的一个真实的故事。</p>
<h2>一</h2>
    <p>大轮船拉笛了。起锚了。船身在慢吞吞地动了。</p>
    <p>妈妈走了，还有姐姐和弟弟。我真想哭。妈妈真狠，把我一人留在这了。瞧她站在甲板上向我招手，还不时抬起胳膊蹭眼睛。她哭了。</p>
    <p>留下我，刚走，就想了？真好玩。我不愿意看她，更不想跟她招手，让她走吧。</p>
    <p>狠心的妈妈，我恨你！</p>
    <p>记得有一次，妈妈边刷洗毛主席石膏像，边跟邻居王姨唠嗑。我只不过说一句："妈妈，给毛主席洗澡，怎么不打香胰子？"回答我的是一个火辣辣的嘴巴："看我不把你送姥姥家！"</p>
    <p>还有一次，我听收音机，乱调一气。猛然，收到了一个很好听的曲子。我听迷了，妈妈和爸爸也都听迷了。后来，里面传出了："莫斯科人民广播电台，这次……"，吓得妈妈啪地关了它，并飞速地拧了调谐钮，冲我道："乱捅！就该把你扔到姥姥家，总也别回来！"</p>
</body>
</html>
```

- column-count 属性用来指定对象显示的列数。
- 在上面的代码中，由于我们只使用 column-count 属性设置显示的列数，所以浏览器会根据用户的屏幕大小自适应单列显示的宽度。

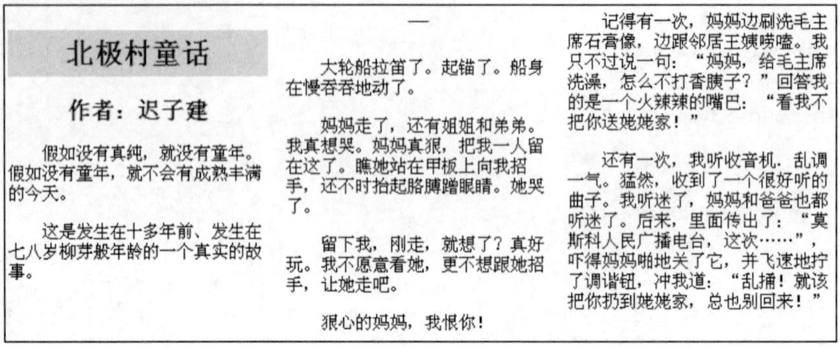

北极村童话

作者：迟子建

假如没有真纯，就没有童年。假如没有童年，就不会有成熟丰满的今天。

这是发生在十多年前、发生在七八岁柳芽般年龄的一个真实的故事。

一

大轮船拉笛了。起锚了。船身在慢吞吞地动了。

妈妈走了，还有姐姐和弟弟。我真想哭。妈妈真狠，把我一人留在这了。瞧她站在甲板上向我招手，还不时抬起胳膊蹭眼睛。她哭了。

留下我，刚走，就想了？真好玩。我不愿意看她，更不想跟她招手，让她走吧。

狠心的妈妈，我恨你！

记得有一次，妈妈边刷洗毛主席石膏像，边跟邻居王姨唠嗑。我只不过说一句："妈妈，给毛主席洗澡，怎么不打香胰子？"回答我的是一个火辣辣的嘴巴："看我不把你送姥姥家！"

还有一次，我听收音机．乱调一气。猛然，收到了一个很好听的曲子。我听迷了，妈妈和爸爸也都听迷了。后来，里面传出了："莫斯科人民广播电台，这次……"，吓得妈妈啪地关了它，并飞速地拧了调谐钮，冲我道："乱播！就该把你扔到姥姥家，总也别回来！"

图 13-4　使用 column-count 属性在 Chrome 浏览器的运行效果

column-gap 属性用来定义对象两列之间的显示间距。取值是有浮点数字和单位标识符组成的长度值，缺省情况下为 1em。对于 column-gap 属性的具体使用，读者可以参考下面的代码。在 Chrome 浏览器运行之后，显示效果如图 13-5 所示。

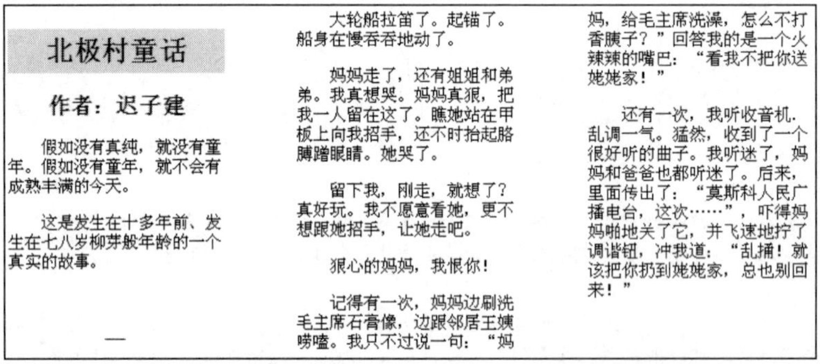

北极村童话

作者：迟子建

假如没有真纯，就没有童年。假如没有童年，就不会有成熟丰满的今天。

这是发生在十多年前、发生在七八岁柳芽般年龄的一个真实的故事。

一

大轮船拉笛了。起锚了。船身在慢吞吞地动了。

妈妈走了，还有姐姐和弟弟。我真想哭。妈妈真狠，把我一人留在这了。瞧她站在甲板上向我招手，还不时抬起胳膊蹭眼睛。她哭了。

留下我，刚走，就想了？真好玩。我不愿意看她，更不想跟她招手，让她走吧。

狠心的妈妈，我恨你！

记得有一次，妈妈边刷洗毛主席石膏像，边跟邻居王姨唠嗑。我只不过说一句："妈妈，给毛主席洗澡，怎么不打香胰子？"回答我的是一个火辣辣的嘴巴："看我不把你送姥姥家！"

还有一次，我听收音机．乱调一气。猛然，收到了一个很好听的曲子。我听迷了，妈妈和爸爸也都听迷了。后来，里面传出了："莫斯科人民广播电台，这次……"，吓得妈妈啪地关了它，并飞速地拧了调谐钮，冲我道："乱播！就该把你扔到姥姥家，总也别回来！"

图 13-5　使用 column-gap 属性在 Chrome 浏览器的运行效果

HTML+CSS 代码：test_column_gap.html。

```
<!DOCTYPE html>
<html>
<head>
<title>column-gap 属性</title>
</head>
<style type="text/css">
body{
    -webkit-column-count:3;
    -moz-column-count:3;
    column-count:3;
    -webkit-column-gap:4em;
    -moz-column-gap:4em;
```

```
    column-gap:4em;
}
h1{
    background:#DCDCDC;
    text-align:center;
    font-size:25px;
    padding:5px 0px;
}
h2{
    text-align:center;
    font-size:20px;
}
p{
    text-indent:2em;
    font-size:15px;
}
</style>
<body>
<h1>北极村童话</h1>
<h2>作者: 迟子建</h2>
    <p>假如没有真纯，就没有童年。假如没有童年，就不会有成熟丰满的今天。</p>
    <p>这是发生在十多年前、发生在七八岁柳芽般年龄的一个真实的故事。</p>
<h2>一</h2>
    <p>大轮船拉笛了。起锚了。船身在慢吞吞地动了。</p>
    <p>妈妈走了，还有姐姐和弟弟。我真想哭。妈妈真狠，把我一人留在这了。瞧她站在甲板上向我招手，还不时抬起胳膊蹭眼睛。她哭了。</p>
    <p>留下我，刚走，就想了？真好玩。我不愿意看她，更不想跟她招手，让她走吧。</p>
    <p>狠心的妈妈，我恨你！</p>
    <p>记得有一次，妈妈边刷洗毛主席石膏像，边跟邻居王姨唠嗑。我只不过说一句："妈妈，给毛主席洗澡，怎么不打香胰子？"回答我的是一个火辣辣的嘴巴："看我不把你送姥姥家！"</p>
    <p>还有一次，我听收音机. 乱调一气。猛然，收到了一个很好听的曲子。我听迷了，妈妈和爸爸也都听迷了。后来，里面传出了："莫斯科人民广播电台，这次……"，吓得妈妈啪地关了它，并飞速地拧了调谐钮，冲我道："乱捅！就该把你扔到姥姥家，总也别回来!"</p>
</body>
</html>
```

- column-gap 属性用来定义对象两列之间的显示间距。
- 在上面的代码中，由于我们使用了 column-gap 属性定义两列之间的间距为 4em。

column-rule 属性用来定义每列之间边框的宽度、样式和颜色。因此，column-width 属性也有 column-rule-width、column-rule_style 和 column-rule-color 三个派生子属性。column-rule 属性的使用格式如下所示。

```
column-rule:<length>|<style>|<color>|<transparent>
```

- length 表示每列之间边框的宽度，取值由浮点数值和单位标识符组成的长度。功能与 column-rule-width 属性一样。
- style 表示边框的样式。功能与 column-rule-style 属性一样。
- color 表示边框的颜色。功能与 column-rule-color 属性一样。
- transparent 表示边框的透明度。

对于 column-rule 属性的具体使用，读者可以参考下面的代码。在 Chrome 浏览器运行之后，显示效果如图 13-6 所示。

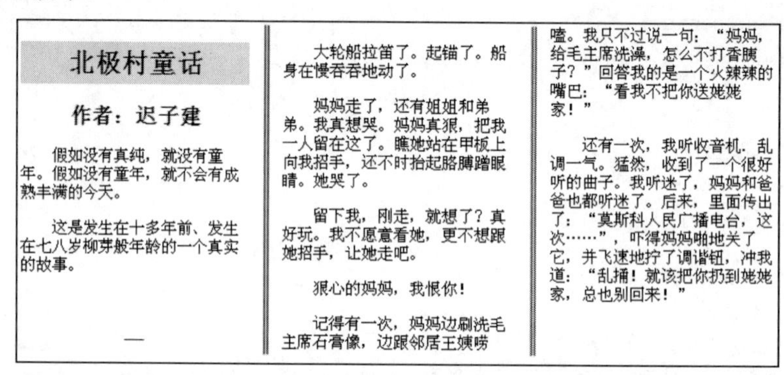

图 13-6　使用 column-rule 属性在 Chrome 浏览器的运行效果

HTML+CSS 代码：test_column_rule.html。

```
<!DOCTYPE html>
<html>
<head>
<title>column-rule 属性</title>
</head>
<style type="text/css">
body{
    -webkit-column-count:3;
    -moz-column-count:3;
    column-count:3;
    -webkit-column-gap:2em;
    -moz-column-gap:2em;
    column-gap:2em;
    -webkit-column-rule:5px double green;
    -moz-column-rule:5px double green;
    column-rule:5px double green;
}
h1{
    background:#DCDCDC;
```

```
        text-align:center;
        font-size:25px;
        padding:5px 0px;
    }
    h2{
        text-align:center;
        font-size:20px;
    }
    p{
        text-indent:2em;
        font-size:15px;
    }
    </style>
    <body>
    <h1>北极村童话</h1>
    <h2>作者：迟子建</h2>
        <p>假如没有真纯，就没有童年。假如没有童年，就不会有成熟丰满的今天。</p>
        <p>这是发生在十多年前、发生在七八岁柳芽般年龄的一个真实的故事。</p>
    <h2>一</h2>
        <p>大轮船拉笛了。起锚了。船身在慢吞吞地动了。</p>
        <p>妈妈走了，还有姐姐和弟弟。我真想哭。妈妈真狠，把我一人留在这了。瞧她站在甲板上向我招手，还不时
抬起胳膊蹭眼睛。她哭了。</p>
        <p>留下我，刚走，就想了？真好玩。我不愿意看她，更不想跟她招手，让她走吧。</p>
        <p>狠心的妈妈，我恨你！</p>
        <p>记得有一次，妈妈边刷洗毛主席石膏像，边跟邻居王姨唠嗑。我只不过说一句："妈妈，给毛主席洗澡，怎
么不打香胰子？"回答我的是一个火辣辣的嘴巴："看我不把你送姥姥家!"</p>
        <p>还有一次，我听收音机. 乱调一气。猛然，收到了一个很好听的曲子。我听迷了，妈妈和爸爸也都听迷了。
后来，里面传出了："莫斯科人民广播电台，这次……"，吓得妈妈啪地关了它，并飞速地拧了调谐钮，冲我道："乱捅！就
该把你扔到姥姥家，总也别回来!"</p>
    </body>
    </html>
```

- column-rule 属性用来定义每列之间边框的宽度、样式和颜色。
- 在上面的代码中，由于我们使用了 column-rule 属性在两列之间定义一个绿色的双线边框。

column-span 属性用来定义元素的跨列显示，即使用 column-span 属性可以时某些元素不服从多列自动布局的规则。column-span 属性的属性值如表 13-1 所示。

表 13-1　column-span 属性的属性值

属性值名称	说　　明
1	表示服从多列自动布局规则
all	表示摆脱规则，跨列显示

对于 column-span 属性的具体使用，读者可以参考下面的代码。在 Chrome 浏览器运行之后，显示效果如图 13-7 所示。

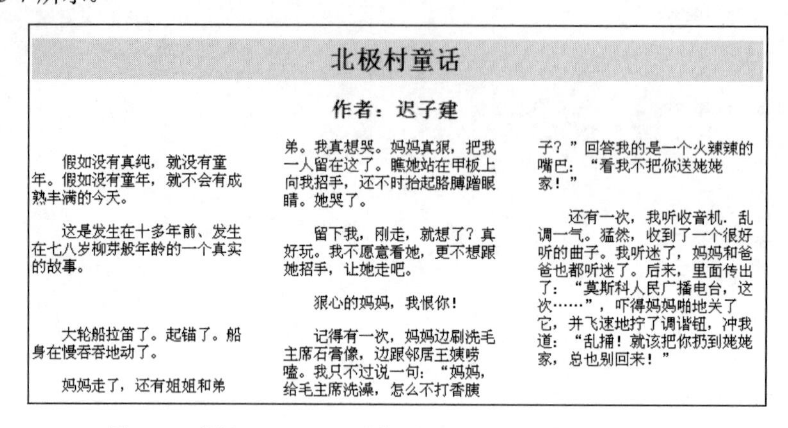

图 13-7　使用 column-span 属性在 Chrome 浏览器的运行效果

HTML+CSS 代码：test_column_span.html。

```
<!DOCTYPE html>
<html>
<head>
<title>column-span 属性</title>
</head>
<style type="text/css">
body{
    -webkit-column-count:3;
    -moz-column-count:3;
    column-count:3;
    -webkit-column-gap:2em;
    -moz-column-gap:2em;
    column-gap:2em;
}
h1{
    background:#DCDCDC;
    text-align:center;
    font-size:25px;
    padding:5px 0px;
    -webkit-column-span:all;
    -moz-column-span:all;
    column-span:all;
}
h2{
    text-align:center;
```

```
    font-size:20px;
    -webkit-column-span:all;
    -moz-column-span:all;
    column-span:all;
}
p{
    text-indent:2em;
    font-size:15px;
}
</style>
<body>
<h1>北极村童话</h1>
<h2>作者：迟子建</h2>
    <p>假如没有真纯，就没有童年。假如没有童年，就不会有成熟丰满的今天。</p>
    <p>这是发生在十多年前、发生在七八岁柳芽般年龄的一个真实的故事。</p>
    <p>大轮船拉笛了。起锚了。船身在慢吞吞地动了。</p>
    <p>妈妈走了，还有姐姐和弟弟。我真想哭。妈妈真狠，把我一人留在这了。瞧她站在甲板上向我招手，还不时抬起胳膊蹭眼睛。她哭了。</p>
    <p>留下我，刚走，就想了？真好玩。我不愿意看她，更不想跟她招手，让她走吧。</p>
    <p>狠心的妈妈，我恨你！</p>
    <p>记得有一次，妈妈边刷洗毛主席石膏像，边跟邻居王姨唠嗑。我只不过说一句："妈妈，给毛主席洗澡，怎么不打香胰子？"回答我的是一个火辣辣的嘴巴："看我不把你送姥姥家！"</p>
    <p>还有一次，我听收音机．乱调一气。猛然，收到了一个很好听的曲子。我听迷了，妈妈和爸爸也都听迷了。后来，里面传出了："莫斯科人民广播电台，这次……"，吓得妈妈啪地关了它，并飞速地拧了调谐钮，冲我道："乱捅！就该把你扔到姥姥家，总也别回来！"</p>
</body>
</html>
```

- column-span 属性用来定义元素的跨列显示。
- 在上面的代码中，由于我们使用了 column-span 属性将文章的标题和作者进行跨列显示。

column-fill 属性用来定义栏目的高度是否统一，即可以通过 cloumn-fill 属性设置栏目的高度是否一致。column-fill 属性的属性值如表 13-2 所示。

表 13-2　column-fill 属性的属性值

属性值名称	说　　明
auto	表示各列的高度随其内容的高度自动变化
balance	表示各列的高度会根据高度最大的一列进行统一

对于 column-fill 属性的具体使用，读者可以参考下面的代码。在 Chrome 浏览器运行之后，显示效果如图 13-8 所示。

图 13-8　使用 column-fill 属性在 Chrome 浏览器的运行效果

HTML+CSS 代码：test_column_fill.html。

```
<!DOCTYPE html>
<html>
<head>
<title>column-fill 属性</title>
</head>
<style type="text/css">
body{
    -webkit-column-count:2;
    -moz-column-count:2;
    column-count:2;
    -webkit-column-fill:auto;
    -moz-column-fill:auto;
    column-fill:auto;
}
h1{
    background:#DCDCDC;
    text-align:center;
    font-size:25px;
    padding:5px 0px;
    -webkit-column-span:all;
    -moz-column-span:all;
    column-span:all;
}
div[class="html5"]{
    background:red;
}
div[class="css3"]{
    background:blue;
}
</style>
<body>
<h1>HTML5 and CSS3</h1>
<div class="html5"><img src="html5.png"/></div>
```

```
<div class="css3"><img src="css3.jpg"/></div>
</body>
</html>
```

- column-fill 属性用来定义栏目的高度是否统一。
- 在上面的代码中，由于我们使用了 column-fill 属性设置了列与列之间的高度不统一，可以从背景颜色看出来。

13.2 弹性盒布局方式

多列自动布局方式显得非常简单、方便，但是多列自动布局的每列宽度必须相等，这满足不了一些 Web 程序的布局需求。弹性盒布局方式也是 CSS Level 3 中引入的一种高效布局方式，它采用了灵活的盒模型，使得开发人员对 Web 程序的布局可以得心应手。本节，我们将重点探讨弹性盒布局的使用方法和目前主流浏览器的支持情况。

13.2.1 弹性盒布局的浏览器支持情况

弹性盒布局属于 CSS Level 3 的 Flexible Box Layout 模块，目前也还没有发布推荐版。但是主流浏览器对弹性盒布局的支持情况非常混乱，这种差异不仅体现在浏览器之间，更多是体现在浏览器的版本之间。

出现这种局面在很大程度上取决于 Flexible Box Layout 模块的历史。CSS 3 弹性盒布局在 2009 年 7 月第一次引入，引入之后便受到了以 Firefox 为代表的大部分主流浏览器的支持。2011 年 3 月，W3C 组织对弹性盒布局的工作草案进行更新，问题就在于这次更新做了很多修改，例如，很多 box-* 属性被更改为 flex-*属性。本书，我们主要探讨最新版本的弹性盒布局方式的使用方法。

各主流的桌面浏览器和移动设备浏览器对弹性盒布局方式的支持情况分别如图 13-9 和图 13-10 所示，其中白色表示支持，灰色表示部分支持，暗灰色表示不支持。

IE	Firefox	Chrome	Safari	Opera
	3.6 -moz-			
	4.0 -moz-			
	8.0 -moz-			
	9.0 -moz-			
	10.0 -moz-	16.0 -webkit-		
	11.0 -moz-	17.0 -webkit-		
	12.0 -moz-	18.0 -webkit-		
6.0	13.0 -moz-	19.0 -webkit-	4.0 -webkit-	
7.0	14.0 -moz-	20.0 -webkit-	5.0 -webkit-	
8.0	15.0 -moz-	21.0 -webkit-	5.1 -webkit-	
9.0	16.0 -moz-	22.0 -webkit-	6.0 -webkit-	12.0

图 13-9 桌面浏览器对弹性盒布局方式的支持情况

iOS Safari	Opera Mini	Android Browser	Opera Mobile	Chrome for Android
		2.2 -webkit-		
4.2-4.3 -webkit-		2.3 -webkit-		
5.0-5.1 -webkit-		4.0 -webkit-		
6.0 -webkit-	5.0-7.0	4.1 -webkit-	12.0	18.0 -webkit-

图 13-10　移动设备浏览器对弹性盒布局方式的支持情况

从图 13-9 和图 13-10 中，可以看出，弹性盒布局的支持情况是非常不理想的，只有 Chrome 等少数浏览器通过私有属性对其提供了支持。

13.2.2　弹性盒布局的使用

自从 2011 年 3 月以来，W3C 组织不断对 Flexible Box Layout 模块的工作草案进行修订，CSS Level 3 的弹性盒布局方式已经形成了一个比较完整的布局体系。本节，我们将重点探讨弹性盒布局属性的使用，这些属性包括以下几个。

- display 属性；
- flex-direction 属性；
- flex-wrap 属性；
- flex-flow 属性；
- flex-order 属性；
- flex 属性；
- flex-pack 属性；
- flex-align 属性。

display 属性用来为元素对象申明使用弹性盒布局方式，即创建一个弹性盒容器，其子元素在这个弹性盒中显示。display 属性的属性值可以是 flexbox 和 inline-flexbox。其中，flexbox 表示在块级元素上使用弹性盒布局方式，inline-flexbox 表示在内联元素上使用弹性盒布局方式。而且，当我们使用 display 属性为对象元素申明使用弹性盒布局方式之后，其他布局方式如 float、clear 和 columns 等属性将会失去作用。

就像我们之前讨论的那样，display 属性的浏览器的支持情况非常混乱，以 Chrome 浏览器为例，目前最新版本支持的属性值还是 box。对于 diplay 属性的具体使用，读者可以参考下面的代码。在 Chrome 浏览器运行之后，显示效果如图 13-11 所示。

HTML+CSS 代码：test_display.html。

```
<!DOCTYPE html>
<html>
<head>
<title>display 属性</title>
```

```
</head>
<style type="text/css">
ul{
    /*新属性*/
    display:-webkit-flexbox;
    /*旧属性*/
    display:-webkit-box;
    list-style:none;
}
</style>
<body>
<div>
    <ul>
        <li><a href="#">首页</a></li>
        <li><a href="#">通知公告</a></li>
        <li><a href="#">新闻中心</a></li>
        <li><a href="#">企业产品</a></li>
    </ul>
</div>
</body>
</html>
```

- display 属性用来为元素对象申明使用弹性盒布局方式。
- 在上面的代码中，我们为 ul 元素申明使用弹性盒布局方式，由于弹性盒中对象元素默认情况下是从左到右显示的，所以上面的代码的显示效果类似于浮动布局的 float:left。

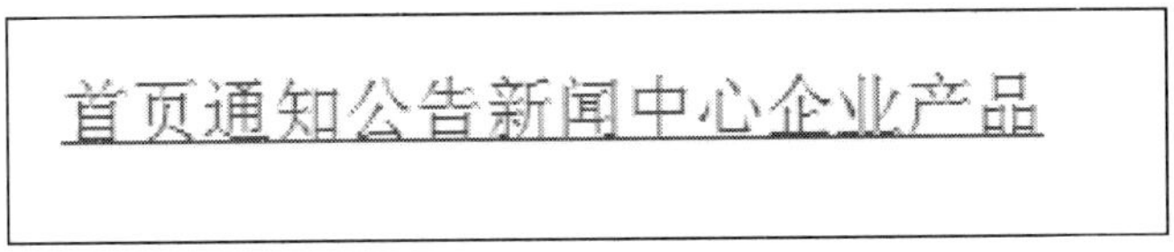

首页通知公告新闻中心企业产品

图 13-11　使用 display 属性在 Chrome 浏览器的显示效果

flex-direction 属性用来设置弹性盒中的对象元素的显示方向。flex-direction 属性的属性值如表 13-2 所示。

表 13-1　flex-direction 属性的属性值

属性值名称	说　　明
row	表示弹性盒中的元素从左到右水平显示，这是默认值
column	表示弹性盒中的元素从上到下竖直显示
row-reverse	表示弹性盒中的元素从右到左水平显示
column-reverse	表示弹性盒中的元素从下到上竖直显示
inherit	表示弹性盒的子元素继承父元素的显示方式

flex-direction 属性实际上是旧工作草案中 box-orient 属性和 box-direction 属性的组合。对于 flex-direction 属性的具体使用，读者可以参考下面的代码。在 Chrome 浏览器运行之后，显示效果如图 13-12 所示。

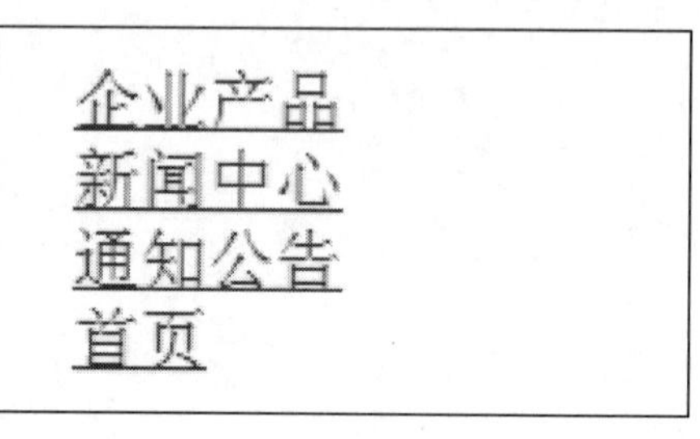

图 13-12　使用 flex-direction 属性在 Chrome 浏览器的显示效果

HTML+CSS 代码：test_flex_direction.html。

```
<!DOCTYPE html>
<html>
<head>
<title>flex-direction 属性</title>
</head>
<style type="text/css">
ul{
    list-style:none;
    /*新属性*/
    display:-webkit-flexbox;
    -webkit-flex-direction:column;
    /*旧属性*/
    display:-webkit-box;
    -webkit-box-orient: vertical;
}
</style>
<body>
    <ul>
        <li><a href="#">首页</a></li>
        <li><a href="#">通知公告</a></li>
        <li><a href="#">新闻中心</a></li>
        <li><a href="#">企业产品</a></li>
    </ul>
</body>
</html>
```

- flex-direction 属性用来设置弹性盒中的对象元素的显示方向。
- 在上面的代码中，我们使用 flex-direction 属性设置弹性盒中的元素从上到下显示。

flex-wrap 属性用来设置弹性盒中的对象元素的自动换行方式。flex-wrap 属性的属性值如表 13-2 所示。

表 13-2　flex-wrap 属性的属性值

属性值名称	说　　明
nowrap	表示弹性盒的元素在一行或者一列中显示，默认值
wrap	表示弹性盒中的元素在连续的行或者列中显示
wrap-reverse	表示弹性盒的子元素以相反的顺序在连续的行或者列中显示

表 13-2 列举了 flex-wrap 属性的属性值，不过遗憾的是，目前的主流浏览器都还没有对其提供支持，对于 flex-wrap 属性的具体使用，读者可以参考下面的代码。

HTML+CSS 代码：test_flex_wrap.html。

```
<!DOCTYPE html>
<html>
<head>
<title>flex-wrap 属性</title>
</head>
<style type="text/css">
ul{
   display:-webkit-box;
   list-style:none;
   -webkit-flex-wrap:wrap;
}
</style>
<body>
   <ul>
      <li><a href="#">首页</a></li>
      <li><a href="#">通知公告</a></li>
      <li><a href="#">新闻中心</a></li>
      <li><a href="#">企业产品</a></li>
   </ul>
</body>
</html>
```

- flex-wrap 属性用来设置弹性盒中的对象元素的自动换行方式。
- 在上面的代码中，我们使用 flex-wrap 属性设置弹性盒中的元素以连续得多行显示。

flex-flow 属性用来设置弹性盒中的对象元素的显示方向和自动换行方式，即 flex-flow 属性包含了 flex-direction 属性和 flex-wrap 属性两个属性的内容。flex-flow 属性的使用格式如下。

```
flex-flow:<'flex-direction'>||<'flex-wrap'>
```

对于 flew-flow 属性的具体使用，读者可以参考 flex-direction 属性和 flex-wrap 属性，这里不作进一步探讨。

flex-order 属性用来设置弹性盒中的对象元素的显示顺序，值得注意的是，flex-order 属性和前面介绍的属性不同，flex-order 属性必须应用到弹性盒中的子元素中。flex-order 属性的属性值为整数数字，默认值为 0。目前主流浏览器并没有支持 flex-order 属性，它们支持的还是原来的 box-ordinal-group 属性。对于 flex-order 属性的具体使用，读者可以参考下面的代码。在 Chrome 浏览器运行之后，显示效果如图 13-13 所示。

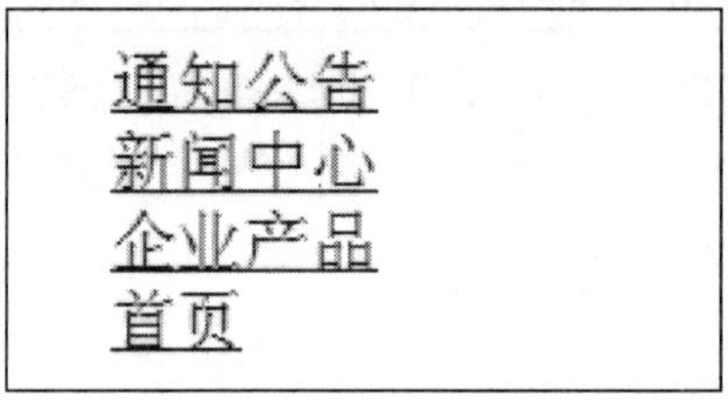

通知公告
新闻中心
企业产品
首页

图 13-13　使用 flex-order 属性在 Chrome 浏览器的显示效果

HTML+CSS 代码：test_flex_order.html。

```
<!DOCTYPE html>
<html>
<head>
<title>flex-order 属性</title>
</head>
<style type="text/css">
ul{
    list-style:none;
    /*新属性*/
    display:-webkit-flexbox;
    -webkit-flex-direction:column;
    /*旧属性*/
    display:-webkit-box;
    -webkit-box-orient: vertical;
}
li:first-child{
    /*新属性*/
    -webkit-flex-order:3;
    /*旧属性*/
    -webkit-box-ordinal-group:3;
}
</style>
<body>
    <ul>
        <li><a href="#">首页</a></li>
        <li><a href="#">通知公告</a></li>
```

```
        <li><a href="#">新闻中心</a></li>
        <li><a href="#">企业产品</a></li>
    </ul>
</body>
</html>
```

- flex-order 属性用来设置弹性盒中的对象元素的显示顺序。
- 在上面的代码中，第一个 li 元素将会显示在最下面，因为其他 li 元素的 flex-order 属性的属性都默认为 0。

flex 属性也是一个复合属性，用来设置弹性盒中的对象元素的扩展宽度或者高度。和 flex-order 属性一样，flex 属性也必须应用到弹性盒中的子元素中。flex 属性的使用格式如下所示。

```
flex:[[<pos-flex><neg-flex>?]||<preferred-size>]|none
```

- pos-flex 用来设置与前元素的间距，属性值为非负整数，缺省值为 1。
- neg-flex 用来设置与后元素的间距，属性值为非负整数，缺省值为 0。
- preferred-size 用来设置对象元素的宽度或者高度。
- none 和 0 0 auto 是等价的。

目前主流浏览器并没有支持 flex 属性，它们支持的还是原来的 box-flex 属性。对于 flex 属性的具体使用，读者可以参考下面的代码。在 Chrome 浏览器运行之后，显示效果如图 13-14 所示。

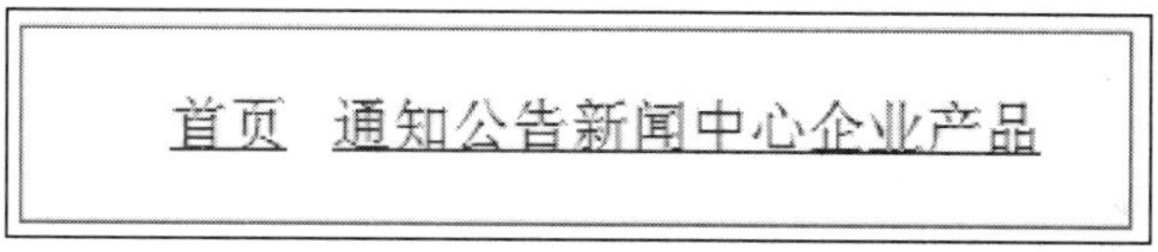

首页　通知公告新闻中心企业产品

图 13-14　使用 flex 属性在 Chrome 浏览器的显示效果

HTML+CSS 代码：test_flex.html。

```
<!DOCTYPE html>
<html>
<head>
<title>flex 属性</title>
</head>
<style type="text/css">
div{
    width:300px;
    border:1px solid red;
}
ul{
    list-style:none;

    /*新属性*/
    display:-webkit-flexbox;
```

```
        /*旧属性*/
        display:-webkit-box;
    }
    li:first-child{
        /*新属性*/
        -webkit-flex:3 3 auto;
        /*旧属性*/
        -webkit-box-flex:1;
    }
    li:last-child{
        /*新属性*/
        -webkit-flex:3 3 auto;
        /*旧属性*/
        -webkit-box-flex:2;
    }
    </style>
    <body>
    <div>
        <ul>
            <li><a href="#">首页</a></li>
            <li><a href="#">通知公告</a></li>
            <li><a href="#">新闻中心</a></li>
            <li><a href="#">企业产品</a></li>
        </ul>
    </div>
    </body>
    </html>
```

- flex 属性用来设置弹性盒中的对象元素的扩展宽度或者高度。
- 在上面的代码中，第一个 li 元素将会和后面的 li 元素保持一定的间距。

flex-pack 属性用来弹性盒中的对象元素的水平对齐方式。flex-pack 属性的属性值如表 13-2 所示。

表 13-2　flex-pack 属性的属性值

属性值名称	说　　明
start	表示弹性盒中的对象元素靠左对齐
end	表示弹性盒中的对象元素靠右对齐
center	表示弹性盒中的对象元素居中对齐
justify	表示弹性盒中的对象元素水平拉伸对齐
distribute	表示弹性盒中的对象元素水平拉伸对齐，但是两边保留一定的空白间距

目前主流浏览器并没有支持 flex-pack 属性，它们支持的还是原来的 box-pack 属性。对于 flex-pack 属性的具体使用，读者可以参考下面的代码。在 Chrome 浏览器运行之后，显示效果如图 13-15 所示。

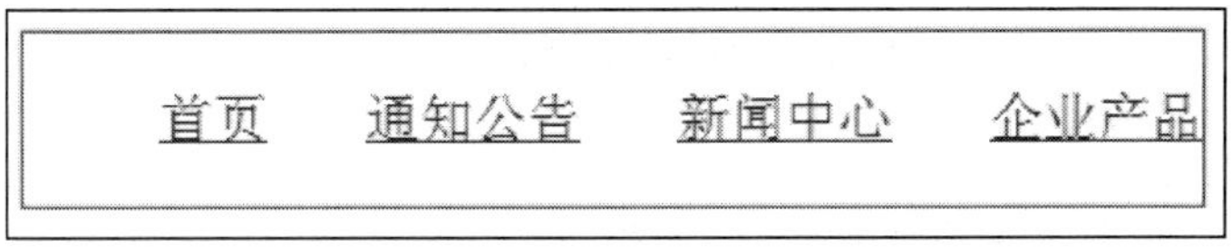

首页　通知公告　新闻中心　企业产品

图 13-15　使用 flex-pack 属性在 Chrome 浏览器的显示效果

HTML+CSS 代码：test_flex_pack.html。

```
<!DOCTYPE html>
<html>
<head>
<title>flex_pack 属性</title>
</head>
<style type="text/css">
div{
    width:350px;
    border:1px solid red;
}
ul{
    list-style:none;
    /*新属性*/
    display:-webkit-flexbox;
    -webkit-flex-pack:justify;
    /*旧属性*/
    display:-webkit-box;
    -webkit-box-pack:justify;
}
</style>
<body>
<div>
    <ul>
        <li><a href="#">首页</a></li>
        <li><a href="#">通知公告</a></li>
        <li><a href="#">新闻中心</a></li>
        <li><a href="#">企业产品</a></li>
    </ul>
</div>
</body>
</html>
```

- flex-pack 属性用来弹性盒中的对象元素的水平对齐方式。
- 在上面的代码中，我们使用 flex-pack 属性使弹性盒中的 li 元素水平拉伸对齐。 从图 13-15 中可以看到，Chrome 浏览器实现的效果和 W3C 标准还是有些差异。

flex-align 属性用来弹性盒中的对象元素的竖直对齐方式。flex-align 属性的属性值如表 13-2 所示。

表 13-2　flex-align 属性的属性值

属性值名称	说　明
start	表示弹性盒中的对象元素靠上对齐
end	表示弹性盒中的对象元素靠下对齐
center	表示弹性盒中的对象元素居中对齐
justify	表示弹性盒中的对象元素竖直拉伸对齐
distribute	表示弹性盒中的对象元素竖直拉伸对齐，但是两边保留一定的空白间距
strenth	表示弹性盒中的对象元素竖直拉伸对齐，并且填充所以的空白

目前主流浏览器并没有支持 flex-align 属性，它们支持的还是原来的 box-align 属性。对于 flex-align 属性的具体使用，读者可以参考 flex-pack 属性的使用。这里不再作进一步探讨。

13.3　本 章 小 结

本章，我们探讨了 CSS Level 3 中新增的布局方式——CSS 3 Layout。

在第一大节中，我们主要讨论 CSS Level 3 中新增的多列自动布局方式，重点探讨了多列自动布局相关属性的具体使用和目前主流浏览器对多列自动布局方式的支持情况。

在第二大节中，我们重点探讨了 CSS Level 3 中新增的弹性盒布局方式，探讨了由于弹性盒布局方式版本变更较大，目前主流浏览器对其支持情况比较混乱。接着，我们探讨了弹性盒布局方式相关属性的具体使用。

第 14 章　强劲的动画——CSS3 Animation

本章，我们将探讨 CSS Level 3 中一个全新的特性——CSS3 Animation。一直以来，我们都是使用 CSS 样式表进行静态样式的设计。但 CSS Level 3 打破了 Web 设计者们的思维定势，使用 CSS 也可以像 Javascript 脚本一样实现二维和三维的动画特效。

CSS 3 Animation 动画设计是 CSS 样式表革新的一次伟大尝试。在 CSS3 Animation 中，包括了变形动画、转换、动画技术三个方面的内容。使用 CSS 样式表在 Web 程序上的文字和图像上添加动画特效，完全可以将用户的视觉体验再度提升，使得 Web 程序更加有竞争力。

本章， 我们将重点探讨 CSS Level 3 的动画设计：CSS Level 3 中 Transform 变形动画设计、Transition 过渡动画设计和 Animation 高级动画设计。并围绕这三个方面，将重点讲解 CSS Level 3 的动画设计属性和函数的具体使用和目前主流浏览器的支持情况。

14.1　变形动画设计

变形动画设计是 CSS Level 3 动画设计的重要组成部分，使用变形动画设计可以很轻易地实现文字和图像的旋转、缩放、倾斜和移动等变形动画功能。本节，我们将重点探讨变形动画设计的具体使用和目前主流浏览器对其支持情况。

14.1.1　变形动画设计的浏览器支持情况

变形动画设计包含两个部分的内容，分别是 3D 变形动画设计和 2D 变形动画设计。3D 变形动画设计草案由 W3C 标准组织于 2009 年 3 月发布，而 2D 变形动画设计草案则于同年 12 月发布。但是 3D 变形动画设计需要操作系统支持，目前只有 Mac 操作系统的 Safari 浏览器才能支持。因此，本书主要探讨 2D 变形动画设计。

和其他大部分 CSS Level 3 的新特性一样，CSS3 的变形动画设计也不例外，大部分浏览器都是靠私有属性提供支持的。目前各主流的桌面浏览器和移动设备浏览器对 CSS 2D 变形动画设计的支持情况分别如图 14-1 和图 14-2 所示，其中白色表示支持，灰色表示部分支持，暗灰色表示不支持。

IE	Firefox	Chrome	Safari	Opera
	3.6 -moz-			
	4.0 -moz-			
	8.0 -moz-			
	9.0 -moz-			
	10.0 -moz-	16.0 -webkit-		
	11.0 -moz-	17.0 -webkit-		
	12.0 -moz-	18.0 -webkit-		
6.0	13.0 -moz-	19.0 -webkit-	4.0 -webkit-	
7.0	14.0 -moz-	20.0 -webkit-	5.0 -webkit-	
8.0	15.0 -moz-	21.0 -webkit-	5.1 -webkit-	
9.0 -ms-	16.0	22.0 -webkit-	6.0 -webkit-	12.0 -o-

图 14-1　桌面浏览器对变形动画设计的支持情况

iOS Safari	Opera Mini	Android Browser	Opera Mobile	Chrome for Android
		2.2 -webkit-		
4.2-4.3 -webkit-		2.3 -webkit-		
5.0-5.1 -webkit-		4.0 -webkit-		
6.0 -webkit-	5.0-7.0	4.1 -webkit-	12.0	18.0 -webkit-

图 14-2　移动设备浏览器对变形动画设计的支持情况

从图 14-1 和图 14-2 中，可以看出，CSS 2D 变形动画设计的浏览器支持情况还是挺不错的。特别是 IE9 的支持，使得 CSS 的变形动画设计渐渐普及起来。

14.1.2　变形动画设计的使用

在 CSS Level 3 中，提供了一个 transform 属性来实现变形动画的设计，它可以应用于任何的内联和块级元素。本节，我们将重点探讨使用 transform 属性来实现各种变形动画设计的函数。这些函数包括以下几个。

- rotate()函数；
- scale()函数；
- translate()函数；
- skew()函数；
- matrix()函数。

rotate()函数用来将某个元素对象按照指定的角度进行顺时针旋转。rotate()函数接受一个角度的参数值，用来指定旋转的幅度。对于 rotate()函数的具体使用，读者可以参考下面的代码。在 Chrome 浏览器运行之后，显示效果如图 14-3 所示。

图 14-3　使用 rotato()函数在 Chrome 浏览器的运行效果

HTML+CSS 代码：test_transform_rotate.html。

```
<!DOCTYPE html>
<html>
<head>
<title>rotate()函数</title>
</head>
<style type="text/css">
img:hover{
    -webkit-transform:rotate(30deg);
    -o-transform:rotate(30deg);
    -moz-transform:rotate(30deg);
    transform:rotate(30deg);
}
</style>
<body>
<img src="css3.jpg"/>
<img src="css3.jpg"/>
</body>
</html>
```

- rotate()函数用来将某个元素对象按照指定的角度进行顺时针旋转。
- 在上面的代码中，当我们将鼠标滑过图片时，图片将顺时针旋转 30 度角。

和 CSS Level 3 中的渐变一样，IE 浏览器的旋转变形动画设计是靠图形旋转滤镜实现的，语法格式如下所示。

```
filter:progid:DXImageTransform.Microsoft.BasicImage
(enabled=bEnabled,grayScale=bGray,mirror=bMirror,opacity=fOpacity,XRay=bXRay,rotati
on=Irotation)
```

- enabled 是可选的布尔值，用来设置是否激活滤镜，缺省值为 true。
- grayScale 也是可选的布尔值，用来设置是否以灰度显示对象内容，缺省值为 0，即不以灰度显示对象内容。
- mirror 也是可选的布尔值，用来设置是否反转显示对象内容，缺省值为 0，即正常显示对象内容。
- opactiy 也是可选的，取值为 0 到 1.0 之间的浮点数，用来设置对象内容的透明度，缺省值为 1.0。
- XRay 也是可选的布尔值，用来设置是否以 X 光效果显示对象内容，缺省值为 0，即正常显示对象内容。
- rotation 是可选的，取值为 0、1、2 和 3，用来设置对象内容的旋转幅度。

显然，使用图形旋转滤镜不能精确控制旋转角度，只能以 90 度为单位旋转。对于图形旋转滤镜的具体使用，读者可以参考下面的代码。在 IE 浏览器运行之后，显示效果如图 14-4 所示。

图 14-4　使用图形旋转滤镜在 IE 浏览器的运行效果

HTML+CSS 代码：test_transform_filter.html。

```
<!DOCTYPE html>
<html>
<head>
<title>使用图形旋转滤镜</title>
</head>
<style type="text/css">
img:hover{
    -webkit-transform:rotate(30deg);
    -o-transform:rotate(30deg);
    -moz-transform:rotate(30deg);
    transform:rotate(30deg);
    filter:progid:DXImageTransform.Microsoft.BasicImage(rotation=3);
}
</style>
<body>
```

```
<img src="css3.jpg"/>
<img src="css3.jpg"/>
</body>
</html>
```

- rotation 用来设置对象内容的旋转幅度。
- 在上面的代码中，我们使用图形旋转滤镜，当我们的鼠标滑过图片时，图片将会顺时针旋转 90 度。

scale()函数用来将某个元素对象按照指定的缩放比例进行缩放。scale()函数接受一个或者两个参数，分别表示元素对象宽和高的缩放比例，当只有一个参数时，表示元素对象的宽和高缩放比例相等。对于 scale()函数的具体使用，读者可以参考下面的代码。在 Chrome 浏览器运行之后，显示效果如图 14-5 所示。

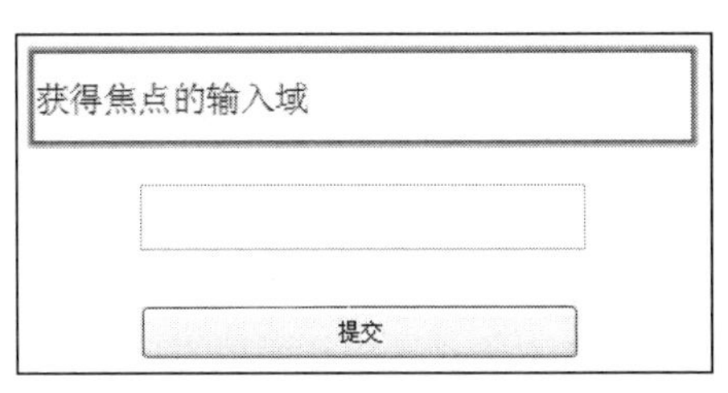

图 14-5　使用 scale()函数在 Chrome 浏览器的运行效果

HTML+CSS 代码：test_transform_scale.html。

```
<!DOCTYPE html>
<html>
<head>
<title>scale()函数</title>
</head>
<style type="text/css">
input{
    width:250px;
    height:30px;
    margin:15px 100px;
}
input:focus{
    -webkit-transform:scale(1.5);
    -o-transform:scale(1.5);
    -moz-transform:scale(1.5);
    transform:scale(1.5);
    border:2px solid red;
}
</style>
```

```
<body>
<form action="#" method="POST">
   <label>
      <input type ="text"/>
   </label>
   <br>
   <label>
      <input type ="text"/>
   </label>
   <br>
   <input type="submit">
</form>
</body>
</html>
```

- scale()函数用来将某个元素对象按照指定的缩放比例进行缩放。
- 在上面的代码中，当相应的表单的输入域获得焦点时，输入域的大小将会扩大原来的 1.5 倍。

translate()函数用来将某个元素对象移动到指定的坐标位置上。translate()函数接受两个参数，分别表示元素对象移动位置相对于原来位置的横坐标位移量和纵坐标位移量，其中参数值为正时，向右或者下移动，否则向左或者上移动。对于 translate()函数的具体使用，读者可以参考下面的代码。在 Chrome 浏览器运行之后，显示效果如图 14-6 所示。

HTML+CSS 代码：test_transform_translate. html。

```
<!DOCTYPE html>
<html>
<head>
<title>translate()函数</title>
</head>
<style type="text/css">
li{
   list-style:none;
   float:left;
   margin:5px;
   background:#CCCCCC;
   font-size:25px;
}
a{
   text-decoration:none;
   display:block;
   text-align:center;
}
a:hover{
   -webkit-transform:translate(4px,3px);
```

```
        -o-transform:translate(4px,3px);
        -moz-transform:translate(4px,3px);
        transform:translate(4px,3px);
        background:red;
        color:white;
    }
    </style>
    <body>
    <div>
        <ul>
            <li><a herf="#">网站首页</a></li>
            <li><a herf="#">通知公告</a></li>
            <li><a herf="#">企业新闻</a></li>
            <li><a herf="#">公司产品</a></li>
        </ul>
    </div>
    </body>
    </html>
```

- translate()函数用来将某个元素对象移动到指定的坐标位置上。
- 在上面的代码中，我们构建了一个简易的导航栏，当鼠标滑过相应的导航模块时，导航模块会移动一定的距离，从而给人一种突出显示的错觉。

网站首页 通知公告 企业新闻 公司产品

图 14-6　使用 translate()函数在 Chrome 浏览器的运行效果

skew()函数用来将元素对象按照指定的角度进行倾斜。skew()函数接受两个参数，分别表示相对于 X 轴的倾斜角度和相对于 Y 轴的倾斜角度，skew()函数和 rotate()函数不同的是，rotate()函数只是将元素对象进行旋转，而 skew()函数不仅是旋转，还会改变元素对象本身的形状。对于 skew()函数的具体使用，读者可以参考下面的代码。在 Chrome 浏览器运行之后，显示效果如图 14-7 所示。

HTML+CSS 代码：test_transform_skew.html。

```
<!DOCTYPE html>
<html>
<head>
<title>skew()函数</title>
</head>
<style type="text/css">
img:hover{
    -webkit-transform:skew(10deg,-20deg);
```

```
    -o-transform:skew(10deg,-20deg);
    -moz-transform:skew(10deg,-20deg);
    transform:skew(10deg,-20deg);
}
</style>
<body>
<img src="css3.jpg"/>
<img src="css3.jpg"/>
</body>
</html>
```

- skew()函数用来将元素对象按照指定的角度进行倾斜。
- 在上面的代码中，当我们将鼠标滑过图片时，图片将按照一定的角度进行倾斜。

图 14-7　使用 skew()函数在 Chrome 浏览器的运行效果

matrix()是变形动画设计中最强大的一个函数，使用 matrix()函数可以实现各种变形动画的设计。matrix()函数接受六个参数值，由于涉及复杂的矩阵运算，这里我们不作进一步探讨。

此外，在以上所有的变形动画设计中，变形动画的原点都是元素对象的中心。使用 transform-origin 属性可以改变变形原点的位置。transfom-origin 属性接受两个属性值，分别表示横坐标和纵坐标的偏移量，属性值可以是百分比、浮点数值和单位标识符组成的长度或者位置关键字。对于 transform-origin 属性的具体使用，读者可以参考下面的代码。在 Chrome 浏览器运行之后，显示效果如图 14-7 所示。

HTML+CSS 代码：test_transform_origin.html。

```
<!DOCTYPE html>
<html>
<head>
<title>transform_origin 属性</title>
</head>
<style type="text/css">
img:hover{
    -webkit-transform-origin:0 0;
    -o-transform-origin:0 0;
```

```
    -moz-transform-origin:0 0;
    transform-origin:0 0;
    -webkit-transform:skew(10deg,-20deg);
    -o-transform:skew(10deg,-20deg);
    -moz-transform:skew(10deg,-20deg);
    transform:skew(10deg,-20deg);
}
</style>
<body>
<img src="css3.jpg"/>
<img src="css3.jpg"/>
</body>
</html>
```

- transform-origin 属性用来设置变形原点的位置。
- 在上面的代码中，当我们将鼠标滑过图片时，图片将以左上角为中心进行倾斜。

图 14-8　使用 transform-origin 属性在 Chrome 浏览器的运行效果

14.2　过渡动画设计

过渡动画设计也是 CSS Level 3 动画设计中的一部分，与变形动画设计不同的是，过渡动画设计呈现的是一种动画转换过程，如渐渐显示、渐渐消失、动画快慢等等。过渡动画设计和 PowerPoint 中的“动画设计”效果大同小异。本节，我们将重点探讨过渡动画设计的具体使用和目前主流浏览器对其的支持情况。

14.2.1　过渡动画设计的浏览器支持情况

过渡动画设计的内容隶属于 CSS Level 3 的 Transitions 模块。CSS 3 Transiton 模块工作草案于 2009 年 12 月 1 日首次发布，过渡动画设计是所有 CSS 动画设计中发布最晚的，因此，主流浏览器对其的支持情况也相对较不理想。

目前各主流的桌面浏览器和移动设备浏览器对过渡动画设计的支持情况分别如图 14-9 和图 14-10 所示，其中白色表示支持，灰色表示部分支持，暗灰色表示不支持。

IE	Firefox	Chrome	Safari	Opera
	3.6			
	4.0 -moz-			
	8.0 -moz-			
	9.0 -moz-			
	10.0 -moz-	16.0 -webkit-		
	11.0 -moz-	17.0 -webkit-		
	12.0 -moz-	18.0 -webkit-		
6.0	13.0 -moz-	19.0 -webkit-	4.0 -webkit-	
7.0	14.0 -moz-	20.0 -webkit-	5.0 -webkit-	
8.0	15.0 -moz-	21.0 -webkit-	5.1 -webkit-	
9.0	16.0	22.0 -webkit-	6.0 -webkit-	12.0 -o-

图 14-9　桌面浏览器对过渡动画设计的支持情况

iOS Safari	Opera Mini	Android Browser	Opera Mobile	Chrome for Android
		2.2 -webkit-		
4.2-4.3 -webkit-		2.3 -webkit-		
5.0-5.1 -webkit-		4.0 -webkit-		
6.0 -webkit-	5.0-7.0	4.1 -webkit-	12.0 -o-	18.0 -webkit-

图 14-10　移动设备浏览器对过渡动画设计的支持情况

从图 14-9 和图 14-10 中，可以看出，目前主流浏览器都是通过私有属性对过渡动画设计提供支持的，因此，为了保证浏览器的兼容性，使用过渡动画设计必须考虑用户的浏览器的类型和版本。

14.2.2　过渡动画设计的使用

在 CSS Level 3 的过渡动画设计中，提供了一系列的属性。本节，我们将重点探讨这些过渡动画设计属性的使用，这些属性包括以下几个。

- transiton 属性；
- transiton-property 属性；
- transition-duration 属性；
- transition-delay 属性；
- transition-timing-function 属性。

transition 属性是过渡动画设计的复合属性，即 transition 属性包括了过渡动画设计的所有属性。transition 属性的使用格式如下所示。

```
transition:[<'transition-property'>||<'transition-duration'>||<'transition-timing-function'>||<'transition-delay'>]
```

transition-property 属性用来定义要实现过渡动画的对象元素属性。transition-property 属性的属性值如表 14-1 所示。

表 14-1　transition-property 属性的属性值

属性值名称	说　　　　明
none	表示不针对任何元素
all	表示针对所有元素
INDENT	指定 CSS 属性列表

对于 transition-propert 属性的具体使用，读者可以参考下面的代码。在 Chrome 浏览器运行之后，显示效果如图 14-11 所示。

HTML+CSS 代码：test_transition_property.html。

```
<!DOCTYPE html>
<html>
<head>
<title>transition-property 属性</title>
</head>
<style type="text/css">
div{
    background-color:skyblue;
    width:200px;
    height:60px;
}
div:hover{
    background-color:yellow;
    -webkit-transition-property:background-color;
    -moz-transition-property:background-color;
    -o-transition-property:background-color;
    transition-property:background-color;
}
</style>
<body>
<div>
    正所谓，"有志者，事竟成"，所以...
</div>
</body>
</html>
```

- transition-property 属性用来定义要实现过渡动画的元素属性。
- 在上面的代码中，当我们将鼠标放到文字区域时，背景颜色会立即由天蓝色变成黄色。

正所谓，“有志者，事竟成”，所以...

图 14-11　使用 transition-property 属性在 Chrome 浏览器的运行效果

transition-duration 属性用来定义过渡动画的过渡时间，即对象元素从旧属性到新属性效果所花费的时间，单位为秒或者毫秒。默认情况下，transition-duration 属性的属性值为 0s。对于 transiton-duration 属性的具体使用，读者可以参考下面的代码。在 Chrome 浏览器运行之后，显示效果如图 14-12 所示。

HTML+CSS 代码：test_transition_duration.html。

```
<!DOCTYPE html>
<html>
<head>
<title>transition-duration 属性</title>
</head>
<style type="text/css">
div{
    background-color:skyblue;
    width:200px;
    height:60px;
}
div:hover{
    background-color:yellow;
    -webkit-transition-property:background-color;
    -moz-transition-property:background-color;
    -o-transition-property:background-color;
    transition-property:background-color;
}
</style>
<body>
<div>
    正所谓，“有志者，事竟成”，所以...
</div>
</body>
</html>
```

- transition-duration 属性用来定义过渡动画的过渡时间。
- 在上面的代码中，当我们将鼠标放到文字区域时，背景颜色会渐渐地由天蓝色变成黄色，过渡时间为 3 秒。

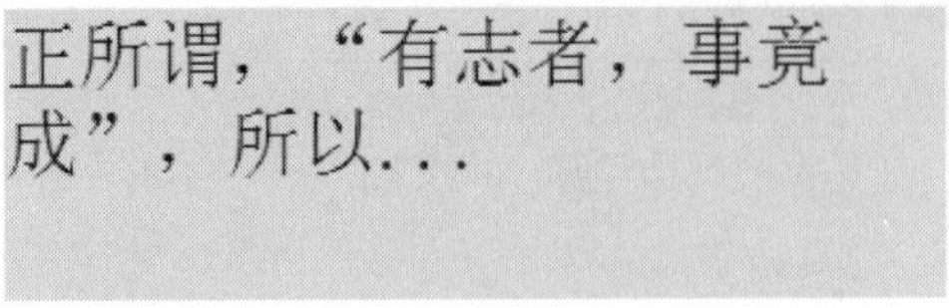

正所谓，“有志者，事竟成”，所以...

图 14-12　使用 transition-duration 属性在 Chrome 浏览器的运行效果

transition-delay 属性用来定义过渡动画开始过渡的延迟时间，即为对象元素设置一定的延迟时间再开始过渡动画，单位为秒或者毫秒。默认情况下，transition-delay 属性的属性值为 0s。对于 transition-delay 属性的具体使用，读者可以参考下面的代码。

HTML+CSS 代码：test_transition_delay.html。

```
<!DOCTYPE html>
<html>
<head>
<title>transition-delay 属性</title>
</head>
<style type="text/css">
div{
   background-color:skyblue;
   width:200px;
   height:60px;
}
div:hover{
   background-color:yellow;
   -webkit-transition-property:background-color;
   -moz-transition-property:background-color;
   -o-transition-property:background-color;
   transition-property:background-color;
   -webkit-transition-duration:3s;
   -moz-transition-duration:3s;
   -o-transition-duration:3s;
   transition-duration:3s;
   -webkit-transition-delay:2s;
   -moz-transition-delay:2s;
   -o-transition-delay:2s;
   transition-delay:2s;
}
</style>
<body>
<div>
   正所谓，“有志者，事竟成”，所以...
</div>
</body>
</html>
```

- transition-delay 属性用来定义过渡动画开始过渡的延迟时间。
- 在上面的代码中，当我们将鼠标放到文字区域时，背景颜色会在 2s 之后渐渐地由天蓝色变成黄色。

transition-timing-function 属性用来定义对象元素的过渡动画的效果。transition-timing-function 属性的使用格式如下所示。

```
    transtion-timing-function:ease|linear|ease-in|ease-out|ease-in-out|cubic-bezier
(<number>,<number>,<number>,<number>]) *
    ease 用来定义缓解过渡动画效果。这是 transition-timing-function 属性的默认值。
    linear 用来定义线性过渡动画效果。
    ease-in 用来定义渐渐显示的过渡动画效果。
    ease-out 用来定义渐渐消失的过渡动画效果。
    ease-in-out 用来定义渐隐渐显的过渡动画效果。
    cubic-bezier 用来定义特殊的立方贝塞尔曲线效果，cubic-bezier()函数接受四个参数，读者可以参照 Html5
Web Canvas 这一章中关于贝塞尔曲线的画法。
```

对于 transition-timing-function 属性的具体使用，读者可以参考下面的代码。在 Chrome 浏览器运行之后，显示效果如图 14-13 所示。

HTML+CSS 代码：test_transition_timing-function.html。

```
<!DOCTYPE html>
<html>
<head>
<title>transition_duration 属性</title>
</head>
<style type="text/css">
div{
   background-color:skyblue;
   width:200px;
   height:60px;
}
div:hover{
   background-color:yellow;
   -webkit-transition-property:background-color;
   -moz-transition-property:background-color;
   -o-transition-property:background-color;
   transition-property:background-color;
}
</style>
<body>
<div>
   正所谓，“有志者，事竟成”，所以...
</div>
</body>
</html>
```

- transition-timing-function 属性用来定义对象元素的过渡动画的效果。
- 在上面的代码中，当我们将鼠标放到文字区域时，背景颜色会线性地由天蓝色变成黄色，更加富有立体感。

正所谓，“有志者，事竟成”，所以...

图 14-13　使用 transition-timing-function 属性在 Chrome 浏览器的运行效果

14.3　高级动画设计

高级动画设计是 CSS Level 3 中最振奋人心的内容之一。虽然高级动画设计离 Javascript 脚本或者 Flash 动画的效果相差甚远，但是使用高级动画设计也可以创建出一些轻量级的 CSS 动画出来。本节，我们将重点探讨高级动画设计的具体使用和目前主流浏览器对其支持情况。

14.3.1　高级动画设计的浏览器支持情况

2009 年 3 月，W3C 组织发布了 CSS 3 Animation 模块。但是目前，只有很少的浏览器对高级动画提供了支持，其中，Mac 操作系统的 Safari 浏览器可以支持 3D 高级动画设计。本书，我们主要探讨 2D 的高级动画设计。

目前各主流的桌面浏览器和移动设备浏览器对过渡动画设计的支持情况分别如图 14-14 和图 14-15 所示，其中白色表示支持，灰色表示部分支持，暗灰色表示不支持。

IE	Firefox	Chrome	Safari	Opera
	3.6			
	4.0			
	8.0 -moz-			
	9.0 -moz-			
	10.0 -moz-	16.0 -webkit-		
	11.0 -moz-	17.0 -webkit-		
	12.0 -moz-	18.0 -webkit-		
6.0	13.0 -moz-	19.0 -webkit-	4.0 -webkit-	
7.0	14.0 -moz-	20.0 -webkit-	5.0 -webkit-	
8.0	15.0 -moz-	21.0 -webkit-	5.1 -webkit-	
9.0	16.0	22.0 -webkit-	6.0 -webkit-	12.0 -o-

图 14-14　桌面浏览器对高级动画设计的支持情况

iOS Safari	Opera Mini	Android Browser	Opera Mobile	Chrome for Android
		2.2 -webkit-		
4.2-4.3 -webkit-		2.3 -webkit-		
5.0-5.1 -webkit-		4.0 -webkit-		
6.0 -webkit-	5.0-7.0	4.1 -webkit-	12.0	18.0 -webkit-

图 14-15　移动设备浏览器对高级动画设计的支持情况

从图 14-14 和图 14-15 中，可以看出，高级动画设计和过渡动画设计的浏览器支持情况大体差不多，大部分主流浏览器都是通过私有属性来提供支持。

14.3.2 高级动画设计的使用

在 CSS Level 3 的高级动画设计中，提供了一系列的属性。本节，我们将重点探讨这些过渡动画设计属性的使用，这些属性包括以下几个。

- animation 属性；
- animation-name 属性；
- animation-duration 属性；
- animation-delay 属性；
- animation-timing-function 属性；
- animation-iteration-count 属性；
- animation-direction 属性。

animation 属性是高级动画设计中的复合属性。即 animation 属性包括了高级动画设计的所有属性。animation 属性的使用格式如下所示。

```
animation:[<animation-name>||<animation-duration>||<animation-timing-function>||<animation-delay>||<animation-iteration-count>||<aniamtion-direction>]
```

animation-name 属性用来定义高级动画的名称。通过 animation-name 设置的名称，我们可以通过 keyframes 属性在动画的关键帧，设置相关的动画效果，也可以使用变形动画和过渡动画设计中提供的属性。对于 animation-name 属性的具体使用，读者可以参考下面的代码。在 Chrome 浏览器运行之后，显示效果如图 14-16 所示。

HTML+CSS 代码：test_animation_name.html。

```
<!DOCTYPE html>
<html>
<head>
<title>animation-name 属性</title>
</head>
<style type="text/css">
   @-webkit-keyframes 'changeit' {
          0% {
              -webkit-transform: rotate(0deg);
           }
           40% {
             -webkit-transform: rotate(30deg);
           }
          70% {
```

```
                -webkit-transform: rotate(-30deg);
            }
            100% {
                -webkit-transform: rotate(0deg);
            }
        }
    img:hover {
            -webkit-animation-name: changeit;
            -webkit-animation-duration:10s;
        }
</style>
<body>
<img src="css3.jpg"/>
</body>
</html>
```

- animation-name 属性用来定义高级动画的名称。
- 在上面的代码中，当我们将鼠标放到文字区域时，可以看到浏览的图片旋转动画效果。

图 14-16　使用 transition-property 属性在 Chrome 浏览器的运行效果

animation-duration 属性用来定义高级动画的播放时间，单位为秒或者毫秒。animation-delay 属性用来定义高级动画开始播放的延迟时间。transition-timing-function 属性用来定义对象元素的过渡动画的效果。由于这三个属性和过渡动画设计相关的属性相似，这里不再作进一步探讨。

animation-iteration-count 属性用来定义高级动画播放的次数，默认值为 1，即动画从开始到结束只播放一次。animation-iteration-count 属性的属性值可以是 infinite 或者具体的数值，其中 infinite 表示无限次数地进行播放。对于 animation-iteration-count 属性的具体使用，读者可以参考下面的代码。

HTML+CSS 代码：test_animation_iteration_count.html。

```
<!DOCTYPE html>
<html>
<head>
<title>animation-iteration-count 属性</title>
</head>
```

```
<style type="text/css">
@-webkit-keyframes 'changeit' {
          0% {
              -webkit-transform: rotate(0deg);
          }
          40% {
             -webkit-transform: rotate(30deg);
          }
          70% {
              -webkit-transform: rotate(-30deg);
          }
          100% {
             -webkit-transform: rotate(0deg);
           }
        }
    img:hover {
          -webkit-animation-name: changeit;
       -webkit-animation-duration:10s;
       -webkit-animation-iteration-count:infinite;
        }
</style>
<body>
<img src="css3.jpg"/>
</body>
</html>
```

- animation-iteration-count 属性用来定义高级动画播放的次数。
- 在上面的代码中，当我们将鼠标放到文字区域时，图片可以无限地进行动画播放。

animation-direction 属性用来定义高级动画的播放方向。animation-direction 属性的属性值如表 14-2 所示。

表 14-2　animation-direction 属性的属性值

属性值名称	说　　明
nomal	默认值，表示动画每次循环都正方向播放
alternate	表示动画循环时，偶数次正方向播放，奇数次反方向播放

对于 animation-direction 属性的具体使用，读者可以参考下面的代码。

HTML+CSS 代码：test_animation_direction.html。

```
<!DOCTYPE html>
<html>
<head>
<title>animation-direction 属性</title>
</head>
<style type="text/css">
```

```
@-webkit-keyframes 'changeit' {
            0% {
                 -webkit-transform: rotate(0deg);
            }
            40% {
                -webkit-transform: rotate(30deg);
            }
            70% {
                 -webkit-transform: rotate(-30deg);
            }
            100% {
                -webkit-transform: rotate(0deg);
             }
        }
    img:hover {
            -webkit-animation-name: changeit;
        -webkit-animation-duration:10s;
        -webkit-animation-iteration-count:infinite;
        -webkit-animation-direction:alternate;
        }
</style>
<body>
<img src="css3.jpg"/>
</body>
</html>
```

- animation-direction 属性用来定义高级动画的播放方向。
- 在上面的代码中，当我们将鼠标放到文字区域时，图片可以无限次地进行动画播放，而且偶数次正方向播放，奇数次反方向播放。

14.4　本 章 小 结

本章，我们探讨了 CSS Level 3 中一个全新的特效——CSS 3 Animation。

在第一大节中，我们讨论了在 CSS Level 3 中的 Transform 变形动画设计，首先我们探讨了目前主流浏览器对变形动画设计的支持情况，接着重点探讨了 2D 变形动画设计的 transform 属性和相关变形函数的使用。

在第二大节中，我们讨论了在 CSS Level 3 中的 Transition 过渡动画设计，重点探讨了以 transition 属性为核心的过渡动画设计属性的具体使用和目前主流浏览器的支持情况。

在第三大节中，我们讨论了在 CSS Level 3 中的 Animation 高级动画设计，在变形动画设计和过渡动画设计的基础上，讨论了使用 Animation 高级动画设计创建流畅的动画效果。

第 15 章　沙场秋点兵——网上订餐系统

到此为止，我们已经基本学习完了 HTML5 和 CSS3 的所有新元素和新特性。本章，我们将通过一个综合的实例来进一步探讨 HTML5 和 CSS3，旨在一方面夯实之前所学习的 HTML5 和 CSS3 的基础知识，在原有基础上进一步升华提高，另一方面通过这个综合实例让读者可以更加轻松上手 HTML5 和 CSS3 开发。

这个综合实例是笔者为一家公司所开发的南京大学生网上订餐系统的一部分，介于篇幅关系，本书我们主要探讨该订餐系统的用户主界面的开发。在用户主界面中，基本上涵盖了前面所探讨的所有内容，包括 HTML5 新标签、新表单特性、视频元素、画布处理、地理位置服务以及新增的选择器等。

在本章中，我们会以一个接近标准的 Web 开发流程来探讨整个用户主界面的设计过程。首先我们会对用户主界面的功能作需求分析，接着将探讨用户主界面的概要设计，最后，会在详细设计中探讨整个用户主界面的具体开发。

15.1　需求分析

这个综合实例是设计南京大学生网上订餐系统的用户主界面，本节，我们将介绍一下项目的开发背景，对用户主界面的功能做一个简单的需求分析。

15.1.1　项目背景

高校大学生在社会上是一个不可忽视的消费群体，蕴含着无限的商机。高校大学生大多存在一个共性的需求，那就是叫外卖。不管是因为忙于某件事情耽误了正常吃饭，还是因为某些时候懒得出去，外卖对于他们来说，都是一个经常会考虑的选择。

在互联网发展的今天，大学生网上订餐系统有着巨大的市场应用潜力。但是，大学生是一个追求潮流、追求时尚的群体，面向高校大学生的网上订餐系统也应该追求更加时尚、更加友好的用户体验。而 HTML5 和 CSS3 作为开发工具则是一个不错的选择。一方面，HTML5 和 CSS3 的新特性是高校大学生所期待的 Web 应用，另一方面，大学生使用的浏览器版本更新速度快，不局限于老版本，对 HTML5 和 CSS3 有着很好的兼容性。

15.1.2　功能需求

在这个综合实例中，我们主要探讨南京大学生网上订餐系统用户主界面的设计和开发。首先，我们先来探讨一下我们的用户群体，南京的高校是一个分块集中式的分布情况，主要集中在四个区域，分别是市区、浦口、仙林大学城和江宁大学城。由于地域性分布明显，地理位置服务是这个综合实例的一个最基本的功能需求。本项目的地理位置服务实际上是一个“树”形的深度服务程序，基本的示意图如图 15-1 所示。

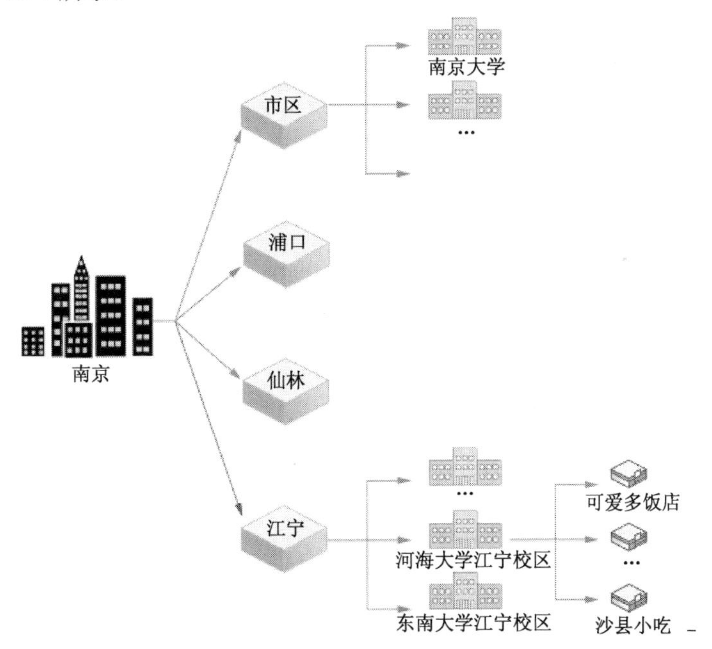

图 15-1　地理位置服务的基本示意图

从图 15-1 中，可以很清楚地看出地理位置服务的基本需求，初始状态下，显示给用户的是整个南京地区的地图，然后用户可以在地图上选择四个高校集中区域的某一个，同时地图进行放大，显示该区域内的高校，接着用户可以在地图上选择某一个高校，地图随之进一步放大，显示附近的快餐店。当然上面的地理位置服务面向的是普通的 PC 机用户，如果用户使用的是移动便携设备，对地理位置服务的定位精确度较高，可以直接显示用户附近的快餐店以进行订餐。

此外，在这个综合实例中，还涉及其他的附属功能，例如大气、美观的菜单，视频播放功能等，因此，本实例的开发划分为页面头部、导航菜单、视频播放、地理位置服务和底部快捷通道五大模块。

15.2 概要设计

在本综合实例中，核心在于地理位置服务的开发，除此之外，就是用户界面的 UI 设计。本节，我们将探讨一下这个综合实例的总体设计。

15.2.1 页面布局安排

通过之前的需求分析，我们已经知道，在这个综合实例中，用户主界面主要包括页面头部设计、菜单设计、视频播放设计、地理位置服务设计和底部快捷通道设计五大模块。根据这五大模块，我们通过使用 HTML5 的文档语义化标签，可以很容易地安排整个页面的布局。如图 15-2 所示。

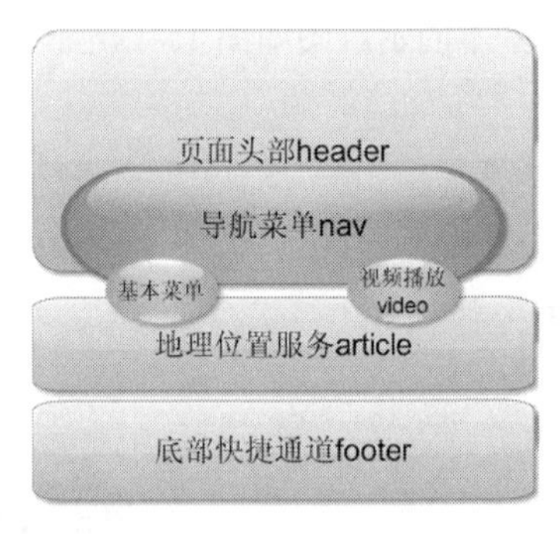

图 15-2 用户主界面的布局

从图 15-2 中，可以很清楚地看到整个用户主界面的布局情况。值得注意的是，导航菜单 nav 模块是属于页面头部 header 模块的，而视频播放 video 模块是导航菜单触发的，显示在地里位置服务 article 模块之上的。实际上，这里是为了使页面显示简洁，应用了 CSS 叠加层的原理。

15.2.2 主要技术

在这个综合实例中，基本上涵盖了我们之前探讨的 HTML5 和 CSS3 的所有基础知识，包括 HTML5 新标签、新表单特性、视频元素、画布处理、地理位置服务以及新增的选择器等。具体的模块采用的技术如表 15-1 所示。

表 15-1 模块的主要技术

模 块 名 称	主 要 技 术	所 在 章 节
页面头部模块	HTML5 的新标签、HTML5 表单新特性、HTML5 的离线缓存、CSS3 的 UI 设计	第一章、第二章、第九章、第十二章
导航菜单模块	HTML5 的新标签、CSS3 的选择器、CSS3 的 UI 设计、CSS3 的动画设计	第一章、第十一章、第十二章、第十四章

续表

模块名称	主要技术	所在章节
视频播放模块	HTML5 的视频元素、CSS3 的 UI 设计	第四张、第十二章
地理位置服务模块	HTML5 的新标签、HTML5 的 Geolocation 地理位置服务、Google Maps API、HTML5 的离线缓存	第一章、第五章、第九章
底部快捷通道模块	HTML5 的新标签、HTML5 的 Canvas 画布、HTML5 的离线缓存、CSS3 的 UI 设计、CSS3 的多列自动布局	第一章、第四章、第九章、第十二章、第十三章

在这个综合实例中，我们主要探讨的是 HTML5 和 CSS3 新特性的具体使用，由于篇幅有限，本书所探讨的只是一个简化的大学生网上订餐系统用户主界面的设计，当然，真正的系统需要涉及很多 Web 后端开发的技术，例如使用数据库存储地理位置服务的程序的数据、使用其他 Web 开发语言辅助开发等。

15.3　详细设计

按照模块化的设计思想，本章，我们将根据概要设计中所划分的模块，依次展开这个综合的实例的详细设计。

15.3.1　页面头部模块

在页面头部模块中，我们主要包括三个方面的内容，分别是 logo、几个快捷导航以及搜索框的设计。其中，logo 是直接采用的图片形式，因此我们使用 Html5 Web Offline 技术对该 logo 图片进行离线缓存。快捷导航是三个普通的链接。关键在于搜索框的设计，在这个综合实例中，我们使用 Html5 Web Form 和 CSS3 UI 的内容对搜索框进行了设计，取掉了浏览器默认的显示方式，使其变得简洁、大气。

对于页面头部模块的具体设计，读者可以参考下面的代码。在 Chrome 浏览器运行之后，显示效果如图 15-3 所示。

HTML 代码:index.html。

```
<!DOCTYPE html>
<html>
<head>
<title>第一外卖</title>
<link href="css/header_style.css" rel="stylesheet" type="text/css"/>
</head>
<body>
 <header>
<a href="#"></a>
<div>
```

```
        <div class="top_link">
            <a href="#">商家入驻</a> | <a href="#">加入会员</a> | <a href="#">登录</a>
        </div>
        <div class="search">
            <form action="#"  method="post" style="position: relative; z-index: 9900; ">
                <input  placeholder="搜索您想要的美食吧" type="search" autocomplete="off">
                <div class="btn_search"></div>
            </form>
        </div>
    </div>
    </header>
    </body>
    </html>
```

- header_style.css 是 css 文件夹下的样式文件。
- 在上面的代码中，我们添加了基本链接和表单元素。

CSS 代码:header_style.css。

注意：因为篇幅限制，这里不详细列出全部代码，请读者移步到网上下载详细代码。

- logo.gif 表示 images 文件夹下的图片文件。
- search.png 表示 images 文件夹下的图片文件。
- header>a 用来设计 logo 的显示样式。
- header>div 用来设计右侧普通链接和搜索框表单的显示样式。
- 在搜索框的表单的显示样式中，我们改变了传统的显示样式，并且将搜索按钮放在搜索框里面。

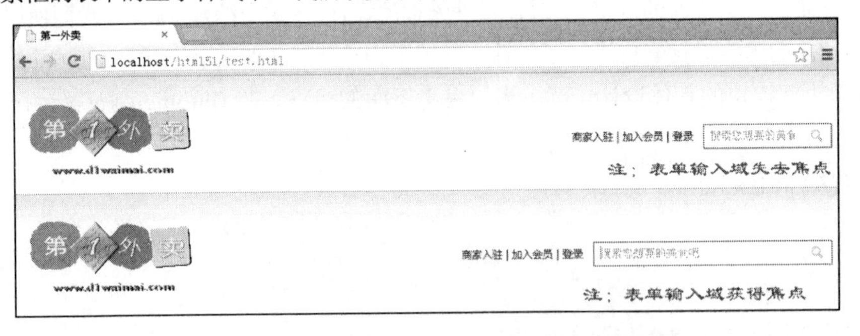

图 15-3　页面头部模块在 Chrome 浏览器的显示效果

15.3.2　导航菜单模块

导航菜单模块实际上页面头部模块的一部分，但是因为导航菜单的内容比较多，所以才单独划分开来。在导航菜单模块中，我们主要是实现导航菜单的功能，同时为了页面显示的简洁，当用户鼠标滑过时，显示相应的下拉菜单。在整个模块中，我们使用了 CSS3 的 UI 设计和下拉菜单的 CSS3 动画设计。

对于导航菜单模块的具体设计，读者可以参考下面的代码。在 Chrome 浏览器运行之后，显示效果如图 15-4 所示。

HTML 代码:index.html。

```
注意：因为篇幅限制，这里不详细列出全部代码，请读者移步到网上下载详细代码。
<nav>
    <ul class="menu">
        <li>
            <a href="#">网站首页</a>
        </li>
        <li>
            <a href="#">美食推荐</a>
            <div class="recommend">
                <div class="recommend_title">
                    <h4>不管快餐还是慢餐，吃饱了才是硬道理！</h4>
                </div>
                <div class="recommend_content">
                    <h5>盖浇饭</h5>
                    <ol>
                        <li><a href="#">青椒肉丝</a></li>
                        <li><a href="#">鱼香茄子</a></li>
                        <li><a href="#">宫保鸡丁</a></li>
                        <li><a href="#">狮子头</a></li>
                        <li><a href="#">番茄炒蛋</a></li>
                    </ol>
                </div>
                <div class="recommend_content">
                    <h5>炒面</h5>
                    <ol>
                        <li><a href="#">扬州炒面</a></li>
                        <li><a href="#">洋葱炒面</a></li>
                        <li><a href="#">肉丝炒面</a></li>
                        <li><a href="#">青菜炒面</a></li>
                    </ol>
                </div>
                <div class="recommend_content">
                    <h5>汤类</h5>
                    <ol>
                        <li><a href="#">老鸭煲汤</a></li>
                        <li><a href="#">小鸡炖汤</a></li>
```

```
                        <li><a href="#">青菜肉汤</a></li>
                    </ol>
                </div>
            </div>
        </li>
        <li>
            <a href="#">高校饮食</a>
            <div class="video">
                <div class="video_title">
                    <h4>高校饮食，为你带来不一样的视觉味觉大餐！</h4>
                </div>
            </div>
        </li>
```

- menu_style.css 是 css 文件夹下的样式文件。
- 在上面的代码中，我们设计一个简单的导航菜单。

CSS 代码:menu_style.css。

```
header nav{
    clear:left;
}
.menu{
    height:47px;
    background-image:-webkit-linear-gradient(top,#e0e0e0,#ffffff);
    background-image:-moz-linear-gradient(top,#e0e0e0,#ffffff);
    background-image:-o-linear-gradient(top,#e0e0e0,#ffffff);
    background-image:-ms-linear-gradient(top,#e0e0e0,#ffffff);
    background-image:linear-gradient(top,#e0e0e0,#ffffff);
    -webkit-border-radius:3px;
    -moz-border-radius:3px;
    border-radius:3px;
    -webkit-box-shadow:inset 0 1px #f4f4f4,inset 0 -2px #b3b3b3,0 1px 3px #ddd;
    -moz-box-shadow:inset 0 1px #f4f4f4,inset 0 -2px #b3b3b3,0 1px 3px #ddd;
    box-shadow:inset 0 1px #f4f4f4,inset 0 -2px #b3b3b3,0 1px 3px #ddd;
}
.menu>li{
    float:left;
    border-right:1px solid #bbb;
    border-right:1px solid rgba(10,10,10,.1)
}
.menu>li>a{
    font-size:14px;
```

```
    line-height:18px;
    text-shadow:0 1px #f8f8f8;
    padding:13px 20px 16px;
    display:block;
    border-left:1px solid #e3e3e3;
    border-left:1px solid rgba(255,255,255,.35)
}
.menu>li:hover>a{
    background-image:-webkit-linear-gradient(top,#f5f5f5,#fff);
    background-image:-moz-linear-gradient(top,#f5f5f5,#fff);
    background-image:-o-linear-gradient(top,#f5f5f5,#fff);
    background-image:-ms-linear-gradient(top,#f5f5f5,#fff);
    background-image:linear-gradient(top,#f5f5f5,#fff);
    -webkit-box-shadow:inset 0 3px #eee;
    -moz-box-shadow:inset 0 3px #eee;
    box-shadow:inset 0 3px #eee;
    border-left:none;
    padding-left:21px
}
.menu .recommend,.menu .video{
    position:absolute;
    display:none;
    overflow:auto;
}
.menu .recommend,.menu .recommend_title{
    width:480px;
}
.menu .recommend .recommend_content{
    width:160px;
}
.menu .video,.menu .video_title{
    width:600px;
}
.menu>li:hover>div{
    display:block;
}
.menu li:hover>div{
    visibility:visible;
    -ms-filter:"alpha(opacity=100)";
    filter:alpha(opacity=100);
    opacity:1;
    -webkit-transform:translate3d(0,0,0);
    -moz-transform:translateY(0);
```

```
        -o-transform:translateY(0);
        -ms-transform:translateY(0);
        transform:translateY(0);
        -webkit-transition-delay:0s;
        -moz-transition-delay:0s;
        -o-transition-delay:0s;
        -ms-transition-delay:0s;
        transition-delay:0s;
        z-index:1000;
}
.menu .recommend_title,.menu .recommend .recommend_content,.menu .video_title{
        float:left
}
注意：因为篇幅限制，这里不详细列出全部代码，请读者移步网上下载详细代码。
}
```

- 在基本的导航菜单中，我们主要使用 CSS3 UI 的菜单的背景颜色渐变、阴影、边框设计等。
- 在下拉的菜单中，除了使用了 CSS3 UI 的设计，还使用 CSS3 的动画设计，使得用户得到更好的体验。
- 在下拉菜单中，我们设置了 z-index 属性，目的让下拉菜单叠加到地理位置服务模块之上。

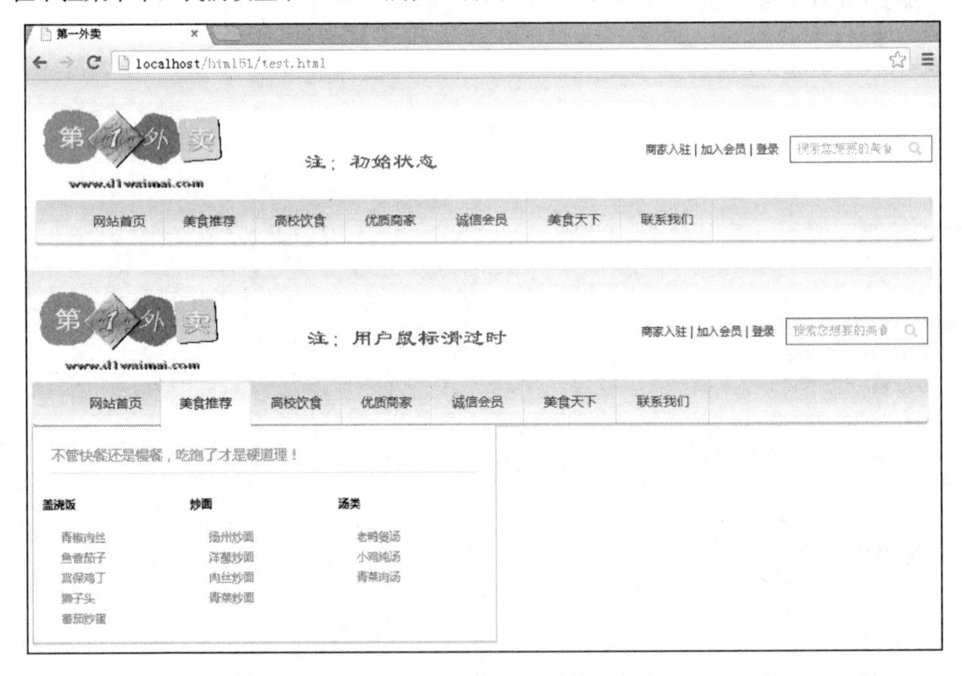

图 15-4　导航菜单模块在 Chrome 浏览器的显示效果

15.3.3　视频播放模块

视频播放模块也放在下拉菜单中，因为目前浏览器自带的用户播放界面已经很友好了。这里我们不再做进一步开发。在视频播放模块中，主要是对 video 标签及其基本属性的使用。

对于视频播放模块的具体设计读者可以参考下面的代码。在 Chrome 浏览器运行之后，显示效果如图 15-5 所示。

HTML 代码:index.html。

```
<!DOCTYPE html>
<html>
<head>
<title>第一外卖</title>
<link href="css/menu_style.css" rel="stylesheet" type="text/css"/>
</head>
<body>
 <header>
<nav>
     <ul class="menu">
          <li>
               <a href="#">网站首页</a>
          </li>
          <li>
               <a href="#">美食推荐</a>
               <div class="recommend">
                    <div class="recommend_title">
                         <h4>不管快餐还是慢餐，吃饱了才是硬道理！</h4>
                    </div>
                    <div class="recommend_content">
                         <h5>盖浇饭</h5>
                         <ol>
                              <li><a href="#">青椒肉丝</a></li>
                              <li><a href="#">鱼香茄子</a></li>
                              <li><a href="#">宫保鸡丁</a></li>
                              <li><a href="#">狮子头</a></li>
                              <li><a href="#">番茄炒蛋</a></li>
                         </ol>
                    </div>
                    <div class="recommend_content">
                         <h5>炒面</h5>
                         <ol>
                              <li><a href="#">扬州炒面</a></li>
                              <li><a href="#">洋葱炒面</a></li>
                              <li><a href="#">肉丝炒面</a></li>
                              <li><a href="#">青菜炒面</a></li>
                         </ol>
                    </div>
                    <div class="recommend_content">
```

```
                    <h5>汤类</h5>
                    <ol>
                        <li><a href="#">老鸭煲汤</a></li>
                        <li><a href="#">小鸡炖汤</a></li>
                        <li><a href="#">青菜肉汤</a></li>
                    </ol>
                </div>
            </div>
        </li>
        <li>
            <a href="#">高校饮食</a>
            <div class="video">
                <div class="video_title">
                    <h4>高校饮食，为你带来不一样的视觉味觉大餐！</h4>
                    <video src="video/test_video.mp4" controls>
                        sorry,你的浏览器还不支持 HTML5，可能不能播放该视频！
                    </video>
                </div>
            </div>
        </li>
注意：因为篇幅限制，这里不详细列出全部代码，请读者移步网上下载详细代码。
    </ul>
</nav>
 </header>
 </body>
 </html>
```

- Test_video.mp4 是 video 文件夹下的视频文件。
- 在上面的代码中，我们在“高校饮食”的下拉菜单中添加视频播放的功能。

图 15-5　视频播放模块在 Chrome 浏览器的显示效果

15.3.4　地理位置服务模块

地理位置服务模块是整个用户主界面的核心部分，在地理位置服务模块中，我们主要提供给用户实时的地图服务，用户可以根据自己的需要选择南京的四大高校集中区域的一个，然后不断深度选择，直到用户选择意向订餐的某家快餐店为止。如果用户使用的是移动便携设备，底层设备可以获取到精确的地理位置信息，则将直接显示附近的高校或者快餐店。

在地理位置服务模块中，我们主要使用 Html5 Web Geolocation 和 Google Maps API 的基础知识。

对于地理位置服务模块的具体设计，读者可以参考下面的代码。在 Chrome 浏览器运行之后，显示效果如图 15-6 和图 15-7 所示。

HTML 和 CSS 代码:index.html。

```
<!DOCTYPE html>
<html>
<head>
<title>第一外卖</title>
<script src="http://maps.google.com/maps/api/js?&sensor=false"></script>
<script src="js/geolocation.js"></script>
<style type="text/css">
    article{
        position: relative;
        clear: left;
    }
</style>
</head>
<body>
 <article>
 </article>
</body>
</html>
```

- geolocation.js 是 js 文件夹下的 Javascript 脚本文件。
- 在上面的代码中，我们添加了一个 article 标签用来显示地图。

Javascript 代码:geolocation.js。

```
var p;
var map_article;
function load()
```

```
{
    var article = document.getElementsByTagName("article")[0];
    map_article = article;
    p = document.createElement("p");
    article.appendChild(p);
    getGeolocation();
}
function getGeolocation()
{
    if(navigator.geolocation)
    {
        navigator.geolocation.getCurrentPosition(success_callback,error_callback);
    }
    else
    {
        p.textContent = "sorry,你的浏览器还不支持Html5 Web Geolocation!"
    }
}
function displayMaps(isOk,latitude,longitude)
{
注意：因为篇幅限制，这里不详细列出全部代码，请读者移步网上下载详细代码。

window.addEventListener("load",load,false);
```

- load()方法是 onload 事件的回调函数。
- getGeolocation()方法用来获取用户的地理位置信息。
- success_callback()方法是获取用户的地理位置信息成功的回调函数。
- error_callback()方法是获取用户的地理位置信息失败的回调函数。
- displayMaps()方法用来初始化地图的显示。
- getFurtherMap()方法用来放大地图显示，是用户点击区域图标之后的回调函数。
- 在上面的代码中，我们主要设计了两层的地图显示，即第一层整个南京地区的地图并显示四个高校集中区域的图标，第二层放大地图之后的高校显示。

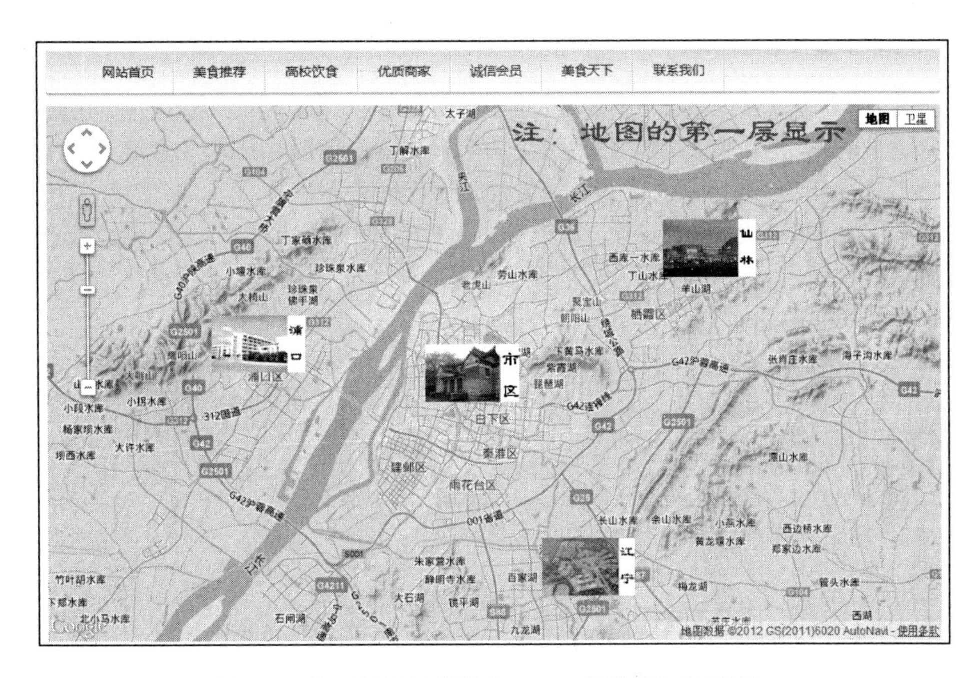

图 15-6　地理位置服务模块在 Chrome 浏览器的显示效果 1

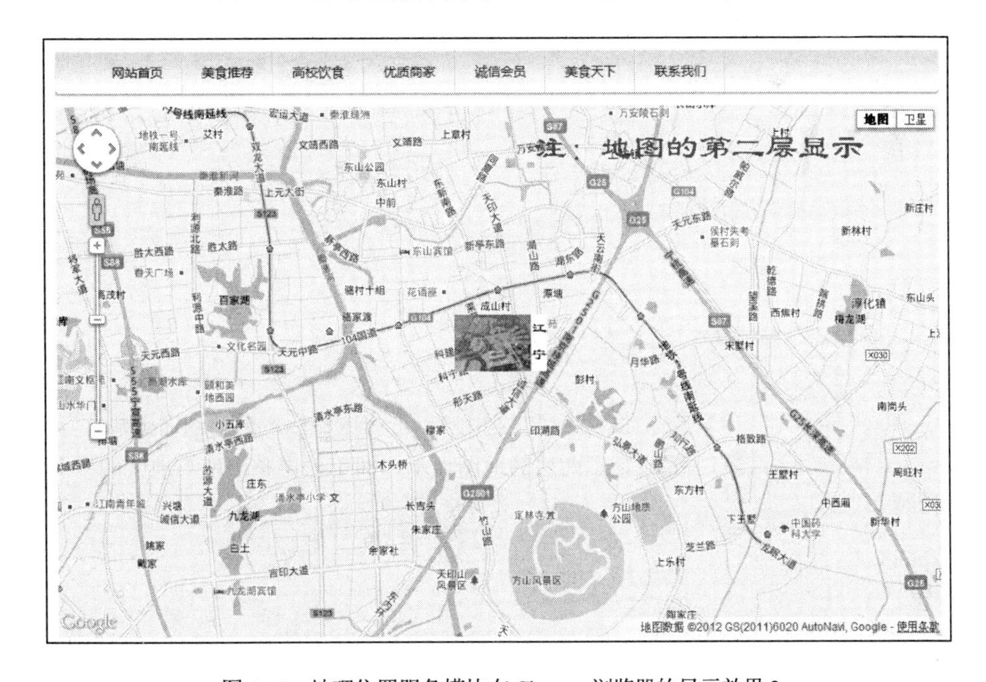

图 15-7　地理位置服务模块在 Chrome 浏览器的显示效果 2

15.3.5 底部快捷通道模块

底部快捷通道模块主要是显示“中餐专区”、“西餐专区”和“小吃专区”三个快捷通道，这三个快捷通道都是采用图片加文字的方式显示。在底部快捷通道模块中，我们主要采用 Html5 Web Canvas 对图片进行处理，采用 CSS3 的多列自动布局进行布局设计。

对于底部快捷通道模块的具体设计，读者可以参考下面的代码。在 Chrome 浏览器运行之后，显示效果如图 15-8 所示。

HTML 代码:index.html。

```
<!DOCTYPE html>
<html>
<head>
<title>第一外卖</title>
<link rel="stylesheet" href="css/footer_style.css" type="text/css">
<script src="js/canvas.js"></script>
</head>
<body>
 <footer>
<nav>
    <div>
        <a href="#"><h2>中餐专区</h2>
        <canvas></canvas>
        </a>
    </div>
    <div>
        <a href="#"><h2>西餐专区</h2>
        <canvas></canvas>
        </a>
    </div>
    <div>
        <a href="#"><h2>小吃专区</h2>
        <canvas></canvas>
        </a>
    </div>
</nav>
<address>
    designed by guoxiaocheng from hhu.
<address>
 <footer>
</body>
</html>
```

- footer_style.css 是 css 文件夹下的样式文件。
- canvas.js 是 js 文件夹下的 Javascript 脚本文件。

CSS 代码:footer_style.css。

```
footer nav{
    margin-top:10px;
    -webkit-column-count:3;
    -moz-column-count:3;
    column-count:3;
    -webkit-column-gap:30px;
    -moz-column-gap:30px;
    column-gap:30px;
}
footer nav div{
    padding-left:66px;
    -webkit-column-width:150px;
    -moz-column-width:150px;
    column-width:150px;
    background-image:-webkit-linear-gradient(top,#e0e0e0,#ffffff);
    background-image:-moz-linear-gradient(top,#e0e0e0,#ffffff);
    background-image:-o-linear-gradient(top,#e0e0e0,#ffffff);
    background-image:-ms-linear-gradient(top,#e0e0e0,#ffffff);
    background-image:linear-gradient(top,#e0e0e0,#ffffff);
    -webkit-border-radius:3px;
    -moz-border-radius:3px;
    border-radius:3px;
    -webkit-box-shadow:inset 0 1px #f4f4f4,inset 0 -2px #b3b3b3,0 1px 3px #ddd;
    -moz-box-shadow:inset 0 1px #f4f4f4,inset 0 -2px #b3b3b3,0 1px 3px #ddd;
    box-shadow:inset 0 1px #f4f4f4,inset 0 -2px #b3b3b3,0 1px 3px #ddd;
}
footer nav div a{
    display:block;
}
footer address{
    text-align:center;
    line-height:30px;
    text-shadow:0 1px #f8f8f8;
}
```

- footer　nav 用来设计底部快捷通道的整体显示样式。
- footer　nav div 用来设计每个快捷通道的显示样式。

Javascript 代码:canvas.js。

```
function load()
{
    var mycanvas = document.getElementsByTagName("canvas");
    var imgs = ['images/11.jpg','images/22.jpg','images/33.jpg'];
    var img = new Array();
    var context = new Array();
    for(var i=0;i<3;i++)
    {
        context[i] = mycanvas[i].getContext("2d");
        context[i].fillStyle='red';
        img[i] = new Image();
        img[i].src = imgs[i];
    }
    img[0].onload = function()
    {
        context[0].drawImage(img[0],0,0);
        var imgdata = context[0].getImageData(0,0,160,120);
        imgdata = addRedColor(imgdata,0.3);
        imgdata = addBlueColor(imgdata,0.2);
        context[0].putImageData(imgdata,0,0);
    }
    img[1].onload = function()
    {
        context[1].drawImage(img[1],0,0);
        var imgdata = context[1].getImageData(0,0,160,120);
        imgdata = changeAlpha(imgdata,0.95);
        imgdata = addRedColor(imgdata,0.3);
        imgdata = addGreenColor(imgdata,0.2);
        context[1].putImageData(imgdata,0,0);
    }
    img[2].onload = function()
    {
        context[2].drawImage(img[2],0,0);
        var imgdata = context[2].getImageData(0,0,160,120);
        context[2].putImageData(imgdata,0,0);
    }
}
```

注意：因为篇幅限制，这里不详细列出全部代码，请读者移步到网上下载详细代码。

```
window.addEventListener("load",load,false);
```

- load()方法是 onload 事件的回调函数。

- changeAlpha()方法用来改变图像的透明度。
- addRedColor()方法用来改变图像的红色深度。
- addGreenColor()方法用来改变图像的绿深度。
- addBlueColor()方法用来改变图像的蓝色深度。

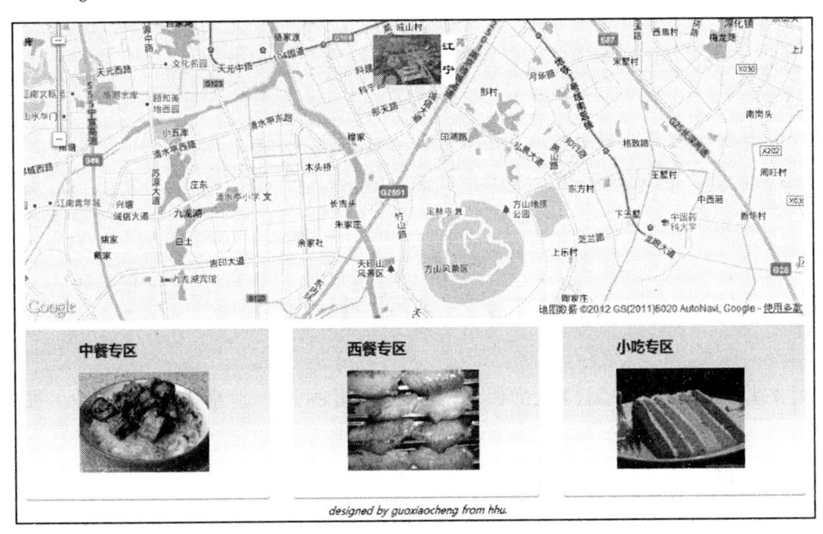

图 15-8　底部快捷通道模块在 Chrome 浏览器的显示效果

15.3.6　添加离线缓存

为了让用来在离线的情况下，可以继续浏览该综合实例，我们为其添加离线缓存。离线缓存的内容包括图片文件、CSS 样式文件和 Javascript 脚本文件。

对于离线缓存的具体设计，读者可以参考下面的代码。

Manifest 代码:index.manifest。

```
CACHE MANIFEST
CACHE:
index.html
#图片文件
images/logo.gif
images/search.png
images/11.jpg
images/22.jpg
images/33.jpg
images/shiqu.gif
images/xianlin.gif
```

```
images/jiangning.jpg
images/jiangbei.jpg
#CSS 文件
css/header_style.css
css/menu_style.css
css/footer_style.css
#Javascript 文件
js/geolocation.js
js/canvas.js
```

同时，我们在 index.html 文件中的 html 中添加 manifest="index.manifest"声明。到此为止，我们已经基本完成了针对大学生网上订餐系统用户主界面的开发。相信通过这个实例，读者对 HTML5 和 CSS3 的新特性应该有了进一步的了解。

15.4 本章小结

本章，我们主要探讨了一个 HTML5 和 CSS3 综合实例——南京大学生网上订餐系统的用户主界面。

在第一部分中，我们简要地介绍了这个项目的开发背景以及之所以选择 HTML5 和 CSS3 的原因，对该系统的用户主界面的功能需求进行分析。

在第二部分中，我们探讨这个项目的总体设计，具体探讨用户主界面的模块划分和相应的布局安排。最后我们介绍了这个项目涉及的 HTML5 和 CSS3 技术。

在第三部分中，我们讨论了这个项目的详细设计，包括页面头部模块、导航菜单模块、视频播放模块、地理位置服务模块和底部快捷通道模块。